U0805801

全国高职高专建筑类专业规划教材

建筑材料与检测

主　编　孙家国　叶　琳　张冬梅
副主编　曹广田　钟　含　邵雅静
　　　　张玉祥　魏保兴　王　丽
主　审　王启亮

黄河水利出版社
·郑州·

内容提要

本书是全国高职高专建筑类专业规划教材，是根据教育部对高职高专教育的基本要求及全国水利水电高职教研会制定的建筑材料与检测课程教学大纲编写完成的。全书主要内容包括绪论、建筑材料的基本性质、气硬性胶凝材料、水泥、混凝土、建筑砂浆、砌体材料、建筑钢材、合成高分子材料、防水材料、木材、绝热材料和吸声材料、建筑装饰材料、结构工程质量检测、建筑材料检测等。

本书可作为高职高专院校建筑工程技术、道路桥梁工程技术、建筑装饰技术、水利水电建筑工程、给水排水工程等专业的教材，也可作为相关专业的岗位培训教材或供工程技术人员参考使用。

图书在版编目(CIP)数据

建筑材料与检测/孙家国，叶琳，张冬梅主编．—郑州：黄河水利出版社，2011.1 (2018.9 修订版重印)
全国高职高专建筑类专业规划教材
ISBN 978-7-80734-937-2

Ⅰ.①建… Ⅱ.①孙…②叶…③张… Ⅲ.①建筑材料-检测-高等学校：技术学校-教材 Ⅳ.①TU502

中国版本图书馆 CIP 数据核字(2010)第 237177 号

组稿编辑：王路平 电话：0371-66022212 E-mail：hhslwlp@163.com
简 群 66026749 w_jq001@163.com

出 版 社：黄河水利出版社 网址：www.yrcp.com
地址：河南省郑州市顺河路黄委会综合楼 14 层 邮政编码：450003
发行单位：黄河水利出版社
发行部电话：0371-66026940、66020550、66028024、66022620(传真)
E-mail：hhslcbs@126.com
承印单位：郑州龙洋印务有限公司
开本：787 mm×1 092 mm 1/16
印张：20.5
字数：470 千字 印数：12 001—13 000
版次：2011 年 1 月第 1 版 印次：2018 年 9 月第 4 次印刷
2012 年 5 月修订

定价：36.00 元

前 言

本书是根据《教育部、财政部关于实施国家示范性高等职业院校建设计划，加快高等职业教育改革与发展的意见》(教高[2006]14 号)和《教育部关于全面提高高等职业教育教学质量的若干意见》(教高[2006]16 号)等文件精神，以及全国水利水电高职教研会拟定的教材编写规划，在中国水利教育协会指导下，由全国水利水电高职教研会组织编写的建筑类专业规划教材。本套教材以学生能力培养为主线，具有鲜明的时代特点，体现出实用性、实践性、创新性的教材特色，是一套理论联系实际、教学面向生产的高职高专精品规划教材。

建筑材料与检测是建筑类专业的一门重要技术基础课。本书主要介绍了建筑材料的组成、性质与应用、技术标准、检验方法及保管等知识。通过本书的学习，使学生能正确认识、合理选用建筑材料，并能掌握建筑材料的检验方法和运输、保管知识。

本书在编写中，考虑到高等职业技术教育的教学要求，本着既要贯彻“少而精”，又要力求突出先进性、针对性、实用性、创新性和注重技能培养的原则，每章开头均有学习目标，章末都安排了复习思考题，主要章节均有工程案例分析。本书尽量采用新标准、新规范，重点突出高等职业技术教育培养应用型、技能型人才的教学要求。各专业可根据自身的教学目标及教学时数，对教材内容进行取舍。

本书编写人员及编写分工如下：黑龙江农垦科技职业学院孙家国(绪论、第十三章)，浙江同济科技职业学院曹广田(第一章、第六章)，四川水利职业技术学院徐正东(第二章)，安徽水利水电职业技术学院叶琳(第三章、第八章)，长江工程职业技术学院张冬梅(第四章、第十一章)，华北水利水电学院水利职业学院钟含(第五章、第十四章第六节至第八节)，黄河水利职业技术学院王丽(第七章)，广西水利电力职业技术学院魏保兴(第九章)，重庆水利电力职业技术学院李柱(第十章)，太原城市职业技术学院张玉祥(第十二章)，山西水利职业技术学院邵雅静(第十四章第一节至第五节)。本书由孙家国、叶琳、张冬梅担任主编，由孙家国负责全书统稿工作，由曹广田、钟含、邵雅静、张玉祥、魏保兴、王丽担任副主编，由山西水利职业技术学院王启亮担任主审。

在编写过程中，黑龙江农垦总局水务局潘福田局长，黑龙江农垦科技职业学院建筑工程系张成、李纲两位老师给予了极大的支持，谨此致以衷心的感谢。

由于建筑材料品种繁多，新材料发展快，且本次编写时间仓促，参编人员水平和经验有限，书中难免会出现缺点、错误及不妥之处，欢迎广大师生及读者批评指正。

编 者

2010 年 6 月

前言

目 录

绪　论

学习目标

掌握建筑材料的定义、分类；了解建筑材料的现状与发展，建筑材料在国民经济中的地位以及与建筑、结构、施工、预算的关系；明确本课程的任务和要求。

重点：建筑材料的定义及其分类。

难点：建筑材料与建筑、结构、施工、预算的关系。

一、建筑材料的定义及其分类

建筑材料是指建筑工程中所使用的材料及其制品，是工程建设的物质基础。建筑材料的性能、种类、规格及合理使用，将影响工程的安全、耐久、美观等工程质量。若选择、使用材料不当，轻则达不到预期效果，重则会导致工程质量降低甚至酿成工程事故。同时，建筑材料对工程技术的发展也起着至关重要的作用，新材料的出现往往促使工程技术的革新，而工程技术的革新与社会发展的需要又常常促进新材料的诞生。

建筑材料种类繁多，按材料基本组成成分可分为无机材料、有机材料和复合材料三大类（见表 0-1）。

表 0-1　建筑材料的分类

<table>
<tr><th colspan="4">分类</th><th>实例</th></tr>
<tr><td rowspan="8">无机材料</td><td rowspan="2">金属材料</td><td colspan="2">黑色金属</td><td>生铁、非合金钢、合金钢</td></tr>
<tr><td colspan="2">有色金属</td><td>铝及铝合金、铜及铜合金</td></tr>
<tr><td rowspan="6">非金属材料</td><td colspan="2">天然石材</td><td>毛石、料石、石板材、碎石、卵石、砂</td></tr>
<tr><td colspan="2">烧土制品</td><td>烧结砖、瓦及陶器、炻器、瓷器</td></tr>
<tr><td colspan="2">玻璃及熔融制品</td><td>玻璃、玻璃棉、岩棉、铸石</td></tr>
<tr><td rowspan="2">胶凝材料</td><td>气硬性胶凝材料</td><td>石灰、石膏、菱苦土、水玻璃</td></tr>
<tr><td>水硬性胶凝材料</td><td>各类水泥</td></tr>
<tr><td colspan="2">混凝土类</td><td>砂浆、混凝土、硅酸盐制品</td></tr>
<tr><td rowspan="3">有机材料</td><td colspan="3">植物材料</td><td>木材、竹板、植物纤维及其制品</td></tr>
<tr><td colspan="3">合成高分子材料</td><td>塑胶、橡胶、胶粘剂、有机涂料</td></tr>
<tr><td colspan="3">沥青材料</td><td>天然沥青、石油沥青、沥青制品</td></tr>
<tr><td rowspan="3">复合材料</td><td colspan="3">无机非金属材料－有机材料复合</td><td>沥青混凝土、聚合物混凝土、玻纤增强塑料、水泥刨花板</td></tr>
<tr><td colspan="3">无机非金属材料－金属材料复合</td><td>钢筋混凝土、钢纤维混凝土</td></tr>
<tr><td colspan="3">金属材料－有机材料复合</td><td>PVC 钢板、轻质金属夹芯板</td></tr>
</table>

此外，建筑材料按照使用功能分类，可分为建筑结构材料、墙体材料、建筑功能材料、建筑器材四大类；按照建筑物不同部位采用的材料分类，有主体结构材料、屋面材料、地面材料、外墙材料、内墙材料及吊顶材料。

二、建筑材料的发展概况

随着社会的进步，人们对建筑工程的要求越来越高，这种要求包括建筑材料的数量和建筑材料的质量两个方面，它们总是存在着相互依赖和相互矛盾的关系，建筑材料的生产和使用就是在不断解决这个矛盾的过程中逐步向前发展的。

早在新石器时代之前，人类就已开始利用土、石、木、竹等天然材料从事营造活动。据考证，我国在4 500年前就已有木架建筑和木骨泥墙建筑。随着生产力的发展，人类能够对天然原料进行简单的加工，出现了人造建筑材料，使人类突破了仅使用天然材料的限制，开始大量修建房屋、寺塔、陵墓和防御工程。我国早在公元前5世纪的东周时期已有烧制的瓦，公元前4世纪的战国时期有了烧制的砖，始建于春秋时期的长城就大量应用了砖、石灰等人造建筑材料。2 000年前的古罗马已用石灰、火山灰、砂和砾石配制混凝土，建造了著名的万神庙、斗兽场的巨大墙体。

17世纪工业革命后，随着资本主义国家工业化的发展，建筑、桥梁、铁路和水利工程大量兴建，对建筑材料的性能有了较高的要求。17世纪70年代在工程中开始使用生铁，19世纪初开始用熟铁建造桥梁和房屋，出现了钢结构的雏形。自19世纪中叶开始，冶炼并轧制出强度高、延性好、质地均匀的建筑钢材，随后又生产出高强钢丝和钢索，钢结构得到了迅速发展，使建筑物的跨度从砖石结构、木结构的几米、几十米发展到百米、几百米乃至现代建筑的上千米。

19世纪20年代，英国瓦匠约瑟夫·阿斯普丁发明了波特兰水泥，出现了现代意义上的水泥混凝土。19世纪40年代，出现了钢筋混凝土结构，其利用混凝土受压、钢筋受拉，可以充分发挥两种材料各自的优点，从而使钢筋混凝土结构广泛应用于工程建设的各个领域。为克服钢筋混凝土结构抗裂性能差、刚度低的缺点，20世纪30年代又发明了预应力混凝土结构，使土木工程跨入了飞速发展的新阶段。

新中国成立后，特别是改革开放以来，建筑材料工业发展迅速。例如：喷射混凝土、防水混凝土在地下工程的施工中得到推广应用；碾压混凝土已成为坝工建设的热门材料，有取代传统塑性混凝土的趋势。近年来，各种新型建筑材料层出不穷，且向轻质、高强、耐久、高效、方便施工等方向发展。同时，随着人们环境保护与可持续发展意识的增强，保护环境、节约能源与土地，合理开发和综合利用自然资源，尽量利用工业废料，也是建筑材料发展的一种趋势。

三、建筑材料在建设工程中的地位及特点

建筑业是国民经济的支柱产业之一，而建筑材料是其重要的物质基础。因此，建筑材料的产量和质量直接影响着建筑业的进步和国民经济的发展。建筑材料的用量相当大，据统计，在工程总造价中，材料费所占的比重可达50%～60%。建筑材料的品种、规格、性能及质量，对建筑结构的形式、使用年限、施工方法和工程造价有直接影响。建筑工程

中许多技术问题的突破，往往依赖建筑材料问题的解决，新的建筑材料的出现往往会促进结构设计及施工技术的革新和发展。

因此，加强对建筑材料的研究，提高建筑材料生产和应用的技术水平，对我们合理利用有限的自然资源，改善建筑物的使用功能，提高建筑工程施工的工业化和机械化水平，加快工程建设速度，降低工程造价，从而促进我国社会主义经济的发展，具有十分重要的意义。

四、建筑材料检验与技术标准

建筑材料质量的优劣对工程质量有最直接的影响，对所用建筑材料进行合格性检验是保证工程质量的最基本环节。国家标准规定：无出厂合格证明或没有按规定复试的原材料，不得用于工程建设；在施工现场配制的材料，均应在实验室确定配合比，并在现场抽样检验。各项建筑材料的检验结果是工程施工及工程质量验收必需的技术依据。因此，在工程的整个施工过程中，始终贯穿着材料的试验、检验工作，它是一项经常性的、责任性很强的工作，也是控制工程施工质量的重要手段之一。

建筑材料的验收及检验均应以产品的现行标准及有关的规范、规程为依据。建筑材料的产品标准分为国家标准、行业标准和企业标准，各级标准分别由相应的标准化管理部门批准并颁布，国家质量监督检验检疫总局是我国国家标准化管理的最高机关。建筑材料常用标准的说明及代号如表 0-2 所示。

表 0-2　建筑材料常用标准的说明及代号

标准种类	说明	代号
国家标准	国家标准是对全国经济、技术发展有重要意义而必须在全国范围内统一的标准。其主要包括：基本原料、材料标准，有关广大人民生活的、量大面广的、跨部门生产的重要工农业产品标准，有关人民安全、健康和环境保护的标准，有关互换配合、通用技术语言等的基础标准，通用的零件、部件、器件、构件和工具、量具标准，通用的试验和检验标准，被采用的国际标准	(1)GB 是“国标”两字的汉语拼音字头，属强制性国家标准，推荐性国家标准在 GB 后加“/T”； (2)GBJ 是“国标建”三字的汉语拼音字头，它代表工程建设技术方面的国家标准
行业标准	行业标准主要是指全国性的各专业范围内统一的标准。其由各主管部门组织制定、审批和发布，并报送国家标准局备案。行业标准分为强制性标准和推荐性标准两类	(1)JC 是建材行业标准； (2)JG 是建工行业标准； (3)DL 是电力行业标准； (4)YB 是黑色冶金行业标准； (5)JT 是交通行业标准； (6)SH 是石油化工行业标准； (7)SL 是水利行业标准
企业标准	凡没有制定国家标准、行业标准的产品，都要制定企业标准。为了不断提高产品质量，企业可制定比国家标准、行业标准更先进的产品质量标准	QB 是企业标准

各国均制定有自己的国家标准，常见的有 ANS、JIS、BS、DIN，它们分别代表美国、日本、英国和德国的国家标准。ASTM 是美国材料与试验协会标准，ISO 是国际标准。

五、建筑材料与检测课程的任务

建筑材料与检测既是建筑、水利类专业的一门重要的技术基础课，又是一门实践性很强的应用型课程。学习本课程的目的是：掌握常用建筑材料的基本性能和特点，能够根据工程实际条件合理选择和使用各种建筑材料；掌握建筑材料的验收、保管、储存等方面的基本知识与方法，并具有进行建筑材料试验、检验及其质量评定的基本技能；为熟悉建筑材料的性能，还应了解材料的原料、生产、组成、工作机制等方面的一般知识。本课程为建筑结构、施工技术及工程预算等专业课程的学习提供必要的专业基础知识。

六、本课程的特点与学习方法

(1)建筑材料的种类繁多，性能各异，涉及的知识广泛，在学习过程中应善于分析和对比各种建筑材料的组成、主要性质与应用特点，理解具有这些性质的原因，找出材料的组成及结构同材料性能之间的内在联系。

(2)建筑材料与检测是一门实践性很强的课程，其中许多规律性的结论都是大量实践经验的总结，许多公式也是建立在大量试验基础上的经验公式，对建筑材料质量合格性判定，也是通过各种试验进行的。因此，在学习时应注意加强试验技能的培养，并通过试验和观察，加深对教材理论部分内容的理解，以达到学习本课程的目的。

(3)建筑材料的性能及技术参数受外界因素的影响较大。相同成分、构造、配比的材料，在不同的环境条件下其性能也不同。学习时除理解材料内部因素对材料产生影响的原因和程度，并分析其间的交互作用外，还应注意在进行建筑材料试验时，试件的养护环境、养护时间、试验方法不同，试验结果的差别是相当大的，同种建筑材料只有在同等试验条件下得出的数据才具有可比性。因此，建材试验应严格按照有关的规范、规程及技术标准要求的试验条件、试验方法进行，养成一种严谨、科学、认真的试验态度。

(4)随着科学技术的不断进步以及和国际标准接轨的需要，政府将不断修改与制定建材产品新标准，并通过制定方针政策，不断推广应用一些新型材料和新技术。学习时应联系实际，充分利用参观和实习的机会，了解新材料、新技术在工程中的推广应用情况；经常浏览有关的报刊、杂志、网站等，掌握国家的有关政策，了解建筑材料新品种开发应用、产品标准制定颁发等发展动向。

第一章　建筑材料的基本性质

学习目标

通过学习，应掌握材料的物理状态参数，材料的力学性质，材料与水有关的性质的物理意义、指标、影响因素及其对其他性质的影响；理解材料的组成、结构、构造对材料性质的影响，材料耐久性的含义；了解材料热工性能的几个指标。

重点：材料的力学性质，材料与水有关的性质，材料的物理状态参数。

难点：材料的组成、结构、构造对材料性质的影响。

建筑材料是构成土木工程的物质基础，各种建筑物都是由各种不同的材料经设计、施工、建造而成的。这些材料所处的环境、部位、使用功能的要求和作用不同，对材料的性质要求也就不同，为此材料必须具备相应的基本性质，如结构材料必须具备良好的力学性质，墙体材料应具备良好的保温隔热性能、隔声吸声性能，屋面材料应具备良好的抗渗防水性能，地面材料应具备良好的耐磨损性能等。

因此，建筑材料除应具有相应的力学性质外，还应具备抵抗周围环境介质的物理、化学和生物作用，以及经久耐用的性质。合理选用建筑材料，应熟悉工程条件及对拟用材料提出的各项技术要求，还应掌握材料的各种技术性质以及影响这些性质的因素，使所选材料在建筑物中发挥应有的作用。

第一节　材料的物理性质

一、基本物理性质

(一)材料的体积构成及含水状态

1. 材料的体积构成

块体材料在自然状态下的体积是由固体物质体积及其内部孔隙体积组成的。材料内部的孔隙按孔隙特征又分为闭口孔隙(或封闭孔隙)和开口孔隙。闭口孔隙不吸进水，开口孔隙与材料周围的介质相通，材料在浸水时易吸水饱和，如图 1-1 所示。

散粒材料是指具有一定粒径材料的堆积体，如工程中常用的砂、石子等。其体积构成包括固体物质体积、颗粒内部孔隙体积及固体颗粒之间的空隙体积，如图 1-2 所示。

2. 材料的含水状态

材料在大气中或水中会吸附一定的水分，根据材料吸附水分的情况，将材料的含水状态分为干燥状态、气干状态、饱和面干状态及湿润状态 4 种，如图 1-3 所示。材料的含水状态会对材料的多种性质产生影响。

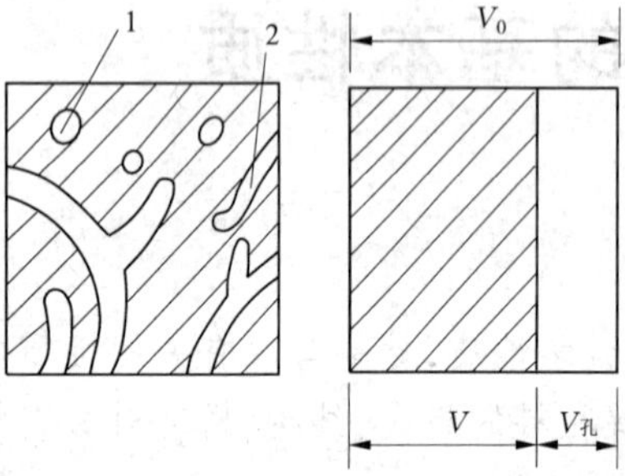

1—闭口孔隙;2—开口孔隙

图 1-1　块状材料体积构成示意

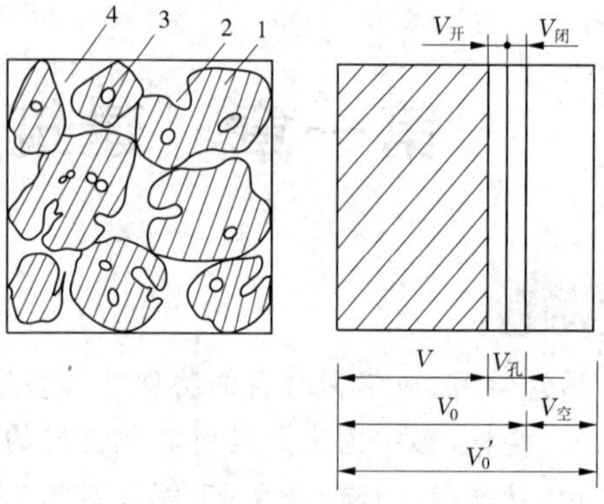

1—颗粒中固体物质;2—颗粒的开口孔隙;
3—颗粒的闭口孔隙;4—颗粒间的空隙

图 1-2　散粒材料体积构成示意

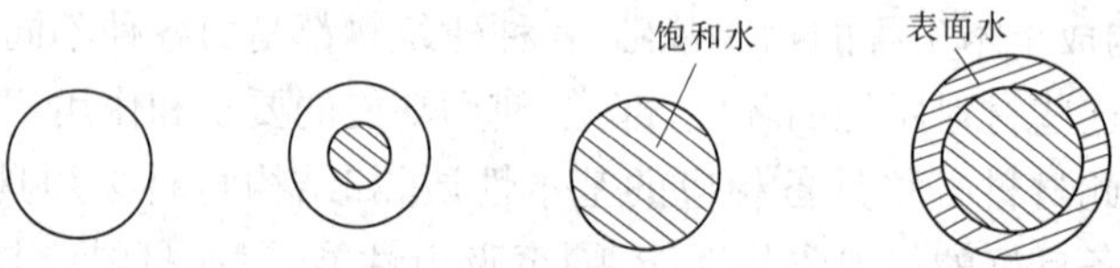

(a)干燥状态　(b)气干状态　(c)饱和面干状态　(d)湿润状态

图 1-3　材料的含水状态

(二)材料的密度、表观密度与堆积密度

1. 密度

密度是指材料在绝对密实状态下单位体积的质量。其用下式表示

$$\rho = \frac{m}{V} \tag{1-1}$$

式中　ρ——材料的密度,g/cm^3 或 kg/m^3;

m——材料在干燥状态下的质量,g 或 kg;

V——材料在绝对密实状态下的体积,cm^3 或 m^3。

材料在绝对密实状态下的体积是指材料不包括孔隙体积在内的固体物质所占的体积。土木工程材料中,除钢材、玻璃等材料可近似地直接量取其密实体积外,其他绝大多数材料都含有一定的孔隙,故可将材料磨成细粉,经干燥至恒重后,用排液法测定其密实体积。材料磨得越细,所测得的体积越接近绝对体积。

2. 表观密度

表观密度是指材料在自然状态下单位体积的质量。其用下式表示

$$\rho_0 = \frac{m}{V_0} \tag{1-2}$$

式中　ρ_0——材料的表观密度,g/cm^3 或 kg/m^3;

m——材料的质量,g 或 kg;

V_0——材料在自然状态下的体积,cm^3 或 m^3。

材料在自然状态下的体积是指构成材料的固体物质体积与全部孔隙(包括开口孔隙

和闭口孔隙)体积之和。对外观形状规则的材料(如各种砖、砌块),按材料的外形计算;对外观形状不规则的材料(如砂、石),须用排液置换法求得;如被测材料溶于水或材料的吸水率大于0.5%,则材料还需要先进行蜡封处理。

由于材料含有水分时,其质量及体积均会发生改变,故在测定材料的表观密度时,须注明其含水状态。通常,材料的表观密度是指材料在气干状态(长期在空气中的干燥状态)下的表观密度。另外,在不同的含水状态下,还可测得材料的干表观密度、湿表观密度及饱和表观密度。

3. 堆积密度

堆积密度是指材料在规定的装填条件下,单位堆积体积的质量。其用下式表示

$$\rho'_0 = \frac{m}{V'_0} \tag{1-3}$$

式中 ρ'_0——材料的堆积密度,g/cm^3 或 kg/m^3;

V'_0——材料的堆积体积,cm^3 或 m^3。

材料的堆积体积包括固体颗粒体积、颗粒内部孔隙体积和颗粒之间的空隙体积,用容量筒测定。堆积密度与材料的装填条件及含水状态有关。

在建筑工程中,计算材料的用量、构件的自重,配料计算,确定材料的堆放空间以及运输量时,经常要用到材料的密度、表观密度和堆积密度等参数。

几种常用材料的密度、表观密度、堆积密度如表1-1所示。

表1-1　几种常用材料的密度、表观密度、堆积密度

材料名称	密度(g/cm^3)	表观密度(kg/m^3)	堆积密度(kg/m^3)
钢材	7.85	7 800~7 850	—
花岗岩	2.70~3.00	2 500~2 900	—
石灰石(碎石)	2.48~2.76	2 300~2 700	1 400~1 700
砂	2.50~2.60	—	1 500~1 700
水泥	2.80~3.10	—	1 600~1 800
粉煤灰(气干)	1.95~2.40	1 600~1 900	550~800
烧结普通砖	2.60~2.70	2 000~2 500	—
烧结多孔砖	2.60~2.70	900~1 450	—
普通水泥混凝土	—	1 950~2 500	—
红松木	1.55~1.60	400~600	—
普通玻璃	2.45~2.55	2 450~2 550	—
铝合金	2.70~2.90	2 700~2 900	—
泡沫塑料	—	20~50	—

从表1-1可以看出,堆积密度要比表观密度小,表观密度要比密度小。

(三)材料的密实度与孔隙率

1. 密实度

密实度是指材料体积内被固体物质所充实的程度,即固体物质的体积占总体积的比

例，以 D 表示

$$D = \frac{V}{V_0} \times 100\% = \frac{\rho_0}{\rho} \times 100\% \tag{1-4}$$

式中　D——材料的密实度（%）；

V——材料在绝对密实状态下的体积，cm^3；

V_0——材料在自然状态下的体积，cm^3；

ρ——材料的密度，g/cm^3；

ρ_0——材料的表观密度，g/cm^3。

含有孔隙的固体材料的密实度均小于1。材料的很多性能（如强度、吸水性、耐久性、导热性等）均与其密实度有关。

2. 孔隙率

孔隙率是指块体材料中孔隙体积占材料在自然状态下总体积的百分比。其用下式表示

$$P = \frac{V_{孔}}{V_0} \times 100\% \tag{1-5}$$

$$P = \frac{V_0 - V}{V_0} \times 100\% = \left(1 - \frac{\rho_0}{\rho}\right) \times 100\% \tag{1-6}$$

式中　P——材料的孔隙率（%）；

$V_{孔}$——材料中孔隙的体积，cm^3；

ρ_0——材料的干表观密度，g/cm^3。

孔隙率与密实度的关系为

$$P + D = 1 \tag{1-7}$$

式(1-7)表明，材料的总体积是由该材料的固体物质与其包含的孔隙组成的。

材料开口孔隙率的计算公式如下

$$P_K = \frac{m_2 - m_1}{V_0} \times \frac{1}{\rho_w} \times 100\% \tag{1-8}$$

式中　P_K——材料的开口孔隙率（%）；

m_1、m_2——材料在干燥状态和饱和面干状态下的质量，g；

ρ_w——水的密度，g/cm^3。

材料的闭口孔隙率可通过材料的孔隙率、开口孔隙率求得，用下式表示

$$P_B = P - P_K \tag{1-9}$$

式中　P_B——材料的闭口孔隙率（%）。

孔隙按构造可分为开口孔隙和闭口孔隙两种，按尺寸的大小又可分为微孔、细孔和大孔三种。材料孔隙率的大小，表明材料的密实程度。孔隙率及孔隙特征（如孔隙的大小、是封闭还是连通、分散情况等）影响材料的力学、耐久及导热等性质。如材料的孔隙率较大，且连通孔较少，则材料的吸水性较小，强度较高，抗冻性和抗渗性较好，导热性较差，保温隔热性较好。

材料的密度、表观密度、孔隙率是材料最基本的物理参数，它们反映了材料的密实程

度。密度与表观密度除用以计算孔隙率外，还可用以计算材料的体积与质量。

（四）填充率与空隙率

对于松散颗粒状材料（如砂、石子等），可用填充率和空隙率表示互相填充的疏松致密程度。

1. 填充率

填充率是指散粒状材料在堆积体积内被颗粒所填充的程度，以 D' 表示

$$D' = \frac{V_0}{V'_0} \times 100\% = \frac{\rho'_0}{\rho_0} \times 100\% \tag{1-10}$$

式中　D'——散粒状材料在堆积状态下的填充率（%）。

2. 空隙率

散粒状材料的空隙率是指散粒状材料颗粒之间的空隙体积占材料堆积状态下总体积的百分比，以 P' 表示

$$P' = \frac{V'_0 - V_0}{V'_0} \times 100\% = \left(1 - \frac{\rho'_0}{\rho_0}\right) \times 100\% \tag{1-11}$$

散粒状材料的空隙率与填充率的关系为

$$P' + D' = 1 \tag{1-12}$$

空隙率与填充率也是相互关联的两个性质，空隙率的大小可直接反映散粒状材料颗粒之间相互填充的程度。散粒状材料空隙率越大，则填充率越小。

在建筑工程中，材料的密度、表观密度和堆积密度常用来计算材料的用量、构件的自重，计算配料及确定材料的堆放空间。如在配制混凝土时，砂、石的空隙率是控制集料级配与计算混凝土砂率的重要依据。

二、材料与水有关的性质

（一）亲水性与憎水性

固体材料在空气中与水接触时，根据材料表面能否被水润湿，可分为亲水性材料与憎水性材料两种。

材料的亲水性与憎水性可用润湿角 θ 来说明，如图 1-4 所示。

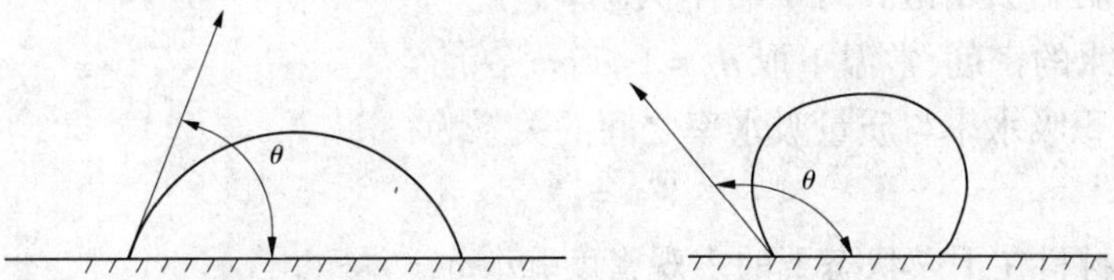

(a) 亲水性材料　　(b) 憎水性材料

图 1-4　材料被水润湿示意

当材料与水在空气中接触时，将出现图 1-4 所示的两种情况。在材料、水、空气三相交界处，沿水滴的表面作切线，切线与水和材料接触面所成的夹角称为润湿角（用 θ 表示）。θ 越小，浸润性越强，当 θ 为零时，表示材料完全被水润湿。一般认为，当 $\theta \leq 90°$ 时，水分子之间的内聚力小于水分子与材料分子之间的吸引力，此种材料称为亲水性材料。

当 $\theta > 90°$ 时，水分子之间的内聚力大于水分子与材料分子之间的吸引力，材料表面不易被水润湿，称此种材料为憎水性材料。

亲水性材料易被水润湿，且水能通过毛细管作用而被吸入材料内部。憎水性材料则能阻止水分渗入毛细管中，从而降低材料的吸水性。建筑材料大多为亲水性材料，如水泥、混凝土、砂、石、砖、木材等；只有少数材料为憎水性材料，如沥青、石蜡、某些塑料等。在建筑工程中，憎水性材料常被用做防水材料，或作为亲水性材料的覆面层，以提高其防水、防潮性能。

（二）吸水性与吸湿性

1．吸水性

材料在水中吸收水分的性质称为吸水性。多数材料由于具有亲水性及开口孔隙，其内部常含有水分。吸水性的大小用吸水率表示，吸水率有质量吸水率和体积吸水率两种表示方法。

1）质量吸水率

质量吸水率是指材料吸水饱和时，所吸收水分的质量占材料干质量的百分率。其用公式表示如下

$$W_m = \frac{m_1 - m}{m} \times 100\% \tag{1-13}$$

式中 W_m——材料的质量吸水率（%）；

m——材料在干燥状态下的质量，g 或 kg；

m_1——材料吸水饱和时的质量，g 或 kg。

2）体积吸水率

体积吸水率是指材料吸水饱和时，所吸收水分体积占材料干燥体积的百分率。其用公式表示如下

$$W_v = \frac{V_w}{V_0} \times 100\% = \frac{m_1 - m}{V_0} \times \frac{1}{\rho_w} \times 100\% \tag{1-14}$$

式中 W_v——材料的体积吸水率（%）；

V_0——干燥材料在自然状态下的体积，cm^3；

V_w——材料吸水饱和时水的体积，cm^3；

ρ_w——水的密度，常温下取 $\rho_w = 1\ g/cm^3$。

材料的体积吸水率与质量吸水率之间的关系为

$$W_v = W_m \times \rho_0 \tag{1-15}$$

式中 ρ_0——材料在干燥状态下的表观密度，g/cm^3。

常用的建筑材料，其吸水率一般用质量吸水率表示，如花岗岩等致密岩石，吸水率为 0.5% ~0.7%，普通混凝土为 2% ~3%。对于某些轻质材料（如加气混凝土、木材等），由于其质量吸水率往往超过 100%，一般用体积吸水率表示。

材料的吸水性除与材料本身的亲水性或憎水性有关外，还与材料的孔隙特征有关。一般孔隙率越大，吸水性越强。孔隙率相同时，具有开口且连通的微小孔隙构造的材料，吸水性一般要强于封闭的或粗大连通孔隙构造的材料。

材料吸水后，表观密度增大，导热性增大，强度降低，体积膨胀，一般会对材料造成不利影响。

2. 吸湿性

材料在潮湿空气中吸收水分的性质称为吸湿性。吸湿性的大小用含水率表示，含水率是指材料中所含水的质量与材料干燥时质量的百分比，可用下式表示

$$W_h = \frac{m_h - m}{m} \times 100\% \tag{1-16}$$

式中 W_h——材料的含水率（%）；

m——材料干燥时的质量，g 或 kg；

m_h——材料吸湿后的质量，g 或 kg。

材料的含水率随空气的温度、湿度变化而改变。材料既能从空气中吸收水分，又能向外界释放水分，当材料中的水分与空气的湿度达到平衡时，此时的含水率就称为平衡含水率。一般情况下，材料的含水率多指平衡含水率。

材料的吸湿性主要与材料的组成、孔隙率，特别是孔隙特征有关，还与周围环境的温度与湿度有关。一般，环境中温度越高，湿度越低，含水率越小。材料吸湿后，除本身质量增加外，还会降低其绝热性、强度及耐久性，对工程产生不利的影响。

（三）耐水性

材料长期在饱和水作用下不破坏，强度也不显著降低的性质称为耐水性。

一般，材料含有水分时，由于内部微粒间结合力减弱而强度有所降低，即使致密的材料也会因此影响强度。若材料中含有某些易被水软化的物质（如黏土、石膏等），强度降低就更为严重。因此，对长期处于水中或潮湿环境中的建筑材料，必须考虑其耐水性。

材料耐水性用软化系数表示，其计算公式如下

$$K_s = \frac{f_w}{f} \tag{1-17}$$

式中 K_s——软化系数；

f_w——材料在吸水饱和状态下的抗压强度，MPa；

f——材料在干燥状态下的抗压强度，MPa。

软化系数的范围为 0～1。软化系数的大小反映材料浸水后强度降低的程度。在选择受水作用的结构材料时，K_s 值是一项重要指标。受水浸泡或长期受潮的重要结构材料，其软化系数不宜小于 0.85～0.90；受潮较轻或次要结构材料，其软化系数不宜小于 0.70～0.85。工程中通常把软化系数大于 0.85 的材料看做是耐水材料。

（四）抗渗性

抗渗性是指材料在压力水作用下抵抗渗透的能力。材料的抗渗性通常用渗透系数 K 和抗渗等级 P 表示。

1. 渗透系数 K

渗透系数是指一定厚度的材料，在单位压力水头作用下，单位时间内透过单位面积的水量，用公式表示如下

$$K = \frac{Qd}{AtH} \tag{1-18}$$

式中　K——材料的渗透系数,cm/s;

Q——透水量,cm^3;

d——试件厚度,cm;

A——透水面积,cm^2;

t——透水时间,s;

H——静水压力水头,cm。

渗透系数反映了材料抵抗压力水渗透的能力,渗透系数 K 越大,则材料的抗渗性越差。

2. 抗渗等级 P

以规定的试件,在标准试验方法下试件不透水时所能承受的最大水压力,称为材料的抗渗等级。其用下式表示

$$P_i = H - 0.1 \tag{1-19}$$

式中　P_i——材料的抗渗等级,MPa(如 P_2、P_4 表示材料能承受 0.2 MPa、0.4 MPa 的压力);

H——试件开始渗水时的水压力,MPa;

i——该材料所能承受的最大水压力(MPa)的 10 倍值。

地下建筑物及贮水建筑物常受到压力水的作用,所以要求所用的材料有一定的抗渗性。

材料抗渗性的大小与其亲水性、孔隙率、孔隙特征、裂缝等有关。材料中存在连通的孔隙,且孔隙率较大,水分容易渗入,故这种材料的抗渗性较差。孔隙率小的材料具有较好的抗渗性。封闭孔隙水分不能渗入,因此对于孔隙率虽然较大,但以封闭孔隙为主的材料,其抗渗性也较好。对于地下建筑、压力管道、水工构筑物等工程部位,因经常受到压力水的作用,要选择具有良好抗渗性的材料;若作为防水材料,则要求其具有更高的抗渗性。

(五)抗冻性

抗冻性是指材料在吸水饱和状态下,经多次冻融循环而不被破坏,同时也不严重降低强度的性质。

材料经受冻融循环作用而破坏,主要是材料内部孔隙中的水结冰所致。水结冰时体积要增大约 9%,若材料内部孔隙充满了水,则结冰产生的膨胀会对孔隙壁产生很大的应力,当此应力超过材料的抗拉强度时,孔隙壁将产生局部开裂;当冰融化后,水又进入裂缝,再冻结时,裂缝进一步扩展。冻融次数越多,材料的破坏越严重。

抗冻性试验通常是将规定的标准试件浸水饱和后,在 -15 ℃温度条件下冻结一定时间,然后在室温的水中融化,如此进行反复冻融,试件强度降低及质量损失值不超过规定值、材料表面无明显损伤所对应的最大循环次数,定为该材料的抗冻等级。材料的抗冻性用抗冻等级 F 表示,如 F50 表示经过 50 次冻融循环,质量损失不超过 5%,强度损失不超过 25%。抗冻等级越高,材料的抗冻能力越强。

材料抗冻性的好坏取决于材料的孔隙率、孔隙的特征、吸水饱和程度和自身的抗拉强度。材料的变形能力大、强度高、软化系数大,则抗冻性较高。一般认为,软化系数小于 0.80 的材料,其抗冻性较差。用于建筑物冬季水位变化区的材料,要求有较好的抗冻性。

另外，由于抗冻性较好的材料对抵抗温度、干湿变化等风化作用的性能也较好，所以即使处于温暖地区的建筑物，为了抗风化，材料也必须具有一定的抗冻性要求。

三、材料与热有关的性质

为保证建筑物具有良好的室内小气候，降低建筑物的使用能耗，以及为生产和生活创造适宜的条件，常要求材料具有一定的热性质。

（一）导热性

材料传导热量的性质称为导热性。材料的导热能力用导热系数 λ 表示，计算公式如下

$$\lambda = \frac{Q\delta}{At(T_2 - T_1)} \tag{1-20}$$

式中 λ——材料的导热系数，W/(m·K)；

Q——传导的热量，J；

A——热传导面积，m^2；

δ——材料厚度，m；

t——导热时间，s；

T_1、T_2——材料两侧的温度，K。

材料的导热系数对建筑物的保温隔热有重要意义。在大体积混凝土温度及温度控制计算中，混凝土的导热系数是一个重要的指标。

材料的导热能力与材料的孔隙率、孔隙特征及材料的含水状态有关。密闭空气的导热系数很小(0.025 W/(m·K))，故材料闭口孔隙率大时导热系数小。开口连通孔隙具有空气对流作用，材料的导热系数较大。材料受潮以后，水分进入孔隙，水的导热系数比空气的导热系数高很多(0.58 W/(m·K))，从而使材料的导热性大大增加；材料若受冻，水结成冰，冰的导热系数约是水的导热系数的4倍，为 λ =2.3 W/(m·K)，材料的导热性将进一步增加。

建筑物要求具有良好的保温隔热性能。保温隔热性和导热性都是指材料传递热量的能力，在工程中常把 $1/\lambda$ 称为材料的热阻，用 R 表示。材料的导热系数越小，其热阻越大，则材料的导热性能越差，其保温隔热性能越好。有隔热保温要求的建筑物宜选用导热系数小的材料做围护结构。工程中通常将 λ <0.23 W/(m·K)的材料称为绝热材料。

几种常见材料的导热系数见表1-2。

（二）热容量

热容量是指材料在受热时吸收热量、冷却时放出热量的能力。质量为1 kg材料的热容量称为该材料的比热容（简称比热）。其用下式表示

$$Q = cm(T_2 - T_1) \tag{1-21}$$

或

$$c = \frac{Q}{m(T_2 - T_1)} \tag{1-22}$$

式中 Q——材料吸收或放出的热量，J；

c——材料的比热容，J/(kg·K)；

m——材料的质量,kg;

$T_2 - T_1$——材料受热或冷却前后的温差,K。

材料的热容量值对保持材料温度的稳定性有很大作用。在冬、夏季施工中,对材料加热或冷却进行计算时,均要考虑材料的热容量。在房屋建筑中,用比热容大的材料,对保持室内温度的稳定有很重要的意义。

几种常见材料的比热容见表1-2。

表1-2 几种常见材料的导热系数及比热容

材料	导热系数(W/(m·K))	比热容(J/(kg·K))	材 料	导热系数(W/(m·K))	比热容(J/(kg·K))
铜	370	0.38	绝热纤维板	0.05	1.46
钢	55	0.46	玻璃棉板	0.04	0.88
花岗岩	2.9	0.80	泡沫塑料	0.03	1.30
普通混凝土	1.8	0.88	冰	2.20	2.05
普通黏土砖	0.55	0.84	水	0.58	4.19
松木(顺纹)	0.15	1.63	密闭空气	0.025	1.00

(三)耐燃性

耐燃性是指材料在火焰或高温作用下能否燃烧的性能。

根据耐火要求我们把材料分为三大类。

(1)非燃烧材料:砖、天然石材、混凝土、砂浆、金属材料等。

(2)难燃烧材料:石膏板、水泥石棉板、沥青混凝土等。

(3)燃烧材料:胶合板、纤维板、木材、塑料等。

在土建工程中,应根据建筑物的耐火等级和使用部位,选用非燃烧材料和难燃烧材料。当采用燃烧材料时,应进行防火处理。

第二节 材料的力学性质

一、强度和比强度

(一)强度

材料在外力(荷载)作用下抵抗破坏的能力,称为强度。当材料受到外力作用时,其内部就产生应力,荷载增加,所产生的应力也相应增大,直至材料内部质点间结合力不足以抵抗所作用的外力时,材料即发生破坏。材料破坏时,达到应力极限,这个极限应力值就是材料的强度,又称极限强度。

1.材料的静力强度

材料抵抗由静荷载产生应力破坏的能力,称为材料的静力强度。静力强度以材料试件按规定的试验方法,在静荷载作用下达到破坏时的极限应力值表示。

由于荷载作用形式不同,材料主要有抗拉、抗压、抗弯、抗剪等四种强度。材料的静力强度是通过对材料试件进行破坏试验而测得的。材料荷载作用受力情况及静力强度计算公式如表1-3所示。

表1-3　材料荷载作用受力情况及静力强度计算公式

强度类别	受力情况	计算式	说明
抗拉强度	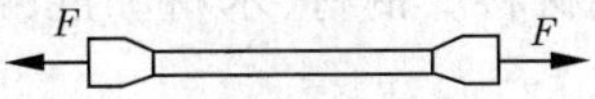	$f_t = \frac{F}{A}$	F—破坏荷载,N A—受荷面积,mm^2 l—跨度,mm b—断面宽度,mm h—断面高度,mm f—静力强度,MPa
抗压强度	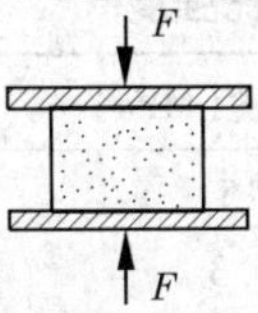	$f_c = \frac{F}{A}$	
抗弯强度	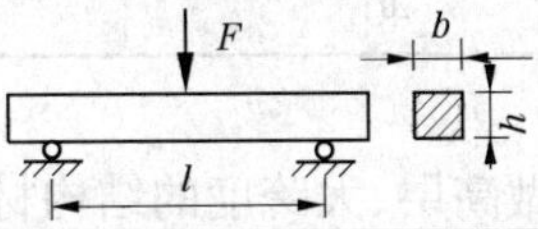	$f_m = \frac{3Fl}{2bh^2}$	
抗剪强度		$f_v = \frac{F}{A}$	

2. 影响材料强度的因素

(1)材料的静力强度主要取决于材料的成分、结构与构造。不同种类的材料,强度不同;同一种材料,受力情况不同时,强度也不同。如混凝土、砖、石等脆性材料,抗压强度较高,抗弯强度很低,抗拉强度则更低;而低碳钢、有色金属等塑性材料的抗压强度、抗拉强度、抗弯强度、抗剪强度则大致相等。同一种材料结构构造不同时,强度也有较大的差异。如孔隙率大的材料,强度往往较低。又如层状材料或纤维状材料会表现出各向强度有较大的差异。细晶结构材料的强度一般要高于同类粗晶结构材料的强度。

(2)测定材料强度时的试验条件,如试件的尺寸和形状,试验时的加荷速度、温度与湿度,试件的含水率等会对试验结果有较大的影响。如测定混凝土强度时,相同条件下,棱柱体试件的抗压强度要小于同样截面尺寸的立方体试件的抗压强度。大试件由于材料内部缺陷出现机会的增多,强度比小试件低一些;表面凹凸不平的试件受力面受力不均,强度也会降低;试件含水率的增大,环境湿度的升高,都会使材料强度降低;由于材料破坏是其变形达到极限变形而破坏,而应变发展总是滞后于应力发展,故加荷速度越快,所测强度值也越高。所以,测定材料强度时,必须严格按照标准规定的方法进行。

3. 强度等级

为方便设计及对工程材料进行质量评价,对于以力学性质为主要性能指标的材料,通常按材料的极限强度值的高低划分成若干等级,称为强度等级。强度等级越高的材料,承受的荷载越大。一般脆性材料按抗压强度划分强度等级,塑性材料按抗拉强度划分强度等级。不同的建筑材料其强度等级采用不同的符号表示,如C30混凝土、MU15砖、M7.5

砂浆、32.5 级普通水泥等。

（二）比强度

比强度是按单位体积质量计算的材料强度，即材料的强度与其表观密度之比，是衡量材料轻质高强的一项重要指标。如木材强度值虽比混凝土低，但其比强度却高于混凝土，这说明木材与混凝土相比较是典型的轻质高强材料。钢材、木材和混凝土的比强度如表 1-4所示。

表 1-4 钢材、木材和混凝土的比强度

材料	表观密度（kg/m^3）	抗压强度（MPa）	比强度
低碳钢	7 860	415	0.053
松木（顺纹）	500	34.3	0.069
普通混凝土	2 400	40	0.017

比强度高的材料具有轻质高强的特性，可用做高层、大跨度的结构材料。轻质高强材料是未来建筑材料发展的主要方向。

二、弹性和塑性

材料在外力作用下产生变形，当外力除去后，又能恢复原来形状的性质称为弹性，这种能完全恢复的变形称为弹性变形（或瞬时变形），其值的大小与外力成正比。

在外力作用下，材料产生变形，当外力取消后，材料不能恢复到原来形状，但不产生裂缝的性质称为塑性。这种不能恢复的变形称为塑性变形，塑性变形属于永久性变形。

实际上，完全弹性材料是没有的。一些材料在受力不大时只产生弹性变形，而当外力达到一定限度后，即产生塑性变形，如低碳钢，其变形曲线如图 1-5（a）所示。很多材料在受力时，弹性变形和塑性变形同时产生，如普通混凝土，其变形曲线如图 1-5（b）所示。

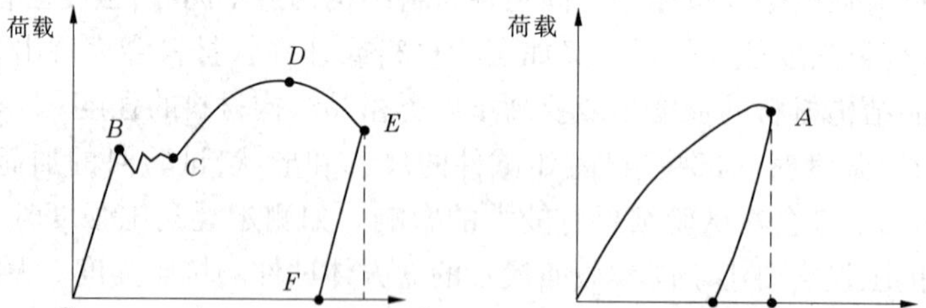

(a)低碳钢　　(b)普通混凝土

图 1-5 弹性材料的变形曲线

三、脆性和韧性

材料在外力作用下达到一定限度产生突然破坏，破坏时无明显塑性变形的性质称为脆性。具有脆性的材料称为脆性材料。脆性材料的抗压强度远大于其抗拉强度，因此其抵抗冲击荷载或振动荷载作用的能力很差。建筑材料中大部分无机非金属材料均为脆性材料,如混凝土、玻璃、天然岩石、石膏、生铁、砖瓦、陶瓷等。

材料在冲击、振动荷载作用下抵抗破坏的性能,称为冲击韧性。根据荷载作用的方式不同,分冲击抗压、冲击抗拉、冲击抗弯等。冲击韧性以材料冲击破坏时消耗的能量表示。有些材料在破坏前有显著的塑性变形,如低碳钢、有色金属、木材等。这类材料在冲击、振动荷载作用下,能吸收较大的能量,有较高的韧性。

在建筑工程中,对于要求承受冲击荷载和有抗震要求的结构,如吊车梁、桥梁、路面等所用材料,均应具有较高的韧性。

选用材料时要考虑材料的脆性与韧性。

四、硬度和耐磨性

(一)硬度

材料抵抗其他较硬物体压入或刻划的性能,称为硬度。不同材料硬度的测定方法不同,常用的方法有刻划法、压入法,比如钢材的硬度常用钢球压入法(布氏硬度)测定,矿物质材料硬度按刻划法(莫氏硬度)分10级测定。

一般来说,硬度大的材料具有耐磨性较强、强度较高的特点,但不易机械加工。所以,硬度较大的材料,强度也较高,有些材料硬度与强度之间有较好的相互关系。测定硬度的方法简单,而且不破坏被测材料,所以有些材料可以通过测定硬度来推算其强度。如在测定混凝土结构强度时,可用回弹硬度来推算其强度的近似值。

(二)磨损及磨耗

材料受摩擦作用而减少质量和体积的现象称为磨损。磨损用磨损率表示

$$K = \frac{m_1 - m_2}{A} \tag{1-23}$$

式中 K——试件的磨损率,g/cm^2;

m_1、m_2——试件磨损前、后的质量,g;

A——试件受磨表面积,cm^2。

材料同时受摩擦和冲击作用而减少质量和体积的现象称为磨耗。磨耗以试验前、后的试件质量损失百分数表示。

磨损及磨耗统称为材料的耐磨性。材料的硬度大、韧性好、构造均匀致密时,其耐磨性较强。地面、路面等经常受摩擦的部位要求材料有较好的耐磨性能。

第三节　材料的耐久性与环境协调性

一、材料的耐久性

材料在使用过程中,能抵抗周围环境各种介质的侵蚀不变质、不破坏,而能保持原有性能的性质,称为材料的耐久性。

材料在使用过程中,除受到各种外力作用外,还长期受到周围环境因素和各种自然因素的破坏作用。这些破坏作用一般可分为物理作用、化学作用、生物作用和机械作用等。

物理作用包括干湿变化、环境温度变化、冻融循环、溶蚀、磨损等,材料经受这些作用后,将发生膨胀、收缩或产生应力,长期的反复作用将使材料逐渐被破坏。

化学作用包括大气和环境水中的酸、碱、盐等溶液或其他有害物质对材料的侵蚀作用,以及日光、紫外线等对材料的作用。化学作用使材料组成成分发生质变,从而导致材料破坏,如钢材的锈蚀、水泥的腐蚀等。

生物作用包括菌类、昆虫等的侵害作用,导致材料发生腐朽、虫蛀等而破坏,比如植物类建材的腐朽等。

机械作用包括荷载的持续作用,交变荷载引起的疲劳、冲击、磨损等。

一般矿物质材料,如石材、砖瓦、陶瓷、混凝土等,暴露在大气中时,主要受到大气的物理作用,当材料处于水位变化区域的水中时,还受到环境水的化学侵蚀作用。金属材料在大气中易锈蚀。沥青及高分子材料,在阳光、空气及辐射的作用下,会逐渐老化、变质而破坏。

为提高材料的耐久性,根据结构特点、使用环境和材料特点,综合分析影响材料耐久性的原因,通常可采取以下措施:根据使用环境选择耐久性较好的材料;采取各种方法尽可能降低材料的孔隙率,改善材料的孔隙结构;对材料表面进行表面处理以增强材料抵抗环境作用的能力。

耐久性是对材料综合性质的一种评述,它包括抗渗性、抗冻性、耐腐蚀性、耐老化性、抗风化性、耐热性、耐磨性等内容。对材料耐久性进行可靠的判断需要很长时间。对材料耐久性的判断,通常根据工程对所用材料的使用要求,在实验室进行有关的快速试验,如干湿循环、冻融循环、加湿与紫外线干燥循环、碳化、盐溶液浸渍与干燥循环、化学介质浸渍等。

提高材料的耐久性,对节约建筑材料、保证建筑物长期正常使用、减少维修费用、延长建筑物使用寿命等,均具有十分重要的意义。

二、环境协调性

材料的环境协调性是指材料在满足使用性能的同时还具有良好的环境表现和环境行为,环境材料的开发有助于资源短缺、能源危机和环境污染等问题的解决。材料的协调性通常用生命周期方法进行评估。所谓生命周期评价,是指一种对产品、生产工艺以及人类活动对环境的压力进行评价的客观过程,通过对能量和物质利用以及由此造成的环境废物排放进行辨识和量化来实现评价。其目的在于评估能量、物质利用以及废物排放对环境的影响,寻求改善环境影响的机会以及如何利用这种机会。这种评价贯穿于产品、工艺和消费活动的整个生命周期,包括原材料提取与加工,产品制造、运输以及销售,产品的使用、再利用和维护,以及废物循环和最终废物的处置。

建筑材料的环境协调问题日益受到重视。1994 年设立中国环境标志产品认证委员会,建筑材料中首先对水性涂料实行环境标志,制定环境标志的评定标准。为了保障人民群众的身体健康和人身安全,国家制定了《建筑材料放射性核素限量》(GB 6566—2010)以及关于室内装饰装修材料有害物质限量等 10 项国家标准,提出了有关控制要求,并已于 2002 年 1 月 1 日开始实施。

材料的环境协调性评价应系统全面，否则得出的结论就未必科学、可靠。

第四节　材料的组成、结构和构造

一、材料的组成

材料的组成是指材料的化学成分和矿物组成。材料的组成是材料性质的基础，它对材料的性质起着决定性的作用。不同材料由不同的化学成分及矿物成分组成。由于组成成分不同，材料的物理、化学、力学性质也有差异。如碳素钢与合金钢，两者化学组成接近，主要差别是碳含量不同，但矿物组成则差别较大，因而它们的物理、化学、力学性质也有较大的差异。又如，硅酸盐水泥与高铝水泥，由于矿物成分不同，性质也不同。即使化学及矿物成分都相同，但各种成分比例不同时，材料的性质也不同。如改变硅酸盐水泥熟料中的几种矿物成分的比例，便可得到低热的硅酸盐大坝水泥或快硬早强的快硬硅酸盐水泥。这两种水泥的凝结硬化速度及水化热等性质与硅酸盐水泥有较大差别。人工复合的材料如混凝土、建筑涂料等是由各种原材料配合而成的，因此影响这类材料性质的主要因素是其原材料的品质及配合比例。

二、材料的微观结构

材料的微观结构是指物相的种类、形态、大小及其分布特征。它与材料的强度、硬度、弹塑性、熔点、导电性、导热性等重要性质有着密切的关系。土木工程材料的使用状态均为固体，固体材料的相结构基本上可分为晶体结构、玻璃体结构、胶体结构三类，不同结构的材料具有不同的特性。

（一）晶体结构

晶体结构是由离子、原子、分子等质点，按一定的规则排列而成的空间格子（晶格）组成的固体。

晶体具有固定的几何外形。由于晶格在各个方向上的质点排列情况与数量不同，所以由晶格组成的晶粒是各向异性的，但由于晶粒的排列是不规则的，因而晶体材料在宏观上又显出各向同性。

晶体材料在外力作用下，表现为具有弹性，但当外力较大时，由于切应力达到一定限度而发生晶格沿晶面滑动，使材料产生塑性变形。如软钢和某些有色金属在应力较大时表现为塑性。

晶粒的大小、形状及分布状态也会影响晶体的性质。晶粒小，分布均匀，则强度高。因此，对钢材进行热处理，使晶粒细化，可提高其强度。

（二）玻璃体结构

玻璃体是熔融物质经急速冷却，质点来不及按一定规则排列便凝固的固体物质，属无定形结构。非晶体结构内部储存大量内能，具有化学不稳定性，在一定条件下易与其他物质发生化学反应，故具有较高的活性。如粒化高炉矿渣是由高炉中的熔渣经骤冷处理而成的，在外界的化学物质激发下，能释放出内能，而具有化学活性，可用做水泥的活性混合材料。另外,玻璃体内部质点排列无一定规则,不具有空间格子结构,各向同性,而且没有固定熔点,熔融时只出现软化现象。

(三)胶体结构

胶体是由一些直径 1 ~ 100 μm 的细小固体粒子(分散相)分散在介质中而形成的结构体系。由于胶体颗粒十分微小,其表面积很大,故有很大的表面能,吸附力很强,具有很强的胶结力。

当胶体中分散的微粒可以借布朗运动而自由运动时,这种胶体称为溶胶;当胶体由于脱水或微粒凝聚,使分散质点不能再借布朗运动而自由运动时,这种胶体称为凝胶。溶胶结构具有较好的流动性,液体性质对结构的强度及变形性质影响较大;凝胶结构基本上不具流动性,呈半固体或固体状态,强度较高,变形性较小。凝胶结构中质点呈连续的网状结构,包住了液体,体系失去了流动性,成为半固体状态。凝胶结构在搅拌、振动作用下黏度降低变为溶胶,具有流动性。静置一定时间后,溶胶又恢复为凝胶而且可以反复多次。这种溶胶、凝胶互变的性质称为触变性。硅酸盐水泥的主要水化产物是凝胶体,混凝土的徐变就是由水泥凝胶体产生的。

三、材料的宏观构造

材料的宏观构造是指用肉眼能观察到的外部和内部的结构。常见的构造形式有纤维构造、层状构造、多孔状构造、密实构造、散粒构造、纹理构造。材料的构造对材料的性质也有较大的影响。

纤维构造的材料内部组成有方向性,纵向较紧密而横向疏松,组织中存在相当多的孔隙,这类材料的性质具有明显的方向性,一般平行纤维方向的强度较高,导热性较好,如木材、竹、玻璃纤维、石棉等。

层状构造是指采用黏结或其他方法将材料叠合成层状的结构,如胶合板、叠合人造板、蜂窝夹芯板、纸面石膏板,以及某些具有层状填充料的塑料制品等。

多孔状构造的材料,如加气混凝土、石膏制品、烧结普通砖、泡沫塑料等,它们的孔隙率都较大,表观密度小。多孔状构造的材料的性质不仅与其孔隙率有关,还与其孔隙特征(如孔隙的大小、封闭或连通情况等)有关,一般来说,这类材料的强度较低,抗渗性和抗冻性较差,绝热性较好。

密实构造的材料内部基本上无孔隙,结构致密,如钢材、天然石材、玻璃、玻璃钢等。这类材料的特点是强度和硬度较高,吸水性小,抗渗性、抗冻性及耐磨性较好,绝热性差。

散粒构造是指松散颗粒状结构,如混凝土用集料、用做绝热材料的粉状和粒状的填充料。

纹理构造是天然材料在生长过程中,自然形成的天然纹理,如木材、大理石、花岗石等板材,或人工制造材料时特意造成的纹理,如瓷质彩胎砖、人造花岗石板材等,这些天然或人工造成的纹理,使材料具有良好的装饰性。

【工程案例 1-1】 木材的干湿变化引起木材变形。

现象:某办公室的木地板使用一段时间后出现接缝不严,后有一次饮水机大量漏水,造成地板积水,晾干后一些木地板出现起拱。请分析原因。

分析:木地板接缝不严的原因是木地板的干燥收缩。若铺设时木板的含水率过大,高于平衡含水率,则日后特别是干燥季节,水分减少、干缩明显,就会出现接缝不严。但若原来木材含水率过低或被水浸泡后,木材吸水膨胀,就会出现起拱。接缝不严和起拱是一个问题的两个方面,即木地板制作需考虑使用环境的湿度,含水率过低或过高都不行,应控制适当范围,使用过程中应注意避免水浸。

【工程案例1-2】 砖浸水后强度下降。

现象:某地发生历史罕见的洪水。洪水退后,许多砖房倒塌,其砌筑用的砖多为未烧透的多孔红砖。请分析原因。

分析:这些红砖没有烧透,砖内开口孔隙率大,吸水率高。吸水后,红砖强度下降,特别是当有水进入砖内时,未烧透的黏土遇水分散,强度下降更大,不能承受房屋的重量,从而导致房屋倒塌。

【工程案例1-3】 吸声材料的保温性分析。

现象:广州地铁坑口站二层站厅拱顶采用阻燃轻质吸声材料喷粘,该材料是由废纸、废棉絮等经防火和防虫处理制成的。使用该材料后声环境大为改善,且经热工测试,当屋顶外壁温度较高时,室内温度较喷粘前降低。请分析原因。

分析:因该阻燃轻质吸声材料是轻质疏松的纤维状材料,孔隙率较大,内部空气较多,由于密闭空气的导热系数很小,其导热性较差,故具有绝热材料的结构特点。经检测,其保温隔热性能与玻璃棉相近,故喷粘后可有一定的保温隔热效果。

复习思考题

一、问答题

1. 材料的密度、表观密度、堆积密度有何区别?如何测定?材料吸水后对三者有什么影响?

2. 材料的吸水性、吸湿性、耐水性、抗渗性和抗冻性各用什么指标表示?

3. 简述材料的孔隙率及孔隙特征对材料吸水性、抗渗性、抗冻性、保温性能及强度的影响。

4. 保温隔热材料为什么要注意防潮、防冻?

5. 影响材料强度测试结果的试验条件有哪些?

6. 何谓材料的弹性变形与塑性变形?何谓塑性材料与脆性材料?

二、计算题

1. 一块状材料(孔隙特征为开口连通)自然状态下体积为72 cm^3,自然状态下(含水)质量为129.1 g,烘干后(体积不变)质量为121.5 g,材料的密度为2.7 g/cm^3,求其表观密度、含水率、质量吸水率各是多少。(水的密度为1 g/cm^3)

2. 某工地所用卵石材料的密度为2.65 g/cm^3,表观密度为2.61 g/cm^3,堆积密度为1 680 kg/m^3,计算此卵石材料的孔隙率与空隙率。

3. 某工地收到含水率4%的砂子500 t,实为干砂多少吨？若需干砂500 t,应进含水率4%的砂子多少吨？

4. 某石材在气干、绝干、水饱和情况下测得的抗压强度分别为177 MPa、181 MPa、168 MPa,求该石材的软化系数,并判断该石材可否用于水下工程。

5. 某墙体材料的密度为2.7 g/cm^3,干燥状态下表观密度为1 650 kg/m^3,其质量吸水率21%,试求其孔隙率并估计该材料的抗冻性。

第二章　气硬性胶凝材料

学习目标

掌握石灰、石膏及水玻璃的技术性质、应用，以及它们在配制、储运和使用中应注意的问题；理解石灰、石膏及水玻璃的水化（熟化）、凝结、硬化规律；了解三种材料的原料和生产方法。

重点：石灰、石膏的技术性质、应用。

难点：水玻璃的技术性质。

胶凝材料是指经过自身的物理化学作用后，在由可塑浆体变为坚硬石状体的过程中，能把散粒或者块状的材料胶结成一个整体的材料。

胶凝材料分为无机胶凝材料（亦称矿物胶凝材料）和有机胶凝材料两类。

无机胶凝材料按凝结硬化条件不同又可分为气硬性胶凝材料和水硬性胶凝材料两种。气硬性胶凝材料只能在空气中硬化，并保持或继续提高其强度。属于这类材料的有石灰、石膏、水玻璃及镁质胶凝材料等。水硬性胶凝材料不仅能在空气中而且能更好地在水中硬化，保持并继续提高其强度。属于这类材料的有各种水泥。

气硬性胶凝材料只能用于地面以上处于干燥环境的建筑物，水硬性胶凝材料既可以用于地面上的建筑物，也可以用于地下或水中的建筑物。

第一节　石　灰

石灰是一种古老的建筑材料，因其具有原料分布广泛、生产工艺简单、成本低廉、使用方便等优点，所以至今仍然广泛应用于建筑工程中。

一、石灰的原料和生产

生产石灰的主要原料是以碳酸钙为主的石炭岩，如石灰石、白垩、白云质石灰石等。原料经高温煅烧后，生成以 CaO 为主要成分的生石灰，反应式如下

$$CaCO_3 \xrightarrow{900\ ℃} CaO + CO_2 \uparrow$$

为了加快煅烧过程，常使温度高达 1 000～1 100 ℃。煅烧时温度的高低及分布情况对石灰质量有很大影响。若温度太低或温度分布不均匀，碳酸钙不能完全分解，则产生欠火石灰；若温度太高，则产生过火石灰。煅烧良好的石灰，质轻色匀，密度约为 3.2 g/cm^3，堆积密度为 800～1 000 kg/m^3。

石灰的原料中常含有碳酸镁，故生石灰中尚含有一些 MgO。按 MgO 的多少，生石灰又可分为钙质石灰和镁质石灰。

二、生石灰的熟化与硬化

(一)熟化

石灰在使用前,一般要加水进行熟化,经过熟化的石灰,其主要成分是 $Ca(OH)_2$。石灰熟化的反应式为

$$CaO + H_2O \rightarrow Ca(OH)_2 + 64.9\ kJ$$

石灰在熟化过程中,放出大量的热,体积膨胀 1.5 ~ 2.5 倍。根据熟化时加水量的不同,熟石灰可呈粉状或浆状。

生石灰熟化成消石灰粉的理论加水量仅为 CaO 质量的 32%,但由于一部分水分随放热过程而蒸发,故实际加水量为 70% 左右。消石灰粉的密度约为 2.1 g/cm^3,松散状态下的堆积密度为 400 ~ 450 kg/m^3。消石灰粉的生产多在工厂中进行。

在建筑工地上,多用石灰槽或石灰坑将石灰熟化成石灰浆使用,通常加水量为石灰量的 2.5 ~ 3.0 倍或更多。熟化时经充分搅拌使之生成稀薄的石灰乳,再注入石灰坑内,澄清后形成约含 50% 水分的石灰浆(石灰膏),其堆积密度为 1 300 ~ 1 400 kg/m^3。

欠火石灰的中心部分仍是碳酸钙硬块,不能熟化,形成渣子。过火石灰结构紧密,且表面有一层深褐色的玻璃状硬壳,故熟化很慢,当用于建筑物上后,可能继续熟化产生体积膨胀,从而引起裂缝或局部脱落现象。为消除过火石灰的危害,石灰浆应在储灰坑中存放两星期以上(称为陈伏),使未熟化的颗粒充分熟化。在陈伏期间,石灰浆表面应覆盖一层水膜,以免石灰碳化。

(二)硬化

石灰浆在空气中逐渐硬化,其硬化包括两个同时进行的过程:

(1)石灰浆中的水分逐渐蒸发,或被周围砌体所吸收,氢氧化钙从饱和溶液中析出结晶,即结晶过程。

(2)氢氧化钙吸收空气中的二氧化碳,生成碳酸钙并放出水分,即碳化过程,其反应如下

$$CaO + CO_2 + nH_2O = CaCO_3 + nH_2O$$

碳化作用主要发生在与空气接触的表面,当表层生成致密的碳酸钙薄壳后,不但阻碍二氧化碳继续往深处渗透同时也影响水分的蒸发,故在砌体的深处,氢氧化钙不能充分碳化,而是进行结晶。因此,石灰浆的硬化是一个较缓慢的过程。

由于石灰浆的硬化是由碳化作用及水分的蒸发而引起的,故必须在空气中进行。又由于氢氧化钙能溶于水,故石灰不能用于与水接触或潮湿环境下的建筑物。

纯石灰浆在硬化时收缩较大,易发生收缩裂缝,所以在工程上常配成石灰砂浆使用。掺入砂子除能构成坚固的骨架,以减少收缩并节约水泥外,还能形成一定的孔隙,使内部水分易于蒸发,二氧化碳易于透入,有利于硬化过程的进行。

三、石灰的技术要求和技术指标

根据建筑石灰标准,建筑石灰分为钙质石灰、镁质石灰及白云石消石灰,其分类标准见表 2-1,各类石灰技术指标见表 2-2。

表 2-1　石灰分类(JC/T 479—92,JC/T 481—92)

品种	氧化镁含量(%)		
	钙质石灰	镁质石灰	白云石消石灰
生石灰	≤5	>5	—
生石灰粉	≤5	>5	—
消石灰粉	<4	≤4 ~ <24	≤24 ~ <30

表 2-2　石灰的技术指标(JC/T 479—92,JC/T 489—92)

品种	项目			钙质石灰			镁质石灰			白云石消石灰		
				优等品	一等品	合格品	优等品	一等品	合格品	优等品	一等品	合格品
生石灰	$CaO+MgO$ 含量(%) 不小于			90	85	80	85	80	75	—	—	—
生石灰	未消化残渣含量(5 mm 圆形方孔筛筛余,%)		不大于	5	10	15	5	10	15	—	—	—
生石灰	CO_2(%)		不大于	5	7	9	6	8	10	—	—	—
生石灰	产浆量(L/kg) 不小于			2.8	2.3	2.0	2.8	2.3	2.0	—	—	—
生石灰粉	$CaO+MgO$ 含量(%) 不小于			85	80	75	80	75	70	—	—	—
生石灰粉	CO_2 含量(%)		不大于	7	9	11	8	10	12	—	—	—
生石灰粉	细度	0.9 mm 筛筛余(%)	不大于	0.2	0.5	1.5	0.2	0.5	1.5	—	—	—
生石灰粉	细度	0.125 mm 筛筛余(%)	不大于	7	12	18	7	12	18	—	—	—
消石灰粉	$CaO+MgO$ 含量(%) 不小于			70	65	60	65	60	55	65	60	55
消石灰粉	游离水(%)			0.4~2	0.4~2	0.4~2	0.4~2	0.4~2	0.4~2	0.4~2	0.4~2	0.4~2
消石灰粉	体积安定性			合格	合格	—	合格	合格	—	合格	合格	—
消石灰粉	细度	0.9 mm 筛筛余(%)	不大于	0	0	0.5	0	0	0.5	0	0	0.4
消石灰粉	细度	0.125 mm 筛筛余(%)	不大于	3	10	15	3	10	15	3	10	15

四、石灰的运用与储存

石灰在建筑上应用很广，常用来配置石灰砂浆、水泥石灰混合砂浆等，作为砌筑砖石及抹灰之用。石灰乳常作为墙面及天棚等的粉刷涂料使用。

消石灰与黏土可配置成灰土，再加入砂子则可配置成三合土，经过夯实，具有一定的强度和耐水性，可用于建筑物的基础和垫层，也可用于小型水利工程。三合土或灰土的硬化除 $Ca(OH)_2$ 发生结晶及碳化作用外，$Ca(OH)_2$ 还能与黏土中少量活性 SiO_2 及 Al_2O_3 作用而生成具有水硬性的水化硅酸钙及水化铝酸钙。三合土或灰土可就地取材，施工技术简单，成本低，具有很大的使用价值。

将生石灰磨成细粉，不经消解，直接使用，称为磨细生石灰。磨细生石灰常用于制作硅酸盐制品及无熟料水泥，也可用于拌制三合土或灰土等，其物理力学性能比使用消石灰粉好。

用磨细生石灰掺加纤维状填料或轻质集料搅拌成型后，经人工碳化，可制成碳化石灰板，用于隔墙、天花板等。

石灰要在干燥条件下运输和储存，注意防潮防水，且不宜在空气中存放太久。

第二节　石　膏

石膏是一种传统的胶凝材料。我国石膏资源丰富，建筑石膏生产工艺简单。建筑石膏制品质轻、防火性能好、装饰性强，具有广阔的发展前景。

一、建筑石膏的原料和生产

石膏胶凝材料主要由天然二水石膏矿石（或称生石膏）$CaSO_4 \cdot 2H_2O$ 经煅烧脱水而制成，除天然二水石膏外，天然无水石膏（或称硬石膏）$CaSO_4$、工业副产石膏（以硫酸钙为主要成分的工业副产品，如磷石膏、氟石膏）也可以作为制造石膏胶凝材料的原料。

生产石膏的主要工序是煅烧和磨细。在煅烧二水石膏时，由于加热温度不同，所得石膏的组成与结构不同，其性质也有很大差别。在常压下，当加热温度为 107～170 ℃时，二水石膏逐渐失去大量水分，生成 β 型半水石膏（或称熟石膏），其反应式为

$$CaSO_4 \cdot 2H_2O \xrightarrow{107\sim170\ ℃} CaSO_4 \cdot \frac{1}{2}H_2O + 1\frac{1}{2}H_2O$$

半水石膏加水拌和后，能很快凝结硬化。

当煅烧温度升到 170～200 ℃时，石膏继续脱水，变成可溶的硬石膏，与水拌和后也能很快凝结硬化。当煅烧温度升到 200～250 ℃时，生成的石膏仅残留微量水分，凝结硬化异常缓慢。当煅烧温度高于 400 ℃时，石膏完全失去水分，变成不溶解的硬石膏，不能凝结硬化。当温度高于 800 ℃时，石膏将分解出部分 CaO，称为高温煅烧石膏，重新具有凝结及硬化的能力，虽凝结较慢，但强度及耐磨性较高。在建筑上应用最广的是半水石膏。

二、建筑石膏的凝结硬化

将 β 型半水石膏磨成细粉，即得建筑石膏。其中，杂质较少、色泽洁白、磨得较细的

产品称模型石膏。

建筑石膏遇水时，将重新水化成二水石膏，并逐渐凝结硬化，其反应如下

$$CaSO_4 \cdot \frac{1}{2}H_2O + 1\frac{1}{2}H_2O = CaSO_4 \cdot 2H_2O$$

建筑石膏凝结硬化过程为：半水石膏遇水即发生溶解，溶解很快达到饱和，溶液中的半水石膏水化而成为二水石膏。由于二水石膏的溶解度远比半水石膏小，所以很快从饱和溶液中沉淀析出二水石膏的胶体微粒并不断转化为晶体。由于二水石膏的析出破坏了原有半水石膏的平衡状态，这时半水石膏即进一步溶解和水化。如此不断地进行半水石膏的溶解和二水石膏的析晶，直到半水石膏完全水化。随着浆体中的自由水分因水化和蒸发而逐渐减少，浆体逐渐变稠失去塑性，呈现石膏的凝结。此后，二水石膏的晶体继续大量形成、长大，晶体之间互相接触与连生，形成晶体结构网，浆体逐渐硬化成为坚硬的块体，并具有一定的强度。

建筑石膏凝结硬化很快，一般终凝时间不超过0.5 h。硬化后体积稍有膨胀（膨胀量为0.5% ~1%），故能填满模型，形成平滑饱满的表面，干燥时也不开裂。所以，石膏可不加填充料而单独使用。

三、建筑石膏的性质与技术要求

建筑石膏密度为2.5 ~2.8 g/cm^3，其紧密堆积密度为1 000 ~1 200 kg/m^3，疏松堆积密度为800 ~1 000 kg/m^3。

建筑石膏水化反应的理论需水量仅为石膏质量的18.6%，但使用时，为使浆体具有一定的可塑性，需水量常达到60% ~80%。多余水分蒸发后留下大量孔隙，故硬化后石膏具有多孔性，表观密度较小，导热性较小，强度也较低。

建筑石膏硬化后具有很强的吸湿性，受潮后晶体间结合力减弱，强度剧烈降低，软化系数为0.2 ~0.3，耐水性及抗冻性均较差。

建筑石膏具有良好的防火性能。硬化后的石膏为二水石膏，当其遇火时，二水石膏吸收大量的热而蒸发脱水，在制品表面形成水蒸气隔层，使其具有良好的防火性能。

根据《建筑石膏》（GB/T 9776—2008）的规定，建筑石膏2 h强度（抗折）分为3.0、2.0、1.6三个等级，各项指标见表2-3。

表2-3　建筑石膏物理力学性能指标

等级	细度（0.2 mm方孔筛筛余）（%）	凝结时间（min）		2 h强度（MPa）	
		初凝	终凝	抗折	抗压
3.0	≤10	≥3	≤30	≥3.0	≥6.0
2.0				≥2.0	≥4.0
1.6				≥1.6	≥3.0

四、建筑石膏的应用与储存

建筑石膏加水、缓凝剂等拌和成石膏浆体，可用于室内抹灰的面层，也可以用于油漆、涂料的打底层。

石膏制品具有轻质、绝热、吸声、防火和施工方便等特点，具有广阔的发展空间。目前，我国生产的主要品种有纸面石膏板、纤维石膏板、空心石膏条板、石膏砌块等。

建筑石膏及其制品在运输和储存时，要注意防雨防潮，建筑石膏的储存期为 3 个月，过期或受潮后，强度会有一定程度的降低。

第三节　水玻璃

水玻璃俗称泡花碱，是一种水溶性硅酸盐，由碱金属氧化物和二氧化硅结合而成，如硅酸钠（$Na_2O \cdot nSiO_2$）、硅酸钾（$K_2O \cdot nSiO_2$）等。

一、水玻璃的生产

建筑上通常使用的水玻璃是硅酸钠的水溶液，为无色、青绿色或棕色黏稠液体。其制造方法是将石英砂粉或石英岩粉加入 Na_2CO_3 或 Na_2SO_4 中，在玻璃熔炉内以 1 300 ~ 1 400 ℃温度融化，冷却后即成固态水玻璃，然后在 0.3 ~ 0.8 MPa 压力的蒸压锅内加热，将其溶解成液态水玻璃。水玻璃是一种胶质溶液，具有胶结能力。

水玻璃中 SiO_2 和 Na_2O 的分子数比值 n 称为水玻璃硅酸盐模数。n 值越大，水玻璃中胶体组分越多，水玻璃的黏性越大，越难溶于水，但却容易分解硬化，黏结能力较强。建筑工程中常用的水玻璃的 n 值一般为 2.4 ~ 3.5。相同模数的液态水玻璃，其密度较大（即浓度较稠）者，黏性较大，黏结性能较好。工程中常用的水玻璃密度为 1.35 ~ 1.50 g/cm^3。

二、水玻璃的硬化

水玻璃在空气中与二氧化碳作用，析出无定形二氧化硅凝胶，并逐渐干燥而硬化。其反应式为

$$Na_2O \cdot nSiO_2 + CO_2 + mH_2O = Na_2CO_3 + nSiO_2 \cdot mH_2O$$

由于空气中 CO_2 含量低，上述硬化过程进行得很慢，为加速其硬化，常加入促凝剂氟硅酸钠（Na_2SiF_6），以促使二氧化硅凝胶加速析出。其反应式为

$$2(Na_2O \cdot nSiO_2) + Na_2SiF_6 + mH_2O = (2n+1)SiO_2 \cdot mH_2O + 6NaF$$

氟硅酸钠的适宜掺量为水玻璃质量的 12% ~15%。

三、水玻璃的性质

（1）水玻璃具有良好的黏结能力，硬化后有较高的黏结强度。

（2）水玻璃有较好的耐热性，在高温下硅酸胶干燥快，形成二氧化硅空间网状骨架，强度并不降低，甚至有所提高。

(3)水玻璃能抵抗大多数无机酸和有机酸的作用。这是由于硬化后水玻璃的主要成分为 SiO_2，它在氧化性酸中具有较高的化学稳定性。

(4)水玻璃的耐碱性和耐水性较差。

四、水玻璃的运用

(1)作为灌浆材料以加固地基。使用时将水玻璃溶液与氯化钙溶液交替地灌入基础中，反应式为

$$Na_2O \cdot nSiO_2 + CaCl_2 + mH_2O = nSiO_2 \cdot (m-1)H_2O + Ca(OH)_2 + 2NaCl$$

反应生成的硅胶起胶结作用，能包裹土粒并填充其孔隙。氢氧化钙也起胶结和填充空隙的作用。因此，不仅可以提高基础的承载能力，而且可以增强不透水性。

(2)将水玻璃溶液涂刷于混凝土、砖、石、硅酸盐制品等材料的表面，使其渗入材料的缝隙中，可以提高材料的密实度和抗风化性。但不能用水玻璃涂刷石膏制品，因为硅酸钠能与硫酸钙反应生成硫酸钠，结晶时体积膨胀，使制品破坏。

(3)水玻璃能抵抗大多数无机酸(氢氟酸除外)的作用，故常与耐酸填料和集料配制耐酸砂浆和耐酸混凝土。耐酸混凝土的配合比大致为水玻璃: 粉末填料: 砂: 石 = (0.6 ~ 0.7) : 1 : 1 : (1.5 ~ 2.0)(质量比)，氟硅酸钠用量为水玻璃质量的 12% ~15%。

(4)水玻璃具有良好的耐热性，可用于配制耐热砂浆和耐热混凝土，耐热温度可高达 1 200 ℃。

(5)将水玻璃溶液掺入砂浆或混凝土中，可使砂浆或混凝土急速硬化，用于堵漏、抢修等。

不同的应用条件需要选择不同 n 值的水玻璃。用于地基灌浆时，采用 $n = 2.7 \sim 3.0$ 的水玻璃较好；涂刷材料表面时，采用 $n = 3.3 \sim 3.5$ 的水玻璃为宜；配制耐热混凝土或作为水泥的促凝剂时，采用 $n = 2.6 \sim 2.8$ 的水玻璃为宜。

水玻璃 n 值的大小可根据需求予以配制。在水玻璃溶液中加入 Na_2O 可降低 n 值，融入硅胶(SiO_2)可提高 n 值，也可用 n 值较大及较小的两种水玻璃掺配使用。

(6)以水玻璃为胶凝材料，膨胀珍珠岩或膨胀蛭石为集料，加入一定量的赤泥或氟硅酸钠，经配料、搅拌、成型、干燥、焙烧而制成的制品，是良好的保温隔热材料。

【工程案例 2-1】 粉刷石膏的特点。

现象：提起建筑物的墙面抹灰材料，人们总会想到水泥砂浆。不可否认，水泥砂浆产品的耐水性好，强度较高，价格相对便宜。从长时间的应用效果看，水泥砂浆产品自身还存在一些不足，如产品的碱性高、收缩大、易空鼓开裂，尤其是近些年新型墙材的使用，由于这些新型墙材一般吸水率都较高，对抹灰材料的综合性能提出的要求更高。相比之下，传统的水泥砂浆产品已不能满足使用需要，建筑工程中墙体采用水泥砂浆产品的粉刷层出现空鼓、开裂的现象非常多。所以，近些年针对这些问题工程中大多使用粉刷石膏作为内墙外层的抹灰材料。

分析：粉刷石膏产品属多孔质结构，而且孔质结构均匀分布，具有较好的保温效果和隔声性能。良好的黏结性、微膨胀性、和易性和流动性，使粉刷石膏在施工时的料浆容易渗透到墙壁或者顶棚的孔隙及凹凸纵横的缝隙中，待粉刷石膏料浆硬化后体积微膨胀，构

成键榫和细小勾挂系统，使抹灰层和基层紧贴，黏结强度增加，施工过程中落地灰少，材料损耗也少。同时，粉刷石膏料浆在水化硬化后，内部特有的多孔网络结构使其具有良好的排湿和吸湿性能，从而避免了因多孔结构造成的内部含水率不同而引起干缩变形。此外，粉刷石膏还具有对室内空气温度和湿度调节的作用，起到天然的"可呼吸"功能，对提高居住环境质量十分有益，尤其是作为无机材料，粉刷石膏产品的耐火性好，水化后形成的二水石膏在高温作用下会逐渐变为半水至无水石膏，吸收大量的热量，可有效缓解热量的聚集，延长主体结构的耐火极限。

【工程案例 2-2】 墙面出现开花的原因。

现象：建筑物内墙使用石灰砂浆，经一段时间之后，墙面出现开花和麻点（俗称爆花墙）。

分析：出现开花和麻点的现象，在建筑中又叫做墙体天花，其主要原因是抹墙的生石灰没有充分熟化，在抹墙的熟石灰中含有未熟化的过火石灰，过火石灰要经过 15 d 甚至更长时间才能充分熟化，因为过火石灰的熟化滞后于石灰的硬化，熟化过程中吸收空气中的水分产生膨胀，就出现了开花和麻点。

复习思考题

1. 气硬性胶凝材料与水硬性胶凝材料有何区别？

2. 为什么说建筑石膏是一种很好的内装饰材料，而不适用于室外？

3. 建筑石膏的等级是根据什么划分的？

4. 什么是石灰的熟化与陈伏？

5. 仓库内存放着一种白色粉末状建筑材料，请用简单的方法辨认该粉末是熟石灰、生石灰还是建筑石膏。

6. 水玻璃的模数和密度对水玻璃的黏结力有何影响？

7. 水玻璃的硬化有何特点？其在工程中有何用途？

第三章 水 泥

学习目标

本章是建筑材料与检测课程的重点内容之一。通过学习，掌握硅酸盐水泥熟料的矿物组成及其特性、凝结硬化过程、技术性质、质量标准、检测方法及其工程应用；理解水泥石的腐蚀及防止，掺混合材料的硅酸盐水泥的特性及应用；了解水泥的生产工艺，运输及保管的注意事项，发展散装水泥的意义。

重点：硅酸盐水泥和掺混合材料的硅酸盐水泥的技术性能、质量标准及检测方法。

难点：水泥的凝结硬化机制，其他品种水泥的特性。

水泥是水硬性胶凝材料，加水拌和，经过一系列的物理、化学作用后，既能在空气中凝结硬化，又能在水中保持其强度发展。

水泥是重要的建筑材料，广泛应用于国民经济建设的各个领域，如建筑、交通、水利、电力和国防工程等的基本建设中，用来生产混凝土、钢筋混凝土及其他水泥制品。

根据国家标准的水泥命名原则的规定，用于一般建筑工程的水泥为通用水泥，如硅酸盐水泥、普通硅酸盐水泥、矿渣硅酸盐水泥、火山灰质硅酸盐水泥、粉煤灰硅酸盐水泥和复合硅酸盐水泥等；适用于专门用途的水泥称为专用水泥，如道路水泥、大坝水泥、油井水泥等；具有某种性能比较突出的水泥称为特性水泥，如白水泥、快凝快硬硅酸盐水泥、膨胀水泥等。

水泥按其主要水硬性矿物组成不同，可分为硅酸盐水泥、铝酸盐水泥、硫铝酸盐水泥等。虽然水泥品种繁多，分类方法各异，但我国水泥产量的90%左右属于以硅酸盐为主要水硬性矿物的硅酸盐水泥。本章在讨论水泥的性质和应用时，以硅酸盐水泥为基础。

第一节 硅酸盐水泥

根据国家标准《通用硅酸盐水泥》(GB 175—2007)的规定，硅酸盐水泥的定义为：凡是由硅酸盐水泥熟料、0～5%粒化高炉矿渣、适量石膏磨细制成的水硬性胶凝材料称为硅酸盐水泥(即国外通称的波特兰水泥)。硅酸盐水泥分两种类型：不掺加混合材料的称Ⅰ型硅酸盐水泥，代号为P·Ⅰ；在硅酸盐水泥粉磨时，掺加不超过水泥质量5%的粒化高炉矿渣混合材料的称Ⅱ型硅酸盐水泥，代号为P·Ⅱ。

一、硅酸盐水泥的生产与矿物组成

(一)硅酸盐水泥的生产

生产硅酸盐水泥的原料主要是石灰质原料(如石灰石，主要成分为CaO)、黏土质原料(如黏土、页岩,主要成分为 SiO_2、Al_2O_3、FeO 等);为调整化学成分、控制焙烧温度,还需加入少量辅助材料,如铁矿粉(FeO)、氧化镁(MgO)。几种原料按一定比例配合、磨细,煅烧至部分熔融得到水泥熟料,再与适量石膏共同磨细,即可得到 P · Ⅰ型硅酸盐水泥。水泥熟料、适量石膏、不超过水泥质量5%的粒化高炉矿渣共同磨细,可得到 P · Ⅱ型硅酸盐水泥。其生产工艺流程如图 3-1 所示。

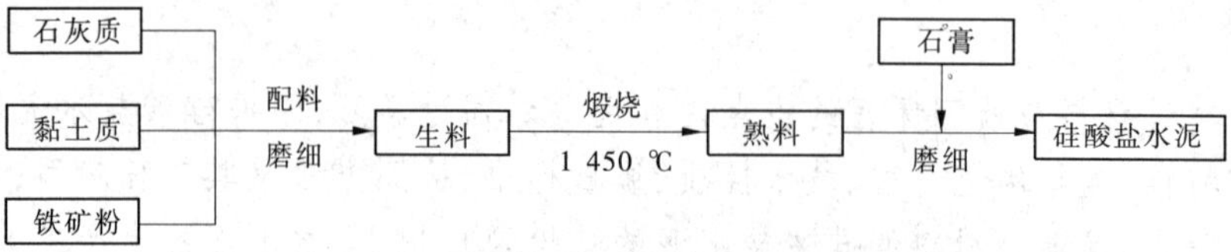

图 3-1　硅酸盐水泥生产工艺流程

硅酸盐水泥的生产工艺简称为“两磨一烧”。目前,我国生产水泥的工艺有干法生产和湿法生产。煅烧窑有立窑和回转窑。

水泥生产回转窑生产线如图 3-2 所示。

图 3-2　水泥生产回转窑生产线示意

(二)硅酸盐水泥熟料的矿物组成

硅酸盐水泥熟料的矿物组成非常复杂,其主要矿物和含量如下:

硅酸三钙($3CaO \cdot SiO_2$,简写为 C_3S),含量为 36% ~60%;

硅酸二钙($2CaO \cdot SiO_2$,简写为 C_2S),含量为 15% ~37%;

铝酸三钙($3CaO \cdot Al_2O_3$,简写为 C_3A),含量为 7% ~15%;

铁铝酸四钙($4CaO \cdot Al_2O_3 \cdot Fe_2O_3$,简写为 C_4AF),含量为 10% ~18%。

其中硅酸钙矿物含量不小于 66%,氧化钙和氧化硅质量比不小于 2.0。

各种矿物单独与水作用时所表现的特性如表 3-1 所示。

表 3-1　水泥熟料主要矿物的特性

矿物名称	简写	矿物特性				
		强度发展		水化热	耐化学腐蚀能力	干缩
		早期	后期			
$3CaO \cdot SiO_2$	C_3S	大	大	中	中	中
$2CaO \cdot SiO_2$	C_2S	小	大	小	最大	小
$3CaO \cdot Al_2O_3$	C_3A	大	小	大	小	大
$4CaO \cdot Al_2O_3 \cdot Fe_2O_3$	C_4AF	小	中	小	大	小

二、硅酸盐水泥的凝结硬化

(一)硅酸盐水泥的凝结与硬化

硅酸盐水泥的凝结与硬化是一个连续而复杂的物理化学变化过程,一直没有统一的理论。通常认为,水泥加水拌和后,水泥颗粒表面开始与水发生化学反应,逐渐形成水化物膜层,随着水化反应的持续进行,水化物增多、膜层增厚,并互相接触连接,形成疏松的空间网络。此时,水泥浆体就失去流动性和部分可塑性,但未具有强度,此即"初凝"。当水化作用不断深入并加速进行时,生成较多的凝胶和晶体水化物,且互相贯穿而使网络结构不断加强,终至浆体完全失去可塑性,并具有一定的强度,此即"终凝"。以后,水化反应进一步进行,水化物也随时间的延续而增加,且不断充实毛细孔,水泥浆体网络结构更趋致密,强度大为提高,并逐渐变成坚硬的岩石状固体——水泥石,这一过程称为硬化。

(二)硅酸盐水泥的水化

水泥加水拌和后,水泥熟料的各种矿物立即与水发生反应,生成新的水化物,并放出一定的热量。其反应式如下

$$2(3CaO \cdot SiO_2) + 6H_2O = 3CaO \cdot 2SiO_2 \cdot 3H_2O + 3Ca(OH)_2$$

$$2(2CaO \cdot SiO_2) + 4H_2O = 3CaO \cdot 2SiO_2 \cdot 3H_2O + Ca(OH)_2$$

$$3CaO \cdot Al_2O_3 + 6H_2O = 3CaO \cdot Al_2O_3 \cdot 6H_2O$$

$$4CaO \cdot Al_2O_3 \cdot Fe_2O_3 + 7H_2O = 3CaO \cdot Al_2O_3 \cdot 6H_2O + CaO \cdot Fe_2O_3 \cdot H_2O$$

部分水化铝酸三钙与石膏作用产生如下反应

$$3CaO \cdot Al_2O_3 \cdot 6H_2O + 3(CaSO_4 \cdot 2H_2O) + 19H_2O = 3CaO \cdot Al_2O_3 \cdot 3CaSO_4 \cdot 31H_2O$$

硅酸盐水泥水化后,生成的主要水化产物有水化硅酸钙($3CaO \cdot 2SiO_2 \cdot 3H_2O$)、氢氧化钙($Ca(OH)_2$)、水化铝酸钙($3CaO \cdot Al_2O_3 \cdot 6H_2O$)、水化铁酸钙($CaO \cdot Fe_2O_3 \cdot H_2O$)、水化硫铝酸钙($3CaO \cdot Al_2O_3 \cdot 3CaSO_4 \cdot 31H_2O$,又称钙矾石)等五种。水泥完全水化后,水化硅酸钙约占50%,氢氧化钙约占25%,水化硫铝酸钙约占7%。水化铝酸钙、水化硫铝酸钙和氢氧化钙为晶体。

水泥熟料矿物的水化反应产物不同,它们的反应速度也相差很大。合理配置其成分含量,可生产出专用水泥和特性水泥,用于有特殊要求的工程。

(三)水泥石的结构

水泥浆硬化后的石状物称为水泥石。水泥石是由未水化的水泥颗粒A、凝胶体的水化产物B、结晶体的水化产物C,以及未被水泥颗粒和水化产物所填充的空间D(毛细孔或毛细孔水)及凝胶体中的孔E(凝胶孔)所组成的多孔体系,如图3-3所示。

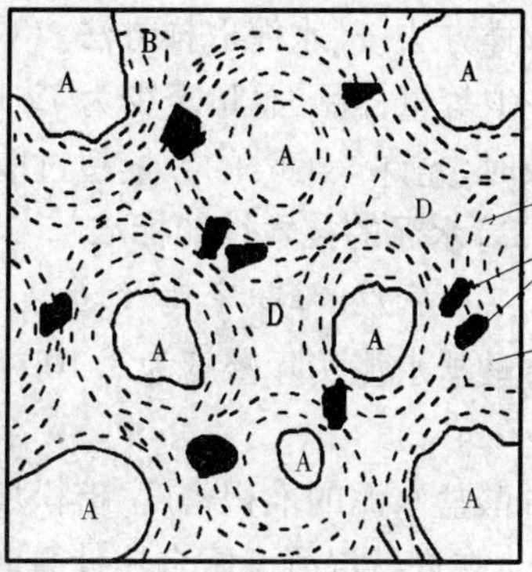

A—未水化水泥颗粒;
B—胶体粒子(C-S-H等);
C—晶体粒子($Ca(OH)_2$ 等);
D—毛细孔(或毛细孔水);
E—凝胶孔

图3-3 水泥石的结构

(四)影响水泥石强度发展的因素

1. 水灰比

拌和水泥浆时,水与水泥的质量比,称为水灰比(W/C)。水灰比越大,水泥浆越稀,凝结硬化和强度发

展越慢，且硬化后的水泥石中毛细孔含量越多，强度越低；反之，凝结硬化和强度发展越快，强度越高。因此，在保证成型质量的前提下，应降低水灰比，以提高水泥石的硬化速度和强度。

2. 养护时间

随着养护时间的延长，水泥的水化程度增加，凝胶体数量增加，毛细孔减少，强度不断增长。

3. 温度和湿度

温度升高，水泥水化反应加速，强度增长也快；温度降低则水化减慢，强度增长也趋缓，当温度为 0 ℃以下时，水化停止，并可能遭受冰冻破坏。因此，在冬季施工时，需要采取保温等措施。

水泥的水化及凝结硬化必须在有足够水分的条件下进行。环境湿度大，水分蒸发慢，水泥浆体可保持水泥水化所需的水分。若环境干燥，水分将很快蒸发，水泥浆体中缺乏水泥所需的水分，使水化反应不能正常进行，强度也不再增长，还可能使水泥石或水泥制品表面产生干缩裂纹。所以，混凝土工程在浇灌后 2 ~ 3 周内必须加强洒水养护，以保证水化时所必需的水分，使水泥得到充分水化。

三、硅酸盐水泥的技术性质和技术标准

（一）水泥的取样

水泥出厂前按同品种、同强度等级编号和取样。袋装水泥和散装水泥应分别进行编号和取样。每一编号为一取样单位。

水泥出厂编号按年生产能力规定为：200 万 t 以上，不超过 4 000 t 为一编号；120 万 ~ 200 万 t，不超过 2 400 t 为一编号；60 万 ~ 120 万 t，不超过 1 000 t 为一编号；30 万 ~ 60 万 t，不超过 600 t 为一编号；10 万 ~ 30 万 t，不超过 400 t 为一编号；10 万 t 以下，不超过 200 t 为一编号。

取样方法按《水泥取样方法》（GB 12573—2008）进行，可连续取，亦可从 20 个以上不同部位取等量样品，总量至少为 12 kg。当散装水泥运输工具的容量超过该厂规定出厂编号吨数时，允许该编号的数量超过取样规定吨数。

（二）水泥的技术性能标准

1. 实际密度、堆积密度、细度

硅酸盐水泥实际密度为 3. 10 ~ 3. 20 g/cm^3。在进行混凝土配合比计算时，通常采用 3. 10 g/cm^3。

硅酸盐水泥的堆积密度，疏松堆积时为 1 000 ~ 1 100 kg/m^3，紧密堆积时可达 1 600 kg/m^3。在进行混凝土配合比计算时，通常采用 1 300 kg/m^3。

2. 标准稠度及其用水量

水泥净浆标准稠度用水量是指拌制水泥净浆时为达到标准稠度所需的加水量，它是测定水泥的凝结时间、体积安定性等性能的依据。它以水与水泥质量之比的百分数表示，用标准稠度与凝结时间测定仪，按《水泥标准稠度用水量、凝结时间、安定性检验方法》（GB/T 1346—2011）测定。硅酸盐水泥的标准稠度用水量一般为 24% ~ 30%。

3. 体积安定性

水泥体积安定性是指水泥浆体硬化后体积变化的稳定性。体积安定性不良的水泥，在浆体硬化过程中或硬化后产生不均匀的体积膨胀，引起水泥石开裂，应用在工程中，可使结构构件产生膨胀性裂缝而引起严重质量事故。

引起水泥安定性不良的主要原因是熟料中含有过量的游离氧化钙、游离氧化镁或掺入的石膏过多。它们是在高温下生成的，水化很慢，在水泥硬化后才开始或继续进行水化反应，其反应产物体积膨胀而使水泥石开裂。当石膏掺量过多时，在水泥硬化后，石膏与水化铝酸钙发生反应生成高硫型水化硫铝酸钙，体积膨胀，引起水泥石开裂。

国家标准规定，水泥熟料中游离氧化镁含量不得超过 5.0%，三氧化硫含量不得超过 3.5%。检测标准有《水泥压蒸安定性试验方法》(GB/T 750—92)、《水泥标准稠度用水量、凝结时间、安定性检验方法》(GB/T 1346—2011)。

在建筑工程中，常定性研究其含量是否超标的检测方法有：游离的氧化钙用沸煮法，游离的氧化镁用压蒸法，三氧化硫用浸水法。

4. 不溶物、烧失量

不溶物是指水泥中含有的不能被一定浓度的酸和碱溶解的物质。烧失量是指水泥在一定的温度和灼烧时间内失去的质量和原有质量的比值。不溶物和烧失量可以间接地衡量水泥的质量，是评定水泥是否掺假的重要指标。

国家标准规定：Ⅰ型硅酸盐水泥中不溶物含量不超过 0.75%，Ⅱ型硅酸盐水泥中不溶物含量不超过 1.5%；Ⅰ型硅酸盐水泥烧失量不超过 3.0%，Ⅱ型硅酸盐水泥烧失量不超过 3.5%。其检测方法按《水泥化学分析方法》(GB/T 176—2008)进行试验。

5. 氯离子

《水泥原料中氯离子的化学分析方法》(JC/T 420—2006)规定，水泥中氯离子含量不大于 0.06%。

6. 细度

水泥细度是指水泥颗粒粗细的程度，它是影响水泥性能的重要指标。水泥颗粒越细，与水反应的表面积越大，水化反应的速度越快，水泥石的早期强度越高。若颗粒过细，研磨时的耗能高且硬化时收缩也大，易产生裂缝。因此，水泥细度应适当。

根据国家标准规定，硅酸盐水泥比表面积应大于 300 m^2/kg。水泥的比表面积是指 1 kg水泥的面积，用水泥比表面积仪按《水泥比表面积测定方法　勃氏法》(GB/T 8074—2008)进行试验测定。

7. 凝结时间

水泥的凝结时间分初凝和终凝。自水泥开始加水拌和至水泥浆开始失去可塑性所需的时间称为初凝时间；自水泥开始加水拌和至水泥浆完全失去可塑性，并开始产生强度所需的时间称为终凝时间。按《水泥标准稠度用水量、凝结时间、安定性检验方法》(GB/T 1346—2011)规定的方法，测定试针沉至距底板(4 ± 1) mm 时所需的时间为初凝时间，试针沉入净浆 0.5 mm 时所需的时间为终凝时间。初凝时间测定用立式试模侧试图如图 3-4所示。

水泥的凝结时间对施工有重大意义。水泥的初凝不宜过早，以便在施工时有足够的

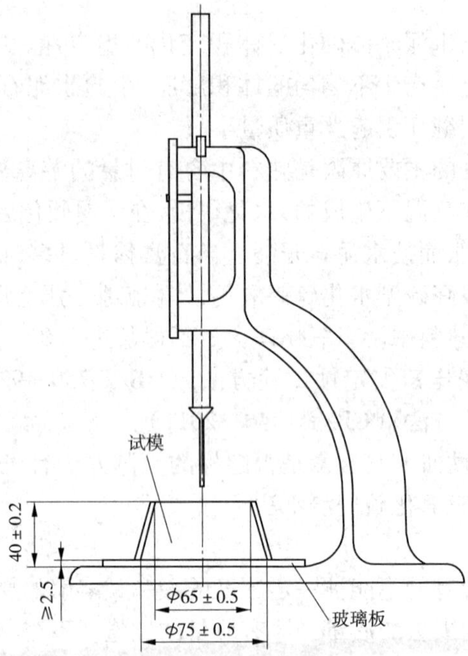

图 3-4 初凝时间测定用立式试模的侧视图 （单位：mm）

时间完成混凝土或砂浆的搅拌、运输、浇捣和砌筑等操作；水泥的终凝不宜过迟，以免拖延施工工期。

国家标准规定：硅酸盐水泥初凝时间不得早于 45 min，终凝时间不得迟于 390 min（6.5 h）。

8. 强度等级

国家标准《水泥胶砂强度检验方法（ISO 法）》（GB/T 17671—1999）规定，水泥强度必须按该标准的规定制作试件（试件尺寸 40 mm × 40 mm × 160 mm），在标准养护条件（(20 ±1)℃的水中）下，养护至 3 d 和 28 d，测定各龄期的抗折强度和抗压强度。该值是评定水泥等级的依据。

硅酸盐水泥的强度等级分为 42.5、42.5R、52.5、52.5R、62.5 和 62.5R 六个等级。

水泥强度等级按规定龄期的抗折强度和抗压强度来划分，各强度等级硅酸盐水泥各龄期的强度值不得低于表 3-2 中的数值。

硅酸盐水泥的强度主要取决于水泥熟料矿物的相对含量、水泥细度、水灰比大小、水化龄期和环境温度等。

试验检测数据若低于表 3-2 中的规定，就与低一个级别的数值相比较，符合低一个级别的就是降级使用品；若没有可比性，则定为不合格品。

9. 水化热

水化热是指水泥和水之间发生化学反应放出的热量，通常以焦耳/千克（J/kg）表示。

水泥水化放出的热量以及放热速度主要是由水泥的矿物组成和细度等因素决定的。熟料矿物中铝酸三钙和硅酸三钙的含量越高，颗粒越细，则水化热越大，这对一般建筑的冬季施工是有利的,但对于大体积混凝土工程是有害的。为了避免由于温度应力引起水泥石的开裂,在大体积混凝土工程施工中,不宜采用硅酸盐水泥,而应采用水化热低的水泥,如中热硅酸盐水泥、低热矿渣硅酸盐水泥等。

表3-2　硅酸盐水泥各强度等级、各龄期的强度标准值(GB 175—2007)

品种	强度等级	抗压强度(MPa)		抗折强度(MPa)	
		3 d	28 d	3 d	28 d
硅酸盐水泥	42.5	17.0	≥42.5	3.5	≥6.5
	42.5R	22.0		4.0	
	52.5	23.0	≥52.5	4.0	≥7.0
	52.5R	27.0		5.0	
	62.5	28.0	≥62.5	5.0	≥8.0
	62.5R	32.0		5.5	

注:R表示早强型。

10.碱的含量

水泥中的碱含量按 $Na_2O + 0.658K_2O$ 计算值表示。若使用活性集料,用户要求提供低碱水泥时,水泥中的碱含量应不大于0.60%或由买卖双方协商确定。

四、水泥石的腐蚀与防止

(一)水泥石的腐蚀

由于本身成分和构造上的原因,在某些腐蚀性介质作用下,水泥石的结构会逐渐遭到破坏,强度逐渐降低以致全部溃裂,这种现象称为水泥石的腐蚀。水泥石的腐蚀作用主要有以下三种类型。

1.软水腐蚀(溶出性侵蚀)

软水是指暂时硬度低的水,如工业冷凝水,蒸馏水,天然的雨水、雪水以及含重碳酸盐很少的河水及湖水。

当水泥石长期与软水接触时,由于水泥石中的氢氧化钙等成分溶解于水中,在静水或无水压的情况下,水泥石中的水被已溶解的氢氧化钙所饱和而使水泥石的溶出逐渐停止,软水的侵蚀作用仅限于表面,影响不大。但是,若水泥石在流动的水中或有压力的水中,溶出的氢氧化钙不断被冲走,侵蚀作用不断深入内部,使水泥石孔隙增大,强度下降,以致全部溃裂。

在含有一定量重碳酸盐的硬水(pH >7)中,重碳酸盐能与水泥石中的氢氧化钙进行化学反应,形成不溶于水的碳酸钙,其反应式为

$$Ca(OH)_2 + Ca(HCO_3)_2 = 2CaCO_3 + 2H_2O$$

反应所形成的碳酸钙可积聚在水泥石的孔隙内,形成密实的保护层,阻止外界水的继续浸入和内部氢氧化钙的析出,阻止侵蚀作用继续深入。因此,若使与水接触的水泥石表面能事先形成一层碳酸钙外壳,则可对溶出性侵蚀起到一定的防护作用。

2. 盐类腐蚀

1) 硫酸盐腐蚀

硫酸盐腐蚀实际上是膨胀性化学腐蚀。当水泥石受到侵蚀性介质作用后生成新的化合物,由于新生成物的体积膨胀而使水泥石破坏的现象,称为膨胀性化学腐蚀。例如,在海水、地下水及某些工业污水中常含有钠、钾、铵等的硫酸盐,它们与水泥石中的氢氧化钙反应生成硫酸钙,硫酸钙与水泥石中固态的水化铝酸钙作用,生成比原体积增加1.5倍以上的高硫型水化硫铝酸钙(钙矾石),由于体积膨胀而使已硬化的水泥石开裂、破坏。因高硫型水化硫铝酸钙呈针状晶体,故俗称为“水泥杆菌”。其反应式为

$$4CaO \cdot Al_2O_3 \cdot 12H_2O + 3CaSO_4 + 20H_2O = 3CaO \cdot Al_2O_3 \cdot 3CaSO_4 \cdot 31H_2O + Ca(OH)_2$$

2) 镁盐腐蚀

在海水及地下水中常含有大量镁盐,主要成分是硫酸镁和氯化镁。它们与水泥石中的氢氧化钙反应,生成易溶于水的新化合物。其反应式如下

$$MgSO_4 + Ca(OH)_2 = CaSO_4 + Mg(OH)_2$$

$$MgCl_2 + Ca(OH)_2 = CaCl_2 + Mg(OH)_2$$

反应生成的氢氧化镁松软而无胶凝能力;氯化钙易溶解于水,生成的硫酸钙又将产生硫酸盐腐蚀。因此,镁盐腐蚀属于双重腐蚀,腐蚀特别严重。

3. 酸类腐蚀

1) 碳酸腐蚀

工业污水、地下水中常溶解有较多的二氧化碳。水中的二氧化碳与水泥石中的氢氧化钙反应生成的碳酸钙如继续与含碳酸的水作用,则变成易溶于水的碳酸氢钙。由于碳酸氢钙的溶失以及水泥石中其他产物的分解,而使水泥石结构破坏。其化学反应式如下

$$Ca(OH)_2 + CO_2 + H_2O = CaCO_3 + 2H_2O$$

$$CaCO_3 + CO_2 + H_2O \rightleftharpoons Ca(HCO_3)_2$$

由碳酸钙转变为碳酸氢钙的反应是可逆的,只有当其中所含的碳酸超过平衡浓度(溶液中的 $pH < 7$)时,上式反应才向右进行,形成碳酸腐蚀。

2) 一般酸的腐蚀

工业废水、地下水中常含无机酸和有机酸;工业窑炉中烟气常含有二氧化硫,遇水后即生成亚硫酸。各种酸类对水泥石有不同程度的腐蚀作用。它们与水泥石中氢氧化钙作用后生成的化合物,或者易溶于水,或者体积膨胀而导致水泥石破坏。对水泥石腐蚀作用最快的是无机酸中的盐酸、氢氟酸、硫酸和有机酸中的醋酸、蚁酸、乳酸。例如,盐酸与水泥石中氢氧化钙作用

$$2HCl + Ca(OH)_2 = CaCl_2 + 2H_2O$$

反应生成的氯化钙易溶于水而导致化学腐蚀型破坏。硫酸与水泥石中的氢氧化钙作用,生成的石膏对水泥石产生硫酸盐膨胀型破坏。

除上述三种类型外,还有一些物质(如糖类、脂肪、强碱性物质)对水泥石也有腐蚀作用。

(二)腐蚀的防止

水泥石的腐蚀实际上是一个极为复杂的物理化学作用过程,且很少为单一的腐蚀作

用，常常是几种作用同时存在、互相影响。水泥石发生腐蚀的基本原因是：水泥石中存在着易受腐蚀的氢氧化钙和水化铝酸钙；水泥石本身不密实而使侵蚀性介质易进入其内部；外界因素的影响，如腐蚀介质的存在，环境温度、湿度、介质浓度的影响等。

根据以上腐蚀原因的分析，可采取下列防止腐蚀的措施：

(1)根据侵蚀环境特点，合理选用水泥品种。例如：选用水化物中氢氧化钙含量少的水泥，可以提高对软水等侵蚀作用的抵抗能力；为了抵抗硫酸盐腐蚀，可使用铝酸三钙含量低于5%的抗硫酸盐水泥等。

(2)提高水泥石的密实度。水泥石越密实，抗渗能力越强，侵蚀介质越难渗入内部，水泥石的抗侵蚀能力也越强。为了提高水泥混凝土的密实度，应该合理设计混凝土的配合比，尽可能采用低水灰比和选择最优施工方法。

(3)加做保护层。用耐腐蚀的石料、陶瓷、塑料、沥青等覆盖于水泥石的表面，以防止腐蚀介质与水泥石直接接触。

第二节　掺混合材料的硅酸盐水泥

掺混合材料的硅酸盐水泥是由硅酸盐水泥熟料，掺入适量的混合材料及石膏共同磨细制成的水硬性胶凝材料。掺混合材料的硅酸盐水泥可分为普通硅酸盐水泥、矿渣硅酸盐水泥、火山灰质硅酸盐水泥、粉煤灰硅酸盐水泥、复合硅酸盐水泥等。

一、混合材料

在水泥生产过程中，为改善水泥性能，调节水泥强度等级，掺入到水泥或混凝土中的人工或天然矿物质材料称为混合材料。根据所加矿物材料的性质，可划分为活性混合材料和非活性混合材料。

(一)活性混合材料

活性混合材料是指具有火山灰性或潜在水硬性或兼有火山灰性和潜在水硬性的矿物质材料。火山灰性是指磨细的矿物质材料和水拌和成浆后，单独时不具有水硬性，但在常温下与氢氧化钙和水发生水化反应，生成具有水硬性化合物的性能，如粉煤灰、火山灰、硅藻土等。潜在水硬性是指该类矿物质材料只需在少量外加剂的激发条件下，即可利用自身溶出的化学成分，生成具有水硬性的化合物，如粒化高炉矿渣等。

水泥中常用的活性混合材料有粒化高炉矿渣、粉煤灰和火山灰质混合材料。

1. 粒化高炉矿渣

粒化高炉矿渣是高炉冶炼生铁所得到的以硅酸钙与铝酸钙为主要成分的熔融物，经淬冷成粒后的产品，矿渣的化学成分主要为 CaO、Al_2O_3、SiO_2，另外，还有少量的 MgO、FeO 和硫化物等。矿渣的活性不仅取决于化学成分，而且在很大程度上取决于内部结构。矿渣熔体在淬冷成粒时，阻止了熔体向结晶体结构转变，而形成玻璃体，因此具有潜在水硬性，即粒化高炉矿渣在有少量激发剂的情况下，其浆体具有水硬性。粒化高炉矿渣、粒化高炉矿渣粉应分别符合《用于水泥中的粒化高炉矿渣》(GB/T 203—2008)、《用于水泥和混凝土中的粒化高炉矿渣粉》(GB/T 18046—2008)的要求。

2. 粉煤灰

粉煤灰是火力发电厂以煤粉为燃料燃烧后从烟气中收集下来的灰渣，其主要化学成分为 SiO_2 和 Al_2O_3，含有少量 CaO，具有火山灰性。粉煤灰应符合《用于水泥和混凝土中的粉煤灰》（GB/T 1596—2005）的要求。

3. 火山灰质混合材料

火山灰质混合材料是具有火山灰性的天然或人工的矿物质材料，如天然的火山灰、凝灰岩、浮石、硅藻土等，属于人工的有烧黏土、煤矸石渣、粉煤灰及硅灰等。火山灰质混合材料应符合《用于水泥中的火山灰质混合材料》（GB/T 2847—2005）的要求。

（二）非活性混合材料

非活性混合材料是指在水泥中主要起填充作用，而又不损害水泥性能的矿物材料。非活性混合材料掺入水泥中主要起调节水泥强度、增加水泥产量、降低水化热及降低成本等作用。常用的活性指标分别低于《用于水泥中的粒化高炉矿渣》（GB/T 203—2008）、《用于水泥和混凝土中的粒化高炉矿渣粉》（GB/T 18046—2008）、《用于水泥和混凝土中的粉煤灰》（GB/T 1596—2005）、《用于水泥中的火山灰质混合材料》（GB/T 2847—2005）要求的粒化高炉矿渣、粒化高炉矿渣粉、粉煤灰、火山灰质混合材料；石灰石和砂岩，其中石灰石中的三氧化二铝的含量应不大于2.5%。

二、掺混合材料的硅酸盐水泥

（一）掺混合材料的硅酸盐水泥的定义

1. 普通硅酸盐水泥

普通硅酸盐水泥简称普通水泥（代号为P·O），是由硅酸盐水泥熟料、6%～20%混合材料、适量石膏经磨细制成的水硬性胶凝材料。活性混合材料掺加量为>5%且≤20%，其中允许用不超过水泥质量8%且符合规定的非活性混合材料或不超过水泥质量5%且符合《掺入水泥中的回转窑窑灰》（JC/T 742—2009）规定的窑灰。

2. 矿渣硅酸盐水泥

矿渣硅酸盐水泥简称矿渣水泥，分为A型（代号为P·S·A）和B型（代号为P·S·B），是由硅酸盐水泥熟料、>20%且≤70%的混合材料、适量石膏经磨细制成的水硬性胶凝材料。A型矿渣掺加量>20%且≤50%，B型矿渣掺加量>50%且≤70%。

3. 火山灰质硅酸盐水泥

火山灰质硅酸盐水泥简称火山灰水泥（代号为P·P），是由硅酸盐水泥熟料和火山灰质混合材料、>20%且≤40%的混合材料、适量石膏经磨细制成的水硬性胶凝材料。

4. 粉煤灰硅酸盐水泥

粉煤灰硅酸盐水泥简称粉煤灰水泥（代号为P·F），是由硅酸盐水泥熟料和粉煤灰、适量石膏经磨细制成的水硬性胶凝材料。水泥中粉煤灰掺加量按质量百分比计为>20%且≤40%。

5. 复合硅酸盐水泥

复合硅酸盐水泥简称复合水泥（代号为P·C），是由硅酸盐水泥熟料和混合材料、适量石膏经磨细制成的水硬性胶凝材料。复合硅酸盐水泥中混合材料总掺加量为>20%

且≤50%。

复合水泥由于在水泥熟料中掺入了两种或两种以上规定的混合材料，因此较掺单一混合材料的水泥具有更好的使用效果，它适用于一般混凝土工程。

通用硅酸盐水泥的组分应符合表 3-3 的规定。

表 3-3　通用硅酸盐水泥的组分要求　　（%）

品种	代号	组分				
		熟料+石膏	粒化高炉矿渣	火山灰混合材料	粉煤灰	石灰石
硅酸盐水泥	P·Ⅰ	100	—	—	—	—
	P·Ⅱ	≥95	—	—	—	—
		≥95	—	—	—	≤5
普通水泥	P·O	≥80 且<95	>5 且≤20[a]			—
矿渣水泥	P·S·A	≥50 且<80	>20 且≤50[b]	—	—	—
	P·S·B	≥30 且<50	>50 且≤70[b]	—	—	—
火山灰水泥	P·P	≥60 且<80		>20 且≤40[c]		
粉煤灰水泥	P·F	≥60 且<80			>20 且≤40[d]	
复合水泥	P·C	≥50 且<80	>20 且≤50[e]			

注：a. 本组分材料在符合标准要求的活性混合材料时，其中允许用不超过水泥质量 8% 且符合标准要求的非活性混合材料或不超过水泥质量 5% 且符合标准要求的窑灰代替。

b. 本组分材料为符合 GB/T 203 或 GB/T 18046 的活性混合材料，其中允许用不超过水泥质量 8% 且符合标准要求的活性、非活性混合材料或符合标准的窑灰中的任一种材料代替。

c. 本组分材料为符合 GB/T 2847 的活性混合材料。

d. 本组分材料为符合 GB/T 1596 的活性混合材料。

e. 本组分材料为由两种（含）以上符合要求的活性、非活性混合材料组成，其中允许用不超过水泥质量 8% 且符合标准的窑灰。掺矿渣时混合材料掺量不得与矿渣硅酸盐水泥重复。

（二）掺混合材料的硅酸盐水泥的技术性质

1. 化学指标

掺混合材料的硅酸盐水泥的化学指标应符合表 3-4 的规定。

2. 物理指标

1）凝结时间

普通水泥、矿渣水泥、火山灰水泥、粉煤灰水泥和复合水泥初凝不早于 45 min，终凝不迟于 10 h。

2）安定性

用沸煮法检验必须合格。

3）强度

不同品种不同强度等级的通用硅酸盐水泥，其不同龄期的强度应符合表 3-5 的规定。

表 3-4　掺混合材料的硅酸盐水泥的化学指标规定值　（%）

品种	代号	不溶物	烧失量	三氧化硫	氧化镁	氯离子
硅酸盐水泥	P · Ⅰ	≤0.75	≤3.0	3.5	≤5.0[a]	≤0.06[c]
	P · Ⅱ	≤1.50	≤3.5			
普通水泥	P · O	—	≤5.0			
矿渣水泥	P · S · A	—	—	≤4.0	≤6.0[b]	
	P · S · B	—	—			
火山灰水泥	P · P	—	—	≤5.0	≤6.0[b]	
粉煤灰水泥	P · F	—	—			
复合水泥	P · C	—	—			

注：a. 如果水泥压蒸试验合格，则水泥中氧化镁的含量（质量分数）允许放宽至6.0%。

b. 如果水泥中氧化镁的含量（质量分数）大于6.0%，需进行水泥压蒸安定性试验并合格。

c. 当有更低要求时，该指标由买卖双方协商确定。

表 3-5　通用硅酸盐水泥不同龄期的强度要求

品种	强度等级	抗压强度（MPa）		抗折强度（MPa）	
		3 d	28 d	3 d	28 d
硅酸盐水泥	42.5	17.0	≥42.5	3.5	≥6.5
	42.5R	22.0		4.0	
	52.5	23.0	≥52.5	4.0	≥7.0
	52.5R	27.0		5.0	
	62.5	28.0	≥62.5	5.0	≥8.0
	62.5R	32.0		5.5	
普通水泥	42.5	≥17.0	≥42.5	≥3.5	≥6.5
	42.5R	≥22.0		≥4.0	
	52.5	≥23.0	≥52.5	≥4.0	≥7.0
	52.5R	≥27.0		≥5.0	
矿渣水泥 火山灰水泥 粉煤灰水泥 复合水泥	32.5	≥10.0	≥32.5	≥2.5	≥5.5
	32.5R	≥15.0		≥3.5	
	42.5	≥15.0	≥42.5	≥3.5	≥6.5
	42.5R	≥19.0		≥4.0	
	52.5	≥21.0	≥52.5	≥4.0	≥7.0
	52.5R	≥23.0		≥4.5	

注：R 表示早强型。

火山灰水泥、粉煤灰水泥、复合水泥和掺火山灰质混合材料的普通水泥在进行胶砂强度检验时，其用水量按 0.50 水灰比和胶砂流动度不小于 180 mm 来确定。当流动度小于 180 mm 时，须以 0.01 的整倍数递增的方法将水灰比调整至胶砂流动度不小于 180 mm。胶砂流动度试验按《水泥胶砂流动度测定方法》（GB/T 2419—2005）进行，其中胶砂制备按《水泥胶砂强度检验方法（ISO 法）》（GB/T 17671—1999）进行。

4）细度

矿渣水泥、火山灰水泥、粉煤灰水泥和复合水泥以筛余表示，80 μm 方孔筛筛余不大于 10%或 45 μm 方孔筛筛余不大于 30%。

（三）普通水泥和矿渣水泥、火山灰水泥、粉煤灰水泥、复合水泥的性质与应用特点

1. 普通水泥

普通水泥的性质和应用与同强度等级的硅酸盐水泥相近。

2. 矿渣水泥、火山灰水泥、粉煤灰水泥、复合水泥

1）性质

这四种水泥水化放热速度慢，放热量低，凝结硬化速度较慢；早期强度较低，但后期强度增长较快，甚至可超过同强度等级的硅酸盐水泥；对温度灵敏性较高，温度低时硬化较慢，当温度达到 70 ℃以上时，硬化速度大大加快，甚至可超过硅酸盐水泥的硬化速度；由于混合材料水化时消耗了一部分氢氧化钙，水泥石中氢氧化钙含量减少，故这四种水泥抗软水及硫酸盐腐蚀的能力较硅酸盐水泥强。但它们抗冻性较差，矿渣水泥和火山灰水泥的干缩值大，矿渣水泥的耐热性较好，粉煤灰水泥干缩值较小，抗裂性较好。复合水泥的性能一般受所用各混合材料的种类、掺量及比例的影响，其性能大体上与矿渣水泥、火山灰水泥及粉煤灰水泥相似。

2）应用

这四种水泥适用于地面工程，特别适用于地下和水中的一般混凝土和大体积混凝土结构以及蒸汽养护的混凝土构件，也适用于一般抗硫酸盐侵蚀的工程。

通用水泥的工程选用如表 3-6 所示。

表 3-6　通用水泥的工程选用

混凝土工程特点及所处环境条件			优先选用	可以选用	不宜选用
普通混凝土	1	在一般气候环境中的混凝土	普通水泥	矿渣水泥、火山灰水泥、粉煤灰水泥、复合水泥	
	2	在干燥环境中的混凝土	普通水泥	矿渣水泥	火山灰水泥、粉煤灰水泥
	3	在高温环境中或长期处于水中的混凝土	矿渣水泥、火山灰水泥、粉煤灰水泥、复合水泥	普通水泥	
	4	厚大体积的混凝土	矿渣水泥、火山灰水泥、粉煤灰水泥、复合水泥		硅酸盐水泥

续表 3-6

混凝土工程特点及所处环境条件			优先选用	可以选用	不宜选用
有特殊要求的混凝土	1	要求快硬、高强(>C40)的混凝土	硅酸盐水泥	普通水泥	矿渣水泥、火山灰水泥、粉煤灰水泥、复合水泥
	2	严寒地区的露天混凝土，寒冷地区处于水位升降范围内的混凝土	普通水泥	矿渣水泥(强度等级>32.5)	火山灰水泥、粉煤灰水泥
	3	严寒地区处于水位升降范围内的混凝土	普通水泥(强度等级 >42.5)		矿渣水泥、火山灰水泥、粉煤灰水泥、复合水泥
	4	有抗渗要求的混凝土	普通水泥、火山灰水泥		矿渣水泥
	5	有耐磨要求的混凝土	硅酸盐水泥、普通水泥	矿渣水泥(强度等级>32.5)	火山灰水泥、粉煤灰水泥
	6	受侵蚀性介质作用的混凝土	矿渣水泥、火山灰水泥、粉煤灰水泥、复合水泥		硅酸盐水泥

第三节　特性水泥和专用水泥

一、白色硅酸盐水泥

由白色硅酸盐水泥熟料加入适量石膏，经磨细制成的水硬性胶凝材料，称为白色硅酸盐水泥，简称白水泥。

白水泥广泛用于建筑物内外装修，如地面、楼面、门厅等处的水磨石、斩假石、水刷石饰面，也可用于雕塑等。

白水泥熟料中氧化镁含量不得超过4.5%，水泥中三氧化硫含量不得超过3.5%，细度要求80 μm方孔筛筛余不得超过10%，初凝不得早于45 min，终凝不得迟于12 h，安定性用沸煮法检验必须合格。白水泥的强度等级按3 d、7 d、28 d的抗压强度可分为32.5、42.5、52.5、62.5四个强度等级，各等级白水泥各龄期强度不得低于表3-7中规定的数值。

白水泥的白度分为特级、一级、二级和三级。白度是指水泥色白的程度。其各等级白度不得低于表3-8中规定的数值。

按白度与强度等级，白水泥分为优等品、一等品和合格品三个等级。

表 3-7　白水泥各龄期强度值(GB 2015—2005)

强度等级	抗压强度(MPa)			抗折强度(MPa)		
	3 d	7 d	28 d	3 d	7 d	28 d
32.5	14.0	20.5	32.5	2.5	3.5	5.5
42.5	18.0	26.5	42.5	3.5	4.5	6.5
52.5	23.0	33.5	52.5	4.0	5.5	7.0
62.5	28.0	42.0	62.5	5.0	6.0	8.0

表 3-8　白水泥白度等级

等级	特级	一级	二级	三级
白度(%)	86	84	80	75

二、快硬硅酸盐水泥

以硅酸盐水泥熟料和适量石膏磨细制成的,以 3 d 抗压强度表示强度等级的水硬性胶凝材料,称为快硬硅酸盐水泥,简称快硬水泥。

快硬水泥的生产方法与普通水泥基本相同,只是较严格地控制其生产工艺条件。这些生产工艺条件包括:原料含有害杂质较少;设计合理的矿物组成,其硅酸三钙和铝酸三钙含量较高,前者含量为50% ~60%,后者含量为8% ~14%;水泥的比表面积较大,一般控制在 330 ~450 m^2/kg。

快硬水泥的初凝不得早于 45 min,终凝不得迟于 10 h。安定性(沸煮法检验)必须合格。水泥的强度等级以 3 d 抗压强度表示,分为 32.5、37.5 和 42.5 三个等级。各龄期的强度均不得低于表 3-9 的规定。

表 3-9　快硬水泥强度(GB 199—1990)

强度等级	抗压强度(MPa)			抗折强度(MPa)		
	1 d	3 d	28 d	1 d	3 d	28 d
32.5	15.0	32.5	52.5	3.5	5.0	7.2
37.5	17.0	37.5	57.5	4.0	6.0	7.6
42.5	19.0	42.5	62.5	4.5	6.4	8.0

注:表中 28 d 强度值可作为供需双方参考指标。

快硬水泥的早期强度和后期强度均高,抗渗性和抗冻性好,水化热大,耐腐蚀性差。其适用于早强、高强混凝土工程,以及紧急抢修工程和低温施工工程等。

快硬水泥易吸收空气中的水蒸气,故储运时须特别注意防潮,并应及时使用,不宜久存。从出厂日起不得超过 1 个月;若超过 1 个月,应重新检验,合格后方可使用。

三、膨胀水泥

一般硅酸盐水泥在空气中硬化时，通常都表现为收缩，常导致混凝土内部产生微裂缝，降低混凝土的耐久性。在浇筑节点、堵塞孔洞、修补缝隙时由于水泥石的干缩，不能达到预期的效果。采用膨胀水泥配制混凝土，可以解决由于收缩带来的不利后果。

膨胀水泥按膨胀值不同，可分为收缩补偿型膨胀水泥（简称膨胀水泥）及自应力型膨胀水泥（简称自应力水泥）两大类。前者表示水泥水化硬化过程中的体积膨胀，在实用上具有补偿收缩的性能，其自应力值小于2.0 MPa，通常为0.5 MPa，因而可减少和防止混凝土的收缩裂缝，并增加其密实度。后者表示水泥水化硬化后的体积膨胀，能使砂浆或混凝土在受约束条件下产生可应用的化学预应力的性能，其自应力水泥砂浆或混凝土膨胀变形稳定后的自应力值不小于2.0 MPa。

根据膨胀水泥的基本组成，可将其分为以下五种：

（1）硅酸盐膨胀水泥。以硅酸盐水泥为主，外加铝酸盐水泥和石膏配制而成。

（2）明矾石膨胀水泥。以硅酸盐水泥熟料为主，外加天然明矾石、石膏和粒化高炉矿渣（或粉煤灰）配制而成。

（3）铝酸盐膨胀水泥。由铝酸盐水泥熟料和二水石膏配制而成。

（4）铁铝酸盐膨胀水泥。由铁铝酸盐水泥熟料，加入适量石膏磨细而成。

（5）硫铝酸盐膨胀水泥。由硫铝酸盐水泥熟料，加入适量石膏磨细而成。

上述水泥的膨胀作用，主要是由水泥水化过程中形成的钙矾石 $3CaO \cdot Al_2O_3 \cdot 3CaSO_4 \cdot 31H_2O$ 所致。通过调整各组成的配合比例，可得到不同膨胀值的膨胀水泥。有关膨胀水泥的技术性质和规定，可查阅相关的技术标准，如《明矾石膨胀水泥》（JC/T 311—2004）、《自应力铁铝酸盐水泥》（JC/T 437—2010）、《自应力硫铝酸盐水泥》（JC 715—1996）等。

膨胀水泥适用于补偿收缩混凝土结构工程、防渗抗裂混凝土工程、补强和防渗抹面工程、大口径混凝土管及其接缝工程、梁柱和管道接头工程、固接机器底座和地脚螺栓工程等。

四、道路水泥

道路硅酸盐水泥简称道路水泥，是由道路硅酸盐水泥熟料、0 ~ 10%活性混合材料和适量石膏，经磨细制成的水硬性胶凝材料。

道路硅酸盐水泥熟料含有较多的铁铝酸钙。该熟料中铝酸三钙的含量不得大于5.0%，铁铝酸四钙的含量不得小于16.0%。水泥中氧化镁含量不得超过5.0%，三氧化硫含量不得超过3.5%。水泥的初凝不得早于1 h，终凝不得迟于10 h。在80 μm方孔筛上的筛余不得超过10%，安定性用沸煮法检验必须合格。28 d的干缩率不得大于0.10%。耐磨性以磨损量表示，不得大于3.60 kg/m^2。道路水泥分为42.5、52.5和62.5三个强度等级。各龄期的强度值见表3-10。

道路水泥早期强度较高，干缩值小，耐磨性好。其适用于修筑道路路面和飞机场地面，也可用于一般土建工程。

表 3-10　道路水泥各龄期强度值（GB 13693—2005）

强度等级	抗压强度（MPa）		抗折强度（MPa）	
	3 d	28 d	3 d	28 d
42.5	22.0	42.5	4.0	7.0
52.5	27.0	52.5	5.0	7.5
62.5	32.0	62.5	5.5	8.5

五、油井水泥

油井水泥又称堵塞水泥或固井水泥，是专用于油井、气井的固井工程的水泥。油井水泥具有合适的密度和凝结时间、较低的稠度，用其配制的预拌油井混凝土具有良好的抗沉降性和可泵性。将其注入预定（温度、压力）的井段，能迅速凝结硬化并产生一定的机械强度。混凝土固化后具有良好的抗渗性、稳定性和耐腐蚀性。油井水泥属特种水泥，是由以水硬性硅酸钙为主要成分的硅酸盐水泥熟料，加入适量石膏和助磨剂磨细制成的。油井水泥有普通型、中抗硫酸盐型和高抗硫酸盐型三大类，分为 A～H 八个等级，分别用做常温、常压、中温、中压、高温、高压、超高温、超高压等不同条件和不同井深的油井水泥。因注入油井的条件不同，油井水泥还有与促凝剂或缓凝剂一起使用的。

第四节　铝酸盐水泥

凡以铝酸钙为主的铝酸盐水泥熟料，磨细制成的水硬性胶凝材料，称为铝酸盐水泥（或高铝水泥），代号 CA。根据需要，也可在磨制 Al_2O_3 含量大于 68% 的水泥时，掺加适量的 $\alpha-Al_2O_3$ 粉。

一、分类

根据《铝酸盐水泥》（GB 201—2000）的规定，铝酸盐水泥按 Al_2O_3 含量百分数分为四类：CA－50（50% ≤ Al_2O_3 含量 < 60%）、CA－60（60% ≤ Al_2O_3 含量 < 68%）、CA－70（68% ≤ Al_2O_3 含量 < 77%）、CA－80（Al_2O_3 含量 ≥ 77%）。其化学成分见表 3-11。

表 3-11　铝酸盐水泥的化学成分　（%）

类型	Al_2O_3 含量	SiO_2 含量	Fe_2O_3 含量	R_2O 含量（$Na_2O+0.658K_2O$）	S 含量*（全硫）	Cl 含量*
CA－50	≥50 且 <60	≤8.0	≤2.5	≤0.4	≤0.1	≤0.1
CA－60	≥60 且 <68	≤5.0	≤2.0			
CA－70	≥68 且 <77	≤1.0	≤0.7			
CA－80	≥77	≤0.5	≤0.5			

注：* 表示当用户需要时，生产厂应提供测定结果和测定方法。

二、物理性能与强度等级

(一)细度

要求比表面积不小于300 m^2/kg 或45 μm 筛筛余不大于20%。

(二)凝结时间

铝酸盐水泥(胶砂)的凝结时间应符合表3-12的要求。

表3-12 铝酸盐水泥的凝结时间

水泥类型	初凝不得早于(min)	终凝不得迟于(h)
CA-50、CA-70、CA-80	30	6
CA-60	60	18

(三)强度

强度按国家标准《水泥胶砂强度检验方法(ISO法)》(GB/T 17671—1999)规定的方法进行测定,但水灰比应作如下修改:

(1)CA-50成型时,水灰比按0.44和胶砂流动度达到130~150 mm来确定。当用0.44水灰比制成的胶砂流动度正好为130~150 mm时即用0.44水灰比,当胶砂流动度超出该流动度范围时,应在0.44的基数上以0.01的整倍数增大或减小水灰比,使制成的胶砂流动度达到130~140 mm或减至140~150 mm,试件成型时用达到上述要求流动度的水灰比来制备胶砂。

(2)CA-60、CA-70、CA-80成型时,水灰比按0.40和胶砂流动度达到130~150 mm来确定,当用0.40水灰比制成的胶砂流动度超出上述范围时按CA-50的方法进行调整。

铝酸盐水泥胶砂各龄期强度值不得低于表3-13规定的数值。

表3-13 铝酸盐水泥胶砂各龄期强度值

水泥类型	抗压强度(MPa)				抗折强度(MPa)			
	6 h	1 d	3 d	28 d	6 h	1 d	3 d	28 d
CA-50	20*	40	50	—	3.0*	5.5	6.5	—
CA-60	—	20	45	85	—	2.5	5.0	10.0
CA-70	—	30	40	—	—	5.0	6.0	—
CA-80	—	25	30	—	—	4.0	5.0	—

注:*表示当用户需要时,生产厂应提供结果。

三、特性及应用

铝酸盐水泥的水化产物主要是含水铝酸一钙 $CaO \cdot Al_2O_3 \cdot 10H_2O$(简写为 CAH_{10})、含水铝酸二钙(C_2AH_8)和铝胶(AH_3)。水化产物 CAH_{10} 与 C_2AH_8 为针状或板状结晶,能

相互交织成坚固的结晶共生体，析出的氢氧化铝凝胶 $Al_2O_3 \cdot 3H_2O$ 难溶于水，填充于晶体骨架的空隙中，形成比较致密的结构，使水泥石获得很高的强度。经 5 ~ 7 d 后，水化物的数量就很少增加。铝酸盐水泥的早期强度增长很快，24 h 即可达到极限强度的 80% 左右，后期强度则增长不显著。

CAH_{10} 与 C_2AH_8 则是亚稳定的，在温度高于 30 ℃ 的潮湿环境中，会逐渐转化为比较稳定的含水铝酸三钙 C_3AH_6。转化过程随着温度升高而增强。转化结果使水泥石内析出游离水，增大了孔隙体积，同时由于 C_3AH_6 晶体本身缺陷较多，强度较低，晶体间的结合比较差，因而会降低水泥石的强度，使铝酸盐水泥制品的长期强度有降低的趋势。

铝酸盐水泥水化时放热量较大，且集中在水化初期，1 d 内即可放出水化热总量的 70% ~ 80%。此外，由于水化产物中没有 $Ca(OH)_2$，所以铝酸盐水泥抗硫酸盐性能很强，但抗碱性很差。

铝酸盐水泥宜用于早期强度要求高的特殊工程，如军事及抢修工程（筑路、修桥、堵漏等）；也可用于寒冷地区冬季施工的混凝土工程。

铝酸盐水泥在高温时，水化物产生固相反应，烧结结合逐步代替水化结合，使制品虽在高温下，仍能保持较高的强度。如果采用耐火的粗细集料（如铬铁矿等），可以制成使用温度达 1 300 ~ 1 400 ℃ 的耐热混凝土。

铝酸盐水泥不宜用于大体积混凝土工程及长期承重的结构和高温潮湿环境中的工程，不得用于接触碱性溶液的工程。在施工中，铝酸盐水泥不得与硅酸盐水泥或石灰等析出的氢氧化钙的胶凝物质混合，以防止凝结时间失控。

铝酸盐水泥在使用时，未经试验，不得加入任何外加物。若用蒸汽养护，其养护温度不得高于 50 ℃。不得与未硬化的硅酸盐水泥混凝土接触使用；可以与具有脱模强度的硅酸盐水泥混凝土接触使用，但接茬处不应长期处于潮湿状态。

铝酸盐水泥混凝土后期强度下降较大，设计时应以最低稳定强度为依据，其值按《铝酸盐水泥》（GB 201—2000）规定，经试验确定。

第五节　水泥的验收与保管

水泥出厂时，其各项技术指标及包装质量符合要求时方可出厂。检验报告内容应包括出厂检验项目、细度、混合材料品种和掺加量、石膏和助磨剂的品种及掺加量、属旋窑或立窑生产及合同约定的其他技术要求。当用户需要时，生产者应在水泥发出之日起 7 d 内寄发除 28 d 强度外的各项检验结果，32 d 内补报 28 d 强度的检验结果。

一、包装、标志、运输与储存

（一）包装

水泥可以散装或袋装，袋装水泥每袋净含量为 50 kg，且应不少于标志质量的 99%；随机抽取 20 袋总质量（含包装袋）应不少于 1 000 kg。其他包装形式由供需双方协商确定，但有关袋装质量要求，应符合上述规定。水泥包装袋应符合《水泥包装袋》（GB 9774—2010）的规定。

（二）标志

水泥包装袋上应清楚标明：执行标准，水泥品种、代号、强度等级，生产者名称，生产许可证标志（QS）及编号，出厂编号，包装日期，净含量。包装袋两侧应根据水泥的品种采用不同的颜色印刷水泥名称和强度等级，硅酸盐水泥和普通硅酸盐水泥采用红色，矿渣硅酸盐水泥采用绿色，火山灰质硅酸盐水泥、粉煤灰硅酸盐水泥和复合硅酸盐水泥采用黑色或蓝色。袋装水泥包装标志如图3-5所示。

图3-5　袋装水泥包装标志

（三）运输与储存

水泥在运输与储存时不得受潮和混入杂物，不同品种和强度等级的水泥在储运中应避免混杂。袋装水泥堆放高度一般不应超过10袋。存放期一般不应超过3个月，超过6个月的水泥必须经过试验才能使用。一般存放3个月以上的水泥，其强度降低10%～20%，存放6个月降低15%～30%，存放1年后降低25%～40%。

二、散装水泥

散装水泥是指水泥从工厂生产出来之后，不用任何小包装，直接通过专用设备或容器，从工厂运输到中转站或用户手中。

我国发展散装水泥已有50多年的历史，1957年三门峡水利工程建设中就开始使用散装水泥，但散装水泥发展缓慢，同世界工业化国家的散装率90%～95%还相距甚远。

根据国家有关部门统计：每推广使用1万t散装水泥，社会综合经济效益为64.47万元。其中，可节约：优质木材330 m^3，以800元/m^3计，可节约26.4万元；煤炭78 t，以250元/t计，可节约1.95万元；电力7.2万kWh，以0.5元/kWh计，可节约3.6万元；烧碱22 t，以1 600元/t计，可节约3.52万元；袋装烂包损失500 t，以500元/t计，可节约25万元，节约人力拆包费、装卸费4万元。加快我国散装水泥的发展是摆在水泥生产及相关行业面前的一件大事。

散装水泥应有专用运输车，直接卸入现场特制的储仓存放。散装发运时应提交与袋装标志相同内容的卡片。

【工程案例3-1】　水泥品种的选择。

现象：我国北方某港口拟建一钢筋混凝土高桩码头，准备采用粉煤灰硅酸盐水泥，是否适宜？为什么？

分析：在混凝土工程中，水泥的品种应根据工程的性质和所处的环境选择。我国北方某港口建设钢筋混凝土高桩码头，这一地区属寒冷地带，介质为海水，须考虑抗冻性和抗渗性要求，另外海水中含有硫酸盐类物质，其对水泥石有侵蚀作用。粉煤灰硅酸盐水泥的特性是早期强度较低，后期强度增长较快，水化热低，抗硫酸盐类侵蚀性和抗水性较好，干缩小，耐热性、抗冻性和抗碳化能力较差。其不适用于有早强和抗冻以及抗碳化能力要求的混凝土工程。因此，建议改用其他品种的水泥。

【工程案例3-2】　水泥强度等级的评定。

现象:某工地购买强度等级为52.5的硅酸盐水泥,进行胶砂强度检测:3 d抗折强度为4.2 MPa,抗压强度为26.4 MPa;28 d抗折强度为6.8 MPa,抗压强度为53.6 MPa。强度评级时,定为降级使用品,按42.5级使用。

分析:硅酸盐水泥强度等级的评定,须严格按《通用硅酸盐水泥》(GB 175—2007)规定的3 d和28 d的抗折强度、抗压强度分析,只要有一项指标不符合规定都不能按原强度等级使用。本案例查表3-2,可知3 d的抗折强度、抗压强度及28 d的抗压强度值均满足要求,而28 d的抗折强度6.5 MPa<6.8 MPa(实测值)<7.0 MPa。由此可得出结论,该水泥的强度等级为42.5,是降级使用品。

复习思考题

1. 硅酸盐水泥熟料是由哪几种矿物组成的?它们的水化各有何特点?生成的水化产物有哪些?

2. 硅酸盐水泥的凝结硬化过程是怎样进行的?

3. 什么是水泥石?其组成成分有哪些?影响水泥石强度发展的因素有哪些?

4. 什么是水泥的体积安定性?产生体积安定性不良的原因和危害是什么?

5. 何谓水泥石的腐蚀?试述腐蚀的类型、产生腐蚀的原因及防止措施。

6. 什么是水泥的混合材料?在硅酸盐水泥中掺混合材料起什么作用?

7. 铝酸盐水泥的主要矿物成分是什么?它适用于哪些地方?使用时应注意什么?

8. 试述快硬硅酸盐水泥、膨胀水泥、白水泥、道路水泥的特性和用途。

9. 如何进行水泥的验收与保管?

第四章　混凝土

学习目标

本章是建筑材料与检测课程的重点内容之一。通过本章的学习，应掌握普通混凝土组成材料的品种、技术要求及选用，掌握普通混凝土的主要技术性质（和易性、强度和耐久性），掌握普通混凝土的配合比设计的方法和步骤，熟悉混凝土常用外加剂的性能及应用，了解普通混凝土的质量控制，了解其他品种混凝土的特点及应用。

重点：普通混凝土的组成材料、混凝土的主要技术性质及普通混凝土配合比设计。

难点：普通混凝土的质量控制与强度评定。

第一节　概　述

混凝土是一种重要的建筑材料，广泛地应用于工业与民用建筑、水利、交通、港口等工程中。

一、混凝土的定义及分类

（一）定义

混凝土是由胶凝材料，水和粗、细集料按适当比例配合，拌制成拌和物，经一定时间硬化而成的人造石材。目前，工程上使用最多的是以水泥为胶凝材料，砂、石为集料的普通水泥混凝土（简称普通混凝土）。

（二）分类

混凝土可根据其组成、特性与功能等从不同的角度进行分类。

1. 按表观密度分类

（1）重混凝土。干表观密度大于 2 600 kg/m^3，是采用密度很大的集料（如重晶石、铁矿石、钢屑等）和重水泥（如钡水泥、锶水泥等）配制而成的。其具有不透 X 射线和 γ 射线的性能，主要用于防辐射工程。

（2）普通混凝土。干表观密度为 1 950 ~ 2 600 kg/m^3，是以水泥为胶凝材料，天然砂、石为集料配制而成的。这类混凝土在建筑工程中最常用，如房屋及桥梁等承重结构。

（3）轻混凝土。干表观密度小于 1 950 kg/m^3，采用陶粒等轻质多孔的集料或者不采用集料而掺入加气剂或泡沫剂，形成多孔结构的混凝土。轻混凝土主要用于建筑工程的保温或轻质结构材料。

2. 按抗压强度分类

混凝土按抗压强度可分为低强混凝土（抗压强度小于 30 MPa）、中强混凝土（抗压强度为 30 ~ 60 MPa)、高强混凝土(抗压强度大于 60 MPa)。

3. 按所用胶凝材料分类

混凝土按所用胶凝材料可分为水泥混凝土、石膏混凝土、沥青混凝土、聚合物混凝土、水玻璃混凝土等。

4. 按用途分类

混凝土按用途可分为结构混凝土、道路混凝土、防水混凝土、耐热混凝土、耐酸混凝土、补偿收缩混凝土、装饰混凝土、防辐射混凝土等。

5. 按生产工艺和施工方法分类

混凝土按生产工艺和施工方法可分为泵送混凝土、压力灌浆混凝土、预拌混凝土(商品混凝土)、喷射混凝土、碾压混凝土等。

6. 按配筋情况分类

混凝土按配筋情况可分为素混凝土、钢筋混凝土、纤维混凝土等。

混凝土的分类方法虽然比较多,但在工程中应用最广泛的是以水泥为胶凝材料,天然砂、石为集料的普通混凝土,本章若无特殊说明,所指混凝土即为普通混凝土。

二、混凝土的特点

普通混凝土在建筑工程中能得到广泛应用,是因为它与其他材料相比有以下优点:

(1)混凝土组成材料来源广泛,其组成材料中砂、石约占 80%,它们价格低廉,并可就地取材。

(2)混凝土在凝结前具有良好的可塑性,可以根据工程要求浇筑成各种形状和大小的构件或结构物。

(3)混凝土硬化后具有较高的抗压强度和良好的耐久性。

(4)混凝土耐火性能良好。

(5)混凝土与钢筋有良好的黏结性,且二者的线膨胀系数基本相同,复合成的钢筋混凝土能互补优劣,大大拓宽了混凝土的应用范围。

混凝土也存在以下缺点:

(1)自重大、比强度小,因此导致建筑物的抗震性能差,工程成本提高。

(2)抗拉强度低,受拉时变形能力小,容易开裂。混凝土的抗拉强度只有其抗压强度的 10% 左右。

(3)硬化慢,生产周期长。

(4)生产工艺复杂,质量难以控制。

三、工程中对混凝土的基本要求

工程中对混凝土的基本要求有以下几点:

(1)混凝土拌和物应具有与施工条件相适应的施工和易性。

(2)混凝土养护到规定龄期,应具有与设计要求相符合的强度。

(3)硬化后的混凝土应具有与工程环境相适应的耐久性。

(4)在满足以上三个要求的前提下,使各组成材料经济合理。

第二节 普通混凝土的组成材料

普通混凝土是由水泥、水、砂、石四种基本材料所组成的，为节约水泥或改善混凝土的某些性能，常掺入适量的外加剂和掺合料。在混凝土中：砂、石称为集料，起骨架作用；水泥和水构成水泥浆，水泥浆包裹在集料表面并填充其空隙。在硬化前，水泥浆起润滑作用，使拌和物便于浇筑施工；水泥浆硬化后，将砂、石胶结成为一个整体。混凝土的结构如图4-1所示。

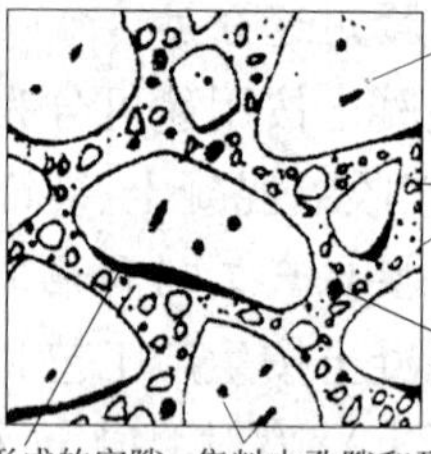

图4-1 混凝土的结构

混凝土的技术性质在很大程度上是由原材料的性质及其相对含量决定的，为了使配制的混凝土各项技术性质都满足要求，必须了解其原材料的性质、作用及质量要求，合理选择材料，以保证混凝土的质量。

一、水泥

对于配制混凝土所用的水泥，主要应该考虑水泥品种和水泥强度等级的选择。

（一）水泥品种的选择

配制混凝土一般采用硅酸盐水泥、普通水泥、矿渣水泥、火山灰水泥、粉煤灰水泥和复合水泥等六大品种，在特殊情况下也可采用快硬水泥或其他水泥。

水泥品种的选用，应根据混凝土工程的特点和所处的环境，结合各种水泥的不同特性，并参照有关规范。

（二）强度等级的选择

水泥的强度等级应与混凝土的设计强度等级相适应，即配制高强度等级的混凝土选择高强度等级的水泥，配制低强度等级的混凝土选择低强度等级的水泥。经验表明：配制C60以下的混凝土，水泥强度等级宜为混凝土强度等级的1.5~2.0倍；配制C60以上的混凝土，水泥强度等级宜为混凝土强度等级的0.9~1.5倍。

二、细集料（砂子）

粒径在0.15~4.75 mm之间的集料为细骨料或细集料（砂子），一般采用天然砂和人工砂。

天然砂是岩石风化后所形成的大小不等、由不同矿物散粒组成的混合物，按其形成环境可分为河砂、湖砂、海砂和山砂。人工砂是将岩石轧碎筛选而成的，人工砂有棱角，较洁净，但成本高，只有在天然砂缺乏时使用。

（一）颗粒形状及表面特征

山砂是岩石风化后在原地沉积而成的，颗粒多棱角，与水泥黏结较好，用它拌制的混凝土强度较高，但拌和物的流动性较差。河砂、湖砂和海砂颗粒圆滑，与水泥黏结较差，用来拌制混凝土，混凝土的强度较低，但拌和物的流动性较好。其中，海砂中常夹有贝壳碎片及可溶性盐类，会影响混凝土的质量。几种砂相比较而言，河砂综合性能最好，故工程中常采用河砂配制混凝土。

（二）有害杂质含量

为了保证混凝土的质量，要求配制混凝土的砂清洁不含杂质。但实际上砂中常含有黏土、淤泥、云母、硫化物、硫酸盐、氯盐、轻物质和有机物等有害杂质。这些杂质黏附在砂的表面，妨碍水泥与砂的黏结，降低混凝土的强度，同时还增加了混凝土的用水量，加大了混凝土的收缩，降低了混凝土的耐久性。砂中含有的硫化物、硫酸盐和有机物对水泥石有侵蚀作用；氯盐对钢筋混凝土中的钢筋有锈蚀作用；砂中相对密度小于 2 000 kg/m^3 物质，定义为轻物质，也是降低混凝土性能的有害物质。砂中有害杂质含量应符合表 4-1 的规定。

表 4-1　砂中有害杂质含量

项目	混凝土强度等级		
	≥C60	C55 ~ C30	≤C25
含泥量（按质量计，%）	≤2.0	≤3.0	≤5.0
泥块含量（按质量计，%）	≤0.5	≤1.0	≤2.0
云母含量（按质量计，%）	≤2.0		
轻物质含量（按质量计，%）	≤1.0		
硫化物及硫酸盐的含量（折算成 SO_3，按质量计，%）	≤1.0		
有机物含量（用比色法试验）	颜色不应深于标准色，若深于标准色，则应按水泥胶砂试验进行强度对比试验，抗压强度比不应低于 0.95		
氯化物（以氯离子占干砂质量百分比计）	对于钢筋混凝土用砂，其氯离子含量不得大于 0.06%；对于预应力混凝土用砂，其氯离子含量不得大于 0.02%		

另外，砂中含有的活性氧化硅，能与水泥中的碱分（K_2O，Na_2O）起反应，产生碱—集料反应，这种反应会使混凝土发生膨胀开裂。因此，在工程中当怀疑砂中含有活性二氧化硅时，应对集料进行试验，以确定其是否可以采用。

（三）砂的粗细程度与颗粒级配

砂的粗细程度，即不同粒径的砂粒混合在一起后的总体粗细程度。砂子的粗细关系到混凝土的性能，相同用量的砂，细砂的总表面积较大，而粗砂的总表面积较小。在混凝土中，砂子的表面需要由水泥浆包裹，砂子的总表面积越大，则需要包裹砂粒表面的水泥浆就越多。一般来说，用粗砂拌制的混凝土比用细砂拌制的混凝土所需的水泥浆少，但用粗砂拌制的混凝土和易性较差。因此，在拌制混凝土时，不能只考虑砂的粗细程度，还应考虑砂的颗粒级配。

砂的颗粒级配是指砂大小颗粒的搭配情况。在混凝土中，砂粒之间的空隙是由水泥浆来填充的，为了节约水泥和提高混凝土的强度，就应尽量减小砂粒之间的空隙。如

图 4-2所示：同样粗细的砂堆在一起，空隙最大（见图 4-2（a））；若用两种粒径的砂搭配起来，空隙就减小了（见图 4-2（b））；若用三种粒径的砂搭配，空隙就更小了（见图 4-2（c））。由此可见，要减小砂粒之间的空隙，不宜使用单一粒径的砂，而应使用颗粒大小不同的砂子相互搭配，即选用颗粒级配良好的砂。

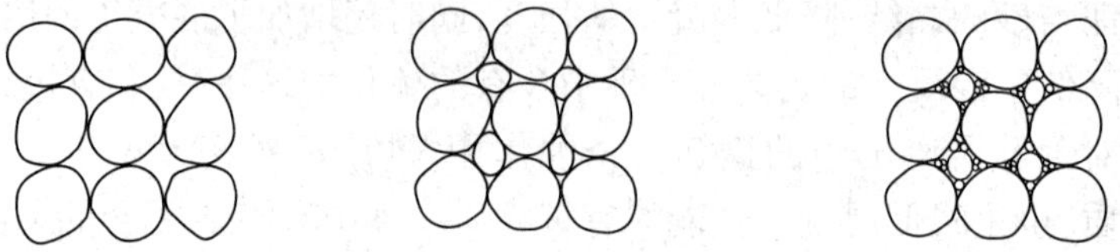

(a)一种粒径的砂搭配　(b)两种粒径的砂搭配　(c)三种粒径的砂搭配

图 4-2　细集料颗粒级配

因此，在拌制混凝土时，砂的粗细程度和颗粒级配应同时考虑，即砂中应含有较多的粗颗粒并以适当的中颗粒及少量的细颗粒填充其空隙，便可使总表面积和空隙率均较小。这种搭配状况，叫砂的级配。级配好的砂，不仅水泥浆用量较少，而且可提高混凝土的强度和耐久性。

工程上通常用筛分析法测定砂子的粗细程度和颗粒级配。用细度模数（M_x）表示砂的粗细程度，用级配区表示砂的颗粒级配。筛分析法是将 500 g 干砂试样倒入孔径为 4. 75 mm、2. 36 mm、1. 18 mm、0. 60 mm、0. 30 mm、0. 15 mm 的标准筛上，按由粗到细的顺序过筛，然后称量余留在各个筛上的砂的质量，并计算出各筛上的分计筛余百分率 α_1、α_2、α_3、α_4、α_5、α_6（各筛上的筛余量占砂样总量的百分率）和累计筛余百分率 A_1、A_2、A_3、A_4、A_5、A_6（各个筛和比该筛粗的所有分计筛余百分率之和）。累计筛余百分率和分计筛余百分率的关系见表 4-2。

表 4-2　累计筛余百分率和分计筛余百分率的关系

筛孔尺寸（mm）	分计筛余百分率（%）	累计筛余百分率（%）
4. 75	$\alpha_1 = (m_1/m) \times 100\%$	$A_1 = \alpha_1$
2. 36	$\alpha_2 = (m_2/m) \times 100\%$	$A_2 = \alpha_1 + \alpha_2$
1. 18	$\alpha_3 = (m_3/m) \times 100\%$	$A_3 = \alpha_1 + \alpha_2 + \alpha_3$
0. 60	$\alpha_4 = (m_4/m) \times 100\%$	$A_4 = \alpha_1 + \alpha_2 + \alpha_3 + \alpha_4$
0. 30	$\alpha_5 = (m_5/m) \times 100\%$	$A_5 = \alpha_1 + \alpha_2 + \alpha_3 + \alpha_4 + \alpha_5$
0. 15	$\alpha_6 = (m_6/m) \times 100\%$	$A_6 = \alpha_1 + \alpha_2 + \alpha_3 + \alpha_4 + \alpha_5 + \alpha_6$

注：m_1、m_2、…、m_6 分别为筛孔 4. 75 mm、2. 36 mm、…、0. 15 mm 各筛上余留的筛余量，m 为试样总量（即 500 g）。

根据下列公式计算砂的细度模数（M_x）

$$M_x = \frac{A_2 + A_3 + A_4 + A_5 + A_6 - 5A_1}{100 - A_1} \tag{4-1}$$

细度模数 M_x 越大，表示砂越粗。普通混凝土用砂的粗细程度按细度模数分为粗砂、中砂、细砂、特细砂四级。其中，M_x 在 3.7 ~ 3.1 的为粗砂，M_x 在 3.0 ~ 2.3 的为中砂，M_x 在 2.2 ~ 1.6 的为细砂，M_x 在 1.5 ~ 0.7 的为特细砂，混凝土用砂以中砂为宜。

根据 0.60 mm 筛孔的累计筛余百分率，可将砂子划分为 3 个级配区，分别是 Ⅰ 区、Ⅱ 区、Ⅲ 区，见表 4-3。级配良好的砂，各筛上的累计筛余百分率应处在同一级配区之内（除孔径 4.75 mm 和 0.60 mm 筛号外允许稍有超出范围，但其超出量不应大于 5%）。

表 4-3 中的数据，也可用级配曲线表示，如图 4-3 所示。

表 4-3　砂的颗粒级配规定

筛孔尺寸（mm）	累计筛余百分率（%）		
	Ⅰ区	Ⅱ区	Ⅲ区
9.50	0	0	0
4.75	10 ~ 0	10 ~ 0	10 ~ 0
2.36	35 ~ 5	25 ~ 0	15 ~ 0
1.18	65 ~ 35	50 ~ 10	25 ~ 0
0.60	85 ~ 71	70 ~ 41	40 ~ 16
0.30	95 ~ 80	92 ~ 70	85 ~ 55
0.15	100 ~ 90	100 ~ 90	100 ~ 90

配制混凝土时，应优先选用 Ⅱ 区砂（中砂）；采用 Ⅰ 区砂（粗砂）时，应提高砂率并保持足够的水泥用量，以满足和易性要求；若采用 Ⅲ 区砂（细砂），应适当降低砂率，以保证混凝土的强度。

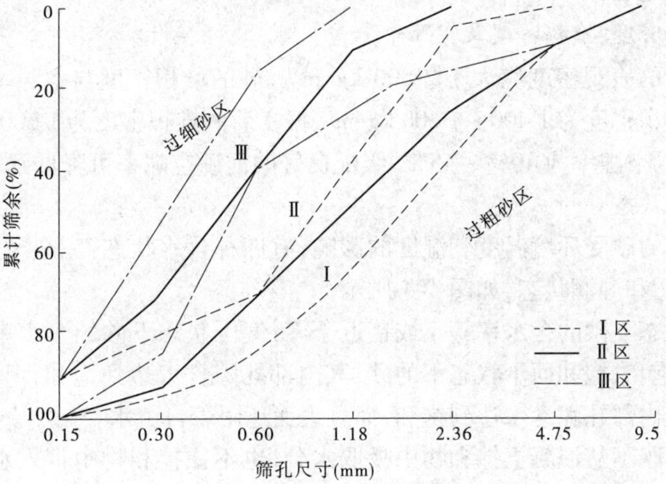

图 4-3　砂的级配曲线

【**例 4-1**】　某干砂 500 g 的筛分结果如表 4-4 所列，试评定该砂的粗细程度及颗粒级配。

表 4-4 某干砂筛分结果

筛孔尺寸(mm)	4.75	2.36	1.18	0.60	0.30	0.15	筛底
筛余量(g)	20	60	85	140	110	70	15

解 (1)计算各筛上的分计筛余百分率 α_i 及累计筛余百分率 A_i,见表 4-5。

表 4-5 各筛的分计筛余百分率和累计筛余百分率

筛孔尺寸(mm)	筛余量(g)	分计筛余 α_i(%)	累计筛余 A_i(%)
4.75	20	4	4
2.36	60	12	16
1.18	85	17	33
0.60	140	28	61
0.30	110	22	83
0.15	70	14	97

(2)计算细度模数

$$M_x = \frac{A_2 + A_3 + A_4 + A_5 + A_6 - 5A_1}{100 - A_1} = \frac{16 + 33 + 61 + 83 + 97 - 5 \times 4}{100 - 4} = 2.81$$

结果评定:根据细度模数 $M_x = 2.81$,可判断该砂为中砂。中砂应符合表 4-3 中Ⅱ区规定的级配范围,将表 4-5 中的累计筛余百分率与表 4-3 相应的范围比较,发现各筛上的累计筛余百分率都落在Ⅱ区(中砂区)内,说明该砂级配合格。

(四)砂的物理性质

1.砂的表观密度、堆积密度及空隙率

混凝土用砂的表观密度应大于 2 500 kg/m^3。砂的堆积密度与空隙率有关,一般,干砂松散状态的堆积密度为 1 400 ~ 1 600 kg/m^3,振实后的堆积密度为 1 600 ~ 1 700 kg/m^3。一般,天然河砂的空隙率为 40% ~ 45%,级配良好的河砂空隙率可降低到 40% 以下。

2.砂的含水状态

施工中使用的砂受环境温度和湿度的影响,有四种含水状态:完全干燥状态、气干状态、饱和面干状态和湿润状态,如图 4-4 所示。

完全干燥状态下砂的含水率等于或接近于零;气干状态下砂的含水率与大气湿度相平衡,但未达到饱和;饱和面干状态下的砂,其内部孔隙含水达到饱和,但表面干燥;湿润状态下的砂不但内部孔隙含水达到饱和,而且表面还附着自由水。

饱和面干砂既不从混凝土拌和物中吸取水分,也不往拌和物中带入水分。水工混凝土多按饱和面干砂、石设计配合比,工业与民用建筑则常以干燥状态的砂、石来设计配合比。

(五)坚固性

为保证混凝土的耐久性,混凝土必须具有一定的坚固性。砂的坚固性应采用硫酸钠

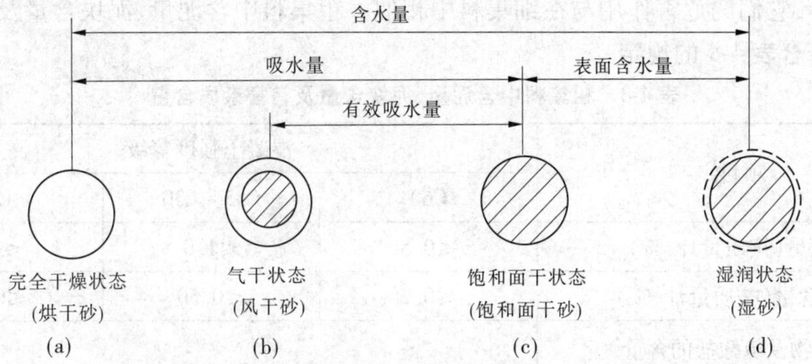

图 4-4　砂的含水状态

溶液法进行检验,砂样经 5 次循环后其质量损失应符合表 4-6 的规定。

表 4-6　砂的坚固性指标

混凝土所处的环境条件及其性能要求	5 次循环后的质量损失(%)
在严寒及寒冷地区外使用并经常处于潮湿或干燥交替状态下的混凝土,有腐蚀介质作用或经常处于水位变化区的地下结构混凝土,有抗疲劳、耐磨、抗冲击要求的混凝土	≤8
在其他条件下使用的混凝土	≤10

三、粗集料(石子)

集料粒径大于 4.75 mm 的岩石颗粒称为粗集料,常用的有碎石和卵石。

(一)颗粒形状及表面特征

碎石是由天然岩石或卵石经破碎、筛分而成的。其表面粗糙、棱角多,与水泥黏结较好,拌制的混凝土强度较高,但混凝土拌和物流动性较差。卵石是由天然岩石经自然风化、水流搬运和分选、堆积而形成的颗粒,如河卵石、山卵石、海卵石等,其中以河卵石应用较多。卵石表面光滑、棱角少,与水泥的黏结较差,拌制的混凝土强度较低,但混凝土拌和物流动性较好。

配制混凝土选用碎石还是卵石要根据工程性质、当地材料的供应情况、成本等各方面综合考虑。

另外,粗集料中还可能含有针状(颗粒长轴长度大于平均粒径的 2.4 倍)颗粒和片状(厚度小于平均粒径的 0.4 倍)颗粒,针、片状颗粒易折断,其含量多时,会影响混凝土的和易性,而且会使混凝土的强度降低。粗集料中针、片状颗粒含量应符合表 4-7 的规定。

表 4-7　粗集料中针、片状颗粒含量

混凝土强度等级	≥C60	C55 ~ C30	≤C25
针、片状颗粒含量(按质量计,%)	≤8	≤15	≤25

(二)有害杂质含量

粗集料中的有害杂质主要有黏土、淤泥、有机物、硫化物、硫酸盐及含有活性氧化硅的岩石颗粒等,它们的危害作用与在细集料中相似。粗集料中含泥量、泥块含量及有害杂质的含量应符合表4-8的规定。

表4-8　粗集料中含泥量、泥块含量及有害杂质含量

项目	混凝土强度等级		
	C60	C55～C30	C25
含泥量(按质量计,%)	≤0.5	≤1.0	≤2.0
泥块含量(按质量计,%)	≤0.2	≤0.50	≤0.70
硫化物及硫酸盐的含量(折算成SO_3,按质量计,%)	≤1.0		
卵石中有机物含量(用比色法试验)	颜色不应深于标准色,若深于标准色,应配制混凝土进行强度对比试验,抗压强度比不应低于0.95		

(三)最大粒径与颗粒级配

1. 最大粒径

最大粒径是指粗集料中公称粒径的上限值,如采用5～40 mm的粗集料,则其最大粒径为40 mm。当粗集料粒径增大时,总表面积随之减小,所需水泥浆也相应减少,这不仅能够节约水泥,而且有助于提高混凝土的密实度,减少发热量及混凝土的体积收缩。因此,在条件许可的情况下,应尽量采用最大粒径较大的粗集料。但最大粒径的选用必须受结构物的截面、钢筋间距及施工条件的限制。一般规定:粗集料的最大粒径不得大于结构截面最小尺寸的1/4,同时不得大于钢筋间最小净距的3/4;混凝土实心板允许采用的最大粒径为1/3板厚,但不得超过50 mm;当混凝土搅拌机的容量小于0.8 m^3时,最大粒径不宜超过80 mm,当使用大容量搅拌机时,也不宜超过150 mm。

2. 颗粒级配

与细集料要求一样,粗集料也应具有良好的颗粒级配,以减小空隙率,节约水泥,提高混凝土的密实度和强度。

粗集料的级配也通过筛分试验来确定,分计筛余百分率和累计筛余百分率计算均与砂相同。混凝土用粗集料的级配范围应符合《普通混凝土用砂、石质量及检验方法标准》(JGJ 52—2006)的规定,具体规定如表4-9所示。

粗集料的颗粒级配可分为连续粒级(级配)和单粒级。连续级配是石子粒级呈连续性,即颗粒由小到大,每级石子占一定比例。用连续级配的石子配制的混凝土拌和物,和易性较好,是工程上最常用的级配。单粒级集料可以避免连续级配中的较大粒级集料在堆放及装卸过程中的离析现象,可以通过不同组合,配制成各种不同要求的级配集料,以保证混凝土的质量,便于大型混凝土搅拌厂使用。

另外,还有一种间断级配,是各粒级石子不相连,即抽去中间1～2级石子,如在5～80 mm的级配中,只有5～20 mm和40～80 mm两个粒级的石子相配,没有20～40 mm粒级的石子。间断级配容易使混凝土拌和物产生离析现象,和易性较差,工程中较少采用。

表 4-9　混凝土用粗集料的级配范围(JGJ 52—2006)

级配情况	公称粒级(mm)	累计筛余(按质量计,%) 筛孔尺寸(圆孔筛,mm)											
		2.36	4.75	9.50	16.0	19.0	26.5	31.5	37.5	53.0	63.0	75	90
连续粒级	5~10	95~100	80~100	0~15	0	—	—	—	—	—	—	—	—
	5~16	95~100	85~100	30~60	0~10	0	—	—	—	—	—	—	—
	5~20	95~100	90~100	40~80	—	0~10	0	—	—	—	—	—	—
	5~25	95~100	90~100	—	30~70	—	0~5	0	—	—	—	—	—
	5~31.5	95~100	90~100	70~90	—	15~45	—	0~5	0	—	—	—	—
	5~40	—	95~100	75~90	—	30~65	—	—	0~5	0	—	—	—
单粒级	10~20	—	95~100	85~100	—	0~15	0	—	—	—	—	—	—
	16~31.5	—	95~100	—	85~100	—	—	0~10	0	—	—	—	—
	20~40	—	—	95~100	—	80~100	—	—	0~10	0	—	—	—
	31.5~63	—	—	—	95~100	—	—	75~100	45~75	—	0~10	0	—
	40~80	—	—	—	—	95~100	—	—	70~100	—	30~60	0~10	0

施工现场分级堆放的石子中常常存在超径和逊径现象。超径是指在某一级石子中混杂有大于这一级粒径的石子,逊径是指某一级石子中混杂有小于这一级粒径的石子。超径和逊径的存在会直接影响集料的级配和混凝土的性能。为了保证工程质量,规范规定,超径量不得大于5%,逊径量不得大于10%。

(四)物理力学性质

1.强度

为了保证混凝土的强度,要求粗集料质地致密,具有足够的强度。按《普通混凝土用砂、石质量及检验方法标准》(JGJ 52—2006)的规定,粗集料的强度可用母岩立方体抗压强度或压碎指标来表示。

岩石立方体抗压强度试验,是将岩石制成50 mm×50 mm×50 mm的立方体(或直径与高均为50 mm的圆柱体)试件,在水饱和状态下测定其抗压强度值。《普通混凝土用砂、石质量及检验方法标准》(JGJ 52—2006)规定岩石的抗压强度应比设计要求的混凝土强度等级高20%以上。当混凝土强度等级为C60及以上时,应进行岩石抗压强度检验。

压碎指标是取粒径为10 ~ 20 mm的石子装入规定的圆模内,在压力机上施加荷载至200 kN,卸荷后称取试样质量(m_0),再用孔径为2.36 mm的筛筛除被压碎的细粒,称取试样的筛余量(m_1),按下式计算压碎指标

$$\delta = \frac{m_0 - m_1}{m_0} \times 100\% \tag{4-2}$$

式中 δ——压碎指标值(%);

m_0——试样的质量,g;

m_1——压碎试验后试样的筛余量,g。

压碎指标表示石子抵抗压碎的能力,其值越小,表示石子抵抗破碎的能力越强。根据《普通混凝土用砂、石质量及检验方法标准》(JGJ 52—2006)的要求,普通混凝土用粗集料的压碎指标值如表4-10、表4-11所示。

表4-10 碎石的压碎指标值

岩石品种	混凝土强度等级	碎石压碎指标值(%)
水成岩	C55 ~ C40	≤10
	≤C35	≤16
变质岩或深成的火成岩	C55 ~ C40	≤12
	≤C35	≤20
火成岩	C55 ~ C40	≤13
	≤C35	≤30

表4-11 卵石的压碎指标值

混凝土强度等级	C55 ~ C40	≤C35
压碎指标值(%)	≤12	≤16

2. 坚固性

坚固性是指在气候、外力和其他物理力学因素作用(如冻融循环作用)下集料抗碎裂的能力。坚固性试验是用硫酸钠溶液法检验,试样经5次干湿循环后,其质量损失应符合表4-6的规定。

3. 视密度、堆积密度、空隙率

用做混凝土集料的石子应密实坚固,故一般要求其视密度不小于2.60 g/cm³,堆积密度为1 400 ~ 1 700 kg/m³,碎石在松散状态时空隙率为45%,卵石在松散状态时空隙率为35% ~ 45%。

四、混凝土拌和及养护用水

拌制混凝土应采用达到国家标准的生活饮用水。

凡是工业污水、沼泽水、pH值小于4的酸性水、含硫酸盐(按SO_3计)超过水重1%的水,均不能用来拌制混凝土。海水中含有硫酸盐、镁盐和氯化物,对水泥有侵蚀作用,对钢筋有锈蚀作用,因此不得用海水拌制钢筋混凝土及预应力钢筋混凝土,但允许用海水拌制

素混凝土。混凝土用水中各种物质含量限值要求如表4-12所示。

表4-12　混凝土用水中各种物质含量限值要求

项目	预应力混凝土	钢筋混凝土	素混凝土
pH值	>4	>4	>4
不溶物(mg/L)	<2 000	<2 000	<5 000
可溶物(mg/L)	<2 000	<5 000	<10 000
氯化物(以 Cl^- 计,mg/L)	<500	<1 200	<3 500
硫酸盐(以 SO_4^{2-} 计,mg/L)	<600	<2 700	<2 700
硫化物(以 S^{2-} 计,mg/L)	<100	—	—

五、混凝土掺合料

为了节约水泥,改善混凝土性能,调节混凝土强度等级,在拌制混凝土时可掺入一些矿物粉末,称为掺合料。常用的掺合料有粉煤灰、硅粉、超细矿渣及各种天然的火山灰质材料等,在这些掺合料中以粉煤灰应用最为普遍。

(一)粉煤灰

粉煤灰是从燃烧煤粉的锅炉烟气中收集到的细粉末。其颗粒呈球形,表面光滑。化学成分主要有 SiO_2、Al_2O_3 及 Fe_2O_3 等,其中 SiO_2 及 Al_2O_3 之和常在60%以上,是决定粉煤灰活性的主要成分。此外,还含有CaO、MgO及 SO_3 等。

粉煤灰在混凝土中具有火山灰活性作用,它吸收氢氧化钙后生成硅酸钙凝胶,成为胶凝材料的一部分。粉煤灰还可增大混凝土的流动性,减少泌水,改善混凝土的和易性。另外,粉煤灰的水化反应很慢,它在混凝土中相当长时间内以固体微粒形态存在,具有填充集料空隙的作用,可提高混凝土的密实性。

混凝土中掺入粉煤灰的效果与粉煤灰的掺入方法有关。常用的掺入方法有等量取代法、超量取代法及外加法。

等量取代法是指以等质量粉煤灰取代混凝土中的水泥的方法。此种方法可节约水泥并减少混凝土发热量,改善混凝土的和易性,提高混凝土的抗渗性,适用于大体积混凝土。

超量取代法即粉煤灰的掺入量大于所取代的水泥量。多出的粉煤灰取代同体积砂,混凝土内石子用量及用水量基本不变,此法可保持混凝土28 d强度及和易性不变。

外加法是指在保持混凝土中水泥用量不变的情况下,外掺一定数量的粉煤灰,其目的是改善混凝土拌和物的和易性。

(二)硅粉

硅粉也称硅灰,是从冶炼硅铁和其他硅金属工厂的废烟气中回收的副产品,其主要成分是 SiO_2,掺量一般为水泥用量的5%~10%。硅粉呈灰白色,颗粒极细,是水泥粒径的1/50~1/100,比表面积为18.5~20 m^2/g,密度为2.1~2.2 g/cm^3,松散堆积密度为250~

300 kg/m^3。硅粉活性很高，在混凝土中掺入硅粉后，可取得如下效果：

(1)提高混凝土强度，配制高强、超高强混凝土。普通硅酸盐水泥水化后生成的氢氧化钙约占体积的29%，硅粉能与氢氧化钙反应生成水化硅酸钙，均匀分布于水泥颗粒之间，形成密实的结构。掺入水泥质量5%～10%的硅粉就可配制出抗压强度达100 MPa的超高强混凝土。

(2)改善孔隙结构，提高耐久性。掺入硅粉的混凝土，虽然总孔隙与不掺时基本相同，但其大孔减少，超微细孔隙增加，改善了混凝土的孔隙结构。因此，掺入硅粉的混凝土耐久性显著提高。

(3)抑制碱—集料反应及防止钢筋锈蚀。硅粉混凝土抗侵蚀性较好，能抑制碱—集料反应及防止钢筋锈蚀，适用于要求抗溶出性侵蚀及抗硫酸盐侵蚀的工程。

(三)超细矿渣

在高炉冶炼生铁时，将浮在铁水表面的熔融物，经急冷处理而成的粒径为0.5～5 mm的疏松颗粒材料，称为粒化高炉矿渣。超细粉磨的粒化高炉矿渣(简称超细矿渣)具有很高的活性，可用来配制高强、超高强混凝土。超细矿渣的比表面积一般大于450 m^2/kg，可等量取代15%～50%的水泥，其用做混凝土掺合料主要有以下几方面效果：

(1)提高混凝土强度，可配制出高强混凝土及C100以上的超高强混凝土。

(2)显著改善混凝土的耐久性，所配制的混凝土收缩性大大减小，抗冻性、抗渗性提高。

(3)改善混凝土拌和物的和易性，可配制出大流动性且不离析的泵送混凝土。

(四)其他掺合料

除上述几种掺合料外，可以用做混凝土掺合料的还有沸石粉、火山灰、凝灰岩、钢渣、磷矿渣等。掺合料应由生产单位专门加工，进行产品检验并出具产品合格证书。使用单位若对其质量有怀疑，应对其质量进行复查。

第三节　混凝土的主要技术性质

新拌制的未硬化的混凝土，称为混凝土拌和物。它必须具有与施工条件相适应的和易性，才能便于施工，并制得密实、均匀的混凝土。混凝土拌和物凝结硬化以后，称为硬化混凝土，它应具有足够的强度，以保证建筑物能安全地承受荷载，并应具有与所处环境相适应的耐久性。

一、混凝土拌和物的和易性

(一)和易性的概念

和易性是指混凝土拌和物在一定施工条件下，便于操作并能获得质量均匀而密实的混凝土的性能。和易性是一项综合的技术性质，具体包括流动性、黏聚性和保水性三个方面的含义。

1. 流动性(稠度)

流动性是指混凝土拌和物在自重或机械振捣力的作用下，能流动并均匀密实地充满模板的性能。流动性的大小反映混凝土拌和物的稀稠,直接影响其浇捣施工的难易和成型的质量。

2. 黏聚性

黏聚性是指混凝土拌和物在施工过程中其组成材料之间有一定的黏聚力,不致产生分层和离析的现象。它反映了混凝土拌和物保持整体均匀性的能力,黏聚性差的拌和物水泥浆与石子易分离,混凝土硬化后会出现蜂窝、空洞等不密实现象,严重影响混凝土的强度和耐久性。

3. 保水性

保水性是指混凝土拌和物在施工过程中,具有一定的保水能力,不致产生严重泌水的性能。它反映了混凝土拌和物的稳定性。保水性差的混凝土拌和物,由于水分泌出来会形成容易透水的孔隙,而影响混凝土的密实性,降低混凝土质量。

混凝土拌和物的流动性、黏聚性和保水性之间是相互联系、相互矛盾的。和易性就是这三方面性质在某种具体条件下的矛盾统一体。和易性好的混凝土拌和物,所制成的混凝土内部质地均匀致密,强度和耐久性均能保证。因此,和易性是混凝土的主要技术性质之一。

(二)和易性的测定方法及指标

目前,还没有一种能全面反映混凝土拌和物和易性的测定方法。在工地和实验室,通常用坍落度试验测定拌和物的流动性,再根据经验目测评定黏聚性和保水性。

1. 坍落度试验

坍落度试验是将混凝土拌和物按规定方法分三层装入标准圆锥坍落度筒中,每层插捣 25 次。装满刮平后将筒垂直提起,混凝土拌和物由于自重将会向下坍落。量出坍落的距离(以 mm 为单位)即为坍落度。坍落度越大,表示混凝土拌和物的流动性越大。坍落度测定试验如图 4-5(a)所示。

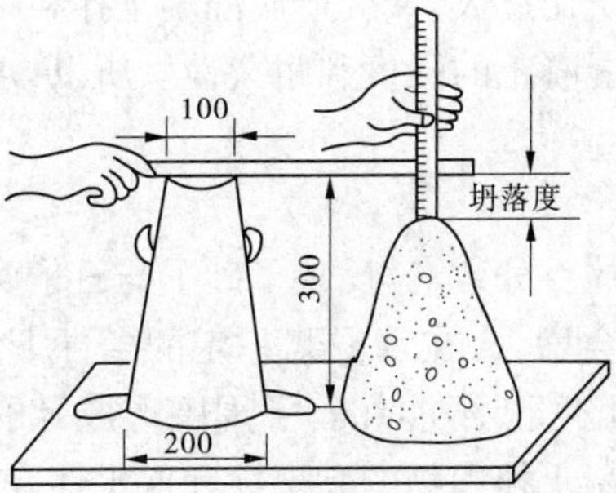

(a)坍落度的测定

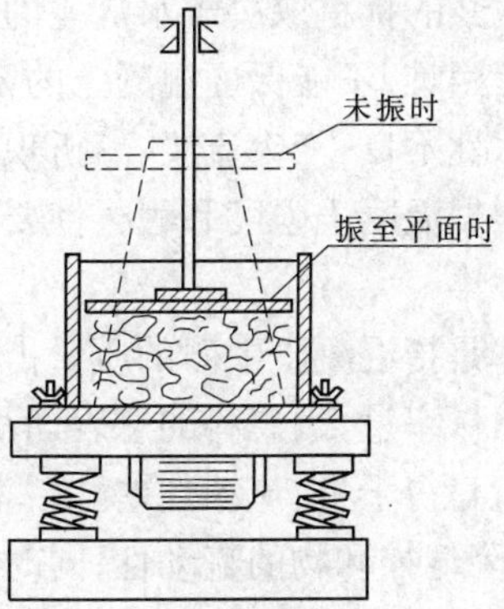

(b)维勃稠度的测定

图 4-5　坍落度及维勃稠度试验　(单位:mm)

在测定坍落度的同时,应观察混凝土拌和物的黏聚性和保水性等。黏聚性的检查方法是用捣棒在已坍落的拌和物锥体一侧轻敲,若锥体逐渐下沉,则表示黏聚性良好;若发生局部突然倒塌或整体崩溃，则表示黏聚性不良。另外，检查混凝土拌和物锥体下部稀浆析出的程度。若无稀浆或仅有少量稀浆从底部析出，则表示保水性良好；若有较多稀浆从底部析出，锥体部分的混凝土也因失浆而集料外露，则表示此混凝土拌和物的保水性能不好。根据坍落度的大小，可将混凝土拌和物分为低塑性混凝土（坍落度为 10 ~ 40 mm）、塑性混凝土（坍落度为 50 ~ 90 mm）、流动性混凝土（坍落度为 100 ~ 150 mm）、大流动性混凝土（坍落度≥160 mm）等 4 种级别。坍落度适用于集料最大粒径不大于 40 mm，坍落度值不小于 10 mm 的混凝土拌和物，对于干硬或较干稠的混凝土拌和物（坍落度小于 10 mm），宜用维勃稠度仪测定其稠度。

2. 维勃稠度仪试验

将混凝土拌和物按标准方法装入维勃稠度仪上的坍落度筒中，缓慢垂直提起坍落度筒，在拌和物试体顶面放一透明圆盘。启动振动台，同时用秒表计时，在透明圆盘的底面完全为水泥浆所布满的瞬间，停止秒表，关闭振动台。此时，可认为混凝土拌和物已密实，读出秒表的秒数，即为维勃稠度，如图 4-5（b）所示。维勃稠度值越大，混凝土拌和物越干稠。混凝土按维勃稠度值大小可分 4 级：超干硬性（$V \geq 31$ s）、特干硬性（$V = 30 \sim 21$ s）、干硬性（$V = 20 \sim 11$ s）、半干硬性（$V = 10 \sim 5$ s）。

（三）影响和易性的主要因素

1. 水泥浆的数量

水泥浆赋予混凝土拌和物以一定的流动性。在水灰比（混凝土的水用量与水泥用量之比）保持不变的条件下，单位体积拌和物内，水泥浆越多，则拌和物的流动性越大。但若水泥浆过多，就会出现流浆现象，使拌和物的黏聚性和保水性变差，这既浪费水泥又降低混凝土的强度及耐久性。若水泥浆过少，则不能很好包裹集料和填充空隙，黏聚性和流动性也会较差。因此，混凝土拌和物中水泥浆的数量以满足流动性要求为宜。

2. 水泥浆的稀稠

水泥浆的稀稠取决于水灰比的大小。水灰比越小，水泥浆越稠，则拌和物流动性小，会使施工困难，不能保证混凝土的密实性。但水灰比过大，又会造成混凝土拌和物的黏聚性和保水性不良，产生流浆、离析现象，严重影响混凝土的强度和耐久性。所以，水灰比的大小应根据混凝土强度和耐久性要求合理选用。

3. 砂率

砂率是指混凝土中砂的质量占砂、石总质量的百分数，其反映了砂子与石子两者组合的关系。砂率过大，集料的总表面积及空隙率都会增大，在水泥浆一定的条件下，混凝土拌和物就显得干稠，流动性差。砂率过小，砂浆量不足，不能在石子周围形成足够的润滑层，也会降低拌和物的流动性；同时，严重影响混凝土拌和物的黏聚性和保水性，甚至发生离析、溃散现象。因此，砂率不能过大也不能过小，应选取合理砂率。合理砂率是指在用水量及水泥用量一定时，能使混凝土拌和物获得最大流动性，且黏聚性及保水性良好的砂率值。同理，在水灰比和坍落度不变的条件下，水泥用量最小的砂率也是合理砂率。合理砂率的确定如图 4-6 所示。

4. 其他因素的影响

除以上影响因素外，拌和物和易性还受水泥品种、集料的性质、外加剂以及时间、温度

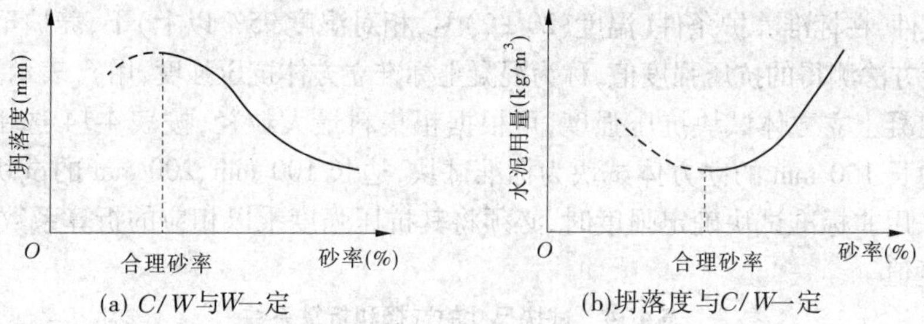

图 4-6　合理砂率的确定

等条件的影响。

例如,矿渣水泥拌制的混凝土流动性较小而保水性较差,粉煤灰水泥拌制的混凝土则流动性、黏聚性和保水性都较好。水泥的细度越细,在相同用水量情况下其混凝土流动性小,但黏聚性及保水性较好。用卵石拌制的混凝土拌和物比用碎石拌制的流动性好,用河砂拌制的混凝土拌和物比用山砂拌制的流动性好。

掺加一些外加剂可提高拌和物流动性,比如减水剂、引气剂。拌和物的和易性还受时间和温度的影响:搅拌后拌和物停置时间越长,拌和物流动性越差;温度越高,水分蒸发及水泥水化反应越快,拌和物的流动性越差。

(四)坍落度的选择

混凝土拌和物的坍落度要根据构件截面大小、钢筋疏密和捣实方法而定。当构件截面尺寸较大或钢筋较疏或采用振捣器振捣时,坍落度可选择小些;反之,当构件截面尺寸较小或钢筋较密或采用人工插捣时,坍落度可选择大些。按《普通混凝土拌合物性能试验方法标准》(GB/T 50080—2002)中的有关规定,混凝土浇筑时的坍落度宜按表 4-13 选用。

表 4-13　混凝土浇筑时的坍落度选择

项次	结构种类	坍落度(mm)
1	基础或地面等的垫层、无配筋的大体积结构(挡土墙、基础等)或配筋稀疏的结构	10～30
2	板、梁和大型及中型截面的柱子等	30～50
3	配筋密列的结构(薄壁、斗仓、筒仓、细柱等)	50～70
4	配筋特密的结构	70～90

二、混凝土的强度

硬化后的混凝土,必须达到设计要求的强度,结构物才能安全可靠。混凝土的强度包括抗压强度、抗拉强度、抗弯强度和抗剪强度等。其中,抗压强度最高,抗拉强度最低,故混凝土主要用来承受压力。

(一)混凝土的抗压强度

1. 混凝土的立方体抗压强度与强度等级

按照《普通混凝土力学性能试验方法标准》(GB/T 50081—2002),制作边长为 150 mm

的立方体试件，在标准养护条件（温度(20±2)℃，相对湿度95%以上）下，养护至28 d龄期，用标准试验方法测得的抗压强度值，称为混凝土标准立方体抗压强度，用f_{cu}表示。

测定混凝土立方体试块抗压强度，可根据粗集料最大粒径，按表4-14选用不同尺寸的试块。边长150 mm的立方体试块为标准试块，边长100 mm、200 mm的试块为非标准试块。当采用非标准试块确定强度时，必须将其抗压强度乘以相应的折算系数，折算成标准试块强度值。

表4-14 试块尺寸的选择和折算系数

集料最大粒径(mm)	试块尺寸(mm×mm×mm)	折算系数
≤30	100×100×100	0.95
≤40	150×150×150	1.00
≤60	200×200×200	1.05

按《混凝土结构设计规范》(GB 50010—2010)的规定，混凝土立方体抗压强度标准值是按标准方法制作和养护边长为150 mm的立方体试件，在28 d龄期，用标准试验方法测得的强度总体分布中具有不低于95%保证率的抗压强度值，用$f_{cu,k}$表示。

混凝土的强度等级是按混凝土立方体抗压强度标准值来划分的。采用符号C和立方体抗压强度标准值来表示，可分为C15、C20、C25、C30、C35、C40、C45、C50、C55、C60、C65、C70、C75、C80等14个等级。例如，C25表示混凝土立方体抗压强度标准值f_{cu} = 25 MPa。

2. 轴心抗压强度

确定混凝土强度等级时采用的是立方体试件，但在实际工程中混凝土结构形式大部分是棱柱体和圆柱体。因此，在混凝土结构（如桥墩、柱子等轴心受压构件）设计时都是采用混凝土轴心抗压强度作为设计依据。测定轴心抗压强度采用150 mm×150 mm×300 mm棱柱体作为标准试件。通过试验分析，$f_{ck} \approx 0.67 f_{cu,k}$。

3. 影响混凝土抗压强度的因素

影响混凝土抗压强度的因素很多，包括原材料的质量（主要是水泥强度等级和集料品种）、材料之间的比例关系（水灰比、灰集比、集料级配）、施工方法及试验条件（龄期、试件形状与尺寸、试验方法、温度及湿度）等。

1) 水泥强度及水灰比

水泥是混凝土中的活性组分，其强度的大小直接影响着混凝土强度的高低。在配合比相同的条件下，所用的水泥强度等级越高，配制的混凝土强度也越高。当用同一种水泥（品种及强度等级相同）时，混凝土的强度主要取决于水灰比。水灰比越大，混凝土的强度越低，因为水泥水化时所需的结合水一般只占水泥质量的23%左右，但在拌制混凝土拌和物时，为了获得必要的流动性，常需用较多的水（占水泥质量的40%~70%）。多余的水分残留在混凝土内形成水泡，蒸发后形成气孔，使混凝土密实度降低，强度下降。所以，在保证施工质量的条件下，水灰比越小，混凝土的强度就越高。但是，如果水灰比过小，拌和物过于干硬，在一定条件下，无法保证浇筑质量，混凝土中将出现较多的蜂窝、孔洞，强度也将下降。试验证明，混凝土强度随水灰比的增大而降低，呈曲线关系；而混凝土强度和灰水比，则呈直线关系（见图4-7）。

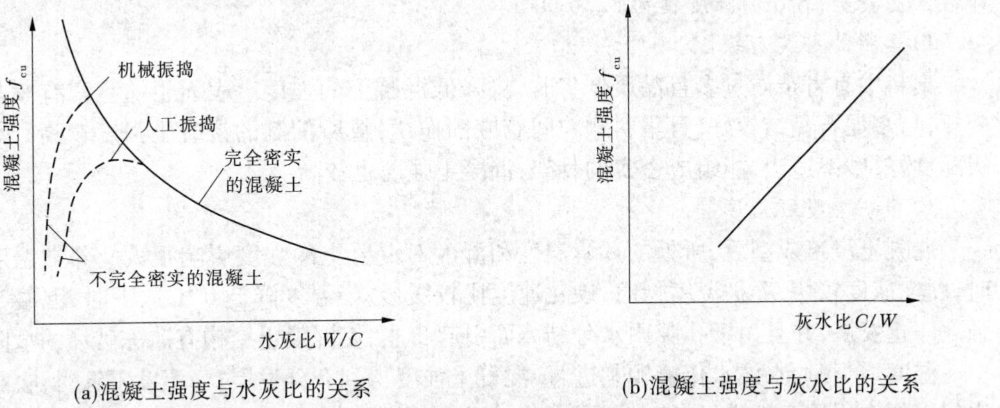

图4-7　混凝土强度与水灰比及灰水比的关系

混凝土抗压强度与灰水比、水泥强度之间的关系可用经验公式（鲍罗米公式）表示

$$f_{cu} = a_a f_{ce}\left(\frac{C}{W} - a_b\right) \tag{4-3}$$

式中　f_{cu}——混凝土28 d龄期的抗压强度，MPa；

C——每立方米混凝土中的水泥用量，kg；

W——每立方米混凝土中的水用量，kg；

$\frac{C}{W}$——灰水比；

a_a、a_b——经验系数，与集料品种有关，卵石混凝土 $a_a = 0.48$、$a_b = 0.33$，碎石混凝土 $a_a = 0.46$、$a_b = 0.07$；

f_{ce}——水泥的实测强度，MPa。

一般水泥厂为了保证水泥的出厂强度等级，其实际强度往往比标准的强度等级要高些。当无法取得水泥28 d抗压强度实测值时，可用下式估算

$$f_{ce} = \gamma_c f_{ce,g} \tag{4-4}$$

式中　γ_c——水泥强度等级的富裕系数，一般取1.13；

$f_{ce,g}$——水泥强度等级值，MPa。

强度公式可解决两个问题：一是混凝土配合比设计时，估算应采用的 $\frac{W}{C}$ 值；二是混凝土质量控制过程中，估算混凝土28 d可以达到的抗压强度。

【例4-2】　用强度等级为32.5 MPa的普通水泥、碎石和天然砂配制混凝土，采用 $\frac{W}{C} = 0.50$，试估计混凝土28 d的强度可达多少。

解　因为 $\frac{W}{C} = 0.50$，所以 $\frac{C}{W} = \frac{1}{0.50} = 2.00$。

混凝土采用碎石，则回归系数 $a_a=0.46, a_b=0.07$。

代入混凝土强度公式(4-3)有

$$f_{cu}=0.46\times32.5\times1.13\times(2.00-0.07)=32.6(\mathrm{MPa})$$

即估计混凝土28 d的强度值为32.6 MPa。

2)集料的种类与级配

集料中有害杂质过多且品质低劣时，将降低混凝土的强度。表面粗糙且富有棱角的碎石，与水泥石黏结较好，且集料颗粒间有嵌固作用，故所配制的混凝土强度较高。集料级配良好，砂率适当，能组成密实的骨架，混凝土强度也较高。

3)养护温度和湿度

混凝土浇筑成型后，所处的环境温度和湿度对混凝土的强度影响很大。养护温度高时，硬化速度较快；养护温度低时，硬化速度比较缓慢；当温度降至0 ℃以下时，混凝土的强度停止发展，并且由于孔隙内水分结冰而引起膨胀，使混凝土结构有冰冻破坏的危险。

湿度适当时，水泥水化能顺利进行，混凝土强度得到充分发展；当湿度不够时，会影响水泥水化作用的正常进行，甚至停止水化。因此，混凝土浇捣完毕后，必须加强养护，保持适当的温度和湿度，以保证硬化不断发展，强度不断增长。

4)硬化龄期

在正常养护条件下，混凝土强度在最初7～14 d内发展较快，28 d接近最大值，以后增长缓慢，但若保持足够的温度和湿度，强度的增长将延续数十年。普通水泥制成的混凝土，在标准养护条件下，其强度的发展大致与其龄期的对数成正比(龄期不小于3 d)，可用下式计算

$$f_n=\frac{f_{28}\lg n}{\lg 28} \tag{4-5}$$

式中 f_n——$n(n\geqslant3)$ d龄期混凝土的抗压强度，MPa；

f_{28}——28 d龄期混凝土的抗压强度，MPa。

根据式(4-5)可由一已知龄期的混凝土强度，估算另一龄期的强度。但因混凝土强度的影响因素很多，强度发展不可能相同，故此式也只能作为参考。

5)混凝土外加剂与掺合料

掺加外加剂是提高混凝土强度的有效方法之一，减水剂和早强剂都对混凝土的强度发展起到明显的作用，掺入一些掺合料可配制高强混凝土。

6)施工质量

施工质量的好坏对混凝土强度有非常重要的影响。施工质量包括配料准确、搅拌均匀、振捣密实及养护充分等，任何一道工序不遵守施工规范，都会导致混凝土强度的降低。

(二)混凝土的抗拉强度

混凝土的抗拉强度只有其抗压强度的1/10～1/20，在直接受拉时，很小的变形就会开裂。因此，混凝土在工作时一般不依靠其抗拉强度。但抗拉强度对于防止开裂具有重要的意义，在结构设计时，抗拉强度是确定混凝土抗裂验算的依据。混凝土劈裂抗拉强度 $f_{st}^{劈}$ 按下式计算

$$f_{st}^{劈}=\frac{2P}{\pi A}=0.637\frac{P}{A} \tag{4-6}$$

式中 P——试件破坏荷载,N;

A——试件劈裂面面积,mm^2。

三、混凝土的耐久性

在建筑工程中,不仅要求混凝土具有足够的强度来安全地承受荷载,还要求混凝土具有与环境相适应的耐久性来延长建筑物的使用寿命。混凝土工程所处的环境不同,对耐久性的要求和程度都不相同。例如,承受压力作用的混凝土,需要具有一定的抗渗性能;受反复冰冻作用的混凝土,需要有一定的抗冻性能等。因此,把混凝土抵抗环境介质作用并保持其良好的使用性能和外观完整性,从而维持混凝土结构的安全及正常使用的能力称为耐久性。

混凝土的耐久性是一个综合性概念,包括抗渗性、抗冻性、抗侵蚀性、抗磨性、抗碳化及抗气蚀性及抗碱—集料反应等。

(一)混凝土的抗渗性

抗渗性是指混凝土抵抗压力水、油等液体渗透的性能。它是一项非常重要的耐久性指标,当混凝土抗渗性较差时,水及有害的介质易于渗入混凝土内部,造成侵蚀破坏;当环境温度再降到负温时,将导致混凝土的冰冻破坏。

混凝土的抗渗性用抗渗等级(P)来表示,即以28 d龄期的标准试件,按标准试验方法进行试验时所能承受的最大水压力(MPa)来确定。混凝土的抗渗等级可划分为P2、P4、P6、P8、P10、P12等六个等级,它们分别表示一组6个试件中4个未发现有渗水现象时的最大水压力为0.2 MPa、0.4 MPa、0.6 MPa、0.8 MPa、1.0 MPa及1.2 MPa。

混凝土的抗渗性主要与其密实度及内部孔隙的大小和构造有关。混凝土内部互相连通的孔隙以及蜂窝、孔洞等都会造成混凝土渗水,如水塔、蓄水设施和地下建筑的混凝土,都必须要求具有足够的抗渗性。

提高混凝土抗渗性能的措施有:提高混凝土的密实度,减小水灰比,掺加引气剂,选用适当品种的水泥,注意振捣密实、养护充分等。

水工混凝土的抗渗等级,应根据结构所承受的水压力大小和结构类型及应用条件按《水工混凝土结构设计规范》(DL/T 5057—2009)的规定选用,参见表4-15。

(二)混凝土的抗冻性

抗冻性是指混凝土在水饱和状态下,能经受多次冻融循环作用而不被破坏,同时也不严重降低强度的性能。在寒冷地区,特别是在接触水又受冻的环境下的混凝土,要求具有较高的抗冻性。抗冻性好的混凝土,对于抵抗温度变化、干湿变化等风化作用的能力也强。因此,抗冻性可以作为耐久性的综合指标。

混凝土的抗冻性以抗冻等级(F)表示。抗冻等级是采用28 d龄期的试件在吸水饱和后,承受反复冻融循环,以抗压强度下降不超过25%,而且质量损失不超过5%时所能承受的最大冻融循环次数来确定的。混凝土的抗冻等级分为F10、F15、F25、F50、F100、F150、F200、F300、F400等九个等级,它们分别表示混凝土能承受冻融循环次数不少于10次、15次、25次、50次、100次、150次、200次、300次、400次。

表 4-15　混凝土抗渗等级最小允许值(DL/T 5057—2009)

结构类型及运用条件		抗渗等级
大体积混凝土结构的下游面外部或建筑物内部		P2
大体积混凝土结构的挡水面外部	$H < 30$ m	P4
	$H = 30 \sim 70$ m	P6
	$H = 70 \sim 150$ m	P8
	$H > 150$ m	P10
素混凝土及钢筋混凝土结构构件(其背面能自由渗水者)	$i < 10$	P4
	$i = 10 \sim 30$	P6
	$i = 30 \sim 50$	P8
	$i > 50$	P10

注:1. 表中 H 为水头,i 为最大水力梯度。水力梯度是指水头与该处结构厚度的比值。

2. 当建筑物的表层设有专门可靠的防水层时,表中规定的抗渗等级可适当降低。

3. 承受侵蚀作用的建筑物,其抗渗等级不得低于 P4。

4. 埋置在地基中的混凝土及钢筋混凝土结构构件(如基础防渗墙等),可根据防渗要求参照表中的规定选择其抗渗等级。

5. 对背水面能自由渗水的混凝土及钢筋混凝土结构构件,当水头小于 10 m 时,其抗渗等级可根据表中的规定降低一级。

6. 对严寒、寒冷地区且水力梯度较大的结构,其抗渗等级应按表中的规定提高一个等级。

提高混凝土抗冻性的有效方法是:提高混凝土的密实度和改善孔隙结构,减小水灰比,提高水泥强度等级,加入引气剂、减水剂和防冻剂也可以提高混凝土的抗冻性。

混凝土抗冻等级应根据工程所处环境及工作条件,按《水工混凝土结构设计规范》(DL/T 5057—2009)选择,见表 4-16。

表 4-16　混凝土抗冻等级(DL/T 5057—2009)

气候分区	严寒		寒冷		温和
年冻融循环次数(次)	≥100	<100	≥100	<100	
受冻后果严重且难以检修的部位: (1)水电站尾水部位,蓄能电站进出口的冬季水位变化区,闸门二期混凝土,轨道基础; (2)冬季通航或受电站尾水位影响的不通航船闸的水位变化区、二期混凝土; (3)流速大于 25 m/s、过冰、多沙或多推移质的溢洪道,深孔或其他输水部位的过水面及二期混凝土; (4)冬季有水的露天钢筋混凝土压力水管、渡槽、薄壁充水闸门井	F400	F300	F300	F200	F100

续表 4-16

气候分区	严寒		寒冷		温和
年冻融循环次数(次)	≥100	<100	≥100	<100	
受冻后果严重但有检修条件的部位: (1)大体积混凝土结构上游面冬季水位变化区; (2)水电站或船闸的尾水渠及引航道的挡墙、护坡; (3)流速小于25 m/s的溢洪道、输水洞、引水系统的过水面; (4)挑檐、墙、梁、板、柱、墩、廊道或竖井的薄壁等构件	F300	F250	F200	F150	F50
受冻较重部位: (1)大体积混凝土结构外露的阴面部位; (2)冬季有水或易长期积雪结冰的渠系建筑物	F250	F200	F150	F150	F50
受冻较轻部位: (1)大体积混凝土结构外露的阳面部位; (2)冬季无水干燥的渠系建筑物; (3)水下薄壁构件; (4)流速大于25 m/s的水下过水面	F200	F150	F100	F100	F50
水下、土中及大体积内部的混凝土	F50	F50	F50	F50	F50

注:1. 气候分区划分标准,严寒:最冷月平均气温低于 -10 ℃;寒冷:最冷月平均气温高于 -10 ℃,但低于 -3 ℃;温和:最冷月平均气温高于 -3 ℃。

2. 冬季水位变化区是指运行期可能遇到的冬季最低水位以下 0.5 ~ 1 m 至冬季最高水位以上 1 m(阳面)、2 m(阴面)、4 m(水电站尾水区)的部位。

3. 阳面指冬季大多为晴天,平均每天有 4 h 阳光照射,不受山体或建筑物遮挡的表面,否则均按阴面考虑。

4. 最冷月平均气温低于 -25 ℃地区的混凝土抗冻等级应根据具体情况研究确定。

5. 在无抗冻要求的地区,混凝土抗冻等级也不宜低于 F50。

(三)混凝土的抗侵蚀性

当混凝土所处的环境中有侵蚀性介质时,混凝土便会遭受侵蚀,如地下、码头、海底等混凝土工程易受环境介质侵蚀,因此要求混凝土应具有较高的抗侵蚀性。

环境侵蚀一般是指对水泥石的侵蚀,如软水侵蚀、酸碱盐侵蚀等。提高混凝土的抗侵蚀性的主要方法是选用适当的水泥品种和提高混凝土的密实度。

(四)混凝土的抗磨性及抗气蚀性

受磨损、磨耗作用的混凝土(如道路路面的混凝土及受挟沙高速水流冲刷的混凝土等),要求有较高的抗磨性及抗气蚀性。

对于有抗磨性要求的混凝土,其强度等级应不低于 C30,选用坚硬耐磨的集料和高强度等级的水泥,以提高其耐磨性;对于有抗气蚀性要求的混凝土,其强度等级应不低于 C50,集料最大粒径应不大于 20 mm,在混凝土中掺入硅粉及高效减水剂,以保证混凝土密实、均匀等。解决气蚀问题的最好办法是在设计、施工及运行中消除发生气蚀的原因。

（五）混凝土的碳化

混凝土的碳化是指空气中的二氧化碳及水通过混凝土的裂隙与水泥石中的氢氧化钙反应生成碳酸钙和水，从而使混凝土的碱度降低的过程。

硬化后的混凝土内部呈碱性环境，混凝土构件中的钢筋在这种碱性环境表面会产生一层难溶的三氧化二铁和四氧化三铁薄膜，它能防止钢筋锈蚀。但是，当碳化深度穿透混凝土保护层达到钢筋表面时，钢筋表面的薄膜被破坏，而开始生锈，锈蚀的生成物体积膨胀进一步造成混凝土的开裂，开裂的混凝土又加速了碳化的进行和钢筋的锈蚀，最后导致混凝土顺着钢筋开裂而破坏。另外，碳化作用还显著增加混凝土的收缩。

碳化对混凝土也有有利的影响，碳化放出的水分有助于水泥的水化作用，而且碳酸钙可填充水泥石孔隙，可使混凝土抗压强度增大，如混凝土预制桩往往利用碳化作用来提高桩的表面硬度。但总体来说，碳化对混凝土是弊多利少，因此应设法提高混凝土的抗碳化能力。

提高混凝土抗碳化能力的措施有：合理选用水泥品种，采用较小的水灰比及较多的水泥用量，掺用引气剂或减水剂，保证混凝土保护层的厚度及质量，采用密实的砂、石集料等。

（六）混凝土的碱—集料反应

混凝土的碱—集料反应是指混凝土中所含的碱（Na_2O 或 K_2O）与集料中的活性 SiO_2，在混凝土硬化后潮湿条件下逐渐发生化学反应，生成复杂的碱－硅酸凝胶，这种凝胶吸水膨胀，导致混凝土开裂、强度下降等不良现象，从而威胁建筑物安全。

产生碱—集料反应必须具备三个条件：

（1）水泥中碱（Na_2O 或 K_2O）的含量较高。

（2）集料中含有活性氧化硅成分，它们常存在于流纹岩、安山岩、凝灰岩等天然岩石中。

（3）存在水分，在干燥状态下不会造成碱—集料反应的危害。

由上可知，防止碱—集料反应的措施有：选用低碱水泥（含碱量 $<0.6\%$）并控制混凝土总的含碱量；在条件许可时，选择非活性集料；掺入活性掺合料或引气剂等。

（七）提高混凝土耐久性的措施

混凝土所处的环境和使用条件不同，对其耐久性要求也不相同。提高混凝土耐久性常采取以下措施：

（1）合理选择水泥品种。水泥品种的选择应与工程结构所处环境条件相适应。

（2）严格控制混凝土的水灰比及保证足够的水泥用量。有关规范根据环境条件规定了“最大水灰比”和“最小水泥用量”，见表 4-17 及表 4-18。

（3）选用质量良好的砂、石集料。质量良好、级配合格的砂、石集料是保证混凝土耐久性的重要条件。

（4）掺入引气剂或减水剂，改善混凝土内部的孔隙结构，提高混凝土的耐久性。

（5）加强混凝土的施工质量控制。在混凝土施工中，应配料准确、搅拌均匀、振捣密实、养护充分。

表 4-17 水工混凝土最大水灰比及最小水泥用量(DL/T 5057—2009)

环境类别	最大水灰比	最小水泥用量(kg/m³)		
		素	钢筋	预应力
室内正常环境(一类)	0.60	200	220	280
露天环境;室内潮湿环境;长期处于地下或淡水水下环境(二类)	0.55	230	260	300
淡水水位变动区;弱腐蚀环境;海水水下环境(三类)	0.50	260	300	340
海上大气区;海水水位变动区;轻度盐雾作用区;中等腐蚀环境(四类)	0.45	280	340	360
海水浪溅区及重度盐雾作用区;使用除冰盐的环境;强腐蚀环境(五类)	0.40	300	360	380

注:1. 结构类型为薄壁或薄腹构件时,最大水灰比宜适当减小。

2. 处于三、四类环境又受冻严重或受冲刷严重的结构,最大水灰比应按照 DL/T 5082 的规定执行。

3. 承受水力梯度较大的结构,最大水灰比宜适当减小。

4. 当掺加有效外加剂及高效掺合料时,最小水泥用量可适当减小。

表 4-18 混凝土最大水胶比及最小胶凝材料用量(GB 50010—2010、JGJ 55—2010)

环境类别	条件	最大水胶比	最小胶凝材料用量(kg/m³)		
			素混凝土	钢筋混凝土	预应力混凝土
一	室内干燥环境; 无侵蚀性净水浸没环境	0.60	250	280	300
二 a	室内潮湿环境; 非严寒和非寒冷地区的露天环境; 非严寒和非寒冷地区与无侵蚀性的水或土壤直接接触的环境; 严寒和寒冷地区的冰冻线以下与无侵蚀性的水或土壤直接接触的环境	0.55	280	300	300
二 b	干湿交替环境; 水位频繁变动环境; 严寒和寒冷地区的露天环境; 严寒和寒冷地区的冰冻线以上与无侵蚀性的水或土壤直接接触的环境	0.50 (0.55)	320 (280)	320 (300)	320 (300)
三 a	严寒和寒冷地区冬季水位变动区环境; 受除冰盐影响环境; 海风环境	0.45 (0.50)	330 (320)	330 (320)	330 (320)
三 b	盐渍土环境; 受除冰盐作用环境; 海岸环境	0.40	330	330	300

注:1. 素混凝土构件的水胶比要求可适当放松。

2. 处于严寒和寒冷地区二 b、三 a 类环境中的混凝土应使用引气剂,并可采用括号中的参数。

【工程案例 4-1】 水灰比对混凝土质量的影响。

现象:现场浇筑混凝土时严禁施工人员随意向混凝土拌和物中加水,试从理论上分析加水对混凝土质量的危害。

分析:现场浇筑混凝土时,施工人员向混凝土拌和物中加水,虽然增加了用水量,提高了流动性,但是将使混凝土拌和物的黏聚性和保水性降低,特别是因水灰比增大,增加了混凝土内部的毛细孔隙的含量,因而会降低混凝土的强度和耐久性,并增大混凝土的变形,造成质量事故。因此,现场浇筑混凝土时,严禁施工人员随意向混凝土拌和物中加水。

【工程案例 4-2】 商品混凝土对坍落度的影响。

现象:某小区有 A、B 幢住宅楼为 6 层砖混结构,混凝土采用强度等级为 C30 的商品混凝土,泵送法施工。主体施工期在冬季,主体工程封顶后,发现两幢楼各层楼板多处出现裂缝,请分析原因。

分析:(1)商品混凝土坍落度过大(出现过因混凝土坍落度过小而在现场任意加水的情况),此时,当混凝土脱水干缩时,容易在表面产生裂缝。

(2)混凝土养护时间过迟。由于风吹日晒,混凝土板表面游离水分被蒸发,水泥不能正常水化,继而产生急剧的体积收缩,因为混凝土早期强度低,不能抵抗这种拉力而开裂。

(3)施工期时值冬季,昼夜温差很大,故有部分为温度裂缝。

【工程案例 4-3】 拆模过早引起倒塌。

现象:某宿舍为二层现浇框架结构,预制钢筋混凝土楼板。施工单位在浇筑完首层钢筋混凝土及吊装完一层楼板后,继续施工第二层。在开始吊装第二层预制板时,为加快施工进度,将第一层大梁下的立柱拆除,以便在底层同时进行内装修,结果在吊装二层预制板快完成时,发生倒塌,当场压死数人,造成重大事故。

分析:经调查,倒塌的主要原因是底层大梁立柱及模板拆除过早。在吊装二层预制板时,梁的养护只有 2 d,强度还很低,不能形成整体框架传力,因而二层框架及预制板的重量及施工荷载由二层大梁的立柱直接传给首层大梁。而这时首层大梁的强度尚未达到设计强度等级 C25,经测定只有 C16,首层大梁承受不了二层结构自重及本身自重而导致倒塌。

第四节 外加剂

混凝土外加剂是在拌制混凝土的过程中掺入的用以改善混凝土性能的化学物质。除特殊情况外,外加剂掺量一般不超过水泥用量的 5%。

混凝土外加剂的使用是近代混凝土技术的重大突破,虽掺量很小,但其对混凝土和易性、强度、耐久性及节约水泥都有明显的改善,常称为混凝土的第五组分,特别是高效能外加剂的使用成为现代高性能混凝土的关键技术,发展和推广使用外加剂有重要的技术和经济意义。

一、外加剂的分类

混凝土外加剂种类繁多,根据国家标准《混凝土外加剂的分类、命名与定义》(GB/T 8075—2005),混凝土外加剂按其主要功能可分为四类:

(1)改善混凝土拌和物流变性能的外加剂,包括减水剂、泵送剂、引气剂等。

(2)调节混凝土凝结硬化性能的外加剂,包括早强剂、缓凝剂、速凝剂等。

(3)改善混凝土耐久性的外加剂,包括引气剂、防水剂、阻锈剂等。

(4)为混凝土提供特殊性能的外加剂,包括防冻剂、膨胀剂、着色剂等。

（一）减水剂

减水剂是指在混凝土坍落度基本相同的条件下，能减少拌和用水量的外加剂。

按减水能力及其兼有的功能分为普通减水剂、高效减水剂、早强减水剂及引气减水剂等，减水剂多为亲水性表面活性剂。

1. 减水剂的作用原理及使用效果

水泥加水拌和后，会形成絮凝结构，流动性很低。当掺入减水剂后，由于减水剂的表面活性作用，水泥颗粒互相分开，导致絮凝结构解体，将其中的游离水释放出来，从而大大增加了拌和物的流动性，其作用原理见图 4-8。

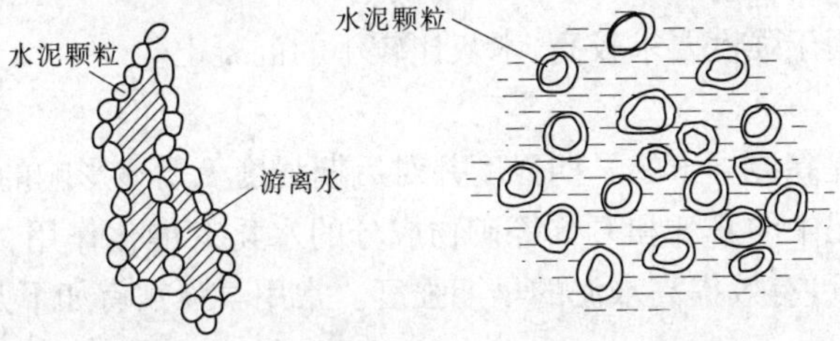

(a)加减水剂前的水泥浆絮状物　　(b)加减水剂后分散的水泥浆

图 4-8　减水剂作用示意

2. 常用减水剂种类

减水剂是使用最广泛和效果最显著的一种外加剂。其种类繁多，常用减水剂有木质素系、萘磺酸盐系（简称萘系）、树脂系、糖蜜系及腐殖酸系等，部分减水剂的性能参考表 4-19。

表 4-19　常用减水剂的性能

种类	木质素系	萘系	树脂系
类别	普通减水剂	高效减水剂	高效减水剂
主要品种	木质素磺酸钙（木钙粉、M 剂、木钠、木镁）	NNO、NF、UNF、FDN、JN、MF 等	SM、CRS 等
主要成分	木质素磺酸钙 木质素磺酸钠 木质素磺酸镁	芳香族磺酸盐、甲醛缩合物	三聚氰胺树脂磺酸钠（SM）、古玛隆－茚树脂磺酸钠（CRS）
适宜掺量（占水泥质量，%）	0.2～0.3	0.2～1.0	0.5～2.0
减水率（%）	10～11	15～25	20～30
早强效果	—	显著	显著
缓凝效果	1～3 h	—	—
引气效果	1%～2%	一般为非引气型，部分品种＜2%	—
适用范围	一般混凝土工程及滑模混凝土工程、泵送混凝土工程、大体积混凝土工程及夏季施工的混凝土工程	适用于所有混凝土工程，更适于配制高强混凝土及流态混凝土、泵送混凝土等	宜用于高强混凝土、早强混凝土、流态混凝土等

3. 减水剂的掺加方法

减水剂掺入混凝土拌和物中的方法有同掺法、后掺法及滞水掺入法等。减水剂掺入混凝土拌和物中的方法不同，其效果也不同。同掺法是将减水剂溶解于拌和用水，并与拌和用水一起加入到混凝土拌和物中。其优点是易搅拌均匀，使用方便，搅拌机生产效率高。后掺法是将混凝土拌和物运到浇筑地点后，再掺入减水剂并再次搅拌后进行浇筑。其优点是可减少混凝土在长距离运输过程中的分层、离析和坍落度损失，充分发挥减水剂的作用，但增加了搅拌次数，延长了搅拌时间。滞水掺入法是在混凝土拌和物已经加入搅拌1 ~3 min后，再加入减水剂，并继续搅拌到规定的拌和时间。其优点是能减少减水剂的掺量，但该法需要延长搅拌时间，生产效率低。

减水剂比较适用于强度要求较高、水灰比较小的混凝土。

(二)早强剂

早强剂是指能提高混凝土的早期强度并对后期强度无明显影响的外加剂。

早强剂或对水泥中的C_3S和C_2S等矿物成分的水化有催化作用，或与水泥成分发生反应生成固相产物，可有效提高水泥的早期强度。常用早强剂有如下几类。

1. 氯盐类早强剂

氯盐类早强剂主要有氯化钙、氯化钠、氯化钾及三氯化铁等，其中以氯化钙应用最广。

氯化钙的早强作用主要是它能与C_3A和$Ca(OH)_2$发生反应，生成不溶性复盐水化氯铝酸钙和氧氯酸钙，增加了水泥浆中固相的含量，形成坚固的骨架，促进混凝土强度增长；同时，由于上述反应降低了液相中$Ca(OH)_2$的浓度，使C_3S的水化反应加快，也可提高混凝土的早期强度。氯化钙的适宜掺量为1% ~2%。其早强效果显著，能使混凝土3 d强度提高50% ~100%，7 d强度提高20% ~40%。由于氯离子能促使钢筋锈蚀，故掺用量必须严格控制。我国规范中规定：在钢筋混凝土中氯化钙的掺量不得超过水泥质量的1%，在无筋混凝土中氯化钙的掺量不得超过水泥质量的3%。

2. 硫酸盐类早强剂

硫酸盐类早强剂主要有硫酸钠、硫酸钙及硫代硫酸钠等，应用最广的是硫酸钠。硫酸盐的早强作用主要是与水泥的水化产物$Ca(OH)_2$反应，生成的二水石膏具有高度的分散性。其反应式为

$$Na_2SO_4 + Ca(OH)_2 + 2H_2O = CaSO_4 \cdot 2H_2O + 2NaOH$$

它与C_3A的化学反应比外掺石膏的作用快得多，能迅速生成水化硫铝酸钙，提高水泥浆中固相的比例，提高早期结构的密实度，同时也会加快水泥的水化速度，从而起到早强作用。硫酸钠的适宜掺量为0.5% ~2.0%，3 d强度可提高20% ~40%。硫酸钠与氢氧化钙作用会生成NaOH。为防止碱—集料反应，所用集料不得含有蛋白质等矿物。

3. 三乙醇胺早强剂

三乙醇胺是呈淡黄色的油状液体，属非离子型表面活性剂。它不改变水化产物，但能在水泥的水化过程中起催化作用，比其他早强剂复合效果更好。

早强剂多用于冬季施工或紧急抢修工程以及要求加快混凝土强度发展的情况。

(三)引气剂

引气剂是在搅拌混凝土过程中能引入大量均匀分布、稳定而封闭的微小气泡的外加

剂。按其化学成分分为松香树脂类、烷基苯磺酸类及脂肪醇磺酸类等三大类。其中,以松香树脂类应用最广,主要有松香热聚物和松香皂两种。

引气剂的主要作用是使混凝土中产生大量直径为0.05 ~1.25 mm的微小气泡,在未硬化的混凝土中,大量微小气泡的存在可以起到"滚珠"的作用,使混凝土拌和物流动性大大提高。由于气泡能隔断混凝土毛细管通道,以及气泡能缓冲因水结冰而产生的膨胀压力,故能显著提高混凝土的抗渗性及抗冻性。因此,引气剂能改善混凝土拌和物的和易性,提高混凝土耐久性。

大量气泡的存在使混凝土孔隙率增大和有效受力面积减小,使强度及耐磨性有所降低,含气量越大,强度降低越大。因此,应严格控制引气剂的掺量,其适宜掺量为水泥质量的0.005% ~0.01%。

引气剂比较适用于强度要求不太高、水灰比较大的混凝土,如水工大体积混凝土。

(四)缓凝剂

能延缓混凝土凝结时间,并对混凝土的后期强度发展无不利影响的外加剂,称为缓凝剂。

由于缓凝剂在水泥及其水化物表面上的吸附作用或与水泥反应生成不溶层,而达到缓凝的效果。我国使用最多的缓凝剂是糖钙、木钙,其具有缓凝及减水作用;其次是羟基羧酸及其盐类,有柠檬酸、酒石酸钾钠等;无机盐类有锌盐、硼酸盐;此外,还有胺盐及其衍生物、纤维素醚等。

缓凝剂使混凝土拌和物能在较长时间内保持其塑性,以利于浇筑成型提高施工质量,或降低水化热。缓凝剂适用于大体积混凝土、炎热气候条件下施工的混凝土以及需长时间停放或长时间运输的混凝土。

(五)速凝剂

能使混凝土迅速凝结硬化的外加剂称为速凝剂。

速凝剂的主要成分为铝酸钠或碳酸钠等盐类。速凝剂加入混凝土中后,其中的铝酸钠、碳酸钠等盐类在碱性溶液中迅速与水泥中的石膏反应生成硫酸钠,使石膏丧失其原有的缓凝作用,导致水泥中的 C_3A 迅速水化,从而使混凝土迅速凝结。

目前,工程中常用的速凝剂有红星一型、711型等。红星一型速凝剂是由铝氧熟料(主要成分为烧结铝酸钠)、碳酸钠及生石灰按1∶1∶0.5的比例配制磨细而成的,适宜掺量为2.5% ~4.0%。711型速凝剂是由铝氧熟料与无水石膏按3∶1的比例配制磨细而成的,一般掺量为3.0% ~5.0%。

速凝剂主要用于矿山井巷、铁路隧洞、引水涵洞、地下工程以及喷锚支护时的喷射混凝土或喷射砂浆工程中。

(六)防冻剂

防冻剂是能使混凝土在负温下正常水化硬化,并在规定时间内硬化到一定程度,且不会产生冻害的外加剂。常用防冻剂有:氯盐类,如氯化钙、氯化钠、氯化铵等;氯盐阻锈类,即以氯盐与阻锈剂(亚硝酸钠)为主复合的外加剂;无氯盐类,如硝酸盐、亚硝酸盐、乙酸钠、尿素等。

氯盐类防冻剂适用于无筋混凝土工程,氯盐阻锈类防冻剂可用于钢筋混凝土工程,无氯盐类防冻剂可用于钢筋混凝土工程和预应力钢筋混凝土工程。

二、外加剂的选择与使用

(一)外加剂品种的选择

外加剂品种繁多、性能各异,尤其是对不同的水泥其效果不同。选择外加剂应依据现场材料条件、工程特点和环境情况,根据产品说明及有关规定进行品种的选择。有条件的应在正式使用前进行试验检验。

(二)外加剂掺量的确定

混凝土外加剂均应有适宜掺量。掺量过小,往往达不到预期效果;掺量过大,则会影响混凝土质量,甚至造成质量事故。因此,须通过试验试配,确定最佳掺量。

(三)外加剂的掺加方法

外加剂不论是粉状还是液态状,为保持作用的均匀性,一般不能直接加入混凝土搅拌机内。对于可溶解的粉状外加剂或液态外加剂,应先配成一定浓度的溶液,使用时连同拌和水一起加入搅拌机内。对于不溶于水的外加剂,应与适量水泥或砂混合均匀后,再加入搅拌机内。

【工程案例4-4】 改善孔隙构造,提高材料的抗渗性。

现象:在混凝土搅拌过程中掺入引气剂可以提高混凝土的抗渗性。

分析:材料的抗渗性的好坏,与材料的孔隙率和孔隙特征有密切的关系。材料越密实,闭口孔隙越多,孔径越小,抗渗性能越好。在混凝土搅拌过程中掺入引气剂,可在混凝土中形成大量均匀分布且稳定而封闭的气泡,这些气泡可堵塞或隔断混凝土中的渗水通道,所以可以提高混凝土的抗渗性。

【工程案例4-5】 除冰剂腐蚀。

现象:为了防止冰雪对车辆行驶造成事故危害,20 世纪 50 ~ 60 年代,美国开始大量使用除冰剂。到了 70 ~ 80 年代,除冰剂所带来的腐蚀破坏大量表现出来,美国 56.7 万座高速公路桥约有半数以上遭腐蚀,需要修复。

分析:氯盐($NaCl$ 或 $CaCl_2$)是一种扩散能力极强的腐蚀介质,当氯离子从混凝土表面扩散到钢铁表面时,便迅速破坏钢铁表面的钝化层,因此导致高速公路桥腐蚀。

【工程案例4-6】 外加剂的应用。

现象:某工程队 6 月份在湖北某工地施工,在混凝土中掺入了适量缓凝剂,经使用 3 个月,情况均正常。后因资金问题,该工程暂停 4 个月,随后继续使用原混凝土配合比开工。发觉混凝土的凝结时间明显延长,影响了工程进度。请分析原因,并提出解决办法。

分析:6 ~ 8 月份气温较高,水泥水化速度快,掺入适量缓凝剂是有利的。但到冬季,气温明显下降,故凝结时间就大为延长,解决的方法是将缓凝剂改换为早强剂。

第五节　混凝土的配合比设计

混凝土中各组成材料(水泥、水、砂、石)用量之间的比例关系,称为混凝土配合比。这种比例关系常用两种方法表示:一种方法是以 1 m^3 混凝土中各项材料的质量表示,如水泥 320 kg,水 160 kg,砂 800 kg,石子 1 120 kg;另一种方法是以各项材料相互间的质量比表示,将水泥质量看做1,则上例换算成质量比为水泥:砂:石=1:2.5:3.5,水灰比为0.50。

一、混凝土配合比设计的基本要求

配合比设计的任务,就是根据原材料的技术性能及施工条件,确定能满足工程要求的技术经济指标的各项组成材料的用量。其基本要求有:

(1)满足混凝土拌和物施工所要求的和易性;

(2)满足混凝土结构设计所要求的强度等级;

(3)满足工程所处环境对混凝土耐久性的要求;

(4)在满足各项技术性质的前提下,使各组成材料经济合理,尽量做到节约水泥和降低混凝土成本。

二、混凝土配合比设计的三个参数

(一)水灰比(W/C)

水灰比是水与水泥之间的比例关系。其确定原则是在满足混凝土强度和耐久性的基础上,尽量选择较大水灰比值,以节约水泥。

(二)砂率(β_s)

砂率是砂与石子之间的比例关系。砂率应以砂在集料中的数量填充石子空隙后略有富裕的原则来确定,在保证混凝土拌和物黏聚性和保水性要求的前提下,尽量取较小值。

(三)单位用水量

单位用水量是指1 m^3 混凝土的用水量,它反映了混凝土拌和物中水泥浆与集料之间的比例关系。其确定原则是在达到流动性要求的前提下取较小值。

水灰比、砂率和单位用水量是混凝土配合比的三个环节,也是影响混凝土质量的三个重要参数。

三、混凝土配合比设计的步骤

首先必须详细掌握配合比设计的基本资料,然后根据基本资料,通过经验公式、经验数据进行初步设计,得出初步配合比;在初步配合比的基础上,经过试拌、检验、调整到和易性满足要求时,得出基准配合比;然后经过强度检验(如有抗渗、抗冻等其他性能要求,应进行相应的检验),得出实验室配合比;最后,根据施工现场砂、石的实际含水率,对实验室配合比进行调整,得出施工配合比。

(一)确定基本资料

(1)明确设计所要求的混凝土强度等级以及对混凝土和易性、耐久性的要求。

(2)明确所用原材料的品种及技术性能指标,如水泥品种及强度等级、密度等,砂的细度模数及级配,石子的种类及最大粒径等。

(3)明确混凝土的部位、结构构造情况及施工质量水平等。

(二)初步配合比计算

1.确定混凝土配制强度$f_{cu,o}$

由于人、材、机、工艺、环境等五大因素的影响,混凝土的质量总会产生波动,为了保证

所配制的混凝土达到设计要求的强度等级,必须使混凝土的配制强度高于设计强度等级,即

$$f_{cu,o} \geqslant f_{cu,k} - t\sigma \tag{4-7}$$

式中 $f_{cu,o}$——混凝土的配制强度,MPa;

$f_{cu,k}$——设计要求的混凝土强度等级,MPa;

σ——施工单位的混凝土强度标准差的历史统计水平,MPa,若无统计资料,可参考表4-20取值;

t——与混凝土要求的保证率所对应的概率度,见表4-21。

表4-20 混凝土强度标准差 σ 值 (单位:MPa)

混凝土强度等级	低于C20	C20~C35	高于C35
σ	4.0	5.0	6.0

注:在采用本表时,施工单位可根据实际情况,对 σ 作适当调整。

表4-21 不同 t 值的保证率 P

t	0.00	-0.50	-0.80	-0.84	-1.00	-1.04	-1.20	-1.28	-1.40	-1.50	-1.60
P(%)	50.0	69.2	78.8	80.0	84.1	85.1	88.5	90.0	91.9	93.3	94.5
t	-1.645	-1.70	-1.75	-1.81	-1.88	-1.96	-2.00	-2.05	-2.33	-2.50	-3.00
P(%)	95.0	95.5	96.0	96.5	97.0	97.5	97.7	98.0	99.0	99.4	99.9

2.初步确定水灰比(W/C)

根据已测定的水泥的实际强度 f_{ce}(或选用的水泥强度等级)、粗集料种类及所要求的混凝土配制强度 $f_{cu,o}$,按混凝土强度经验公式(4-3)计算水灰比

$$\frac{W}{C} = \frac{a_a f_{ce}}{f_{cu,o} + a_a a_b f_{ce}} \tag{4-8}$$

为了保证混凝土的耐久性,由式(4-8)计算出的水灰比应小于表4-17(或表4-18)中规定的最大水灰比。若计算得到的水灰比大于规定的最大水灰比,则取表中规定的最大水灰比。

3.确定1 m³ 混凝土的用水量(m_{wo})

(1)W/C = 0.40~0.80时,根据施工要求的坍落度值、集料种类及最大粒径,由表4-22(或表4-23)中的规定值选取单位用水量。

(2)W/C 小于0.4或大于0.8的混凝土及采用特殊成型工艺的混凝土,用水量通过试验确定。

4.确定1 m³ 混凝土的水泥用量(m_{co})

根据已选定的单位用水量(m_{wo})和得出的水灰比(W/C)值,可由式(4-9)求出1 m³ 混凝土的水泥用量 m_{co}

$$m_{co} = \frac{m_{wo}}{W/C} \tag{4-9}$$

表 4-22 水工混凝土单位用水量参考值 (单位:kg/m^3)

集料最大粒径(mm)	坍落度(mm)				
	10~30	30~50	50~70	70~90	90~110
20	170	175	180	185	190
40	155	155	160	165	170
80	135	135	140	145	150
150	120	120	125	130	135

注:1. 本表适用于卵石、中砂所拌制的混凝土。

2. 使用细砂时,用水量酌加 5~10 kg/m^3。

3. 使用碎石时,用水量酌加 10~15 kg/m^3。

4. 使用火山灰水泥时,用水量酌加 10~20 kg/m^3。

5. 使用人工砂时,用水量酌加 5~10 kg/m^3。

6. 掺用引气剂或减水剂时,用水量酌减 10~20 kg/m^3,也可视外加剂的性能而相应减少用水量。

表 4-23 混凝土单位用水量选用 (单位:kg/m^3)

项目	指标	卵石最大粒径(mm)				碎石最大粒径(mm)			
		10	20	31.5	40	16	20	31.5	40
坍落度(mm)	10~30	190	170	160	150	200	185	175	165
	30~50	200	180	170	160	210	195	185	175
	50~70	210	190	180	170	220	205	195	185
	70~90	215	195	185	175	230	215	205	195
维勃稠度(s)	16~20	175	160		145	180	170		155
	11~15	180	165		150	185	175		160
	5~10	185	170		155	190	180		165

注:1. 本表用水量是采用中砂时的平均取值。采用细砂时,1 m^3 混凝土用水量可增加 5~10 kg,采用粗砂时则可减少 5~10 kg。

2. 掺用各种外加剂或掺合料时,用水量应相应调整。

3. 本表不适用于水灰比小于 0.4 或大于 0.8 的混凝土以及采用特殊成型工艺的混凝土。

为保证混凝土的耐久性,由式(4-9)计算得出的水泥用量,还要满足表 4-17(或表 4-18)中规定的最小水泥用量的要求。如计算得出的水泥用量小于表中规定的最小水泥用量,则应取表中规定的最小水泥用量。

5. 确定合理砂率(β_s)

确定砂率的原则应是砂的体积填满粗集料的空隙体积,并略有富裕。一般按粗集料的最大粒径及混凝土的水灰比查表 4-24(或表 4-25)选取。

另外,砂率也可按下列公式计算

$$\beta_s = \frac{m_{so}}{m_{so} + m_{go}} \times 100\% = \frac{k\rho'_{os}P}{\rho'_{os}P + \rho'_{og}} \times 100\% \tag{4-10}$$

式中 β_s——砂率(%);

m_{so}、m_{go}——1 m^3 混凝土中砂、石用量,kg;

ρ'_{os}、ρ'_{og}——砂、石的堆积密度,kg/m^3;

P——石子的空隙率(%);

k——富裕系数,又称拨开系数,一般取为1.1~1.4,用碎石及粗砂时取大值。

表4-24　水工混凝土砂率参考值　(%)

粗集料最大粒径(mm)	水灰比						
	0.45	0.50	0.55	0.60	0.65	0.70	0.75
20	35	36	37	38	39	40	41
40	29	30	31	32	33	34	35
80	24	25	26	27	28	29	30
150	21	22	23	24	25	26	27

注:1.本表适用于卵石混凝土,砂的细度模数为2.7。

2.砂的细度模数每增减0.1,砂率相应增减0.5%~1.0%。

3.使用碎石时,砂率需增加3%~5%。

4.使用人工砂时,砂率应增加2%~3%。

5.掺用引气剂时,砂率可减少2%~3%;掺用减水剂时,砂率可减少0.5%~1.0%。

表4-25　混凝土砂率选用(JGJ 55—2000)　(%)

水灰比	卵石最大粒径(mm)			碎石最大粒径(mm)		
	10	20	40	16	20	40
0.40	26~32	25~31	24~30	30~35	29~34	27~32
0.50	30~35	29~34	28~33	33~38	32~37	30~35
0.60	33~38	32~37	31~36	36~41	35~40	33~38
0.70	36~41	35~40	34~39	39~44	38~43	36~41

注:1.本表数值是中砂的选用砂率,对于细砂或粗砂,可相应地减小或增大砂率。

2.本表适用于坍落度10~60 mm的混凝土。对坍落度大于60 mm的混凝土,应在本表的基础上,按坍落度每增大20 mm,砂率增大1%的幅度予以调整。

3.只用一个单粒级粗集料配制混凝土时,砂率应适当增大。

4.对薄壁构件砂率取偏大值。

6.计算1 m^{3}混凝土中砂、石用量(m_{so}、m_{go})

1)质量法

质量法又称假定表观密度法,即先假定混凝土拌和物的表观密度,混凝土拌和物各组成材料的单位用量之和即为其表观密度

$$\left.\begin{aligned} m_{co} + m_{wo} + m_{so} + m_{go} = \rho_{cp} \times 1\ \text{m}^3 \\ \frac{m_{so}}{m_{so} + m_{go}} \times 100\% = \beta_s \end{aligned}\right\} \tag{4-11}$$

式中　m_{co}——1 m^{3}混凝土水泥的用量,kg;

m_{wo}——1 m^{3}混凝土水的用量,kg;

m_{so}——1 m^{3}混凝土砂的用量,kg;

m_{go}——1 m^{3}混凝土石的用量,kg;

ρ_{cp}——混凝土拌和物的假定表观密度，kg/m^3，其值可取 2 380～2 480 kg/m^3；

β_s——砂率(%)。

2)体积法

假定混凝土拌和物的体积等于各组成材料绝对体积及拌和物所含空气的体积之和，用式(4-12)计算 1 m^3 混凝土拌和物的各组成材料用量

$$\left.\begin{aligned}\frac{m_{co}}{\rho_c}+\frac{m_{wo}}{\rho_w}+\frac{m_{so}}{\rho_s'}+\frac{m_{go}}{\rho_g'}+0.01a&=1\\ \frac{m_{so}}{m_{so}+m_{go}}\times100\%&=\beta_s\end{aligned}\right\}\tag{4-12}$$

式中 ρ_c——水泥的密度，kg/m^3；

ρ_w——水的密度，kg/m^3；

ρ_s'——砂的表观密度，kg/m^3；

ρ_g'——石的表观密度，kg/m^3；

a——混凝土含气量百分数，在不使用引气型外加剂时，可取 $a=1$。

解式(4-11)或式(4-12)，即可求出 m_{so}、m_{go}。

7. 初步配合比

经过上述计算，取得 1 m^3 混凝土计算材料用量并表示出来，即为初步配合比

$$m_{co}:m_{wo}:m_{so}:m_{go}\quad 或\quad 1:\frac{m_{so}}{m_{co}}:\frac{m_{go}}{m_{co}}\quad 及\quad \frac{W}{C}=\frac{m_{wo}}{m_{co}}$$

(三)试配、调整，确定基准配合比

以上求出的初步配合比的各材料用量，是借助于经验公式或图表得出来的，能否满足前述的四项基本要求，还需通过试验检验。首先检验是否满足和易性要求，若不满足和易性要求，必须经过试拌调整，直到满足混凝土的和易性要求，满足和易性要求的配合比称为基准配合比。

按初步配合比称取一定量原材料进行试拌，试拌量一般为 15～30 L。试拌时的搅拌方法应与生产时使用的方法相同，拌和均匀后，先测定拌和物的坍落度，并观察黏聚性和保水性。若和易性不符合要求，应进行调整。调整方法如下：若坍落度低于设计要求，应在保持水灰比不变的条件下，增加适量的水和水泥；若坍落度高于设计要求，应在保持砂率不变的条件下，增加适量的砂、石用量。若黏聚性或保水性不良，是因为混凝土拌和物中砂浆不足或砂浆过多，可适当增大砂率或降低砂率。每次调整后再试拌，直到和易性符合要求。其调整量参考值见表 4-26。

表 4-26 条件变动时材料用量调整参考值

条件变化情况	大致的调整量		条件变化情况	大致的调整量	
	加水量	砂率		加水量	砂率
坍落度增减 10 mm	±2%～±4%		砂率增减 1%	±2 kg/m^3	
含气量增减 1%	±3%	±0.5%	砂细度模数增减 0.1		±0.5%

试拌调整工作完成后，应测出混凝土拌和物的表观密度 ρ'_{cp}，重新计算出每立方米混凝土的各项材料用量，即为满足混凝土和易性要求的基准配合比。

设调整和易性后试配 0.015～0.030 m^3 混凝土的材料用量为水泥 m_{cb}、水 m_{wb}、砂 m_{sb} 和石 m_{gb}，则基准配合比为

$$\left.\begin{aligned} m_{cJ} &= \frac{m_{cb}}{m_{cb}+m_{wb}+m_{sb}+m_{gb}} \times \rho'_{cp} \times 1\ m^3 \\ m_{wJ} &= \frac{m_{wb}}{m_{cb}+m_{wb}+m_{sb}+m_{gb}} \times \rho'_{cp} \times 1\ m^3 \\ m_{sJ} &= \frac{m_{sb}}{m_{cb}+m_{wb}+m_{sb}+m_{gb}} \times \rho'_{cp} \times 1\ m^3 \\ m_{gJ} &= \frac{m_{gb}}{m_{cb}+m_{wb}+m_{sb}+m_{gb}} \times \rho'_{cp} \times 1\ m^3 \end{aligned}\right\} \tag{4-13}$$

式中 m_{cJ}、m_{wJ}、m_{sJ}、m_{gJ}——基准配合比 1 m^3 混凝土的水泥用量、水用量、砂用量、石子用量，kg；

ρ'_{cp}——混凝土拌和物表观密度实测值，kg/m^3。

（四）检验强度和耐久性，确定实验室配合比

基准配合比能满足和易性要求，但不一定能满足强度和耐久性的要求。因此，需进行强度和耐久性检验，确定实验室配合比。水灰比是影响混凝土强度和耐久性的主要因素，因此首先应选定恰当的水灰比。方法如下：一般采用三个不同水灰比的配合比，其中一个是基准配合比，另外两个配合比的水灰比值应较基准配合比分别增大及减小 0.05，其用水量与基准配合比相同，砂率值可分别增大或减小 1%。每一组经试验、调整后拌和物均应满足和易性要求，并分别测出表观密度，以供最后修正材料用量。将三个不同配合比的混凝土试件在标准条件下养护 28 d，进行强度试验（若对混凝土还有抗渗、抗冻等耐久性要求，则还应增添相应的项目试验），并用作图法得到强度—灰水比线性关系图，由该直线可求出与混凝土配制强度（$f_{cu,o}$）对应的灰水比值。然后按下列原则确定各材料用量。

1. 用水量（m_w）

用水量取基准配合比中用水量，并根据制作强度试件时测得的坍落度或维勃稠度值，进行调整确定。

2. 水泥用量（m_c）

用水量除以选定的水灰比即得水泥用量。

3. 砂、石用量（m_s、m_g）

砂、石用量取基准配合比中砂、石用量，并按定出的水灰比进行调整。

4. 混凝土表观密度的校正

确定混凝土实验室配合比前，还应实测出混凝土拌和物的表观密度 ρ''_{cp}，然后进行校正，确定 1 m^3 混凝土各材料用量。其步骤如下：

（1）计算出混凝土以上配合比的表观密度

$$\rho_{c,c} \times 1\ m^3 = m_c + m_w + m_s + m_g \tag{4-14}$$

（2）计算校正系数 δ

$$\delta = \frac{\rho''_{cp}}{\rho_{c,c}} \tag{4-15}$$

当混凝土表观密度实测值 ρ''_{cp} 与计算值 $\rho_{c,c}$ 之差的绝对值不超过计算值的 2% $\left(\frac{|\rho''_{cp}-\rho_{c,c}|}{\rho_{c,c}} \leqslant 2\%\right)$时，不需校正，则上述得出的配合比即为实验室配合比

$$\left.\begin{aligned} m_{c,sh} &= m_c \\ m_{w,sh} &= m_w \\ m_{s,sh} &= m_s \\ m_{g,sh} &= m_g \end{aligned}\right\} \tag{4-16}$$

式中 $m_{c,sh}$、$m_{w,sh}$、$m_{s,sh}$、$m_{g,sh}$——实验室配合比 1 m^3 混凝土的水泥用量、水用量、砂用量、石子用量，kg。

当混凝土表观密度实测值 ρ'_{cp} 与计算值 $\rho_{c,c}$ 之差的绝对值超过计算值的 2% $\left(\frac{|\rho''_{cp}-\rho_{c,c}|}{\rho_{c,c}} > 2\%\right)$时，应将配合比中的各项材料用量乘以校正系数 δ，即为实验室配合比

$$\left.\begin{aligned} m_{c,sh} &= m_c\delta \\ m_{w,sh} &= m_w\delta \\ m_{s,sh} &= m_s\delta \\ m_{g,sh} &= m_g\delta \end{aligned}\right\} \tag{4-17}$$

（五）施工配合比的确定

在进行实验室配合比设计时，用的都是干燥状态的砂、石，但是在施工现场，砂、石都是露天堆放的，常含有一定的水分。因此，为了不影响混凝土在施工过程中的各项技术性能，应根据施工现场砂、石含水率对实验室配合比进行调整，调整后的配合比称为施工配合比。

假设施工现场测出砂的含水率为 $a\%$，石子的含水率为 $b\%$，则施工配合比每立方米混凝土中各材料用量为

$$\left.\begin{aligned} m'_c &= m_{c,sh} \\ m'_s &= m_{s,sh}(1+a\%) \\ m'_g &= m_{g,sh}(1+b\%) \\ m'_w &= m_{w,sh} - m_{s,sh}a\% - m_{g,sh}b\% \end{aligned}\right\} \tag{4-18}$$

式中 m'_c、m'_s、m'_g、m'_w——施工配合比 1 m^3 混凝土的水泥用量、砂用量、石子用量、水用量，kg。

四、混凝土配合比设计实例

某房屋为钢筋混凝土梁，混凝土设计强度等级为 C25，施工要求坍落度为 30～50 mm，用机械搅拌，该施工单位无历史统计资料，所用原材料如下。水泥：42.5 级普通硅酸盐水泥，水泥密度为 $\rho_c=3.1\ g/cm^3$，水泥强度等级的富裕系数为 1.13。砂：中砂，细度模数为 2.7，级配合格，砂子表观密度 $\rho_{os}=2.60\ g/cm^3$，堆积密度为 $\rho'_{os}=1.50\ g/cm^3$。碎石：

最大粒径为 40 mm,级配合格,石子表观密度 $\rho_{og}=2.65\ g/cm^3$,堆积密度为 $\rho'_{og}=1.55\ g/cm^3$。水:自来水,砂子含水率为 3%,石子含水率为 1%。

根据以上条件,设计该混凝土的初步配合比、基准配合比、实验室配合比和施工配合比。

(一)初步配合比设计

1. 确定配制强度($f_{cu,o}$)

由于混凝土施工的不均匀性及混凝土所处的工作条件等因素,确定强度保证率为 95%,其配制强度按式(4-7)计算

$$f_{cu,o}=f_{cu,k}-t\sigma$$

根据强度保证率由表 4-21 查得 $t=-1.645$,并根据表 4-20 取 $\sigma=5.0$ MPa,则

$$f_{cu,o}=25+1.645\times5.0=33.225(\text{MPa})$$

2. 确定水灰比(W/C)

由式(4-3),得

$$\frac{W}{C}=\frac{a_a f_{ce}}{f_{cu,o}+a_a a_b f_{ce}}$$

将 $f_{ce}=\gamma_c f_{ce,g}=1.13\times42.5=48.025(\text{MPa})$,$a_a=0.46$ 及 $a_b=0.07$ 代入上式,则得

$$\frac{W}{C}=\frac{a_a f_{ce}}{f_{cu,o}+a_a a_b f_{ce}}=\frac{0.46\times48.025}{33.225+0.46\times0.07\times48.025}=0.64$$

考虑耐久性,查表 4-18,结构物处于干燥环境,水灰比应不大于 0.65,所以水灰比可取 0.64。

3. 确定单位用水量(m_{wo})

查表 4-23,按坍落度 30 ~ 50 mm,碎石的最大粒径 40 mm,得单位用水量为 $m_{wo}=175$ kg。

4. 计算单位水泥用量(m_{co})

$$m_{co}=m_{wo}\times\frac{1}{W/C}=175\times\frac{1}{0.64}=273(\text{kg})$$

查表 4-18,处于干燥环境,最小水泥用量为 260 kg,所以可取 $m_{co}=273$ kg。

5. 确定砂率(β_s)

查表 4-25,可取 $\beta_s=35\%$。按式(4-10)进行计算,有

$$\beta_s=\frac{k\rho'_{os}P}{\rho'_{os}P+\rho'_{og}}\times100\%$$

$$P=\left(1-\frac{\rho'_{og}}{\rho_{og}}\right)\times100\%$$

$$=\left(1-\frac{1.55}{2.65}\right)\times100\%=42\%$$

取 $k=1.2$,则

$$\beta_s=1.2\times\frac{1.50\times0.42}{1.50\times0.42+1.55}\times100\%=35\%$$

计算结果与查表结果相同。

6. 计算粗、细集料用量（m_{go}、m_{so}）

1）质量法（假定表观密度法）

假定混凝土表观密度 $\rho_{cp}=2\ 400\ kg/m^3$，根据式（4-11）则有

$$\left.\begin{aligned}&273+175+m_{so}+m_{go}=2\ 400\times 1\ m^3\\&\frac{m_{so}}{m_{so}+m_{go}}\times 100\%=35\%\end{aligned}\right\}$$

联立解得：$m_{so}=683\ kg$，$m_{go}=1\ 269\ kg$。

2）体积法

式由（4-12）得

$$\left.\begin{aligned}&\frac{273}{3\ 100}+\frac{175}{1\ 000}+\frac{m_{so}}{2\ 600}+\frac{m_{go}}{2\ 650}+0.01=1\\&\frac{m_{so}}{m_{so}+m_{go}}\times 100\%=35\%\end{aligned}\right\}$$

联立解得：$m_{so}=670\ kg$，$m_{go}=1\ 244\ kg$。

计算结果和质量法相近。

（二）试拌、调整，确定基准配合比（以体积法结果为例）

按初步计算配合比试拌 15 L，其材料用量分别为：

水泥　　$0.015\times 273=4.10(kg)$

砂　　$0.015\times 670=10.05(kg)$

石　　$0.015\times 1\ 244=18.66(kg)$

水　　$0.015\times 175=2.63(kg)$

假设通过第一次试拌测得混凝土拌和物的坍落度为 20 mm，黏聚性和保水性较好，则其坍落度较原要求的平均值小 20 mm，应在保持水灰比不变的条件下增加用水量。根据表 4-26，每增减 10 mm 坍落度时，加水量增减 2% ~4%，取平均值 3% 计算，故增加用水量 $2.63\times 6\%=0.16(kg)$，水泥用量增加 $4.10\times 6\%=0.25(kg)$。因此，第二次试拌的材料用量为：水 2.79 kg，水泥 4.35 kg，砂和石用量仍分别为 10.05 kg 和 18.66 kg。经试拌后测得坍落度为 40 mm，满足要求，并测得拌和物的表观密度为 2 390 kg/m^3，调整和易性后 1 m^{3}混凝土中各材料用量分别为：

$$m_{cJ}=\frac{4.35}{4.35+2.79+10.05+18.66}\times 2\ 390=290(kg)$$

$$m_{wJ}=\frac{2.79}{4.35+2.79+10.05+18.66}\times 2\ 390=186(kg)$$

$$m_{sJ}=\frac{10.05}{4.35+2.79+10.05+18.66}\times 2\ 390=670(kg)$$

$$m_{gJ}=\frac{18.66}{4.35+2.79+10.05+18.66}\times 2\ 390=1\ 244(kg)$$

所以，基准配合比

$$m_{cJ}=290\ kg\quad m_{wJ}=186\ kg\quad m_{sJ}=670\ kg\quad m_{gJ}=1\ 244\ kg$$

(三)检查强度及耐久性,确定实验室配合比

以基准水灰比 0.64,另取 0.59 和 0.69 共 3 个水灰比的配合比,分别制成混凝土试件,进行强度、抗渗性、抗冻性试验。假设 3 组试件的抗渗性及抗冻性均符合要求,测得各试件的 28 d 强度如表 4-27 所示。

表 4-27　各试件 28 d 强度试验结果

试样	W/C	C/W	f_{cu}(MPa)
Ⅰ	0.59	1.69	38.5
Ⅱ	0.64	1.56	34.8
Ⅲ	0.69	1.45	32.3

根据表 4-27 数据,因混凝土强度与水灰比呈线性关系,通过计算可求出与配制强度 $f_{cu,o}=33.225$ MPa 相对应的灰水比为 1.49,此时各材料用量

水　　$m_w=186(\text{kg})$

水泥　　$m_c=\dfrac{C}{W}\times m_w=1.49\times186=277(\text{kg})$

砂、石用量按体积法确定

$$\left.\begin{aligned}&\frac{277}{3\,100}+\frac{186}{1\,000}+\frac{m_{so}}{2\,600}+\frac{m_{go}}{2\,650}+0.01=1\\&\frac{m_{so}}{m_{so}+m_{go}}\times100\%=35\%\end{aligned}\right\}$$

联立解得:$m_{so}=658$ kg,$m_{go}=1\,222$ kg。

实际测得混凝土拌和物的表观密度为 $\rho''_{cp}=2\,380\ \text{kg/m}^3$,计算表观密度为

$$\rho_{c,c}=277+186+658+1\,222=2\,343(\text{kg/m}^3)$$

由于混凝土表观密度实测值与计算值之差的绝对值不超过计算值的 2%,故不需要修正。因此,混凝土实验室配合比

$$m_{c,sh}=277\ \text{kg}\quad m_{w,sh}=186\ \text{kg}\quad m_{s,sh}=658\ \text{kg}\quad m_{g,sh}=1\,222\ \text{kg}$$

(四)施工配合比的确定

考虑砂子含水率为 3%,石子含水率为 1%,故施工各材料用量为

水泥:$m'_c=m_{c,sh}=277$ kg

砂子:$m'_s=m_{s,sh}(1+a\%)=658\times(1+3\%)=678(\text{kg})$

石子:$m'_g=m_{g,sh}(1+b\%)=1\,222\times(1+1\%)=1\,234(\text{kg})$

水:$m'_w=m_{w,sh}=m_{s,sh}a\%-m_{g,sh}b\%=186-658\times3\%-1\,222\times1\%=154(\text{kg})$

故施工配合比为

$$m'_c:m'_s:m'_g=1:2.45:4.45\qquad\frac{W'}{C'}=0.55$$

第六节　混凝土的质量控制

混凝土的质量如何,要看其性能检验的结果,质量合格的混凝土,既要保证混凝土所

要求的技术性质,又要保证其质量的均匀性。但在实际施工中,由于原材料、施工条件及试验条件等诸多复杂因素的影响,混凝土的质量总是不均匀的、波动的。

一、混凝土的质量检验及质量波动的原因

(一)混凝土的质量检验

混凝土的质量检验是对混凝土质量的均匀性进行有目的的抽样测试及评价。其包括对原材料、混凝土拌和物和硬化后混凝土的质量检查。对原材料的质量检验的内容主要有:水泥的强度等级、凝结时间、体积安定性等;集料的含泥量、含水率、颗粒级配,砂的细度模数,石子的超、逊径等。对混凝土拌和物的质量检验,主要项目是和易性和水灰比。对硬化后混凝土的质量检验,主要是检验混凝土的抗压强度。由于混凝土的抗压强度与混凝土其他性能有相关性,能综合地反映混凝土的各项质量指标。因此,工程中常以混凝土抗压强度作为重要的质量控制指标。

(二)混凝土质量波动的原因

引起混凝土质量波动的主要原因有正常因素和异常因素两类。

1. 正常因素

正常因素是指施工中不可避免的因素,如称量时的微小误差、施工人员的操作熟练程度及气温的变化等。

2. 异常因素

异常因素是指施工中出现不正常的情况,如混凝土组成材料计算有误、搅拌时任意改变水灰比等。

混凝土质量控制的目的是分析并掌握质量波动规律,控制正常波动因素,发现并排除异常波动因素,既保证混凝土质量又节约用料。

二、混凝土的质量评定

(一)混凝土强度的波动规律——正态分布

在正常施工情况下,对某种混凝土经随机取样测定其强度,以强度为横坐标,以某一强度出现的概率为纵坐标,可绘出强度概率分布曲线,一般均接近正态分布曲线,如图4-9所示。

正态分布的特点为:以强度平均值为对称轴,左右两边曲线是对称的,距对称轴越远,出现的概率越小,并逐渐趋近于零;曲线和横坐标之间的面积为概率的总和,等于100%;对称轴两边出现的概率相等;在对称轴两侧的曲线上各有一个拐点,拐点距强度平均值的距离即为标准差 σ。

(二)混凝土强度数理统计量

通常用混凝土强度平均值、强度标准差、强度变异系数和保证率来综合地评价混凝土质量的好坏。

1. 强度平均值 $\bar{f}_{cu}$

$$\bar{f}_{cu} = \frac{1}{n}\sum_{i=1}^{n} f_{cu,i} \tag{4-19}$$

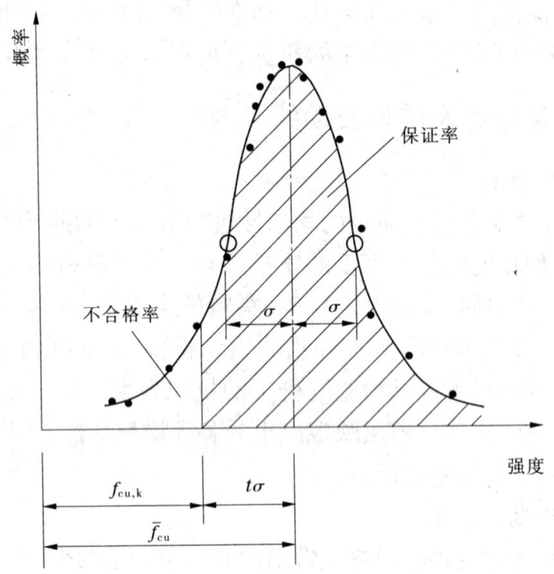

图 4-9 混凝土强度的正态分布曲线及保证率

式中 n——试验组数；

$f_{cu,i}$——第 i 组试件的立方体强度值，MPa。

强度平均值只代表混凝土强度总体的平均值，并不说明其强度的波动情况。

2. 强度标准差 σ

$$\sigma = \sqrt{\frac{\sum_{i=1}^{n}(f_{cu,i} - \bar{f}_{cu})^2}{n-1}} \tag{4-20}$$

标准差又称均方差，是评定混凝土质量均匀性的主要指标。其值越大，说明其强度离散程度越大，混凝土的均匀性越差，混凝土强度质量越不稳定。

3. 变异系数 C_v

$$C_v = \frac{\sigma}{\bar{f}_{cu}} \tag{4-21}$$

变异系数又称离散系数，其值越小，说明混凝土质量越稳定，混凝土生产的质量水平越高。

4. 强度保证率

强度保证率是指混凝土强度总体中大于或等于设计强度等级值($f_{cu,k}$)的概率，以正态分布曲线上的阴影部分面积表示，如图 4-9 所示。其计算方法如下：

先根据混凝土的设计强度等级值 $f_{cu,k}$、强度平均值 $\bar{f}_{cu}$、标准差 σ 或变异系数 C_v 计算出概率度 t(概率度又称保证率系数)

$$t = \frac{f_{cu,k} - \bar{f}_{cu}}{\sigma} \quad 或 \quad t = \frac{f_{cu,k} - \bar{f}_{cu}}{C_v \bar{f}_{cu}} \tag{4-22}$$

再根据 t 值,由表 4-21 查得保证率 $P(\%)$。

我国《混凝土强度检验评定标准》(GB/T 50107—2010)及《混凝土结构设计规范》(GB 50010—2010)规定,同批试件的统计强度保证率不得小于95%。

三、混凝土质量控制

(一)混凝土配制强度

从混凝土强度的正态分布图中可以看出,如果所配制混凝土的强度平均值 $\bar{f}_{cu}$ 等于设计强度 $f_{cu,k}$,则在实际施工中将有一半达不到设计强度,即混凝土强度的保证率只有50%。因此,为了保证混凝土具有设计所要求的95%强度保证率,在混凝土配合比设计时,配制强度必须高于设计强度等级,即

$$f_{cu,o} \geqslant f_{cu,k} - t\sigma \tag{4-23}$$

根据强度保证率的要求及施工控制水平,确定出 t 值,用式(4-23)即可算出混凝土的配制强度。

(二)混凝土质量控制图

为了掌握分析混凝土质量波动情况,及时分析出现的问题,将水泥强度等级、混凝土坍落度、混凝土强度等检验结果绘成质量控制图。

质量控制图的纵坐标表示试件强度的测定值,横坐标表示试件编号或测定日期,中心控制线为强度平均值 $\bar{f}_{cu}$,上、下控制线为 $\bar{f}_{cu} \pm 3\sigma$,如图 4-10 所示。

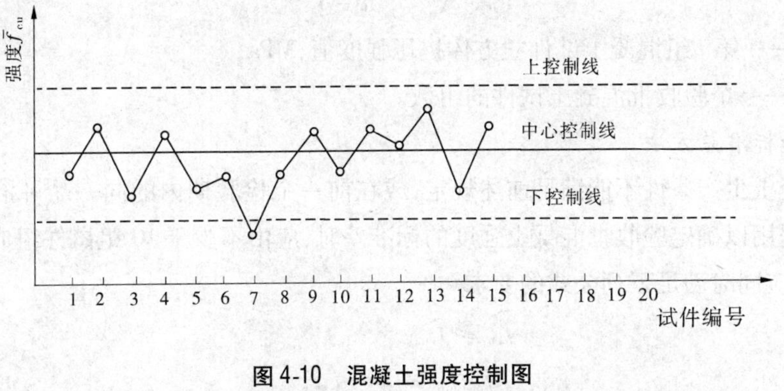

图 4-10　混凝土强度控制图

从质量控制图的变动趋势,可以判断施工是否正常。若强度测定值全部落在上、下控制线内,说明生产过程处于正常稳定状态;若强度测定值超出上、下控制线,则说明混凝土质量均匀性已下降,应及时查明原因并予以解决。

四、混凝土强度评定

根据《混凝土强度检验评定标准》(GBJ 107—87)的规定,混凝土强度评定方法可分为统计方法和非统计方法两种。

(一)统计方法评定

1. 已知标准差方法

当混凝土生产条件在较长时间内能保持一致,且同一品种混凝土的强度变异性能保持稳定时,应由连续的三组试件组成一个验收批,其强度应同时满足下列要求

$$\left.\begin{aligned}\bar{f}_{cu} &\geq f_{cu,k} + 0.7\sigma \\ f_{cu,min} &\geq f_{cu,k} - 0.7\sigma\end{aligned}\right\} \tag{4-24}$$

当混凝土强度等级不高于 C20 时,其强度的最小值应满足式(4-25)要求

$$f_{cu,min} \geq 0.85 f_{cu,k} \tag{4-25}$$

当混凝土强度等级高于 C20 时,其强度的最小值应满足式(4-26)要求

$$f_{cu,min} \geq 0.90 f_{cu,k} \tag{4-26}$$

式中 $\bar{f}_{cu}$——同一验收批混凝土立方体抗压强度的平均值,MPa;

$f_{cu,k}$——混凝土立方体抗压强度标准值,MPa;

σ——验收批混凝土立方体抗压强度标准差,MPa;

$f_{cu,min}$——同一验收批混凝土立方体抗压强度的最小值,MPa。

验收批混凝土立方体抗压强度标准差,应根据前一个检验期内同一品种混凝土试件的强度数据,按下列公式计算

$$\sigma_{f_{cu}} = \sqrt{\frac{\sum_{i=1}^{n} f_{cu,i}^{2} - n\bar{f}_{cu}^{2}}{n-1}} \tag{4-27}$$

式中 $f_{cu,i}$——第 i 组混凝土试件立方体抗压强度值,MPa;

n——一个验收批混凝土试件的组数。

2. 未知标准差方法

当混凝土生产条件不能满足前述规定,或在前一个检验期内的同一品种混凝土没有足够的数据用以确定验收批混凝土强度的标准差时,应由不少于 10 组试件组成一个验收批,其强度应同时满足下列公式的要求

$$\bar{f}_{cu} \geq f_{cu,k} + \lambda_1 \cdot S_{f_{cu}} \tag{4-28}$$

$$f_{cu,min} \geq \lambda_2 \cdot f_{cu,k} \tag{4-29}$$

式中 $S_{f_{cu}}$——同一验收批混凝土立方体抗压强度标准差,MPa,当计算值小于 2.5 MPa 时,应取 2.5 MPa;

λ_1、λ_2——合格判定系数,按表 4-28 取值。

表 4-28 混凝土强度的合格判定系数

试件组数	10 ~ 14	15 ~ 19	≥20
λ_1	1.15	1.05	0.95
λ_2	0.90	0.85	

验收批混凝土立方体抗压强度标准差 $S_{f_{cu}}$ 按下式计算

$$S_{f_{cu}} = \sqrt{\frac{\sum_{i=1}^{n} f_{cu,i}^{2} - n\bar{f}_{cu}^{2}}{n-1}} \tag{4-30}$$

式中 $f_{cu,i}$——第 i 组混凝土试件立方体抗压强度值，MPa；

n——一个验收批混凝土试件的组数。

（二）非统计方法评定

试件少于 10 组时，按非统计方法评定，验收批强度必须同时满足下列要求

$$\bar{f}_{cu} \geqslant \lambda_3 \cdot f_{cu,k} \tag{4-31}$$

$$f_{cu,min} \geqslant \lambda_4 \cdot f_{cu,k} \tag{4-32}$$

式中 λ_3、λ_4——合格评定系数，按表 4-29 取值。

表 4-29 混凝土强度的非统计法合格评定系数

混凝土强度等级	<C60	≥C60
λ_3	1.15	1.10
λ_4	0.95	

（三）混凝土强度的合格性判断

当检验结果能满足上述规定时，则该批混凝土强度判为合格；当不满足上述规定时，则该批混凝土强度判为不合格。对不合格批混凝土制成的结构或构件，可采用从结构或构件中钻取试件的方法或其他非破损检验方法，进行进一步鉴定，对不合格的结构或构件，必须及时处理。

第七节 其他混凝土

除普通混凝土外，还有许多具有特殊性能的混凝土，本节仅简要介绍部分品种。

一、高强混凝土

高强混凝土是指强度等级不小于 C60 的混凝土。强度等级不小于 C100 的混凝土称为超高强混凝土。

高强混凝土的特点是：强度高、耐久性好、变形小，在相同受力条件下能减小构件体积，降低钢筋用量，能适应现代工程结构向大跨度、重载、高耸发展和承受恶劣环境条件的需要。使用高强混凝土可获得明显的工程效益和经济效益。

要求混凝土高强，就必须使胶凝材料本身高强；胶凝材料与集料结合力强，集料本身强

度高、级配好、最大粒径适当。因此，配制高强混凝土应选用质量稳定、强度等级不低于42.5级的硅酸盐水泥或普通硅酸盐水泥；粗集料的最大粒径不应大于31.5 mm，针、片状颗粒含量不应大于5.0%，含泥量不应大于1.0%，泥块含量不应大于0.5%；细集料宜采用细度模数大于2.6且颗粒级配良好的中砂，含泥量不应大于2.0%，泥块含量不应大于0.5%；配制高强混凝土应采用高效减水剂或缓凝高效减水剂，应掺用活性较好的矿物掺合料。

高强混凝土配合比的试配和确定步骤与普通混凝土相同，当采用3个不同的水灰比进行强度试验时，其中一个为基准配合比，另外两个配合比的水灰比宜比基准配合比的水灰比增大或减小0.02~0.03。用水量可按普通混凝土的规定，水泥用量不应大于550 kg/m^3。

高强混凝土主要用于混凝土桩基、预应力轨枕、电杆、大跨度薄壳结构、桥梁及输水管等。

二、轻混凝土

轻混凝土是指干表观密度小于1 950 kg/m^3 的混凝土，有轻集料混凝土、多孔混凝土和大孔混凝土。轻集料混凝土是用质轻多孔的集料和水泥配制的，如浮石、陶粒、煤渣、膨胀珍珠岩等。多孔混凝土中无粗、细集料，靠向料浆中添加加气剂、泡沫剂和高压空气来产生多孔结构，孔隙率高达60%以上。大孔混凝土是用粒径相近的粗集料和有限的水泥浆配制而成的，应以水泥浆能均匀包裹集料表面不流淌为准，水灰比一般为0.30~0.40。

轻混凝土的最大特点是表观密度小、自重轻、具有良好的保温性能，主要用做有保温要求的墙体、屋面或各种构筑物的保温层。

三、泵送混凝土

泵送混凝土是在泵压的作用下混凝土经刚性或柔性管道输送到浇筑地点进行混凝土浇筑。

泵送混凝土要求具有比一般混凝土更好的流动性、可塑性及稳定性。因此，对混凝土集料、水泥品种、外加剂的选择都必须更加严格。泵送混凝土应选用硅酸盐水泥、普通水泥、矿渣水泥和粉煤灰水泥，不宜采用火山灰水泥，水泥用量不宜少于300 kg/m^3；细集料宜采用中砂，通过0.315 mm筛孔的砂不小于15%，砂率控制在40%~50%；粗集料应采用连续级配，且针、片状颗粒含量不宜大于10%，最大粒径与输送管径之比宜符合表4-30的规定。

表4-30　粗集料的最大粒径与输送管径之比

石子品种	泵送高度(m)	粗集料最大粒径与输送管径之比，不大于
碎石	<50	1:3.0
	50~100	1:4.0
	>100	1:5.0
卵石	<50	1:2.5
	50~100	1:3.0
	>100	1:4.0

泵送混凝土适用于施工场地狭窄和施工机具受限制的混凝土浇筑,如需要采用泵送混凝土的高层建筑和水工隧洞混凝土衬砌。

四、防辐射混凝土

防辐射混凝土也称防护混凝土、屏蔽混凝土或重混凝土,能屏蔽 α、β、γ、X 射线和中子射线的辐射,是常用的防护材料。

各种射线的穿透能力不同,α、β 射线要比 γ、X 射线和中子射线弱得多,一般物质对它们均有防御能力。对于 γ、X 射线,高密度的物质具有较好的防御能力。对于中子射线的防御则以含有轻质原子的材料,特别是含有氢原子的水最为有效。而中子与水作用又产生强烈的 γ 射线,则需要密度大的物质来防护。因此,对于防御中子的材料要求更为严格,不仅要含有大量的轻质原子,以吸收中子,还要有较高的密度。用重集料和水泥配制的混凝土防护 γ 射线和中子射线的辐射作用既经济又有效。

配制防辐射混凝土宜采用胶凝性好、水化热低、水化时结合水最多的水泥。一般可用硅酸盐水泥,最好用高铝水泥或其他特种水泥(如钡水泥),所用集料应采用密度大的重集料,如重晶石(表观密度为 4 000 ~ 4 500 kg/m^3)、赤铁矿、磁铁矿(表观密度为 4 500 kg/m^3或更大)及金属碎块(圆钢、扁钢及铸铁块等)。为了提高防御中子射线的性能,可以在其中掺入附加剂以增加原子量较轻元素的成分,如硼酸、硼盐等。

五、喷射混凝土

喷射混凝土是将水泥、砂、石子及速凝剂按比例装入喷射机,经喷射机拌匀,利用压缩空气将其送至喷头与水混合后,以很高的速度喷至被喷部位所形成的混凝土。

在喷射过程中,水泥与集料被剧烈搅拌,在高压下被反复冲击和振实。因此,混凝土较密实,强度也较高,同时,混凝土与岩石、砖、钢材等具有很高的黏结强度,可以在黏结面上传递一定的拉应力和剪应力,与被加固材料一起承担荷载。喷射混凝土宜采用普通水泥,砂子宜采用中、粗砂,石子最大粒径一般不大于 20 mm,其配合比(水泥: 砂: 石)一般可采用 1: 2: 2. 5、1: 2. 5: 2、1: 2: 2 和 1: 2. 5: 1. 5(质量比)。水泥用量为 300 ~ 450 kg/m^3,水灰比宜采用 0. 4 ~ 0. 5。

喷射混凝土适用于薄壁结构、岩石地下工程、边坡及基坑的加固、结构物维修及防护工程等。

六、碾压混凝土

碾压混凝土是以适宜干稠的混凝土拌和物薄层铺筑,用振动碾碾压密实而形成的一种混凝土。其由水泥、掺合料、水、砂、石子及外加剂等六种材料组成。这种混凝土具有密度大、强度高、节约水泥和耐久性好等优点。根据胶凝材料和掺合料的多少,可将其分为三类。

(一)超贫碾压混凝土

超贫碾压混凝土也称固结砂石料碾压混凝土,在该类混凝土中,胶凝材料总量不大于 110 kg/m^3,其中粉煤灰或其他掺合料用量大多不超过胶凝材料总量的 30%。

(二)干贫碾压混凝土

干贫碾压混凝土中胶凝材料用量为 120 ~ 130 kg/m^3,其中掺合料占胶凝材料总量的 25% ~30%。

(三)高掺合料碾压混凝土

高掺合料碾压混凝土中胶凝材料用量为 140 ~ 250 kg/m^3,其中掺合料占胶凝材料总量的 50% ~75%。

上述三类混凝土中,胶凝材料的用量和掺合料的用量依次增加,抗压强度也依次提高。碾压混凝土适用于筑坝、公路等大体积及连续施工的大面积混凝土工程。

七、纤维混凝土

纤维混凝土是以普通混凝土为基材,将短而细的分散性纤维均匀地撒布在普通混凝土中制成的。掺入纤维的目的是提高混凝土的抗拉强度及抗冲击性,降低混凝土的脆性。

一般来说,纤维可分为两类:一类为高弹性模量的纤维,包括玻璃纤维、钢纤维和碳纤维等,其中以钢纤维应用最多;另一类为低弹性模量的纤维,如尼龙、聚丙烯、人造丝以及植物纤维,其中聚丙烯纤维应用最多。低弹性模量纤维能提高冲击韧性,但对抗拉强度影响不大。各类纤维中以钢纤维对抑制混凝土裂缝的形成、提高混凝土抗拉和抗弯强度、增加韧性效果最好。

纤维混凝土主要应用于路面、桥面、飞机跑道、管道、屋面板及墙板等。

八、防水混凝土(抗渗混凝土)

防水混凝土是设法提高抗渗性能,以达到抗渗要求的混凝土。

普通混凝土内分布有许多微细孔隙,孔隙的存在使其抗渗性能很差。因此,有抗渗要求的工程,应针对抗渗等级的高低配制不同的防水混凝土。其一般是通过改善混凝土组成材料的质量,合理选择混凝土配合比和集料级配,以及掺加适当外加剂,达到混凝土内部密实或堵塞混凝土毛细管通路,使混凝土具有较高的抗渗性能。

防水混凝土多用于地下工程及储水构筑物,其强度根据结构计算而定,抗渗性主要按水压力值及结构厚度设计,以抗渗等级提出要求。

九、耐火混凝土

由硅酸盐系水泥配制的普通混凝土不耐高温,由于水化物氢氧化钙的分解和集料的分解或膨胀,会导致破坏。因此,某些耐火度要求较高的构筑物,必须配制耐火混凝土。耐火混凝土是指在长期高温(200 ~ 900 ℃)作用下能保持所需物理力学性能的特种混凝土。

耐火混凝土是由适当的胶凝材料、耐热粗细集料和水按一定比例配制而成的。根据所用胶凝材料不同,其通常可分为硅酸盐水泥耐热混凝土、铝酸盐水泥耐热混凝土、水玻璃耐热混凝土和磷酸盐耐热混凝土。

十、耐酸混凝土

普通混凝土的集料和水泥都不耐酸，与酸性介质接触的构筑物，必须采用耐酸混凝土。耐酸混凝土由水玻璃作胶凝材料、硅氟酸钠作促凝剂，与耐酸粗细集料及掺合料按一定比例配制而成。它能抵抗多种酸和大部分腐蚀性气体的侵蚀。耐酸混凝土适用于输油管、储酸槽、酸洁槽、耐酸地坪及耐酸器材。

十一、聚合物混凝土

聚合物是指由许多高分子所组成的物质，是有机高分子材料，具有良好的塑性、黏结性、抗腐蚀性与耐火性。由聚合物、无机胶凝材料和集料配制而成的混凝土称为聚合物混凝土。

聚合物混凝土一般可分为聚合物水泥混凝土、聚合物树脂混凝土、聚合物浸渍混凝土三种。聚合物水泥混凝土是将聚合物加入普通混凝土拌和物中，聚合物的固化与水泥的硬化同时进行的一种混凝土。聚合物树脂混凝土是用聚合物作胶结料，与普通混凝土集料混合而成的混凝土。聚合物浸渍混凝土是将已成型硬化的混凝土充分干燥，用有机浸液浸渍后，使其在混凝土内部聚合的一种混凝土。

聚合物混凝土强度高，抗渗性、耐磨性和耐侵蚀性强。其适用于有抗渗、耐磨、耐侵蚀要求的混凝土工程。

复习思考题

1. 名词解释

混凝土　碱—集料反应　立方体抗压强度标准值　混凝土强度保证率　混凝土外加剂　混凝土配合比　混凝土质量检查

2. 普通混凝土是由哪些材料组成的？它们在混凝土凝结硬化前后各起什么作用？

3. 何谓集料的级配？集料级配良好的标准是什么？

4. 混凝土和易性包括哪些内容？如何判断混凝土的和易性？

5. 影响混凝土和易性的主要因素有哪些？

6. 什么是合理砂率？合理砂率有何技术及经济意义？

7. 影响混凝土强度的主要因素有哪些？

8. 简述混凝土耐久性的概念。它通常包括哪些性质？

9. 简述混凝土配合比设计的 3 个基本参数及其各自的确定原则。

10. 某干砂 500 g，筛分结果见表 4-31。试判断该砂的粗细程度和级配好坏。

表 4-31　某干砂筛分结果

筛孔尺寸(mm)	4.75	2.36	1.18	0.60	0.30	0.15	筛底
筛余量(g)	30	40	50	190	100	70	20

11. 用强度等级为 42.5 的矿渣水泥、卵石和天然砂配制混凝土，采用$\frac{W}{C}=0.55$，试估算该混凝土 28 d 强度值。

12. 某房屋的混凝土柱，其尺寸为 300 mm ×300 mm×3 600 mm，采用水泥∶砂∶碎石 = 1∶2.5∶4.0，$\frac{W}{C}=0.58$。混凝土拌和物的体积密度为 2 400 kg/m³，试计算制作此柱四种材料的用量。

13. 混凝土拌和物经试拌调整后，和易性满足要求，试拌调整用量为：水泥 4.5 kg，水 2.6 kg，砂 8.3 kg，碎石 18.4 kg。实测混凝土拌和物的体积密度为 2 390 kg/m³。

(1)试计算 1 m³ 混凝土各项材料用量为多少。

(2)假定上述配合比可以作为实验室配合比，如施工现场砂的含水率为 3%，石子含水率为 1%，求施工配合比。

第五章　建筑砂浆

学习目标

理解砂浆的定义、功能及分类；掌握建筑砂浆和易性的概念及测定方法，砌筑砂浆的配合比设计；明确建筑工程中常用砂浆及装饰工程中抹灰砂浆的品种、特点及应用；了解建筑砂浆的组成材料的技术要求。

重点：砌筑砂浆的性能及应用。

难点：砂浆配合比设计。

建筑砂浆是由胶结料、细集料、掺加料和水按一定的比例配制成的混合物。建筑砂浆在建筑工程中是一种用量大、用处广泛的建筑材料，起黏结、衬垫和传递应力的作用，主要用于以下几个方面：

(1)在结构工程中，用来把单块的砖、石、砌块等胶结起来构成砌体。

(2)在装配式结构中，用于砖墙的勾缝、大型墙板和各种构件的接缝。

(3)在装饰工程中，用于墙面、地面及梁、柱等结构表面的抹面，起到保护结构和装饰的作用。

(4)用于天然石材、人造石材及瓷砖等的镶贴。

建筑砂浆按用途分为砌筑砂浆、抹面砂浆、防水砂浆、装饰砂浆及特种砂浆(如隔热砂浆、耐腐蚀砂浆、吸声砂浆等)，按胶凝材料分为水泥砂浆、石灰砂浆、混合砂浆和聚合物水泥砂浆四大类。

第一节　砌筑砂浆的组成材料及技术性质

在砌体结构中，将砖、石、砌块等块状材料黏结成为砌体的砂浆称为砌筑砂浆。它起着黏结块材、传递荷载及填充缝隙以提高建筑物相关性能的作用，是砌体的重要组成部分。

一、砌筑砂浆的组成材料

(一)水泥

水泥是砂浆的主要胶结料，硅酸盐系的普通水泥、矿渣水泥、火山灰水泥、粉煤灰水泥及砌筑水泥等都可用来配制砌筑砂浆。可根据砌筑部位、所处的环境条件等设计要求选择适宜的水泥品种。水泥强度等级应根据砂浆品种及强度等级的要求进行选择。M15 及以下强度等级的砌筑砂浆宜选用 32.5 级的通用硅酸盐水泥或砌筑水泥，M15 以上强度等级的砌筑砂浆宜选用 42.5 级的通用硅酸盐水泥。由于砂浆强度要求不高，并考虑到其保水性，因此在配制砂浆时应尽量选用强度等级较低的水泥。对于一些特殊用途的砂浆，如修补裂缝、预制构件嵌缝及结构加固等可采用膨胀水泥。

在干燥环境中使用的砂浆,也可以选用石灰、石膏和黏土等作为胶结料。

(二)细集料

砌筑砂浆常用的细集料是天然砂,应符合有关国家标准的技术要求。由于砂浆层较薄,细集料对砂子的最大粒径有所限制。毛石砌体的砂浆宜选用粗砂,其最大粒径不应超过砂浆厚度的1/4~1/5;砖砌体砂浆宜选用中砂,其最大粒径不应大于2.5 mm。为保证砂浆质量,砌筑用砂应过筛,以限制砂中的黏土杂质含量。砂的含泥量不应超过5%;强度等级为M2.5的水泥混合砂浆,含泥量不应超过10%。

(三)掺加料

为改善砂浆的和易性,节约水泥用量,可在砂浆中掺入石灰膏、黏土膏、电石膏、磨细生石灰、粉煤灰等无机掺加料。石灰膏、黏土膏和电石膏试配时的稠度,应为(120±5)mm。

生石灰熟化成石灰膏时,熟化时间不得少于7 d,磨细生石灰粉的熟化时间不得少于2 d。黏土中有机物含量用比色法鉴定应浅于标准色。制作电石膏的电石渣无乙炔气味后方可使用,消石灰粉不得直接用于砌筑砂浆中。

(四)外加剂

砂浆外加剂是在拌制砂浆过程中掺入的,用来改善砂浆某些性能的物质。常用的砂浆外加剂主要有减水剂、引气剂、早强剂、缓凝剂、防冻剂、膨胀剂和微沫剂等。砌筑砂浆中掺入的砂浆外加剂,应具有法定检测机构出具的该产品砌体强度检验报告,并经砂浆性能试验合格后,方能使用。应注意外加剂的品种和掺量对水泥的适应性问题,需通过砂浆性能试验后确定。

(五)水

砂浆拌和用水的技术要求与普通混凝土拌和用水相同,应符合《混凝土用水标准》(JGJ 63—2006)的规定,宜选用不含杂质的洁净水来拌制砂浆。

二、砌筑砂浆的技术性质

砌筑砂浆应满足以下技术性能:

(1)满足和易性要求;

(2)满足设计种类和强度等级要求;

(3)具有足够黏结强度和耐久性。

(一)新拌砂浆的和易性

新拌砂浆的和易性是指砂浆拌和物在施工过程中既便于施工操作,提高劳动生产率,又能保证工程质量的性质。和易性良好的砂浆,在运输和施工过程中不易产生分层、泌水现象,且容易在粗糙的砌筑底面(基面)上铺成均匀的薄层,使灰缝饱满密实,能与底面很好地黏结成整体。新拌砂浆的和易性可由流动性和保水性两个方面作综合评定。

1.流动性

砂浆的流动性(又叫稠度)是指新拌砂浆在自重或外力作用下易于流动的性能。砂浆的流动性用砂浆稠度测定仪测定,以稠度或沉入度(mm)表示,即标准圆锥体在砂浆内自由下沉 10 s 时沉入的深度。沉入度越大,表明流动性越强。

砂浆的流动性与胶结料及掺加料的品种和用量、集料粒径和级配、外加剂的品种和掺量以及用水量有关,主要取决于用水量。砂浆稠度应根据砌体种类、施工条件及气候条件等按表 5-1 选择,天气炎热干燥时选大值,寒冷潮湿时选小值。

表 5-1　砌筑砂浆的施工稠度(JGJ/T 98—2010)

砌体种类	施工稠度(mm)
烧结普通砖砌体、粉煤灰砖砌体	70~90
混凝土砖砌体、普通混凝土小型空心砌块砌体、灰砂砖砌体	50~70
烧结多孔砖砌体、烧结空心砖砌体、轻集料混凝土小型空心砌块砌体、蒸压加气混凝土砌块砌体	60~80
石砌体	30~50

2. 保水性

新拌砂浆保持其内部水分不泌水流失的能力称为保水性。保水性不良的砂浆在运输、存放和施工过程中容易产生分层、离析、泌水现象,且水分易被砌体吸收,影响正常硬化,从而降低砂浆的黏结强度。

砂浆的保水性用砂浆分层度测定仪测定,以分层度(mm)表示,分层度越小,砂浆的保水性越好。具体试验方法可参见第十四章第五节内容。

砂浆的分层度一般以 10~20 mm 为宜。分层度过大,保水性太差,不利于施工和水泥凝结,故不宜采用,规程要求砌筑砂浆的分层度不得大于 30 mm;若分层度过小,如分层度为零的砂浆,虽然保水性好,但过于黏稠则不易施工且易发生干缩裂缝。

砂浆的保水性与胶结料、掺加料及外加剂的品种和用量、集料粒径和细颗粒含量有关。若胶结料不足,砂浆的保水性将降低,在水泥砂浆中掺入石灰、粉煤灰、引气剂或微沫剂等可有效地提高其保水性。在胶结料一定的情况下,集料越细,总表面积越大,其吸附水分的能力越强,砂浆的保水性越好。

(二)硬化砂浆的技术性能

硬化后的砂浆应满足抗压强度、黏结强度、变形和耐久性的要求。

1. 砂浆抗压强度和强度等级

在砌体或建筑物中,砂浆主要起胶结及承受和传递荷载的作用,故应具有一定的抗压强度。砂浆的抗压强度是确定其强度等级的主要依据。

砂浆的抗压强度是指一组(6 块)边长为 70.7 mm 的立方体标准试件,在标准条件下养护 28 d 后,用标准试验方法测得的抗压强度(MPa)平均值。

根据砂浆的抗压强度,水泥砂浆及预拌砌筑砂浆的强度等级可分为 M5、M7.5、M10、M15、M20、M25、M30,水泥混合砂浆的强度等级可分为 M5、M7.5、M10、M15。

砂浆强度受砂浆本身的组成材料及配合比的影响。同种砂浆在配合比相同的情况下,砂浆强度还与砌筑层的吸水性能有关。养护条件(温度和湿度)也会影响砂浆的强度及强度增长。

砌筑砂浆的强度等级应根据工程类别及不同砌体部位选择。在一般建筑工程中,办公楼、教学楼及多层商店等工程宜用 M5 ~ M10 的砂浆，平房宿舍、商店等工程多用 M2.5 ~ M5 的砂浆，食堂、仓库、地下室及工业厂房等多用 M2.5 ~ M10 的砂浆，检查井、雨水井、化粪池等可用 M5 的砂浆。特别重要的砌体才使用 M10 以上的砂浆。

2. 黏结强度

砂浆与砌筑材料的黏结力称为黏结强度。砂浆的黏结强度越高，则整个砌体的强度、耐久性及抗震性越好。决定黏结强度的主要因素是砂浆的抗压强度，一般情况下砂浆的抗压强度越高，其黏结强度也越高。此外，砂浆的黏结强度与所砌筑材料的表面状态、清洁程度、潮湿情况、养护条件及施工水平等也密切相关。砌筑材料表面粗糙、清洁、湿润、养护好，施工质量好，砂浆的黏结强度高。

3. 变形

荷载或温度、湿度条件变化时，砂浆也会产生变形。若变形过大或不均匀，将引起沉陷或裂缝，从而降低砌体质量。轻集料拌制或掺加料太多的砂浆，比普通砂浆的收缩变形大。因此，应采取有效措施防止砂浆开裂。

4. 耐久性

在受冻融影响较多的建筑部位，要求砂浆具有一定的抗冻性。水工砂浆对耐久性的要求更为严格。因水工砂浆受环境水的作用，必须满足抗渗、抗冻、抗冲磨、抗侵蚀等耐久性要求。如抗冻性，具有冻融循环次数要求的砌筑砂浆，经冻融试验后，其质量损失率不得大于 5%，抗压强度损失率不得大于 25%。影响砂浆耐久性的因素与混凝土基本相同。通过对这些因素的合理调整，可改善砂浆的耐久性。

第二节　砌筑砂浆的配合比设计

按照《砌筑砂浆配合比设计规程》（JGJ/T 98—2010）规定，砌筑砂浆要根据工程类别及砌体部位的设计要求选择砂浆的强度等级，再按砂浆的强度等级确定其配合比。砂浆配合比设计一般按下列步骤进行：

（1）计算砂浆配制强度 $f_{m,o}$（MPa）；

（2）计算 1 m^3 砂浆中的水泥用量 Q_c（kg）；

（3）若为水泥混合砂浆，按水泥用量计算 1 m^3 砂浆中掺加料用量 Q_D（kg）；

（4）确定 1 m^3 砂浆中砂子用量 Q_s（kg）；

（5）根据砂浆稠度选用 1 m^3 砂浆中用水量 Q_w（kg）；

（6）进行砂浆试配及抗压强度试验；

（7）确定砂浆配合比。

一、砂浆配合比计算

（一）水泥混合砂浆配合比的计算

1. 计算砂浆配制强度 $f_{m,o}$

$$f_{m,o} = kf_2 \tag{5-1}$$

式中　$f_{m,o}$——砂浆的试配强度，MPa，精确至 0.1 MPa；

f_2——砂浆的抗压强度平均值(即设计强度),精确至0.1 MPa;

k——系数,按表5-2取值。

标准差 σ 的确定应符合下列规定:

(1)当有统计资料时,应按下式计算

$$\sigma = \sqrt{\frac{\sum_{i=1}^{n} f_{m,i}^2 - n\mu_{f_m}^2}{n-1}} \tag{5-2}$$

式中 $f_{m,i}$——统计周期内同一品种砂浆第 i 组试件的强度,MPa;

μ_{f_m}——统计周期内同一品种砂浆 n 组试件强度的平均值,MPa;

n——统计周期内同一品种砂浆试件的总组数,$n \geqslant 25$。

(2)当不具有近期统计资料时,砂浆现场强度标准差 σ 可按表5-2选用。

表5-2 砂浆强度标准差 σ 及 k 值

施工水平	下列强度等级下砂浆强度标准差 σ(MPa)							k
	M5	M7.5	M10	M15	M20	M25	M30	
优良	1.00	1.50	2.00	3.00	4.00	5.00	6.00	1.15
一般	1.25	1.88	2.50	3.75	5.00	6.25	7.50	1.20
较差	1.50	2.25	3.00	4.50	6.00	7.50	9.00	1.25

2.计算1 m^3 砂浆中的水泥用量 Q_c

1 m^3 砂浆中的水泥用量可按下式计算

$$Q_c = \frac{1\,000(f_{m,o} - \beta)}{\alpha f_{ce}} \tag{5-3}$$

式中 Q_c——1 m^3 砂浆的水泥用量,精确至1 kg;

$f_{m,o}$——砂浆配制强度,精确至0.1 MPa;

α、β——砂浆的特征系数,其中 $\alpha = 3.03$、$\beta = -15.09$;

f_{ce}——水泥的实测强度,精确至0.1 MPa。

在无法取得水泥的实测强度值时,f_{ce} 可按下式计算

$$f_{ce} = \gamma_c f_{ce,k} \tag{5-4}$$

式中 $f_{ce,k}$——水泥强度等级对应的强度值,MPa;

γ_c——水泥强度等级值的富裕系数,按实际统计资料确定,无统计资料时,γ_c 取1.0。

当计算出的水泥用量不足200 kg/m^3 时,应取 $Q_c = 200$ kg/m^3。

3.计算1 m^3 掺合料用量 Q_D

$$Q_D = Q_A - Q_c \tag{5-5}$$

式中 Q_D——1 m^3 砂浆的掺合料用量,精确至1 kg,石灰膏、黏土膏使用时的稠度为(120 ± 5) mm;

Q_c——1 m^3 砂浆的水泥用量,精确至1 kg;

Q_A——1 m^3 砂浆中水泥和掺加料的总量,精确至1 kg,可为350 kg。

4. 确定1 m^3 砂浆中砂子用量 Q_s

砂浆中的水、胶结料和掺加料是用于填充砂子空隙的。因此,1 m^3 砂子就构成1 m^3 砂浆。由于砂子的体积随含水率的变化而变化,所以1 m^3 砂浆中的砂子用量,应按干燥状态(含水率小于0.5%)的堆积密度值作为计算值。

5. 确定用水量

根据砂浆稠度等要求,1 m^3 砂浆中用水量 Q_w 可选用210~310 kg。但应注意以下几点:

(1)混合砂浆中的用水量,不包括石灰膏或黏土膏中的水;

(2)当采用细砂或粗砂时,用水量分别取上限或下限;

(3)稠度小于70 mm时,用水量可小于下限;

(4)施工现场气候炎热或干燥季节,可酌量增加用水量。

(二)水泥砂浆配合比选用

每立方米水泥砂浆材料用量可按表5-3选用。

表5-3 每立方米水泥砂浆材料用量 (单位:kg/m^3)

强度等级	水泥	砂	用水量
M5	200~230	砂的堆积密度值	270~330
M7.5	230~260		
M10	260~290		
M15	290~330		
M20	340~400		
M25	360~410		
M30	430~480		

注:1. M15及M15以下强度等级水泥砂浆,水泥强度等级为32.5级,M15以上强度等级水泥砂浆,水泥强度等级为42.5级。

2. 当采用细砂或粗砂时,用水量分别取上限或下限。

3. 稠度小于70 mm时,用水量可小于下限。

4. 施工现场气候炎热或干燥季节,可酌量增加用水量。

选用水泥砂浆配合比时,水泥用量要根据施工水平合理选择,且水泥强度等级大于32.5级时其用量宜取表中下限;用水量的注意事项同水泥混合砂浆用水量的确定。

二、配合比的试配、调整与确定

(1)试配时应采用工程中实际使用的材料,并应采用机械搅拌。搅拌时间,应自开始加水算起,并应符合下列规定:①对水泥砂浆和水泥混合砂浆,不得短于120 s;②对预拌砂浆和掺有粉煤灰、外加剂、保水增稠剂材料等的砂浆,不得短于180 s。

(2)按计算或查表所得配合比进行试拌时,应测定拌和物的稠度和分层度,当不能满足要求时,应调整材料用量,直到符合要求,然后确定为试配时的砂浆基准配合比。

(3)试配时至少采用3个不同的配合比,其中一个为基准配合比,其他两个配合比的水泥用量应按基准配合比分别增加及减少10%。在保证稠度、分层度合格的条件下,可将用水量或掺加料用量作相应调整。

(4)按3个不同的配合比进行调整后,应按现行行业标准《建筑砂浆基本性能试验方法》(JGJ/T 70—2009)的规定分别成型一组强度试件(每组6个),标准养护到28 d,测定砂浆的表观密度和强度,并应选定符合配制强度及和易性要求、水泥用量最低的配合比作为砂浆配合比。

(5)根据拌和物的密度,校正材料用量。在一般情况下,水泥砂浆拌和物的密度不宜小于1 900 kg/m^3,水泥混合砂浆拌和物的密度不宜小于1 800 kg/m^3。

三、砂浆配合比表示方法

砂浆配合比可用质量比或体积比表示。

(一)质量配合比

$$\text{水泥}:\text{石灰膏}:\text{砂}:\text{水} = Q_c : Q_D : Q_s : Q_w = 1 : \frac{Q_D}{Q_c} : \frac{Q_s}{Q_c} : \frac{Q_w}{Q_c} \tag{5-6}$$

(二)体积配合比

$$\text{水泥}:\text{石灰膏}:\text{砂}:\text{水} = \frac{Q_c}{\rho'_c} : \frac{Q_D}{\rho'_D} : 1 : \frac{Q_w}{\rho_w} = 1 : \frac{Q_D\rho'_c}{Q_c\rho'_D} : \frac{\rho'_c}{Q_c} : \frac{Q_w\rho'_c}{Q_c\rho_w} \tag{5-7}$$

式中 ρ'_c、ρ'_D、ρ_w——水泥、掺合料的堆积密度和水的密度,g/cm^3。

砌筑砂浆多采用质量配合比表示,不宜采用体积配合比。

四、砂浆配合比设计计算实例

【例5-1】 某加气混凝土砌块砌体,需M7.5水泥混合砂浆(掺加料为石灰膏),设计稠度为50~70 mm,施工水平一般。采用32.5级的普通硅酸盐水泥;掺加料与水泥总量Q_A取350 kg;中砂在干燥状态下的堆积密度为1 430 kg/m^3,含水率为2.4%。试计算其配合比。

解 1.计算砂浆的试配强度

$$f_{m,o} = k \cdot f_2$$

式中,f_2=7.5 MPa,因施工水平一般,M7.5级砂浆对应的k值为1.20,则有

$$f_{m,o} = 1.20 \times 7.5 = 9.0(\text{MPa})$$

2.计算1 m^{3}砂浆中的水泥用量

$$Q_c = \frac{1\,000(f_{m,o} - \beta)}{\alpha f_{ce}}$$

式中,α=3.03,β=-15.09,因无水泥实测强度,故

$$f_{ce} = \gamma_c \cdot f_{ce,k} = 1.0 \times 32.5 = 32.5(\text{MPa})$$

则得

$$Q_c = \frac{1\,000 \times [9.0 - (-15.09)]}{3.03 \times 32.5} = 245(\text{kg})$$

3. 计算 1 m^3 砂浆中的石灰膏用量

$$Q_D = Q_A - Q_c = 350 - 245 = 105(\text{kg})$$

4. 计算 1 m^3 砂浆中的砂用量

$$Q_s = 1\ 430 \times (1 + 2.4\%) = 1\ 464(\text{kg})$$

5. 确定 1 m^3 砂浆中的水用量。

用水量可在 210 ~ 310 kg 间选择，因该砂浆稠度要求 50 ~ 70 mm，故可选 1 m^3 砂浆用水量为 270 kg。需扣除砂中所含水量，则拌和用水量为

$$Q_w = 270 - 1\ 430 \times 2.4\% = 236(\text{kg})$$

6. 计算配合比

水∶水泥∶石灰膏∶砂 = 236∶245∶105∶1 464 = 0.96∶1.00∶0.43∶5.98（质量比）

第三节　其他砂浆

一、抹面砂浆

抹面砂浆也称抹灰砂浆，是指涂抹在建筑物或建筑构件表面的砂浆。其作用是保护墙体不受风雨、潮气等的侵蚀，提高墙体防潮、防风化、防腐蚀等方面的耐久性；同时，使墙面、地面等建筑部位平整、光滑、清洁美观。

抹面砂浆的组成材料与砌筑砂浆基本相同，但为了防止砂浆层开裂，有时需加入一些纤维材料（如纸筋、麻刀等），有时为了使其具有某些功能需加入特殊集料或掺加料。

抹面砂浆在性能上与砌筑砂浆的要求有些差异。抹面砂浆除要求具有良好的和易性，便于施工外，其与基层材料的黏结强度应较高。一般情况下，对抹面砂浆的强度要求不高；而处于潮湿环境或易受外力作用的部位（如地面、墙裙等），则应具有较高的强度和耐水性。

根据抹面砂浆功能的不同，分为普通抹面砂浆、装饰抹面砂浆和具有某些特殊功能（防水、耐酸、绝热、吸声等）的特种砂浆。

（一）普通抹面砂浆

普通抹面砂浆是建筑工程中用量最大的抹面砂浆，它主要对建筑物和墙体起保护作用，抵抗风、雨、雪等自然环境和有害杂质对建筑物的侵蚀，提高建筑物的耐久性。此外，经过砂浆抹面的墙面或其他构件的表面又可以达到平整、光洁和美观的效果。

普通抹面砂浆通常分为两层或三层进行施工，各层作用和抹灰要求不同，所以各层选用的砂浆也有所区别。

底层抹灰的作用是使砂浆与底面能牢固地黏结，要求砂浆具有良好的和易性及较高的黏结力，其保水性要好，否则水分就容易被底面材料吸收而影响砂浆的黏结力，要求沉入度较大（100 ~ 120 mm），其组成材料常随底层而异。底材表面粗糙有利于与砂浆的黏结。用于砖墙的底层抹灰，多用石灰砂浆或石灰炉灰砂浆；用于板条墙或板条顶棚的底层抹灰，多用麻刀石灰砂浆；用于混凝土墙、梁、柱、顶板等的底层抹灰，多用水泥砂浆或混合砂浆。

中层砂浆主要起找平作用,有时可省去,多用混合砂浆或石灰砂浆,比底层砂浆稍稠些(沉入度 70 ~ 90 mm)。

面层砂浆主要起保护和装饰作用,多采用细砂配制的混合砂浆、麻刀石灰砂浆或纸筋石灰砂浆(沉入度 70 ~ 80 mm)。

在容易碰撞或潮湿的地方,应采用水泥砂浆,如墙裙、踢脚板、地面、雨篷、窗台以及水池、水井等处,一般多用 1∶2.5 水泥砂浆。在硅酸盐砌块墙面上做抹面砂浆或粘贴饰面材料时,最好在砂浆层内夹一层事先固定好的钢丝网,以免日后发生剥落现象。确定抹面砂浆组成材料及配合比的主要依据是工程使用部位及基层材料的性质。普通抹面砂浆的配合比及应用范围可参考表 5-4。

表 5-4 普通抹面砂浆的配合比及应用范围

材料	配合比(体积比)	应用范围
石灰∶砂	1∶2 ~ 1∶4	用于砖石墙表面(檐口、勒脚、女儿墙及潮湿房间的墙除外)
石灰∶黏土∶砂	1∶1∶4 ~ 1∶1∶8	用于干燥环境的墙体表面
石灰∶石膏∶砂	1∶0.4∶2 ~ 1∶1∶3	用于不潮湿房间的墙及顶棚
石灰∶石膏∶砂	1∶2∶2 ~ 1∶2∶4	用于不潮湿房间的线脚及其他装饰工程
石灰∶水泥∶砂	1∶0.5∶4.5 ~ 1∶1∶5	用于檐口、勒脚、女儿墙及比较潮湿的部位
水泥∶砂	1∶3 ~ 1∶2.5	用于浴室、潮湿车间等墙裙、勒脚或地面基层
水泥∶砂	1∶2 ~ 1∶1.5	用于地面、顶棚或墙面面层
水泥∶砂	1∶1 ~ 1∶0.5	用于混凝土地面,随时压光
水泥∶石膏∶砂∶锯末	1∶1∶3∶5	用于吸声粉刷
水泥∶白石子	1∶2 ~ 1∶1	用于水磨石(打底用 1∶2.5 水泥砂浆)
水泥∶白石子	1∶1.5	用于剁斧石(打底用 1∶(2 ~ 2.5)水泥砂浆)
石灰膏∶麻刀	100∶2.5(质量比)	用于板层、顶棚底层
石灰膏∶麻刀	100∶1.3(质量比)	用于板层、顶棚面层(或 100 kg 石灰膏加 3.8 kg 纸筋)
石灰膏∶纸筋	石灰膏 $0.1\ m^3$,纸筋 0.36 kg	用于较高级墙面、顶棚

(二)装饰抹面砂浆

装饰抹面砂浆是指涂抹在建筑物内外墙表面,具有美观装饰效果的抹面砂浆。装饰抹面砂浆的底层和中层与普通抹面砂浆基本相同,主要是装饰的面层,要选用具有一定颜色的胶凝材料和集料以及采用某些特殊的操作工艺,使表面呈现出不同的色彩、纹理质感、线条与花纹等装饰效果。

装饰砂浆的胶凝材料采用石膏、石灰、普通水泥、矿渣水泥、火山灰水泥以及白水泥、彩色水泥,或在水泥中掺加白色大理石粉,使砂浆表面色彩明亮。

其集料多为白色、浅色或彩色的天然砂、彩釉砂和着色砂,也可用彩色大理岩或花岗岩碎屑、陶瓷碎粒或特制的塑料色粒。有时也可加入少量云母碎片、玻璃碎粒、长石、贝壳等使表面获得发光效果。

掺颜料的砂浆常用在室外抹灰工程中,将经受风吹、日晒、雨淋及大气中有害气体的腐蚀和污染。因此,装饰砂浆中的颜料应采用耐碱和耐光晒的矿物颜料。

根据砂浆的组成材料不同,常分为灰浆类砂浆饰面和石渣类砂浆饰面。

灰浆类砂浆饰面是以水泥砂浆、石灰砂浆及混合砂浆做装饰用材料,采用各种工艺手段使水泥砂浆着色或表面得到处理,从而直接形成装饰面层。这类饰面主要靠掺入颜料及砂浆本身所能形成的质感来达到装饰目的。常见的工艺方法有拉毛、甩毛、搓毛、扫毛、喷涂、拉条、弹涂、外墙滚涂、假面砖及假大理石等。

石渣类砂浆饰面是在水泥砂浆中掺入各种颜色石渣作为集料,制成石渣浆,然后用不同的做法除去表面水泥浆皮,造成石渣不同的外露形式及水泥石与石渣的色泽对比,构成不同的装饰效果。这类饰面主要靠石渣的颜色、颗粒形状来达到装饰目的,其色泽明亮,质感丰富,且不易退色和污染。常见的工艺做法有水刷石、水磨石、拉假石、斩假石、干粘石等。下面简单介绍几种常用工艺做法。

1. 拉毛

拉毛是先用水泥砂浆或混合砂浆做底层,再用水泥石灰混合砂浆或水泥纸筋灰做面层,在面层砂浆(即罩面灰)尚未凝结之前,用抹刀将表面拍拉成凹凸质感较强的饰面层。用该种工艺做成的面层兼具装饰和吸声作用,一般用于有吸声要求的礼堂、剧院等公共建筑的室内墙壁和顶棚饰面,也常用于外墙面、阳台栏板或围墙等外饰面。

2. 拉条

拉条是采用条形模具上下拉动,使场面抹灰呈规则的细条、粗条、半圆条、波形条、梯形条和长方形条等,是一种较新的抹灰做法。其优点是美观大方,不易积灰,成本低,并具有良好的音响效果。其适用于公共建筑门厅、观众厅、会议室等场面、方柱的装饰面层。

3. 弹涂

弹涂是在墙体表面涂刷一道聚合物水泥色浆后,用弹涂器分几遍将不同色彩的水泥色浆弹涂到墙面上,形成直径 1 ~3 mm、大小近似、颜色不同、相互交错的圆形色点,再喷罩一层甲基硅树脂或聚乙烯醇缩丁醛涂料,构成彩色的装饰面层。因外罩有涂料,故耐污染性能及耐久性较好。其适用于建筑物内外墙面饰面,也可用于顶棚饰面。

4. 水磨石

水磨石是用水泥拌和彩色石渣或白色大理石碎粒做面层,经拌匀、养护、硬化打磨、洒草酸冲洗、干后打蜡等工序制成的。水磨石可设计图案和色彩进行现场制作或工厂预制。水磨石一般用于室内装饰,多为制作地面,也可预制成楼梯踏步、窗台板、柱面、踢脚板等多种建筑构件。

5. 斩假石

斩假石又称剁斧石,是以水泥石渣浆或水泥石屑浆做面层抹灰,待其硬化到具有一定强度时用剁斧、齿斧及各种凿子等工具在面层上剁斩出类似石材经雕琢效果的一种人造石料装饰方法。斩假石是石渣类饰面各种做法中效果最好的。它既具有貌似真石的质感,又具有精工细作的特征,给人以朴实、自然、素雅、凝重的感觉。斩假石主要用于局部小面积装饰，如柱面、勒脚、扶手、栏杆、室外台阶和地坪等的装饰。

6. 干粘石

干粘石是在素水泥浆或聚合物水泥砂浆面层上，直接黏结粒径5 mm以下的彩色石渣、小石子或彩色玻璃碎粒，再拍平压实（石粒压入砂浆2/3）的一种装饰抹灰做法。要求石子黏结牢固，不脱落，不露浆。干粘石是由传统水刷石工艺演变而得的，其装饰效果与水刷石相同，但施工采用干操作，避免了水刷石的湿操作，施工效率高，污染小，并可节约水泥、石粒等原料。干粘石多用于建筑物的外墙装饰，具有一定的质感，经久耐用。

（三）特种砂浆

1. 防水砂浆

防水砂浆是一种制作防水层用的抗渗性高的砂浆。砂浆防水层又叫刚性防水层，仅适用于不受振动和具有一定刚度的混凝土或砖石砌体工程，广泛用于地下建筑和水塔、蓄水池等建筑物和构筑物的防水。对于变形较大或可能发生不均匀沉陷的建筑物，不宜采用刚性防水层。

防水砂浆宜选用32.5级以上的普通水泥和级配良好的中砂配制，也可在水泥砂浆中掺入防水剂制作。砂浆配合比中，水泥与砂的质量比不宜大于1∶2.5，水灰比宜控制在0.5～0.6，稠度不应大于80 mm。防水砂浆还可以用膨胀水泥或无收缩水泥来配制。

在水泥砂浆中掺入防水剂，可促使砂浆结构密实，或能堵塞毛细孔，从而提高砂浆的抗渗能力。常用防水剂有氯化物金属盐类防水剂、金属皂类防水剂和水玻璃类防水剂等。氯化物金属盐类防水剂能在凝结硬化过程中生成不透水的复盐，起到促进结构密实的作用，从而提高砂浆的抗渗性能，一般用于水池和其他地下建筑物。由于氯化物金属盐会引起混凝土中钢筋锈蚀，故采用这类防水剂时应注意钢筋的锈蚀情况。金属皂类防水剂起到填充微细孔隙和堵塞毛细管的作用。

防水砂浆的防渗效果在很大程度上取决于施工质量，因此施工时要严格控制原材料的质量和配合比。防水砂浆配制时先将水泥和砂子干拌均匀，再把称量好的防水剂溶于拌和水中，然后三者拌匀即可进行施工，其施工方法有以下两种。

1）喷浆法

利用高压喷枪将砂浆以约100 m/s的速度喷至建筑物表面，砂浆被高压空气强烈压实，密实度大，抗渗性好。

2）人工多层抹压法

砂浆分4～5层抹压，每层厚度为5 mm左右，总厚度为20～30 mm。在涂抹前先在润湿清洁的底面上抹纯水泥浆，然后抹一层5 mm厚的防水砂浆，在初凝前用木抹子压实一遍，每层均采用同样的操作方法，最后一层要压光。抹完后要加强养护，以减少砂浆层内部连通的毛细孔通道，防止脱水过快造成干裂，从而提高密实度和抗渗性，获得理想的防水效果。

2. 绝热砂浆

绝热砂浆又叫保温砂浆，是采用水泥、石灰、石膏等胶凝材料与膨胀珍珠岩砂、膨胀蛭石或陶粒砂等轻质多孔集料，按一定比例配制的砂浆。绝热砂浆具有轻质和绝热性能好等优点，其导热系数为0.07～0.10 W/（m·K），可用于屋面、墙壁以及供热管道等的绝热保护。常用的绝热砂浆有水泥膨胀珍珠岩砂浆、水泥膨胀蛭石砂浆、水泥石灰膨胀蛭石砂浆等。

3. 吸声砂浆

一般绝热砂浆是由轻质多孔集料制成的，都具有良好的吸声性能，故也可作为吸声砂浆。另外，还可以用水泥、石膏、砂、锯末（其体积比约为1∶1∶3∶5）配制成吸声砂浆，或在石灰、石膏砂浆中掺入玻璃纤维、矿物棉等松软纤维材料也能获得一定的吸声效果。吸声砂浆主要用于室内墙壁和顶棚的吸声处理。

4. 耐酸砂浆

用水玻璃和氟硅酸钠配制成耐酸涂料，掺入石英石、花岗岩、铸石等粉状细集料，可拌制成耐酸砂浆。耐酸砂浆多用做衬砌材料或用于耐酸地面和耐酸容器的内壁防护层。

二、预拌砂浆

已于2008年4月1日起开始实施的修订过的《中华人民共和国节约能源法》将节约资源定为我国的基本国策。建筑业是紧随工业和交通之后，排在第三位的耗能及污染大户，节能减排潜力巨大。现场搅拌的砂浆已从多个方面凸显出其与社会发展的不适应，取消自拌砂浆，代之以工业化生产的预拌砂浆势在必行。这对降低建筑耗能总量，缓解能源供需矛盾，减少环境污染，具有重要的社会意义。2007年6月6日由商务部等六部、局联合下发的《关于在部分城市限期禁止现场搅拌砂浆工作的通知》，规定了全国127个大中型城市分三批限期禁止现场搅拌砂浆。

（一）预拌砂浆分类

所谓预拌砂浆，是指由专业化厂家生产的，用于建设工程中的各种砂浆拌和物。预拌砂浆分为预拌干混（又称干粉、干拌）砂浆和预拌湿拌砂浆两种。

预拌干混砂浆是指经干燥筛分处理的集料与水泥以及根据性能确定的各种组分，按一定比例在专业生产厂混合而成，在使用地点按规定比例加水或配套液体拌和使用的干混拌和物。干混砂浆也称为干拌砂浆。

预拌湿拌砂浆是水泥、细集料、外加剂和水以及根据性能确定的各种组分，按一定比例，在搅拌站经计算、拌制后，采用搅拌运输车运至使用地点，放入专用容器储存，并在规定时间内使用完毕的湿拌拌和物。

湿拌砂浆包括湿拌砌筑砂浆、湿拌抹灰砂浆、湿拌地面砂浆和湿拌防水砂浆四种，因特种用途的砂浆黏度较大，无法采用湿拌的形式生产，因而湿拌砂浆中仅包括普通砂浆。干混砂浆又分为普通干混砂浆和特种干混砂浆。普通干混砂浆主要用于砌筑、抹灰、地面及普通防水工程，而特种干混砂浆是指具有特种性能要求的砂浆。国家标准《预拌砂浆》（JG/T 230—2007）将特种干混砂浆分为10种：瓷砖黏结砂浆、耐磨地坪砂浆、界面处理砂浆、特种防水砂浆、自流平砂浆、灌浆砂浆、外保温黏结砂浆、外保温抹面砂浆、聚苯颗粒保温砂浆、无机集料保温砂浆。

（二）预拌砂浆的优点和缺点

1. 预拌砂浆的优点

我国传统的建筑砂浆均由施工单位在施工现场自行拌制，与之相比，预拌砂浆的优势主要表现在以下几个方面。

1）质量稳定

预拌砂浆的和易性好，无论是在砌筑工程还是抹灰工程的施工过程中，使用均十分方便，操作省时省力，收缩小，黏结好，砌体不易出现开裂和渗漏，大大提高建筑的抗震能力。

2）经济性佳

预拌砂浆无原材料浪费，场地占用率小，并节省了砂浆用原材料的储存仓库、场地建设费用，搅拌设备的购置费用以及相关的人员费用。

3）环保明显

预拌砂浆具有节约资源、改善环境、减少施工现场粉尘排放和噪声污染等优点，且能够大量利用工业废渣（如粉煤灰、钢渣等），减少这些废渣对环境的影响和对土地的污染，符合环保要求。

4）节能舒适

使用预拌保温砂浆的房子，节能效果好，冬暖夏凉，四季如春。

2. 预拌砂浆的缺点

在实际应用中预拌砂浆也还存在着一些问题，如预拌砂浆必须在规定时间内用完，而施工用量却难以准确确定；预拌砂浆的流动性、凝结时间等性能受施工场地的气候和环境的影响，需要适时调整配合比；若一次用量较少，则材料成本较高，实际上就难以供应；工地需设置专用的容器来储存预拌砂浆等。

（三）预拌砂浆原材料

预拌砂浆所用原材料不应对人体、生物与环境造成有害的影响，并应符合《建筑材料放射性核素限量》（GB 6566—2001）的规定。《预拌砂浆》（JG/T 230—2007）对预拌砂浆的原材料作出了规定和要求，其原材料包括水泥、集料、矿物掺合料、外加剂、保水增稠材料、添加剂、填料及拌和用水。

预拌砂浆不同于传统砂浆，除要求具有一定的强度外，更重要的是要具有良好的保水性、黏结性和可施工性等。

为了保证砂浆获得良好的和易性，预拌砂浆中通常需掺入保水增稠材料，如纤维素醚、稠化粉、增塑剂等，保水增稠剂能调整砂浆的稠度、保水性、黏聚性和触变性，使砂浆保持水分并改善可操作性。如果不采用保水增稠剂，仅靠水泥用量来提高其保水性，则可操作性没有明显改善，但砂浆的成本却显著地增加。砂浆稠化粉耐水性好，在大气中和水中强度都能得到稳定的发展；冻融循环后，其强度损失和质量损失较小。在等水泥用量条件下，与水泥混合砂浆相比，掺加稠化粉的砂浆其黏结强度和抗渗性明显提高，而收缩性则明显降低。预拌砂浆还可以使用具有保水增稠作用的外加剂。

掺加活性细填料可改善砂浆的保水性、柔软性和黏附性。目前，常用的矿物外加剂有粉煤灰、粒化高炉矿渣粉、硅灰、沸石粉等。活性矿物外加剂具有一定的水硬性，有助于提高硬化砂浆强度、抗渗性等性能。

预拌砂浆的凝结时间靠掺加缓凝剂来控制。预拌砂浆对缓凝剂的要求与混凝土对缓凝剂的要求是不同的，预拌砂浆所选用的缓凝剂只推迟水泥的初凝时间，并不影响砂浆的强度。通过调整缓凝剂的掺量，即可获得不同凝结时间的砂浆。预拌砂浆专用缓凝剂掺加量对砂浆的强度影响不大,且因其具有减水作用,可在较少用水量时获得所需的砂浆稠度,从而提高预拌砂浆的强度,降低其收缩性。为了能适应各种不同性质工程的不同应用要求,预拌砂浆还可使用不同品种的外加剂,如防水剂、抗冻剂、早强剂、抗裂剂、抗渗剂等。外加剂已成为预拌砂浆的一个重要组成部分。

(四)预拌砂浆的技术要求

1. 抗压强度与强度等级

抗压强度是砂浆最基本的性能指标,预拌砂浆的抗压强度试验依据《建筑砂浆基本性能试验方法》(JGJ/T 70—2009)进行。根据抗压强度划分普通预拌砂浆的强度等级。

砌筑砂浆规定了 M5、M7.5、M10、M15、M20、M25 及 M30 共 7 个强度等级,其中 M20 以上高强度等级砌筑砂浆主要是满足混凝土小砌块配筋砌体结构的需要。施工现场抹灰砂浆的抗压强度一般为 5 ~ 20 MPa,抗压强度太高不利于砂浆与基层黏结牢固,故有 M5、M10、M15 及 M20 共 4 个强度等级。

《建筑地面工程施工质量验收规范》(GB 50209—2002)规定:水泥砂浆面层强度等级不应小于 M15。因此,地面砂浆的强度等级是 M15、M20、M25 这 3 个等级。

普通防水砂浆具有一般的防水和防潮功能,强度较低的砂浆难以满足抗渗性能的要求,因此其强度等级有 M10、M15、M20 等 3 个,抗渗等级取为 P6、P8、P10。

2. 保水性

砂浆通常被砌筑在吸水块材之间或涂抹在基层上,与基体共同构成一个整体。只要砂浆与块材或基层一接触,砂浆就被吸去水分,同时砂浆外表面也向大气中蒸发水分,导致砂浆因失水而水分不足,影响了水泥的进一步水化,进而影响砂浆强度的正常发展。另外,涂抹类砂浆通常厚度较薄、表面积较大,更容易因干缩而引起开裂。由此可见,砂浆保水性对砂浆性能有较大的影响。保水性良好的砂浆,水泥水化比较充分,强度能得到正常发展,与基层能较好地黏结在一起。

3. 黏结强度

抹灰砂浆涂抹在建筑物的表面,除可获得平整的表面外,还起到保护墙体的作用。抹灰砂浆容易出现的质量问题是开裂、空鼓、脱落,其原因除与砂浆的保水性低有关外,还与砂浆的黏结强度低有很大关系。因此,《建筑装饰装修工程质量验收规范》(GB 50210—2001)中规定,外墙和顶棚的抹灰层与基层之间及各抹灰层之间必须黏结牢固,抹灰层应无脱层、空鼓,面层应无爆灰和裂缝。可见,黏结强度是抹灰砂浆的一个重要性能。只有砂浆具有一定的黏结力,砂浆层才能与基底黏结牢固,长期使用不致开裂或脱落。

《预拌砂浆》(JG/T 230—2007)规定了瓷砖黏结砂浆、特种防水砂浆、自流平砂浆、外保温黏结砂浆、外保温抹面砂浆的拉伸黏结强度,界面处理砂浆的剪切黏结强度和拉伸黏结强度,聚苯颗粒保温砂浆和无机集料保温砂浆的压剪黏结强度。

4. 凝结时间

预拌砂浆的凝结时间试验方法按《建筑砂浆基本性能试验方法》(JGJ/T 70—2009)的规定进行。

《预拌砂浆》(JC/T 230—2007)规定湿拌砂浆设计凝结时间最长可达 24 h,具体的凝结时间可由供需双方根据砂浆品种及施工需要而定,且规定湿拌砂浆凝结时间的测定时间取为该砂浆凝结时间的1/4、1/2、3/4和凝结时间对应的时间，而非《建筑砂浆基本性能试验方法》(JGJ/T 70—2009)规定的每隔30 min测定一次。另外，湿拌砂浆运到现场后需要储存在密闭容器中，因此凝结时间试验时盛载砂浆的容器应储存在密闭容器中。

普通干混砂浆是在现场加水拌和的，可随用随拌，不需要储存太长时间，因而规定其凝结时间为3～8 h。

无论是新建建筑还是改造建筑，预拌砂浆都是其中不可或缺的重要成分，能大幅度降低建筑的二次施工率，在不断提高人们居住环境舒适度的同时，降低建筑总能耗，有效缓解能源的供需矛盾，既具有实际经济意义，又具有重要的社会意义和环保价值。但生产力发展水平不高及自身价格相对较高，都将制约预拌砂浆的快速发展。

复习思考题

1. 新拌砂浆的和易性包括哪两个方面的含义？如何测定？

2. 砂浆和易性对工程应用有何影响？怎样才能改善砂浆的和易性？

3. 何谓混合砂浆？工程中常采用的水泥混合砂浆有何好处？

4. 影响砂浆强度的基本因素有哪些？

5. 通过哪些试验才能确定配合比？

6. 抹面砂浆与砌筑砂浆有何异同？

7. 为什么要在抹面砂浆中掺入纤维材料？

8. 装饰砂浆的工艺做法有哪些？

9. 防水砂浆如何获得较好的防水效果？

10. 预拌砂浆有何优点？其技术要求有哪些？

11. 计算M7.5水泥混合砂浆基准配合比。采用普通硅酸盐水泥强度等级为32.5R，$f_{ce}=35.70$ MPa，中砂，堆积密度为1 400 kg/m^3，施工水平一般。$\sigma=1.88$ MPa，$\alpha=3.03$，$\beta=-15.09$，$Q_A=350$ kg/m^3，用水量m_w取300 kg/m^3。试列出计算式并计算。若砂含水率为5%，计算施工配合比。

第六章　砌体材料

学习目标

通过本章的学习，使学生熟悉建筑中常用天然石材的品种，掌握其技术性质及选用原则，掌握砌墙砖及砌块的技术性质，了解常用的墙用板材及屋面材料，理解不同墙体与屋面材料的施工工艺。

重点：烧结普通砖、烧结多孔砖和烧结空心砖的技术性质，石材的选用原则。

难点：烧结普通砖强度等级的确定。

在房屋建筑中，墙体是建筑构成的主要部分之一，它的主要作用是围护、承重和分隔，在整个建筑物中，其重量、造价及工程量都占有很大的比例。在混合结构建筑中，砌体材料的重量约占房屋建筑总重的50%。

目前，砌体材料品种较多，总体可归纳为砌墙砖、砌块、板材三大类。我国传统的砌筑材料有砖和石材，砖和石材的大量开采需要耗用大量的农用土地和矿山资源，影响农业生产和生态环境，而且砖、石自重大，体积小，生产效率低，影响建筑业的发展速度。改革开放以后，随着我国基本建设的迅速发展，传统材料无论在数量上还是在品种上、性能上都无法满足日益增长的基本建设的需要。因此，因地制宜地利用地方性资源和工业废料生产轻质、高强、多功能、大尺寸的新型砌体材料，是土木工程可持续发展的一项重要内容。同时，为了满足保护耕地、降低能耗的要求，我国提出了一系列限制使用黏土砖与支持鼓励新型墙体材料发展的政策，加速了墙体改革的过程，使各种新型墙砌材料不断涌现，逐步取代传统的黏土制品。

现在，建筑工程中使用的墙体材料有石材、砌墙砖、砌块、混凝土预制大板、轻质隔墙板、薄壁复合墙板等。

第一节　砌筑石材

天然石材是指从天然岩石开采的，经加工或未加工的石料制品，是最古老的建筑材料之一。一般，天然石材具有强度高、莫氏硬度大、耐磨性好、有美丽的花纹、经久耐用等优点，所以自古以来石料就被用做各种土木工程材料，如意大利的比萨斜塔，古埃及的金字塔、太阳神庙，我国河北的赵州桥、福建泉州的洛阳桥等，均为著名的古代石结构建筑。但石材脆性大、抗拉强度低、自重大，石结构的抗震性差，加之岩石开采加工和运输较困难、价格高等因素，石材作为结构材料已逐渐被混凝土所取代。但石料的开采和应用仍方兴未艾，它还是许多材料及其制品的原材料。如石灰、水泥及玻璃的主要原料就是石料，而天然砂、卵石以及人工碎石又是配制砂浆和混凝土等的原材料，同时亦可直接作为外墙装饰材料等。

一、天然岩石的种类

地壳是由各种不同的岩石组成的。根据岩石成因,按地质分类法,天然岩石可分为岩浆岩、沉积岩和变质岩三大类。

(一)岩浆岩

岩浆岩又称火成岩,是岩浆在活动过程中,经过冷却凝固而成的。岩浆是存在于地下深处的成分复杂的高温硅酸盐熔融体。岩浆岩是组成地壳的主要岩石,占地壳总质量的89%。绝大多数岩浆岩的主要矿物组成是石英、长石、云母、角闪石、辉石及橄榄石等六种。根据岩浆冷却情况的不同,岩浆岩可分为深成岩、喷出岩和火山岩三种。

1. 深成岩

深成岩是岩浆在地壳深处受到很大的上部覆盖压力作用,缓慢且较均匀地冷却而成的岩石。其特点是体积密度大、孔隙率及吸水率小、抗压强度高、抗冻性及耐磨性好。建筑上常用的深成岩有花岗岩、正长岩、闪长岩等。

2. 喷出岩

喷出岩是岩浆喷出地表时,在压力降低和迅速冷却的条件下而形成的岩石。当喷出岩形成较厚的岩层时,结构致密,性能接近于深成岩,但因冷却迅速,大部分结晶不完全,多呈隐晶质(矿物晶粒细小,肉眼不能识别)或玻璃质,如建筑上常用的喷出岩有玄武岩、辉绿岩、安山岩等。玄武岩和辉绿岩十分坚硬,难以加工,常用做耐酸或耐热材料,也是制造铸石和岩棉的原料;当岩层形成较薄时,常呈多孔构造,近于火山岩。

3. 火山岩

火山岩是火山爆发时,岩浆被喷射到空中,经急速冷却后落下而形成的岩石。火山岩因喷到空气中急速冷却而成,故内部含有大量的气孔,并多呈玻璃质,有较高的化学活性。建筑工程中常用的火山岩有火山灰、浮石、火山凝灰岩等。火山灰可作为生产水泥的混合材料及混凝土的掺合料,浮石可作为配制轻集料混凝土的轻集料。

(二)沉积岩

沉积岩又称水成岩,是由露出地表的各种岩石(母岩)经自然风化、风力搬迁、流水冲移等作用后,再沉积堆积在地表及离地表不太深处形成的岩石。在沉积岩的形成过程中,由于物质是一层一层沉积下来的,所以其构造是层状的。这种层状构造称为沉积岩的层理,每一层都具有一个面,称为层面。层面与层面间的距离称为层的厚度。有的沉积岩可以形成一系列斜交的层,称为交错层。因此,沉积岩的表观密度小,密实度较差,吸水率较大,强度较低,耐久性也较差,但由于其分布广,加工较容易,因此应用也比较广。

根据沉积岩的生成条件,可将其分为机械沉积岩、化学沉积岩和生物沉积岩三种。

1. 机械沉积岩

机械沉积岩是基岩经自然风化作用而破碎松散,再经风、水及冰川等的搬运,沉积,重新压实或胶结而成的岩石,如页岩、砂岩等。建筑工程中常用沉积岩为砂岩:钙质砂岩的性质类似于石灰岩,较易加工,应用较广,可做基础、踏步、人行道等;硅质砂岩的性能接近于花岗岩,可用于纪念性建筑及耐酸工程;黏土质砂岩浸水易软化,工程中很少使用。

2. 化学沉积岩

原岩中的矿物溶于水中,经聚积沉积而成的岩石称为化学沉积岩,如石膏、白云岩及菱镁石等。

3. 生物沉积岩

各种有机体死亡后的残骸经沉积而成的岩石称为生物沉积岩。石灰岩是建筑工程中用途最广、用量最大的生物沉积岩,它不仅是制造石灰和水泥的主要原料,而且也是普通混凝土常用的集料。石灰岩还可以砌筑基础、勒脚、拱、柱、路面、挡土墙等。

(三)变质岩

变质岩是地壳中原有岩石由于岩浆活动及构造运动(主要是温度和压力)的影响,使岩石原有的结构发生变化,产生熔融再结晶作用而形成的岩石。变质岩的矿物成分,除保留原来岩石的矿物成分(如石英、长石、云母、角闪石、辉石、方解石和白云石)外,还产生了新的变质矿物,如绿泥石、滑石、石榴子石和蛇纹石等。根据变质岩的原有岩石的不同,可分为正变质岩和副变质岩两种。

1. 正变质岩

正变质岩是由岩浆岩变质而成的岩石,如片麻岩等,工程中常用做碎石、块石及人行道石板等。

2. 副变质岩

副变质岩是由沉积岩变质而成的岩石,工程中常用的有大理岩、石英岩等。

二、石材的主要技术性质与要求

(一)表观密度

大多数岩石的表观密度均较大,且主要与其矿物组成、结构的致密程度等有关。同种岩石,表观密度越大,则孔隙率越低,强度和耐久性等越高。根据密度的大小,石材分为轻石和重石两类。表观密度大于 1 800 kg/m^3 者为重石,重石适用于建筑物的基础、贴面、不采暖房屋外墙、地面、路面、桥梁及水利建筑物;表观密度小于 1 800 kg/m^3 者为轻石,轻石主要用于采暖房屋外墙。

(二)抗压强度

砌筑石材的强度等级由抗压强度来划分,并用符号 MU 和抗压强度值来表示,划分有 MU100、MU80、MU60、MU50、MU40、MU30、MU20、MU15、MU10 九个等级。石材的抗压强度由边长为 70 mm 的立方体试件进行测试,并以 3 个试件破坏强度的平均值表示。当试块为非标准尺寸时,按表 6-1 中的系数进行换算。

表 6-1　石材强度等级换算系数

立方体边长(mm)	200	150	100	70	50
换算系数	1.43	1.28	1.14	1.00	0.86

(三)吸水率

岩石的吸水率越小,则岩石的强度与耐久性越高。为保证岩石的性能,有时限制岩石的吸水率，如饰面用大理岩和花岗岩的吸水率必须分别小于0.75%和1.00%。

(四)耐水性

石材的耐水性按软化系数分为高、中、低三等。高耐水性的石材软化系数大于0.9，中耐水性的石材软化系数为0.7~0.9，低耐水性的石材软化系数为0.6~0.7。一般，软化系数低于0.6的石材，不允许用于重要建筑。

(五)抗冻性

石材的抗冻性主要取决于矿物成分、孔隙率等。抗冻性合格的石材应在规定的冻融循环次数内，无贯穿裂缝穿过试件两棱角，质量损失不超过5%，强度减少不大于25%。

(六)抗风化性

石材的抗风化性主要取决于孔隙率、吸水率、矿物成分等。孔隙率的大小对风化有很大的影响。吸水率较小时岩石的抗风化能力较强。当岩石内含有较多的黄铁矿和云母时，风化速度快。此外，由方解石、白云石组成的岩石在含有酸性气体的环境中也易风化。防风化的措施主要有：磨光石材的表面，防止表面积水；采用有机硅喷涂表面；对碳酸盐类石材可采用氟硅酸镁溶液处理石材的表面。

三、建筑工程中常用的天然石材

(一)石材的选用原则

在建筑施工和设计中，石材的选用应根据适用性和经济性这两个原则。

1.适用性

要按使用要求分别衡量各种石材在建筑中的适用性。承重构件(如基础、勒脚、墙、柱等)需要考虑抗压强度能否满足设计要求；围护结构构件要考虑是否具有良好的绝热性能；用做地面、台阶、踏步等的构件要求坚韧耐磨；装饰部分(如饰面板、拉杆、扶手、纪念碑等)需要考虑石材的雕琢、磨光及石材的外观、花纹、色彩等；对处在特殊环境(如高温、高湿、水中、严寒、侵蚀等)条件下的构件，还要分别考虑石材的耐久性、耐水性、抗冻性及耐化学腐蚀等。

2.经济性

石材的表观密度大，运输不便，在建筑施工中应充分利用地方资源，尽可能做到就地取材，难以开采和加工的原料必然使成本提高，选材时应充分注意。

(二)砌筑用石材

砌筑用石材分为毛石、片石、料石。

1.毛石

毛石是在采石场爆破后直接得到的形状不规则的石块。根据表面平整程度又分为乱毛石和平毛石两种。乱毛石是形状极不规则的毛石。平毛石是乱毛石略经加工而成的毛石，其形状较整齐，大致有上、下两个平行面。建筑工程中使用的毛石，一般高度应不小于15 cm，一个方向的尺寸可达30~40 cm。毛石的抗压强度应不低于10 MPa，软化系数应不小于0.75。毛石主要用于砌筑建筑物的基础、勒脚、墙身、挡土墙等，平毛石还用于铺筑园林中的小径石路，可形成不规则的拼缝图案，增加环境的自然美。

2. 片石

片石是由爆破而得的，形状不受限制，但薄片不得使用。一般片石的尺寸应不小于15 cm，体积不小于0.01 m^3，每块质量一般在30 kg以上，抗压强度应不低于20 MPa。片石主要用来砌筑圬工工程、护坡、护岸等。

3. 料石

料石是用毛石经人工斩凿或机械加工而成的石块，又称为条石。依其表面加工的平整程度而分为毛料石、粗料石、半细料石和细料石四种。①毛料石是表面不经加工或稍加修整的料石；②粗料石是表面加工成凹凸深度不大于20 mm的料石；③半细料石是表面加工成凹凸深度不大于10 mm的料石；④细料石是表面加工成凹凸深度不大于2 mm的料石。

料石一般用较致密均匀的砂岩、石灰岩、花岗岩等开凿而成，制成条石、方料石或拱石，用于建筑物的基础、勒脚、地面等。

(三)装饰用板材

装饰用板材是用于建筑装饰的石板或地面板，要求耐磨、耐久、无裂缝或水纹、色彩美观。按其基本属性可归为大理石和花岗石两大类。

1. 大理石

大理石是指具有装饰功能，并可磨光、抛光的各种沉积岩和变质岩。大理石荒料经锯切、研磨、抛光等加工而成为大理石装饰面板，主要用于建筑物的室内饰面，如墙面、地面、柱面、台面、栏杆、踏步等。当用于室外时，由于大理石抗风化能力差，易受空气中二氧化硫的腐蚀，而失去表面光泽，变得粗糙多孔而降低其使用价值。因此，大理石板材除极少数品种(如汉白玉)外，一般不宜用于室外饰面。

2. 花岗石

花岗石是指具有装饰功能，并可磨光、抛光的各类岩浆岩及少量其他岩石。按表面加工的粗细程度，又可分为三种：粗面板材(RU)(表面平整，但粗糙，具有较规则的加工纹理，如机刨板、剁斧板、锤击板等)、细面板材(RB)(表面平整且光滑)、镜面板材(PL)(表面平整，并具有镜面光泽)。磨光花岗石板材的装饰特点是华丽而庄重，粗面花岗石板材的装饰特点是凝重而粗犷。花岗石主要用于建筑物的室内室外饰面，也可用于重要的大型建筑物的基础、踏步、栏杆，以及堤坝、桥梁和街边石等。

第二节　砌墙砖

砌墙砖是指以黏土、工业废料及其他地方资源为主要原料，按不同工艺制成的，在建筑上用来砌筑墙体的块状材料。砌墙砖按生产工艺不同，可分为烧结砖和蒸养砖。按生产砖的原材料不同，可分为黏土砖、粉煤灰砖、煤矸石砖、炉渣砖、页岩砖、灰砂砖等。按构造不同，可分为普通砖、多孔砖和空心砖。

一、烧结砖

凡经焙烧而成的砖称为烧结砖，根据其空洞率的大小分别有烧结普通砖、烧结多孔砖和烧结空心砖。

（一）烧结普通砖

烧结普通砖是以黏土、页岩、煤矸石、粉煤灰为主要原料经焙烧而成的普通砖。

1. 烧结普通砖的分类和产品标记

(1)按主要原料分为黏土砖(N)、页岩砖(Y)、煤矸石砖(M)和粉煤灰砖(F)。

(2)按焙烧窑中气氛分为红砖和青砖两种。在氧化气氛的焙烧窑中烧成的红色黏土质砖为红砖,在还原气氛的焙烧窑中烧成的青灰色黏土质砖为青砖。青砖较红砖耐碱、耐久性好。

(3)按焙烧方法分为内燃砖和外燃砖。近年来,我国普遍采用了内燃砖。它是将煤渣、粉煤灰等可燃工业废渣以适当比例掺入制坯黏土原料中作为内燃原料,当砖坯焙烧到一定温度时,内燃料在坯体内也进行燃烧,这样烧成的砖叫内燃砖。内燃法制砖除可节省外投燃料和部分黏土用量(可节约原料黏土5%~10%)外,由于焙烧时热源均匀,内燃原料燃烧后留下许多封闭小孔,因此砖的表观密度减小,强度提高(约20%),导热系数降低,隔声、保温性能增强。

(4)按火候分为正火砖、欠火砖和过火砖。由于砖在焙烧时窑内温度分布(火候)难以绝对均匀,因此除正火砖(合格品)外,还常出现欠火砖和过火砖。欠火砖色浅,敲击声发哑,吸水率大,强度低,耐久性差。过火砖色深,敲击时声音清脆,吸水率低,强度较高,但有弯曲变形。欠火砖和过火砖均属于不合格产品。

2. 烧结普通砖的主要技术性质与要求

国家标准《烧结普通砖》(GB 5101—2003)中,对烧结普通砖的性质作了具体的规定。主要技术要求如下。

1)规格尺寸

烧结普通砖的外形为直角平行六面体,其公称尺寸为:240 mm×115 mm×53 mm。通常,将240 mm×115 mm面称为大面,240 mm×53 mm面称为条面,115 mm×53 mm面称为顶面。考虑10 mm厚的砌筑灰缝,则4块砖长、8块砖宽或16块砖厚均为1 m,1 m^3砌体需用砖512块。尺寸允许偏差应符合国家标准《烧结普通砖》(GB 5101—2003)的规定。在建筑上,墙厚的尺寸是以普通砖为基础的,如二四墙、三七墙和四九墙,分别为一块砖长、一块半砖长和两块砖长的厚度。

2)强度等级

烧结普通砖的强度等级是通过取10块砖试样进行抗压强度试验,根据抗压强度平均值和强度标准值来划分的。根据抗压强度分为MU30、MU25、MU20、MU15、MU10五个强度等级,其强度值应符合表6-2的规定。

3)抗风化性能

抗风化性能是指在干湿变化、温度变化、冻融变化等物理因素作用下,材料不破坏并长期保持原有性质的能力。抗风化性能是烧结普通砖重要的耐久性之一,对砖的抗风化性要求应根据各地区风化程度(见表6-3)的不同而定。烧结普通砖的抗风化性能通常以其抗冻性、吸水率及饱和系数等指标判别。严重风化区中的1、2、3、4、5地区(见表6-3)的砖必须进行冻融试验,其抗冻性能必须符合国家标准《烧结普通砖》(GB 5101—2003)

的规定，其他地区的砖符合表 6-4 规定时，可以不做冻融试验，否则必须进行冻融试验。

表 6-2　烧结普通砖的强度等级

（单位：MPa）

强度等级	抗压强度平均值 $\bar{f}\geqslant$	变异系数 $\delta\leqslant 0.21$	变异系数 $\delta>0.21$
		强度标准值 $f_k\geqslant$	单块最小抗压强度值 $f_{min}\geqslant$
MU30	30.0	22.0	25.0
MU25	25.0	18.0	22.0
MU20	20.0	14.0	16.0
MU15	15.0	10.0	12.0
MU10	10.0	6.5	7.5

表 6-3　风化区的划分

严重风化区	非严重风化区
1. 黑龙江省 2. 吉林省 3. 辽宁省 4. 内蒙古自治区 5. 新疆维吾尔自治区 6. 宁夏回族自治区 7. 甘肃省 8. 青海省 9. 陕西省 10. 山西省 11. 河北省 12. 北京市 13. 天津市	1. 山东省 2. 河南省 3. 安徽省 4. 江苏省 5. 湖北省 6. 江西省 7. 浙江省 8. 四川省 9. 贵州省 10. 湖南省 11. 福建省 12. 台湾省 13. 广东省 14. 广西壮族自治区 15. 海南省 16. 云南省 17. 西藏自治区 18. 上海市 19. 重庆市

表 6-4　烧结普通砖的抗风化性能

砖种类	严重风化区				非严重风化区			
	5 h 沸煮吸水率(%) ≤		饱和系数 ≤		5 h 沸煮吸水率(%) ≤		饱和系数 ≤	
	平均值	单块最大值	平均值	单块最大值	平均值	单块最大值	平均值	单块最大值
黏土砖	18	20	0.85	0.87	19	20	0.88	0.90
粉煤灰砖	21	23			23	25		
页岩砖	16	18	0.74	0.77	18	20	0.78	0.80
煤矸石砖								

注：1. 粉煤灰掺入量（体积比）小于 30% 时，按黏土砖规定判断。

2. 冻融试验后，每块砖样不允许出现裂纹、分层、掉皮、缺棱、掉角等冻坏现象；质量损失不得大于 2%。

4）泛霜和石灰爆裂

泛霜是指可溶性的盐在砖表面的盐析现象，一般呈白色粉末、絮团或絮片状，又称为起霜、盐析或盐霜。砖中出现泛霜不仅影响外观，而且因结晶膨胀引起砖表层酥松，甚至剥落。《烧结普通砖》(GB 5101—2003) 规定：优等品砖无泛霜，一等品砖不允许出现中等泛霜，合格品砖不允许出现严重泛霜。

石灰爆裂是指烧结普通砖的原料或内燃物质中夹杂着石灰质，焙烧时被烧成生石灰，砖在使用吸水后，体积膨胀而发生的爆裂现象。石灰爆裂影响砖墙的平整度、灰缝的平直度，甚至使墙面产生裂纹，使墙体破坏。因此，石灰爆裂应符合国家标准《烧结普通砖》(GB 5101—2003)中的有关规定：优等品不允许出现最大破坏尺寸大于 2 mm 的爆裂区域；一等品的最大破坏尺寸大于 2 mm 且小于等于 10 mm 的爆裂区域，每组砖样(5 块)不得多于 15 处，不允许出现最大破坏尺寸大于 10 mm 的爆裂区域；合格品的最大破坏尺寸大于 2 mm 且小于等于 15 mm 的爆裂区域，每组砖样不得多于 15 处，其中大于 10 mm 的爆裂区域不得多于 7 处，不允许出现最大破坏尺寸大于 15 mm 的爆裂区域。

5)产品质量等级

烧结普通砖(强度和抗风化性能合格的砖)根据尺寸偏差、外观质量、泛霜和石灰爆裂分为优等品(A)、一等品(B)、合格品(C)三个质量等级。优等品适用于清水墙和墙体装饰，一等品、合格品可用于混水墙。

烧结普通砖的尺寸允许偏差应符合表 6-5 的规定。

表 6-5　烧结普通砖的尺寸允许偏差　(单位:mm)

公称尺寸	优等品		一等品		合格品	
	样本平均偏差	样本极差≤	样本平均偏差	样本极差≤	样本平均偏差	样本极差≤
240	±2.0	8	±2.5	8	±3.0	8
115	±1.5	6	±2.0	6	±2.5	7
53	±1.5	4	±1.6	5	±2.0	6

烧结普通砖的外观质量应符合表 6-6 的规定。

表 6-6　烧结普通砖的外观质量标准　(单位:mm)

项目	优等品	一等品	合格品
两条面高度差≤	2	3	5
弯曲≤	2	3	5
杂质凸出高≤	2	3	5
缺棱掉角的三个破坏尺寸不得同时大于	15	20	30
裂纹长度≤ a. 大面上宽度方向及其延伸至条面的长度	70	70	110
裂纹长度≤ b. 大面上长度方向及其延伸至顶面的长度或条、顶面上水平裂纹的长度	100	100	150
完整面不得少于	一条面和一顶面	一条面和一顶面	—
颜色	基本一致	—	—

3. 烧结普通砖优、缺点与应用

烧结普通砖具有较高的强度，又因多孔结构而具有良好的绝热性、透气性和稳定性，还具有较好的耐久性及隔热隔声性能并且价格低廉,加之原料广泛,工艺简单,所以是应用历史最久、应用范围最广的砌体材料之一。

烧结普通砖除可用于砌筑承重墙体或非承重墙体外,还可砌筑砖柱、拱、烟囱、筒拱式过梁和基础等,也可与轻混凝土、保温隔热材料等配合使用。在砖砌体中,配置适当的钢筋或钢丝网,可作为薄壳结构、钢筋砖过梁等。

黏土砖的缺点是:制砖取土大量毁坏良田,砖自重大,消耗能源,污染环境,成品尺寸小,施工效率低,抗震性能差等。因此,国家为促进墙体材料结构调整和技术进步,提高建筑工程质量和改善建筑功能,出台了一系列政策。根据我国墙体材料革新和墙体材料"十五"规划要求,全国已有170个大中城市于2003年6月30日以前禁止使用实心黏土砖。目前,我国正大力推广墙体材料改革,以空心砖、工业废渣砖及砌块、轻质板材来代替实心黏土砖。

(二)烧结多孔砖

墙体材料逐渐向轻质化、多功能方向发展。近年来,逐渐推广和使用多孔砖和空心砖,一方面,节土、节煤和提高生产效率,如孔洞率为24%的多孔砖,可比实心砖节约24%左右的土及煤,用与实心砖相同的挤泥机,可相应提高成型效率,由于其质量轻,还提高了装运与出窑效率;另一方面,墙体的自重至少减轻30% ~35%,降低造价近20%,保温隔热性能和吸声性能有较大提高。因此,发达国家早已十分重视发展多孔或空心黏土制品。目前,欧美等国家生产的多孔砖、空心砖和空心砌块已占其砖产量的80% ~90%,并且发展了高强空心砖、微孔砖等。近年来,为了节约土地资源和减少能源消耗,多孔砖、空心砖和空心砌块发展也十分迅速,国家和各地方政府的有关部门都制定了限制生产和使用实心砖的政策,鼓励生产和使用多孔砖、空心砖和空心砌块。

烧结多孔砖是以黏土、页岩、煤矸石等为主要原料,经焙烧而成的砖,其孔洞率不小于15%。

1.烧结多孔砖的主要技术性质与要求

烧结多孔砖的技术要求应符合《烧结多孔砖》(GB 13544—2011)的规定,其具体要求如下。

1)尺寸规格与孔洞要求

按照国标规定,砖的外形为直角六面体,长(L)、宽(B)、高(H)应分别符合下列尺寸要求:290 mm、240 mm、190 mm、180 mm、140 mm、115 mm、90 mm。其他规格尺寸由供需双方协商确定。

其孔型、孔洞结构及孔洞率应符合表6-7的规定。

2)强度等级、密度等级

烧结多孔砖根据其抗压强度分为MU30、MU25、MU20、MU15和MU10等五个强度等级,强度指标要求见表6-8。烧结多孔砖按密度等级可分为1000、1100、1200、1300四个等级,其要求见表6-9。烧结多孔砖的尺寸允许偏差和外观质量见表6-10和表6-11。

3)泛霜和石灰爆裂

每块砖不允许出现严重泛霜,即试样表面不允许出现起砖粉、掉屑及脱皮现象。以GB/T 2542—2003规定方法检验其石灰爆裂,要求:不允许出现破坏尺寸大于15 mm的爆裂区域;爆裂尺寸大于2 mm且小于或等于15 mm的爆裂区域,每组砖不得多于15处,其中大于10 mm的不得多于7处。

表 6-7　烧结多孔砖孔型、孔洞结构及孔洞率

孔型	孔洞尺寸(mm)		最小外壁厚(mm)	最小肋厚(mm)	孔洞率(%)		孔洞排列
	孔宽度尺寸 b	孔长度尺寸 L			砖	砌块	
矩形条孔或矩形孔	≤13	≤40	≥12	≥5	≥28	≥33	1. 所有孔宽应相等,孔采用单向或双向交错排列; 2. 孔洞排列上下、左右应对称,分布均匀,手抓孔的长度方向尺寸必须平行于砖的条面

注: 1. 矩形孔的孔长 L、孔宽 b 满足 $L \geqslant 3b$ 时,为矩形条孔。

2. 孔四个角应做成过渡圆角,不得做成直尖角。

3. 如设有砌筑砂浆槽,则砌筑砂浆槽不计算在孔洞率内。

4. 规格大的砖和砌块应设置手抓孔,手抓孔尺寸为(30~40)mm×(75~85)mm。

表 6-8　烧结多孔砖的强度等级　(单位:MPa)

强度等级	抗压强度平均值 $\bar{f} \geqslant$	强度标准值 $f_k \geqslant$
MU30	30.0	22.0
MU25	25.0	18.0
MU20	20.0	14.0
MU15	15.0	10.0
MU10	10.0	6.5

表 6-9　烧结多孔砖密度等级　(单位:kg/m^3)

密度等级	3 块砖干燥表观密度平均值
1000	900~1 000
1100	1 000~1 100
1200	1 100~1 200
1300	1 200~1 300

表 6-10　烧结多孔砖尺寸允许偏差　(单位:mm)

尺寸	样本平均偏差	样本极差≤
>400	±3.0	10.0
300~400	±2.5	9.0
200~300	±2.5	8.0
100~200	±2.0	7.0
<100	±1.5	6.0

表 6-11　烧结多孔砖外观质量　　（单位：mm）

项目		指标
1. 完整面	不得少于	一条面和一顶面
2. 缺棱掉角的三个破坏尺寸	不得同时大于	30
3. 裂纹长度：		
a）大面（有孔面）上深入孔壁 15 mm 以上宽度方向及其延伸到面条的长度	不大于	80
b）大面（有孔面）上深入孔壁 15 mm 以上长度方向及其延伸到顶面的长度	不大于	100
c）条顶面上的水平裂纹	不大于	100
4. 杂质在砖或砌块面上造成的凸出高度	不大于	5

注：凡有下列缺陷之一者，不能称为完整面：

①缺损在条面或顶面上造成的破坏面尺寸同时大于 20 mm × 30 mm；

②条面或顶面上裂纹宽度大于 1 mm，其长度超过 70 mm；

③压陷、焦花、粘底在条面或顶面上的凹陷或凸出超过 2 mm，区域最大投影尺寸同时大于 20 mm × 30 mm。

2. 烧结多孔砖的应用

烧结多孔砖强度较高，主要用于砌筑 6 层以下建筑物的承重墙或高层框架结构填充墙（非承重墙）。由于为多孔构造，故不宜用于基础墙的砌筑。

（三）烧结空心砖

烧结空心砖是孔洞率等于或大于 35%，孔的尺寸大而数量少的砖。砌筑时，孔洞水平方向放置，故又称为水平孔空心砖，常用于非承重部位。其以黏土、页岩或煤矸石为主要原料，其生产工艺与烧结多孔砖相似。

1. 烧结空心砖的主要技术性质与要求

烧结空心砖的技术要求应符合《烧结空心砖和空心砌块》（GB 13545—2003）的规定，其具体要求如下。

1）尺寸规格与孔洞要求

根据现行标准，烧结空心砖的规格有两种：290 mm × 190（140）mm × 90 mm，240 mm × 180（175）mm × 115 mm。其形状如图 6-1 所示。

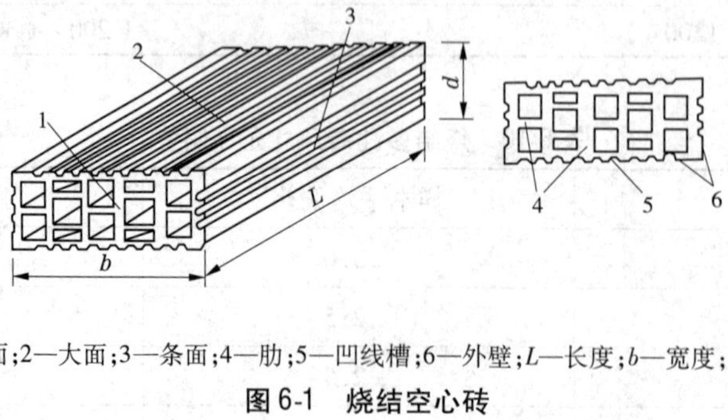

1—顶面；2—大面；3—条面；4—肋；5—凹线槽；6—外壁；*L*—长度；*b*—宽度；*d*—高度

图 6-1　烧结空心砖

2）表观密度

烧结空心砖根据表观密度分为 800、900、1000、1100 四个密度级别，见表 6-12。

表 6-12 烧结空心砖密度级别 （单位：kg/m^3）

密度级别	5 块密度平均值	密度级别	5 块密度平均值
800	≤800	1000	901 ~ 1000
900	801 ~ 900	1100	1 001 ~ 1 100

3）强度

烧结空心砖根据其抗压强度分为 MU10.0、MU7.5、MU5.0、MU3.5 和 MU2.5 等五个强度等级，如表 6-13 所示。

表 6-13 烧结空心砖的强度等级

强度等级	抗压强度（MPa）			密度范围（kg/m^3）
	抗压强度平均值 $\bar{f}$≥	变异系数 $\delta \leq 0.21$	变异系数 $\delta > 0.21$	
		强度标准值 f_k≥	单块最小抗压强度值 f_{min}≥	
MU10.0	10.0	7.0	8.0	≤1 100
MU7.5	7.5	5.0	5.8	
MU5.0	5.0	3.5	4.0	
MU3.5	3.5	2.5	2.8	
MU2.5	2.5	1.6	1.8	≤800

4）质量等级

每个密度级别的产品根据孔洞排数、尺寸偏差、外观质量和物理性能划分为优等品（A）、一等品（B）、合格品（C）三个产品等级，见表 6-14 ~ 表 6-17。

表 6-14 烧结空心砖孔洞要求

等级	孔洞排数（排）		孔洞率（%）	壁厚（mm）	肋厚（mm）
	宽度方向	高度方向			
优等品	≥5	≥2	≥35	≥10	≥7
一等品	≥3	—			
合格品	—				

表 6-15 烧结空心砖尺寸偏差要求 （单位：mm）

尺寸	尺寸允许偏差		
	优等品	一等品	合格品
>200	±4	±5	±7
200 ~ 100	±3	±4	±5
<100	±3	±4	±4

表 6-16　烧结空心砖外观质量要求　　（单位：mm）

项目		优等品	一等品	合格品
1. 弯曲≤		3	4	5
2. 缺棱掉角的三个破坏尺寸　不得同时大于		15	30	40
3. 未贯穿裂纹长度≤	大面上宽度方向及其延伸到条面的长度	不允许	100	140
	大面上长度方向或条面上水平方向的长度	不允许	120	160
4. 贯穿裂纹长度≤	a. 大面上宽度方向及其延伸到条面的长度	不允许	60	80
	b. 壁、肋沿长度方向、宽度方向及水平方向长度	不允许	60	80
5. 肋、壁内残缺长度≤		不允许	60	80
6. 完整面　不少于		一条面和一大面	一条面或一大面	—
7. 欠火砖和酥砖		不允许	不允许	不允许

注：凡有下列缺陷之一者，不能称为完整面：①缺损在大面、条面上造成的破坏面尺寸同时大于 20 mm × 30 mm；②大面、条面上裂纹宽度大于 1 mm，其长度超过 70 mm；③压陷、粘底、焦花在大面、条面上的凹陷或凸出超过 2 mm，区域尺寸同时大于 20 mm × 30 mm。

表 6-17　烧结空心砖的物理性能指标

项目	鉴别指标
冻融	1. 优等品：不允许出现裂纹、分层、掉皮、缺棱掉角等冻坏现象 2. 一等品、合格品：①冻裂长度不大于表 6-16 中 3、4 的合格品规定；②不允许出现分层、掉皮、缺棱掉角等冻坏现象
泛霜	1. 优等品：不允许出现轻微泛霜 2. 一等品：不允许出现中等泛霜 3. 合格品：不允许出现严重泛霜
石灰爆裂	试验后的每块试样应符合表 6-16 中 3、4、5 的规定，同时每组试样必须符合下列要求： 1. 优等品：在同一大面或条面上出现最大直径大于 5 mm 且不大于 10 mm 的爆裂区域不多于一处的试样，不得多于 1 块 2. 一等品：①在同一大面或条面上出现最大直径大于 5 mm 且不大于 10 mm 的爆裂区域不多于一处的试样，不得多于 3 块；②各面出现最大直径大于 10 mm 且不大于 15 mm 的爆裂区域不多于一处的试样，不得多于 2 块 3. 合格品：各面不得出现最大直径大于 15 mm 的爆裂区域
吸水率	1. 优等品：不大于 22% 2. 一等品：不大于 25% 3. 合格品：不要求

2. 烧结空心砖的应用

烧结空心砖自重轻、强度较低,多用于非承重墙,如多层建筑内隔墙或框架结构的填充墙等。

二、非烧结砖

不经焙烧而制成的砖均为非烧结砖,如碳化砖、免烧免蒸砖、蒸养(压)砖等。目前,应用较广的是蒸养(压)砖。这类砖是以石灰和含硅材料(砂子、粉煤灰、煤矸石、炉渣和页岩等)加水拌和,经压制成型、蒸汽养护或蒸压养护而成的。非烧结砖的主要品种有蒸压灰砂砖、粉煤灰砖、炉渣砖等,其规格尺寸与烧结普通砖相同。

(一)蒸压灰砂砖

蒸压灰砂砖是以石灰和天然砂为主要原料,经磨细、计量配料、搅拌混合、消化、压制成型(一般温度为175~203 ℃,压力为0.8~1.6 MPa的饱和蒸汽)、养护、成品包装等工序而制成的空心砖或实心砖。用料中石灰占10%~20%。

1. 蒸压灰砂砖的主要技术性质与要求

蒸压灰砂砖(LSB)的规格尺寸同烧结普通砖,为240 mm×115 mm×53 mm,有彩色(Co)和本色(N)两类。表观密度为1 800~1 900 kg/m^3,导热系数为0.61 W/(m·K)。根据《蒸压灰砂砖》(GB 11945—1999)规定,按抗压强度和抗折强度分为MU25、MU20、MU15、MU10四个强度等级。根据产品的外观与尺寸偏差、强度和抗冻性分为优等品(A)、一等品(B)和合格品(C)三个质量等级。蒸压灰砂砖的强度等级和抗冻性指标见表6-18,尺寸偏差和外观质量见表6-19。

表6-18 蒸压灰砂砖的强度等级和抗冻性指标

强度等级	强度指标				抗冻性指标	
	抗压强度(MPa)≥		抗折强度(MPa)≥		5块砖冻后抗压强度平均值(MPa)≥	单块砖干质量损失(%)≤
	平均值	单块值	平均值	单块值		
MU25	25.0	20.0	5.0	4.0	20.0	2.0
MU20	20.0	16.0	4.0	3.2	16.0	
MU15	15.0	12.0	3.3	2.6	12.0	
MU10	10.0	8.0	2.5	2.0	8.0	

表6-19 蒸压灰砂砖的尺寸偏差和外观质量

项目		优等品	一等品	合格品
尺寸偏差(mm)	长度	±2	±2	±2
	宽度	±2		
	高度	±1		

续表 6-19

项目		优等品	一等品	合格品
缺棱掉角	个数(个) ≤	1	1	2
	最大尺寸(mm)≤	10	15	20
	最小尺寸(mm)≤	5	10	10
对应高度差(mm)≤		1	2	3
裂纹(mm)≤	条数(条) ≤	1	1	2
	大面上深入孔壁 15 mm 以上,宽度方向及其延伸到条面的长度	20	50	70
	大面上深入孔壁 15 mm 以上,长度方向及其延伸到顶面的长度	30	70	100

2.蒸压灰砂砖的性能与应用

(1)耐热性、耐酸性差。蒸压灰砂砖中含有氢氧化钙等不耐热和不耐酸的组分,不宜用于长期受热高于 200 ℃、受急冷急热交替作用或有酸性介质的建筑部位。

(2)耐水性良好,但抗流水冲刷能力差。砖中的氢氧化钙的组分在流动水的作用下会流失,则蒸压灰砂砖不能用于有流水冲刷的建筑部位,如落水管出水处和水龙头下面等。

(3)与砂浆黏结力差。蒸压灰砂砖表面光滑平整,与砂浆黏结力差。在砌筑时必须采取相应措施,如采用高黏度的专用砂浆,以防止渗雨、漏水和墙体开裂。

(4)蒸压灰砂砖自生产之日起,应放置 1 个月以后,方可使用。砌筑蒸压灰砂砖砌体时,砖的含水率宜为 8% ~12%,严禁使用干砖或含水饱和砖,蒸压灰砂砖严禁与其他品种砖同层混砌。

(二)粉煤灰砖

粉煤灰砖是以粉煤灰、石灰石水泥为主要原料,掺入适量的石膏和集料,经坯料制备、压制成型、常压或高压蒸汽养护等工艺过程制成的实心砖。常压蒸汽养护制成的称蒸养粉煤灰砖,高压蒸汽(温度为 176 ℃,工作压力在 0.8 MPa 以上)养护制成的称蒸压粉煤灰砖。砖的颜色有本色(N)和彩色(Co)两类。

1.粉煤灰砖的主要技术性质与要求

根据《粉煤灰砖》(JC 239—2001)规定,粉煤灰砖按抗压强度和抗折强度划分为 MU30、MU25、MU20、MU15、MU10 五个强度等级,其强度指标和抗冻性指标应符合表 6-20 的规定。按尺寸偏差、外观质量、强度和干缩分为优等品(A)、一等品(B)和合格品(C)三个质量等级。优等品强度应不低于 MU15,优等品和一等品的干缩值应不大于 0.65 mm/m,合格品的干缩值应不大于 0.75 mm/m。

表 6-20 粉煤灰砖的强度等级和抗冻性指标

强度等级	强度指标				抗冻性指标	
	抗压强度(MPa)≥		抗折强度(MPa)≥		5 块砖冻后抗压强度平均值(MPa)≥	单块砖干质量损失(%)≤
	平均值	单块值	平均值	单块值		
MU30	30.0	24.0	6.2	5.0	20.0	
MU25	25.0	20.0	5.0	4.0		
MU20	20.0	16.0	4.0	3.2	16.0	2.0
MU15	15.0	12.0	2.3	2.6	12.0	
MU10	10.0	8.0	2.5	2.0	8.0	

2. 粉煤灰砖的性能与应用

粉煤灰砖的外观尺寸同烧结普通砖,性能上与灰砂砖相近,可用于工业与民用建筑的墙体和基础,但用于基础或用于易受冻融和干湿交替作用的建筑部位,必须使用一等品和优等品。粉煤灰砖不得用于长期受热(200 ℃以上)、受急冷急热和有酸性介质侵蚀的建筑部位。为避免或减少收缩裂缝的产生,用粉煤灰砖砌筑的建筑物应适当增设圈梁及伸缩缝。

(三)炉渣砖

炉渣砖是以煤燃烧后的炉渣(煤渣)为主要原料,加入适量的石灰或电石渣、石膏等材料,经混合、搅拌、成型、蒸汽养护等而制成的砖。按其抗压强度和抗折强度分为MU20、MU15、MU10 三个强度等级,其各级强度应满足表 6-21 的要求。其尺寸规格与普通砖相同,呈黑灰色,体积密度为 1 500 ~ 2 000 kg/m^3,吸水率为 6% ~19%。该类砖可用于一般工程的内墙和非承重外墙,但不得用于受高温、受急冷急热交替作用或有酸性介质侵蚀的部位。

表 6-21 炉渣砖的强度指标

强度等级	抗压强度(MPa)≥		抗折强度(MPa)≥	
	样组砖的平均值	单块最小值	样组砖的平均值	单块最小值
MU20	20	15	9.1	2.0
MU15	15	11	2.3	1.3
MU10	10	7.5	1.8	1.1

注:1. 以 5 块砖为一样组,不得有 2 块以上的砖低于所属强度等级的平均强度值。

2. 如怀疑取样砖代表性不足,允许复检一次,但重新抽样的数量应加倍,以 10 块砖评定时,不得有 5 块以上的砖低于所属强度等级的平均强度值。

第三节　砌　块

砌块是建筑用人造块材，外形多为直角六面体，也有各种异形砌块。砌块系列中主规格的长度、宽度或高度有一项或一项以上分别大于365 mm、240 mm或115 mm，但高度不大于长度或宽度的6倍，长度不超过高度的3倍。砌块的造型、尺寸、颜色、纹理和断面可以多样化，能满足砌体建筑的需要，既可以用来作结构承重材料、特种结构材料，也可以作为墙面的装饰材料和功能材料。

砌块是近年来迅速发展起来的一种砌筑材料，它可以充分利用地方资源和工业废渣，并可节省黏土资源和改善环境，无论在严寒地区或温带地区、地震区或非地震区，各种类型的多层或低层建筑中都能适用并满足高质量的要求，因此砌块在世界上发展很快，目前已有100多个国家生产小型砌块。砌块具有生产工艺简单、原料来源广、适应性强、制作及使用方便灵活、可改善墙体功能等特点，因此发展较快，特别是高强砌块和配筋混凝土砌体已发展并用以建造高层建筑的承重结构。

砌块分类方法很多。按产品主规格的尺寸可分为大型砌块（高度大于980 mm）、中型砌块（高度为380～980 mm）和小型砌块（高度大于115 mm，小于380 mm），按用途可分为承重砌块和非承重砌块，按有无孔洞可分为实心砌块（无孔洞或空心率＜25%）和空心砌块（空心率≥25%），按材质又可分为硅酸盐砌块、轻集料混凝土砌块、加气混凝土砌块和混凝土砌块等。

一、普通混凝土小型空心砌块

用水泥作胶结料，砂、石作集料，经搅拌、振动（或压制）成型、养护等工艺过程制成的普通混凝土小型空心砌块，简称混凝土小砌块。其有承重砌块和非承重砌块两类。为减轻自重，非承重砌块可用炉渣或其他轻质集料配制。

（一）普通混凝土小型空心砌块的主要技术性质与要求

根据《普通混凝土小型空心砌块》（GB 8239—1997）规定，普通混凝土小型空心砌块的主要技术性质和要求如下所述。

1. 规格形状

混凝土小型空心砌块的主规格尺寸为390 mm×190 mm×190 mm，最小外壁厚应不小于30 mm，最小肋厚应不小于25 mm。小砌块的空心率应不小于25%。其他规格尺寸供需双方可以协商确定。

2. 产品等级

混凝土小型空心砌块根据尺寸允许偏差、外观质量（包括弯曲、缺棱、掉角、裂纹）分为优等品（A）、一等品（B）和合格品（C）三个质量级，尺寸允许偏差和外观质量应符合表6-22的规定。

表6-22 混凝土小型空心砌块的尺寸允许偏差和外观质量

项目名称	优等品(A)	一等品(B)	合格品(C)
长度	±2	±3	±3
宽度	±2	±3	±3
高度	±2	±3	+3，-4
弯曲(mm)≤	2	2	3
缺棱掉角个数(个)≤	0	2	2
三个方向投影尺寸的最小值(mm)≤	0	20	30
裂纹延伸投影的尺寸累计(mm)≤	0	20	30

3. 强度等级

混凝土小型空心砌块按强度等级可分为 MU3.5、MU5.0、MU7.5、MU10.0、MU15.0、MU20.0 等六个强度等级，如表6-23 所示。

表6-23 混凝土小型空心砌块的强度等级 (单位:MPa)

强度等级	砌块抗压强度＞	
	平均值	单块最小值
MU3.5	3.5	2.8
MU5.0	5.0	4.0
MU7.5	7.5	6.0
MU10.0	10.0	8.0
MU15.0	15.0	12.0
MU20.0	20.0	16.0

4. 普通混凝土小型空心砌块的吸水率和软化系数

一般而言，混凝土砌块的吸水率和软化系数取决于原材料的种类、配合比、砌块的密实度和生产工艺等。用普通砂、石作集料生产的砌块，吸水率低，软化系数较高；用轻集料生产的砌块，吸水率高，软化系数低。砌块密实度高，则吸水率低，软化系数高；反之，则吸水率高，软化系数低。通常，普通混凝土砌块的吸水率为 6% ~8%，软化系数为 0.85 ~ 0.95。

(二) 普通混凝土小型空心砌块的应用

普通混凝土小型空心砌块适用于地震设计烈度为 8 度和 8 度以下地区的一般民用与工业建筑物的墙体，对用于承重墙和外墙的砌块，砌块墙体会产生因碳化引起收缩和结构中其他部位的位移的影响，当收缩与位移受到约束时，墙体产生应力，当砌体的收缩受到遏制时，墙体会产生拉应力。当应力超过砌体的受拉强度和砂浆与砌体的黏结强度，或者超过了水平灰缝的抗剪强度时，墙体就会产生裂缝，因此要求其干缩率小于 0.5 mm/m，非承重墙或内墙用的砌块,其干缩率应小于 0.6 mm/m。砌块的堆放运输及砌筑时应有防雨措施。砌块装卸时,严禁碰撞、扔摔,应轻码轻放,不许翻斗倾卸。砌块应按规格、等级分批分别堆放,不得混杂。砌筑时砌块砂浆要保持良好的和易性,砂浆的性能会影响到砌块结构强度、耐久性和不透水性,要求砂浆稠度以小于 50 mm 为宜。

二、蒸养粉煤灰砌块

蒸养粉煤灰砌块是以粉煤灰、石灰和石膏为胶结料,以煤渣为集料,经配料、加水搅拌、振动成型、蒸汽养护而制成的密实砌块。其主规格尺寸有 880 mm×380 mm×240 mm 和 880 mm×420 mm×240 mm 两种。砌块的端面应加灌浆槽,坐浆面宜设抗剪槽。

(一)蒸养粉煤灰砌块的主要技术性质与要求

《粉煤灰砌块》(JC 238—91)中规定:砌块按立方体试件的抗压强度分为 MU10 和 MU13 两个强度等级,按外观质量、尺寸偏差和干缩性分为一等品(B)和合格品(C)两个质量等级。

(二)蒸养粉煤灰砌块的应用

蒸养粉煤灰砌块属硅酸盐类制品,其干缩值比水泥混凝土大,弹性模量低于同强度等级的水泥混凝土制品。以炉渣为集料的粉煤灰砌块,其体积密度为 1 300 ~ 1 550 kg/m^3,导热系数为 0.465 ~ 0.582 W/(m·K)。蒸养粉煤灰砌块主要用于一般工业与民用建筑的墙体和基础,但不适用于长期受高温和经常受潮湿的承重墙,也不宜用于有酸性介质侵蚀、易受较大震动的建筑部位。

三、蒸压加气混凝土砌块

蒸压加气混凝土砌块是蒸压加气混凝土的制品之一,它是以钙质材料(水泥、石灰等)和硅质材料(砂、矿渣、粉煤灰等)以及加气剂(粉)、外加剂、发泡稳定剂等为原料,经配料、搅拌、浇筑、发泡、成型、切割、蒸压养护而成的多孔硅酸盐砌块。

蒸压加气混凝土砌块分类方法很多。按养护方法分为蒸养加气混凝土砌块和蒸压加气混凝土砌块两种。按原材料的种类,蒸压加气混凝土砌块主要有蒸压水泥、石灰、砂加气混凝土砌块,蒸压水泥、石灰、粉煤灰加气混凝土砌块,蒸压水泥、矿渣、砂加气混凝土砌块等。

(一)蒸压加气混凝土砌块的主要技术性质与要求

根据《蒸压加气混凝土砌块》(GB 11968—2006)规定,蒸压加气混凝土砌块的主要技术性质与要求如下所述。

1. 规格尺寸

一般蒸压加气混凝土砌块的规格尺寸符合以下规定:长度(L)为 600 mm,宽度(B)为 100 mm、125 mm、150 mm、200 mm、250 mm、300 mm 及 120 mm、180 mm、240 mm,高度(H)为 200 mm、250 mm、300 mm。

2. 强度等级和干表观密度

蒸压加气混凝土砌块按强度分为 A1.0、A2.0、A2.5、A3.5、A5.0、A7.5、A10.0 七个等级,标记中 A 代表砌块强度等级,数字表示强度值(MPa)。具体指标见表 6-24 与表 6-25。

按砌块的干表观密度（kg/m³）分为300、400、500、600、700、800六级，记为B03、B04、B05、B06、B07、B08。

表6-24 蒸压加气混凝土砌块的抗压强度

强度等级	立方体抗压强度（MPa）≥	
	平均值	单块最小值
A1.0	1.0	0.8
A2.0	2.0	1.6
A2.5	2.5	2.0
A3.5	3.5	2.8
A5.0	5.0	4.0
A7.5	7.5	6.0
A10.0	10.0	8.0

表6-25 蒸压加气混凝土砌块的强度级别

表观密度级别		B03	B04	B05	B06	B07	B08
强度级别	优等品（A）	A1.0	A2.0	A3.5	A5.0	A7.5	A10.0
	一等品（B）			A3.5	A5.0	A7.5	A10.0
	合格品（C）			A2.5	A3.5	A5.0	A7.5

3. 产品等级

蒸压加气混凝土砌块按尺寸偏差和外观、强度级别、干体积密度分为优等品（A）、一等品（B）、合格品（C）三级。各级相应的强度和表观密度应符合表6-24与表6-25的规定。

4. 干缩值、抗冻性、导热系数

蒸压加气混凝土砌块孔隙率较高，抗冻性较差，保温性较好；出窑时含水率较高，干缩值较大。其具体指标如表6-26所示。

表6-26 蒸压加气混凝土砌块的干缩值、抗冻性和导热系数

体积密度级别		B03	B04	B05	B06	B07	B08
干缩值	标准法（mm/m）≤	0.5					
	快速法（mm/m）≤	0.8					
抗冻性	质量损失（%）≤	5.0					
	冻后强度（MPa）≥	0.8	1.6	2.0	2.8	4.0	6.0
导热系数（干态，W/（m·K））≤		0.10	0.12	0.14	0.16	—	—

（二）蒸压加气混凝土砌块的特性及应用

蒸压加气混凝土砌块表观密度小、质量轻（仅为烧结普通砖的1/3），工程应用可使建筑物自重减轻2/5～1/2，有利于提高建筑物的抗震性能，并降低建筑成本。多孔砌块保温隔热性能好，其导热系数为0.14～0.28 W/(m·K)，只有黏土砖的1/5；有一定的吸声能力，但隔声性能较差；干燥收缩较大，吸湿膨胀，制品或接缝处易出现裂缝，为避免墙体出现裂缝，必须在结构和建筑上采取一定的措施；吸水导湿缓慢，在抹灰前如果采用与黏土砖同样的方式往墙上浇水，黏土砖容易吸足水量，而蒸压加气混凝土砌块表面看来浇水不少，实则吸水不多，抹灰后黏土砖墙壁上的抹灰层可以保持湿润，而蒸压加气混凝土砌块墙抹灰层反被砌块吸去水分而容易产生干裂；砌块加工性能好（可钉、可锯、可刨、可黏结），使施工便捷；制作砌块可利用工业废料，有利于保护环境。

蒸压加气混凝土砌块可用于多层建筑物的承重墙和非承重墙及隔墙，可作为低层建筑的承重墙和框架结构、现浇混凝土结构建筑的外墙填充、内墙隔断，也可用于抗震圈梁构造柱多层建筑的外墙或保温隔热复合墙体。加气混凝土砌块不得用于建筑基础和处于浸水、高湿和有化学侵蚀的环境中，也不能用于承重制品表面温度高于80 ℃的建筑部位。因为风化和冻融会影响蒸压加气混凝土砌块的寿命，长期暴露在大气中，日晒雨淋，干湿交替，蒸压加气混凝土砌块会风化而产生开裂破坏，在局部受潮时，冬季有时会产生局部冻融破坏。

四、轻集料混凝土小型空心砌块

随着社会的发展，国内外使用轻集料混凝土小型空心砌块越来越广泛。轻集料混凝土小型空心砌块较普通混凝土小型空心砌块具有许多优势：①轻质，表观密度最大不超过1 400 kg/m^3，保温性好；②有利于综合治理与应用，其集料可采用页岩陶粒、黏土陶粒、粉煤灰陶粒，也可以采用煤矸石、煤渣、液态渣、钢渣等工业废料，净化环境；③强度较高，可作为承重材料，建造5～7层的砌块建筑。

目前，常用的轻集料混凝土小型空心砌块按其孔的排数分为单排孔、双排孔、三排孔和四排孔等四类，按所用轻集料的不同分为陶粒混凝土小砌块、火山渣混凝土小砌块和煤渣混凝土小砌块等三种。

（一）轻集料混凝土小型空心砌块的主要技术性质和要求

根据《轻集料混凝土小型空心砌块》（GB/T 15229—2002）规定，轻集料混凝土小型空心砌块的主要技术性质和要求如下所述。

1. 规格尺寸

轻集料混凝土小型空心砌块的主规格尺寸为390 mm×190 mm×190 mm，为满足一般多层住宅建筑需要，其块型通常有7～12种，其他尺寸可由供需双方商定。

2. 干表观密度

轻集料混凝土小型空心砌块按干表观密度（kg/m^3）分为500、600、700、800、900、1000、1200、1400八个密度等级。

3. 强度等级

轻集料混凝土小型空心砌块按强度分为1.5、2.5、3.5、5.0、7.0、10.0六个等级，数字表示强度值(MPa)。具体指标见表 6-27。

表 6-27　轻集料混凝土小型空心砌块的强度等级(GB/T 15229—2002)

<table>
<tr><th rowspan="2">强度等级</th><th colspan="2">砌块抗压强度(MPa)</th><th rowspan="2">密度等级范围</th></tr>
<tr><th>平均值</th><th>最小值</th></tr>
<tr><td>1.5</td><td>≥1.5</td><td>1.2</td><td>≤600</td></tr>
<tr><td>2.5</td><td>≥2.5</td><td>2.0</td><td>≤800</td></tr>
<tr><td>3.5</td><td>≥3.5</td><td>2.8</td><td rowspan="2">≤1200</td></tr>
<tr><td>5.0</td><td>≥5.0</td><td>4.0</td></tr>
<tr><td>7.5</td><td>≥7.5</td><td>6.0</td><td rowspan="2">≤1400</td></tr>
<tr><td>10.0</td><td>≥10.0</td><td>8.0</td></tr>
</table>

4. 产品等级

砌块根据尺寸允许偏差、外观质量(包括弯曲、缺棱掉角、裂纹)分为两个等级:一等品(B)和合格品(C),尺寸允许偏差和外观质量应符合表 6-22 的规定。其强度等级符合表 6-27 要求者为一等品,密度等级范围不满足表 6-27 要求者为合格品。

(二)轻集料混凝土小型空心砌块的应用

目前,轻集料混凝土小型空心砌块强度等级小于 MU5.0 的多用在框架结构中的非承重隔墙和非承重墙,如框架填充墙等,可增加墙体的保温性能;强度等级为 MU7.5、MU10.0 的主要用于砌筑多层建筑的承重墙体,如承重保温墙等。

第四节　新型墙体材料

墙用墙材是一类新型墙体材料,它具有保温隔热、轻质、高强、节能、利废、隔声、防水、改善建筑功能及自承重等许多优点,并且改变了墙体砌筑的传统工艺,摆脱了人海式施工,通过黏结、组合等方法进行墙体施工,加快了建筑施工的速度。

随着建筑结构体系的改革和大开间多功能框架结构的发展,各种轻质和复合墙用板材也蓬勃兴起。我国目前可用于墙体的板材品种很多,有承重用的预制混凝土大板,质量较轻的石膏板和加气硅酸盐板,各种植物纤维板及轻质多功能复合板材,隔热保温的铝合金夹芯板、彩钢夹芯板、泰柏板等类型。新型墙体材料正朝着大型化、轻质化、节能化、利废化、复合化、装饰化以及集约化等方面发展。下面主要介绍几种常用板材。

一、石膏类墙板

石膏类墙材在轻质墙体材料中占有很大比例,主要有纸面石膏板、纤维石膏板、石膏空心条板和纤维增强石膏压力板等。

(一)纸面石膏板

纸面石膏板主要用于建筑物内隔墙,有普通纸面石膏板、耐水纸面石膏板和耐火纸面石膏板三类。普通纸面石膏板是以重磅纸为护面纸,若掺入耐水外加剂和采用耐水护面纸或以无机耐火纤维为增强材料制成的建筑板材分别称为耐水纸面石膏板或耐火纸面石膏板。

1. 纸面石膏板常用规格

纸面石膏板的常用规格：长度为 1 800 mm、2 100 mm、2 400 mm、2 700 mm、3 000 mm、3 300 mm 和 3 600 mm，宽度为 900 mm 和 1 200 mm。厚度：①普通纸面石膏板为 9 mm、12 mm、15 mm 和 18 mm；②耐水纸面石膏板为 9 mm、12 mm 和 15 mm；③耐火纸面石膏板为 9 mm、12 mm、15 mm、18 mm、21 mm 和 25 mm。

2. 纸面石膏板的主要技术要求

纸面石膏板的表观密度为 800 ~ 950 kg/m^3，导热系数低（约 0.20 W/(m·K)），隔声系数为 35 ~ 50 dB，抗折荷载为 400 ~ 800 N，表面平整，尺寸稳定。纸面石膏板具有轻质、高强、绝热、防火、防水、吸声、可加工及施工方便等特点，但用纸量较大，成本较高。

3. 纸面石膏板的应用

普通纸面石膏板适用于建筑物的围护墙、内隔墙和吊顶。在厨房、厕所以及空气相对湿度经常大于 70% 的潮湿环境使用时，必须采取相应的防潮措施。耐水纸面石膏板可用于相对湿度较大（≥75%）的环境，如卫生间、厨房、浴室等贴瓷砖、金属板、塑料面砖墙的衬板。耐火纸面石膏板主要用于对防火要求较高的房屋建筑中。

（二）纤维石膏板

纤维石膏板是以石膏为主要原料，加入适量有机或无机纤维和外加剂，经打浆、铺浆、脱水、成型、干燥而成的一种板材。

纤维石膏板可节省护面纸，具有质轻、高强、耐火、隔声、韧性高的性能。其可加工性好，尺寸规格和用途与纸面石膏板相同。纤维石膏板主要用于工业与民用建筑的非承重内墙、天棚吊顶及内墙贴面等。

（三）石膏空心条板

石膏空心条板是以建筑石膏为基材，掺以无机轻集料、无机纤维增强材料而制成的空心条板。其品种有石膏珍珠岩板、石膏纤维板和耐水增强石膏板等。石膏空心条板的常用规格：长度为 2 500 ~ 3 500 mm，宽度为 600 mm，厚度为 50 ~ 120 mm。其具有强度较高、保温性好、防火性好、耐水性较好、质轻、价廉、易施工等特点。石膏空心条板通常可制成实心、空心、复合多种形式，主要用于建筑物的非承重内隔墙。

（四）纤维增强石膏压力板

纤维增强石膏压力板（又称 AP 板）是以天然硬石膏（无水石膏）为基料，加入防水剂、激发剂、混合纤维增强剂，用圆网抄取工艺成型压制而成的轻型建筑薄板。其具有硬度高、平整度好、抗翘曲变形能力强等特点，可用于各种室内隔墙、墙体复面和吊顶。

二、水泥类墙板

水泥类墙板具有较好的力学性能和耐久性。其生产技术成熟，产品质量可靠，可用于承重墙、外墙和复合墙板的外层面。水泥类墙板的品种主要有玻璃纤维增强低碱度水泥轻质板（GRC 板）、轻集料混凝土配筋墙板、纤维增强低碱度水泥建筑平板、水泥木丝板、水泥刨花板等。其主要缺点是表观密度大，抗拉强度低（大板在起吊过程中易受损）。因此,生产中可制作预应力空心板材以减轻自重和改善隔声隔热性能,也可制作以纤维等增强的薄型板材。

(一)玻璃纤维增强低碱度水泥轻质板(GRC 板)

以耐碱玻璃纤维、低碱度水泥、轻集料和水为主要原料,经布浆、脱水、辊压、养护制成的板材,称为玻璃纤维增强低碱度水泥轻质板。其品种有硅质 GRC 墙板、陶粒 GRC 墙板、微沫 GRC 墙板等。

1. 规格尺寸

标准 GRC 板的规格尺寸为:H(厚)-B(宽)-L(高)(mm),L 为 2 000~4 000 mm。120 系列为 120-500-L,90 系列为 90-600-L,60 系列为 60-600-L。

2. 物理力学性能

玻璃纤维增强低碱度水泥轻质板的物理力学性能如表 6-28 所示。

表 6-28 玻璃纤维增强低碱度水泥轻质板的物理力学性能

序号	项目	单位	60 系列	90 系列	120 系列
1	面密度	kg/m^2	≤50	≤60	≤70
2	干燥收缩值	mm/m	≤0.7	≤0.7	≤0.7
3	空气隔声量	dB	≥30	≥40	≥45
4	耐火极限	h	≥1.5	≥2.0	≥2.5
5	燃烧性		非燃烧体	非燃烧体	非燃烧体
6	抗折破坏荷载	kN	≥2.5	≥2.0	≥2.0
7	抗冲击强度	次	≥5	≥5	≥5
8	吊挂力	N	≥800	≥800	≥800

3. 特点与应用

玻璃纤维增强低碱度水泥轻质板具有质量轻、强度高、不易变形,防水、防潮、不燃、保温效果好,可加工性能好,可钉、可锯、可钻,装饰性强,与各种腻子、油漆、黏结剂、水泥砂浆、装饰瓷片黏结较好,安装简便、快速,表面平整度好,无须双面抹灰,无湿作业,增加了使用面积 3%~5%(与砖砌体相比),如政府关于售房面积按净使用面积计算的措施出台后,将为开发商带来富余价值等优点。但是其主要适用于各种填充内墙,对外墙不太适用,同时板块相接的地方因板块横向收缩容易出现裂缝,需特殊处理,单价较高。玻璃纤维增强低碱度水泥轻质板一般用于工业和民用建筑的内隔墙及复合墙体的外墙面。

(二)轻集料混凝土配筋墙板

以水泥为胶结料,陶粒或天然浮石等为粗集料,陶砂、膨胀珍珠岩、浮砂等为细集料,经搅拌、成型、养护而制成的配筋轻质墙板称为轻集料混凝土配筋墙板。轻集料混凝土配筋墙板可用于承重或非承重外墙板、内墙板、楼板、屋面板和阳台板等。在建筑中,多采用一间一块的内墙板、外墙板或隔墙板。

(三)纤维增强低碱度水泥建筑平板

以温石棉、短切中碱度纤维或以抗碱玻璃纤维等为增强材料,以低碱度硫铝酸盐水泥为胶结料,经制浆、抄取或流浆法成坯、蒸汽养护制成的建筑平板,称为纤维增强低碱度水泥建筑平板。其中,掺石棉纤维的称为 TK 板,不掺石棉纤维的称为 NTK 板。常用规格:长度为 1 200~3 000 mm,宽度为 800~900 mm,厚度为 4 mm、5 mm、6 mm 和 8 mm。

纤维增强低碱度水泥建筑平板具有质量轻、强度高、防潮、防火、不易变形、可加工性(锯、钻、钉及表面装饰等)好等优点。其适用于各类建筑物的复合外墙和内隔墙,特别是高层建筑有防火、防潮要求的隔墙。

(四)水泥木丝板(万利板)

水泥木丝板是以木材下脚料经机械刨切成均匀木丝,加入水泥、水玻璃等经成型、铺模、冷压、干燥、养护而成的一种吸声、保温、隔热材料。

水泥木丝板具有自重轻、强度高、防火、防水、防蛀、保温、隔声等性能,可进行锯、钻、钉、装饰等加工。其性能和应用同水泥刨花板,但因其骨架为木丝,故强度与吸声性能较好。水泥木丝板主要用于建筑物的内外墙板、天花板、壁橱板等。

(五)水泥刨花板

以水泥为胶结料、木质刨花等为增强材料,外加适量的促凝剂和水,采用半干法生产工艺,在受压状态下完成水泥与木质材料的固结而制成的板材,称为水泥刨花板。

水泥刨花板具有自重轻、强度高、防火、防水、保温、隔声、防蛀等性能,可进行锯、粘、钉、装饰等加工。其主要用于建筑物内外墙板、天花板、壁橱板等。

三、复合墙板

以单一材料制成的板材,常因材料本身的局限性而使其应用受到限制,如水泥混凝土类板材虽有足够的强度和耐久性,但其自重大,隔声、保温性能较差。因此,为了得到性能合适的材料,常用两种或两种以上不同功能的材料组合成多功能的复合墙体以满足需要。

常用的复合墙板主要由承受(或传递)外力的结构层(多为普通混凝土或金属板)和保温层(矿棉、泡沫塑料、加气混凝土等)及面层(各类具有可装饰性的轻质薄板)组成,其优点是承重材料和轻质保温材料的功能都得到合理利用,实现物尽其材,开拓材料来源。

(一)钢筋混凝土绝热材料复合外墙板

以钢筋混凝土为承重层和面层,以岩棉为芯材,在台座上一次复合而成的复合外墙板,称为钢筋混凝土绝热材料复合外墙板。其有承重墙板和非承重墙板两类。承重钢筋混凝土绝热材料复合外墙板主要用于大模和大板高层建筑,非承重薄壁混凝土绝热材料复合外墙板可用于框架轻板体系和高层大模体系建筑的外墙工程。

(二)钢丝网架水泥夹芯板

钢丝网架水泥夹芯板类复合墙板是以镀锌细钢丝的焊接网架为骨架,中间填充聚苯乙烯等保温芯材,现场拼装后,两面涂刷聚合物水泥砂浆面层材料而成的一种复合板材。其品种有舒乐舍板(聚苯泡沫板为芯材)、GY 板(岩棉为芯材)、泰柏板(聚苯泡沫条芯板)等。

钢丝网架水泥夹芯板具有轻质高强、隔热隔声、防火、防潮、防震、耐久性好、易加工、施工方便等优点。其适用于高层建筑的内隔墙,复合保温墙体的外保温层或低层建筑的承重内墙,外墙和 3 m 跨内的楼板、屋面板等。

(三)金属面夹芯板

以彩色涂层钢板为面材,以阻燃型聚苯乙烯泡沫塑料、聚氨酯泡沫塑料或岩棉、矿渣棉为芯材,用胶粘剂复合而成的墙板为金属面夹芯板。金属面夹芯板按芯材分为金属面聚苯乙烯夹芯板，金属面聚氨酯夹芯板，金属面岩棉、矿渣棉夹芯板，按面板材料分为彩钢和铝合金两大类，目前主要产品为彩钢系列。

彩钢夹芯板具有保温、隔热、轻质高强、隔声、防火、高强、防震、美观等特点。其中，聚氨酯夹芯板是世界上公认的保温隔热最佳材料。此类材料还能节省大量钢材，大大降低建筑成本。

【工程案例 6-1】 灰砂砖墙体裂缝。

现象：上海某工程地下车库砌筑采用蒸压灰砂砖，由于工期紧，灰砂砖出窑 5 d 即砌筑。8 月完工，后发现墙体有较多垂直裂缝，至 11 月底裂缝基本固定。

分析：(1)砖出厂到上墙时间太短，灰砂砖出窑后含水量随时间而减少，20 多 d 后才基本稳定。出窑时间太短必然导致灰砂砖干缩大。

(2)气温影响。砌筑时气温很高，而几个月后气温明显下降，温差大导致温度变形。

(3)灰砂砖表面光滑，砂浆与砖的黏结程度低。需要说明的是，灰砂砖砌体的抗剪强度普遍低于普通黏土砖。

【工程案例 6-2】 加气混凝土砌块吸水分析。

现象：某施工队原使用普通烧结黏土砖砌墙，后改为表观密度为 700 kg/m^3 的加气混凝土砌块。在抹灰前采用同样的方式往墙上浇水，发现原使用的普通烧结黏土砖易吸足水量，而加气混凝土砌块虽表面浇水不少，但实则吸水不多，试分析原因。

分析：加气混凝土砌块虽多孔，但其气孔大多数为“墨水瓶”结构，肚大口小，毛细管作用差，只有少数孔是水分蒸发形成的毛细孔。因此，吸水及导湿性能差，材料的吸水性不仅要看孔的数量多少，还要看孔的结构。

【工程案例 6-3】 顶层墙体开裂。

现象：某四层砖混结构的平屋面住宅竣工 2 年后，在顶层墙体出现正八字裂缝，请分析原因。

分析：由于平屋面和墙体所受高温和太阳辐射不同，温度差异大，如有的地区夏季屋面上表面最高温度可达 60 ℃，而顶层内墙体的平均最高温度仅为 30 ℃左右，其他各层楼板和墙体的温度逐层降低。为此，建筑物的温度变形出现明显差异，其中层盖顶板与墙体的变形差异最大，顶板对墙体产生水平推力，导致墙体开裂，形成正八字裂缝。

改进措施：在屋面上设通风隔热层，可大大减小顶板与墙体的温差，对防止墙体开裂有利；屋面板表面的保温防水材料宜用浅色材料，减少吸收辐射热。

复习思考题

1. 石材是否都可以用于地下基础？
2. 何谓烧结普通砖的泛霜和石灰爆裂？它们对建筑物有何影响？
3. 多孔砖与空心砖有何异同？
4. 烧结普通砖按焙烧时的火候可分为哪几种？各有何特点？
5. 建筑工程中常用的非烧结砖有哪些？
6. 什么是砌块？其种类有哪些？

第七章　建筑钢材

学习目标

本章是建筑材料与检测课程的重点内容之一。通过学习，应掌握建筑钢材的主要技术性质，建筑钢材的技术标准及质量检测方法，钢材的选用原则，钢材的常用防护措施；理解钢材的化学组成及各种元素对钢材性能的影响；了解建筑钢材的冶炼及分类。

重点：建筑钢材的力学性能、工艺性能，建筑钢材的技术标准、质量检测方法及选用原则。

难点：钢材的组成及化学成分对钢材性能的影响。

建筑钢材是指在建筑工程中使用的各种钢材，主要包括钢结构所用的各种型材和板材，以及混凝土结构所用的钢筋、钢丝和钢绞线等。

钢材是在严格的技术控制条件下生产的，具有品质稳定、均匀致密、强度高、塑性和韧性好、能承受冲击和振动荷载等优点，钢材还具有良好的加工性能，可锻压、切割、焊接和铆接，便于装配，施工速度快。钢材的主要缺点是易锈蚀、维护费用大、耐火能力差、生产耗能大。

钢材及其与混凝土复合的钢筋混凝土和预应力混凝土已经成为现代建筑结构的主体材料。具有强度高、自重轻等优点的钢结构，在大跨度结构、高层及超高层结构、受动荷载的结构和重型工业厂房等结构中得到广泛应用。

第一节　钢材的冶炼和分类

一、钢材的冶炼

钢是由生铁冶炼而成的。生铁的冶炼过程是：将铁矿石、燃料（焦炭）和溶剂（石灰石）等置于高炉中熔炼，约在 1 750 ℃高温下，石灰石与铁矿石中的硅、锰、硫、磷等经过化学反应，生成铁渣，浮于铁水表面，铁渣和铁水分别从出渣口和出铁口放出。铁渣排出时用水急冷得水淬矿渣，排出的铁水即为生铁。生铁的主要成分是铁，但含有较多的碳以及硫、磷、硅、锰等杂质，使得生铁的性质硬而脆，塑性很差，抗拉强度很低，不能焊接、锻造、轧制，使用受到很大限制。

炼钢的过程就是将生铁进行精炼，减少生铁中碳、硫、磷等杂质含量，以显著改善其技术性能，提高质量。理论上，凡是含碳量在 2% 以下，含硫、磷等杂质较少的铁碳合金都可称为钢。

根据炼钢设备的不同，建筑钢材的冶炼方法可分为转炉法、平炉法和电炉法三种。不同的冶炼方法对钢材的质量有着不同的影响。

(一)转炉炼钢法

转炉炼钢法又分为空气转炉炼钢法和氧气转炉炼钢法。

空气转炉炼钢法是以熔融状态的铁水为原料,在转炉底部或侧面吹入高压热空气,使铁水中的碳、硫、磷等杂质在空气中氧化被除去。其缺点是吹入空气冶炼时易带进氮、氢等有害气体,且熔炼时间短,化学成分难以精确控制,这种钢质量较差,但成本较低。

氧气转炉炼钢法是在空气转炉炼钢法的基础上发展起来的先进方法,以熔融的铁水为原料,由炉顶向转炉内吹高压氧气,有效地去除碳、硫、磷等杂质,使钢的质量显著提高,且成本较低。氧气转炉炼钢法是现代炼钢的主要方法,常用来炼制优质碳素钢和合金钢。

(二)平炉炼钢法

平炉炼钢法是利用拱形炉顶的反射原理,以固态或液态生铁、适量铁矿石和废钢作为原料,用煤或重油为燃料进行冶炼。平炉炼钢法冶炼时间长,有足够的时间调整和控制其化学成分,去除杂质更彻底,成品质量高。但由于设备一次性投资大,燃料热效率较低,冶炼周期长,故其成本较高,此法已基本被淘汰。

(三)电炉炼钢法

电炉炼钢法是以生铁及废钢为原料,利用电加热进行高温冶炼的炼钢方法。电炉熔炼温度高,而且温度可以自由调节,清除杂质容易,故电炉钢的质量最好,但成本也最高。此法主要用于冶炼优质碳素钢及特殊合金钢。

二、钢材的分类

钢材的品种繁多,分类方法很多,通常有以下几种分类方法。

(一)按化学成分分类

钢材是以铁为主要元素,含碳量为0.02%~2.06%,并含有其他元素的合金材料。钢材按化学成分可分为碳素钢和合金钢两大类。

1.碳素钢

碳素钢是指含碳量为0.02%~2.06%的铁碳合金,此外,还含有极少量的硅、锰和微量的硫、磷等元素。碳素钢按含碳量又可分为低碳钢(含碳量小于0.25%)、中碳钢(含碳量为0.25%~0.6%)、高碳钢(含碳量大于0.6%)。其中,低碳钢在建筑工程中应用最多。

2.合金钢

合金钢是含有一定量合金元素的钢。钢中除含有铁、碳和少量不可避免的硅、锰、磷、硫外,还含有一定量的(有意加入的)钛、钒、铬、镍、硼等一种或多种合金元素。其目的是改善钢的性能或使其获得某些特殊性能。合金钢按合金元素总含量分为三种:低合金钢(合金元素总含量小于5%)、中合金钢(合金元素总含量为5%~10%)、高合金钢(合金元素总含量大于10%)。

建筑中所用的钢材主要是碳素钢中的低碳钢和合金钢中的低合金钢。

(二)按冶炼时脱氧程度分类

炼钢时脱氧程度不同,钢的质量差别很大,通常可分为沸腾钢、镇静钢、半镇静钢和特殊镇静钢四类。

1. 沸腾钢

沸腾钢是脱氧不充分的钢。脱氧后钢液中还剩余一定数量的氧化铁（FeO），氧化铁和碳继续作用放出一氧化碳气体，因此钢液在钢锭模内呈沸腾状态，故称沸腾钢，其代号为“F”。沸腾钢的优点是钢锭无缩孔，轧成的钢材表面质量较好，加工性能好；其缺点是化学成分不均匀，易偏析，钢的致密程度较差，故其抗蚀性、冲击韧性和可焊性较差，尤其在低温时冲击韧性降低更显著。沸腾钢只消耗少量脱氧剂，缩孔少，成品率较高，成本较低，故广泛用于一般建筑工程。

2. 镇静钢

镇静钢是脱氧充分的钢。由于钢液中氧已经很少，钢液浇铸在钢锭模内呈静止状态，故称镇静钢，其代号为“Z”。镇静钢的优点是化学成分均匀，机械性能稳定，焊接性能和塑性较好，抗蚀性也较强；其缺点是钢锭中有缩孔，成材率低。镇静钢多用于承受冲击荷载及其他重要的结构。

3. 半镇静钢

半镇静钢的脱氧程度和性能均介于沸腾钢和镇静钢之间，并兼有两者的优点，其代号为“b”。

4. 特殊镇静钢

特殊镇静钢是比镇静钢脱氧程度还要充分彻底的钢，故其质量最好，适用于特别重要的结构工程。其代号为“TZ”。

（三）按品质（杂质含量）分类

按钢材中有害杂质硫（S）和磷（P）含量的多少，钢材可以分为普通钢、优质钢、高级优质钢、特级优质钢四类。

普通钢：含硫量≤0.050%，含磷量≤0.045%。

优质钢：含硫量、含磷量均≤0.035%。

高级优质钢：含硫量≤0.025%，含磷量≤0.025%。

特级优质钢：含硫量≤0.015%，含磷量≤0.025%。

（四）按用途分类

按用途的不同，钢材可分为结构钢、工具钢、特殊钢三类。

1. 结构钢

结构钢是用于工程结构构件及机械零件的钢材，一般属于低碳钢和中碳钢。

2. 工具钢

工具钢是用于各种刀具、模具及量具的钢材，一般属于高碳钢。

3. 特殊钢

特殊钢是具有特殊物理、化学或机械性能的钢，如不锈钢、磁性钢、耐热钢、耐酸钢、耐磨钢和低温用钢等。

（五）按产品类型分类

按产品类型的不同，钢材可分为型材、板材、线材和管材等类型。

1. 型材

型材是指用于钢结构中的角钢、工字钢、槽钢、方钢、吊车轨、轻钢门窗、钢板桩等。

2. 板材

板材是指用于建造房屋、桥梁及建筑机械的中厚钢板,用于屋面、墙面、楼板等的薄钢板。

3. 线材

线材是指用于钢筋混凝土和预应力混凝土中的钢筋、钢丝和钢绞线等。

4. 管材

管材是指用于钢桁架和供水、供气(汽)的管线等。

第二节 建筑钢材的主要技术性质

建筑钢材的技术性质主要包括力学性能和工艺性能。力学性能主要包括拉伸性能、冲击韧性、硬度和耐疲劳性等;工艺性能是指钢材在加工过程中所表现出的性能,如冷弯性能、冷加工性能及时效处理、焊接性能等。

一、力学性能

(一)拉伸性能

拉伸是建筑钢材的主要受力形式,所以拉伸性能是表示建筑钢材性能和选用钢材的重要指标。建筑钢材的拉伸性能可以通过低碳钢(软钢)的受拉试验来阐明。

将低碳钢制成一定规格的试件,放在材料试验机上进行拉伸试验,可以绘出如图 7-1 所示的应力—应变关系曲线。从图中可以看出,低碳钢自受拉至拉断,经历了四个阶段:弹性阶段(*OA* 段)、屈服阶段(*AB* 段)、强化阶段(*BC* 段)和颈缩阶段(*CD* 段)。

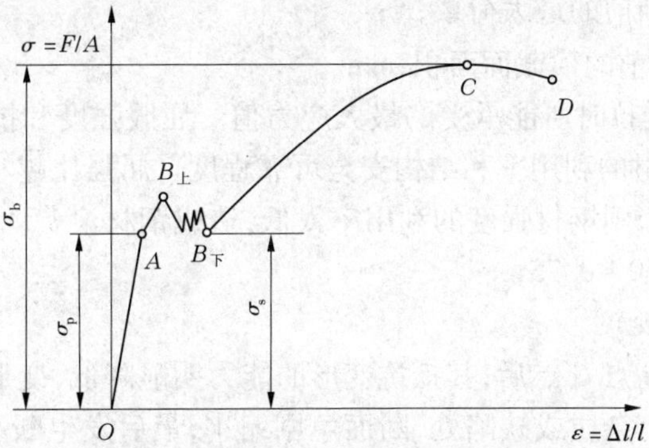

图 7-1 软钢受拉时应力—应变关系

1. 弹性阶段(*OA* 段)

曲线中 *OA* 段是一条直线,应力与应变成正比。若卸去外力,试件将恢复原来的形状,这种性质即为弹性,此阶段的变形为弹性变形。与 *A* 点对应的应力称为弹性极限,以 σ_p 表示。应力与应变的比值为常数,称为弹性模量,用 *E* 表示,即 $E = \sigma/\varepsilon$。弹性模量反映钢材抵抗弹性变形的能力,即产生单位弹性应变时所需的应力大小,它是钢材在受力条件下计算结构变形的重要指标。工程中常用低碳钢的弹性模量是$(2.0 \sim 2.1) \times 10^5$ MPa。

2. 屈服阶段(AB 段)

当荷载增大,试件应力超过 A 点后,应力与应变不再成正比关系,开始出现塑性变形。应力的增长滞后于应变的增长,当应力达 $B_{上}$ 点(上屈服点)后,瞬时下降至 $B_{下}$ 点(下屈服点),变形迅速增加,而此时外力则大致在恒定的位置上波动,这就是所谓的屈服现象,似乎钢材不能承受外力而屈服,所以 AB 段称为屈服阶段。与 $B_{下}$ 点(此点较稳定、易测定)对应的应力称为屈服点(屈服强度),用 σ_s 表示。

$$\sigma_s = \frac{F_{B_{下}}}{A} \tag{7-1}$$

式中 σ_s——屈服强度,MPa;

$F_{B_{下}}$ ——下屈服点对应的荷载,N;

A——试件拉伸前的横截面面积,mm^2。

钢材受力大于屈服点后,会出现较大的塑性变形,尽管尚未破坏但已不能满足使用要求,因此屈服强度是设计上钢材强度取值的依据,是工程结构计算中非常重要的一个参数。

3. 强化阶段(BC 段)

当应力超过屈服强度后,由于钢材内部组织中的晶格发生了畸变,阻止了晶格进一步滑移,钢材得到强化,所以钢材抵抗塑性变形的能力又重新提高,BC 呈上升曲线,称为强化阶段。对应于最高点 C 的应力值(σ_b)称为极限抗拉强度,简称抗拉强度。

$$\sigma_b = \frac{F_c}{A} \tag{7-2}$$

式中 σ_b——抗拉强度,MPa;

F_c——试件拉断前的最大荷载,N;

A——试件拉伸前的横截面面积,mm^2。

显然,σ_b 是钢材受拉时所能承受的最大应力值。屈服强度和抗拉强度之比(即屈强比 $=\sigma_s/\sigma_b$)能反映钢材的利用率和结构安全可靠程度。屈强比越小,其结构的安全可靠程度越高;屈强比过小,则钢材强度的利用率太低,造成钢材浪费。建筑结构所用钢材合理的屈强比一般为 0. 60 ~0. 75。

4. 颈缩阶段(CD 段)

试件受力达到最高点 C 点后,其抵抗变形的能力明显降低,变形迅速发展,应力逐渐下降,试件被拉长,在有杂质或缺陷处,断面急剧缩小,最后发生断裂,故 CD 段称为颈缩阶段。

除抗拉强度外,建筑钢材还应具有良好的塑性。钢材的塑性通常用伸长率(δ_n)和断面收缩率(ψ)表示。

将拉断后的试件于断裂处拼合起来(见图 7-2),测得其断后标距长度为 l_1,标距的伸长值($l_1 - l_0$)与原始标距 l_0 之比,称为伸长率。即

$$\delta_n = \frac{l_1 - l_0}{l_0} \times 100\% \tag{7-3}$$

式中 l_1—— 试件拉断后标距部分的长度,mm;

l_0—— 试件的原标距长度，mm；

n—— 通常是指原始标距与试件的直径之比，取值为 5 或 10。

若采用定标距试件测定，如标距 $l_0 = 100$ mm 或 $l_0 = 200$ mm，则伸长率用 δ_{100} 或 δ_{200} 表示。

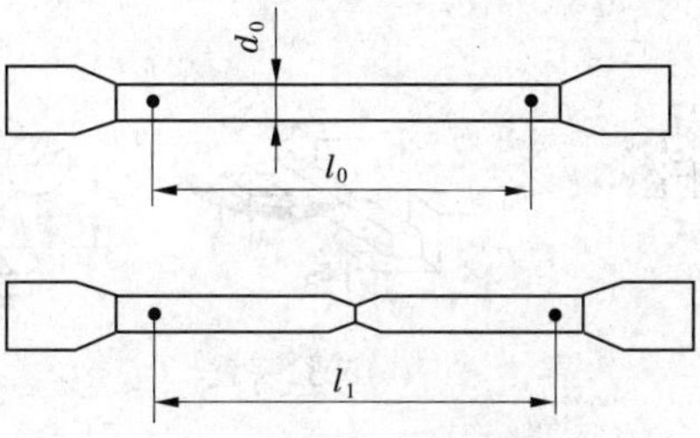

图 7-2 拉断前后的试件

伸长率是衡量钢材塑性的一个重要指标，δ 越大说明钢材的塑性越好。尽管结构是在钢的弹性范围内使用，但在应力集中处，其应力可能超过屈服点，此时产生一定的塑性变形，可使结构中的应力产生重分布，从而避免结构的破坏。

塑性变形在试件标距内的分布是不均匀的，颈缩处的变形最大，离颈缩部位越远其变形越小。所以，原标距与直径之比越小，颈缩处伸长值在整个伸长值中的比重越大，计算出来的 δ 值就大。通常，以 δ_5 和 δ_{10} 分别表示 $l_0 = 5d_0$ 和 $l_0 = 10d_0$ 时的伸长率（d_0 为试件拉伸前的直径）。对于同一种钢材，其 $\delta_5 > \delta_{10}$。

断面收缩率是试件拉断后颈缩处横断面面积的最大缩减量占横截面面积的百分率，按式(7-4)计算

$$\psi = \frac{A_0 - A_1}{A_0} \times 100\% \tag{7-4}$$

式中 A_1——试件裂断处的横截面面积，mm^2；

A_0——试件的原横截面面积，mm^2。

伸长率 δ_n 与收缩率 ψ 都反映了钢材的变形性能。δ_n 和 ψ 越大，表明钢材塑性越好，钢材越易加工，且易保证质量。一般，以 $\delta_n \geqslant 15\%$、$\psi \geqslant 10\%$ 为宜。

中碳钢与高碳钢（硬钢）的拉伸曲线与低碳钢不同，屈服现象不明显，难以测定屈服点，则规定产生残余变形为原标距长度的 0.2% 时所对应的应力值，作为硬钢的屈服强度，也称条件屈服点，用 $\sigma_{0.2}$ 表示，如图 7-3 所示。

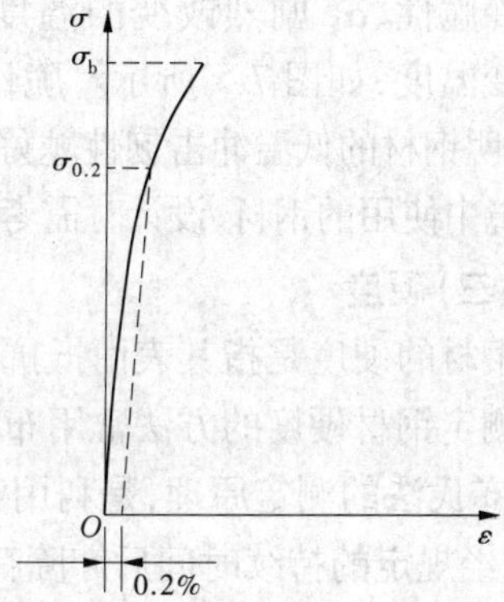

图 7-3 硬钢受拉时应力—应变关系

（二）冲击韧性

冲击韧性是指钢材抵抗冲击荷载的能力。钢材的冲击韧性是用有刻槽的标准试件，在冲击试验机的一次摆锤冲击下，以破坏后缺口处单位面积上所消耗的功（J/cm^2）来表示，其符号为 α_k。

试验时将试件放置在固定支座上，然后以摆锤冲击试件刻槽的背面，使试件承受冲击弯曲而断裂，如图 7-4 所示。α_k 值越大，说明试件的冲击韧性越好。对于经常受较大冲击荷载的结构，要选用 α_k 值大的钢材。

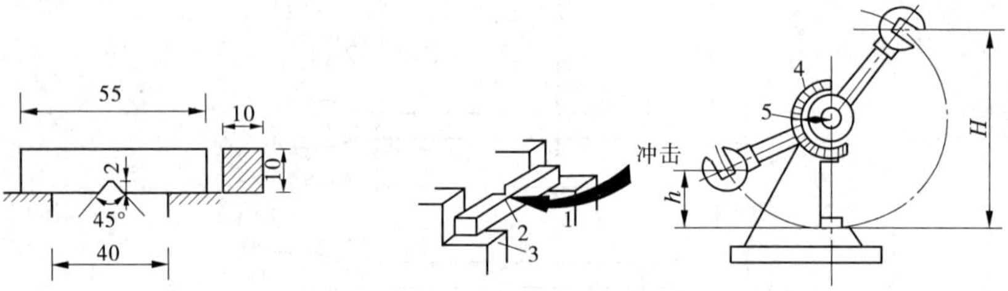

(a)试件尺寸　　(b)试验装置　　(c)试验机

1—摆锤；2—试件；3—试验台；4—刻度盘；5—指针

图 7-4　冲击韧性试验示意　（单位：mm）

钢材的冲击韧性受很多因素的影响，主要如下：

（1）化学成分：钢材中含有害元素硫、磷较多时，则 α_k 值下降。

（2）冶炼质量：脱氧不完全，存在偏析现象的钢，α_k 值小。所谓化学偏析，是指在铸锭冷却过程中，由于钢内某些元素在铁的液相中的溶解度大于固相，这些元素便向凝固较迟的钢锭中心集中，导致化学成分在钢锭中分布不均匀的现象。其中，硫、磷元素偏析最为严重。

（3）冷作及时效：钢材经冷加工及时效处理后，冲击韧性降低。

（4）环境温度：钢材的冲击韧性随温度的降低而下降。钢材在常温下冲击韧性并不低，破坏时呈现韧性破坏，当温度低于某一值时，温度稍有变化，α_k 值大幅度下降，破坏时无明显塑性变形，发生脆性断裂，这种现象称为钢材的冷脆性，α_k 剧烈改变的温度范围称为脆性转变温度，如图 7-5 所示。脆性转变温度越低，表明钢材的低温冲击韧性越好。为此，在负温环境中使用的钢材，设计时需考虑其冷脆性。

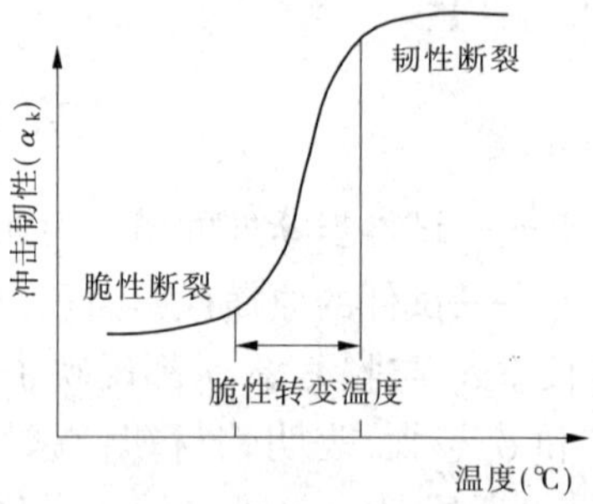

图 7-5　钢材的冲击韧性与温度的关系曲线

（三）硬度

钢材的硬度是指其表面抵抗硬物压入产生局部变形的能力。

测定钢材硬度的方法常用布氏法和洛氏法，建筑钢材常用的是布氏硬度值，其代号为 *HB*。布氏法的测定原理，是利用直径为 D(mm) 的淬火钢球，以荷载 P(N) 将其压入试件表面，经规定的持续时间后卸除荷载，即得直径为 d(mm) 的压痕，以压痕表面积 A(mm^2) 除荷载 P，所得的应力值即为试件的布氏硬度值 *HB*，以数字表示，不带单位。

各类钢材的 *HB* 值与抗拉强度之间有一定的相关性。材料的强度越高，抵抗塑性变形的能力越强，硬度值也就越大。试验证明，碳素钢的抗拉强度 σ_b 与其布氏硬度 *HB* 之间存在以下关系：当 $HB < 175$ 时，$\sigma_b \approx 0.36HB$；当 $HB > 175$ 时，$\sigma_b \approx 0.35HB$。因此，当已知钢材的硬度时，即可利用这一关系估算出钢材的抗拉强度。

（四）耐疲劳性

钢材在交变荷载（方向、大小循环变化的力）的反复作用下，往往在最大应力远小于其抗拉强度时就发生破坏，这种现象称为钢材的疲劳破坏。

疲劳破坏的危险应力用疲劳强度（或称疲劳极限）来表示，它是指疲劳试验时试件在交变应力作用下，在规定的周期基数内不发生断裂所能承受的最大应力。一般，把钢材承受交变荷载 $10^6 \sim 10^7$ 次时不发生破坏的最大应力作为疲劳强度。一般情况下，钢材抗拉强度高，其疲劳极限也较高。

研究表明，钢材的疲劳破坏是拉应力引起的，首先在局部开始形成微细裂纹，其后由于裂纹尖端处产生应力集中而使裂纹迅速扩展，直至钢材瞬时疲劳断裂。因此，钢材的内部成分的偏析、夹杂物的多少、截面变化、加工损伤以及可能造成应力集中的各种缺陷，都是影响钢材疲劳强度的因素。

二、工艺性能

良好的工艺性能可以保证钢材顺利通过各种加工，而使钢材制品的质量不受影响。冷弯、冷拉、冷拔及焊接性能均是建筑钢材的重要工艺性能。

（一）冷弯性能

冷弯性能是指钢材在常温下承受弯曲变形的能力。钢材的冷弯性能指标通常以试件弯曲的角度（α）或弯心直径与试件厚度（或直径）的比值（d/a）来表示。

钢材的冷弯试验是通过直径（或厚度）为 a 的试件，采用标准规定的弯心直径 d（$d=na$），弯曲到规定的弯曲角（180°或 90°）时，若试件的弯曲处不发生裂纹、裂断或起层，即认为钢材的冷弯性能合格。钢材弯曲时的弯曲角度越大，弯心直径越小，则表示其冷弯性能越好。图 7-6 为弯曲角度 180°时不同弯心直径的钢材冷弯试验。

钢材的冷弯性能和其伸长率一样，也是反映钢材在静荷下的塑性。相对于伸长率而言，冷弯是在苛刻条件下对钢材塑性更严格的检验，它能揭示钢材内部组织是否均匀、是否存在内应力和夹杂物等缺陷。另外，冷弯试验也是对焊接质量进行严格检验的一种手段。

（二）冷加工性能及时效处理

1. 冷加工强化处理

将钢材在常温下进行冷加工（如冷拉、冷拔、冷轧、刻痕等），使之产生塑性变形，屈服强度明显提高，塑性、韧性及弹性模量有所降低，这个过程称为钢材的冷加工强化处理。

工程中常对钢筋进行冷拉或冷拔加工，以期达到提高钢材强度和节约钢材的目的。所谓冷拉，是指在常温下将热轧钢筋用冷拉设备加力进行张拉，使之伸长。所谓冷拔，是指在常温下将光面圆钢筋通过钨合金拔丝模孔进行强力拉拔，每次拉拔断面缩小应在 10% 以下。钢筋在冷拔过程中，不仅纵向受拉，同时径向也受到挤压作用，因而冷拔作用比纯冷拉作用强烈。

钢材采用冷加工具有明显的经济效益。钢材经冷拉后，屈服强度可提高 20% ~ 30%，冷拔钢丝的屈服强度可提高 40% ~ 60%，由此即可适当减小钢筋混凝土结构设计

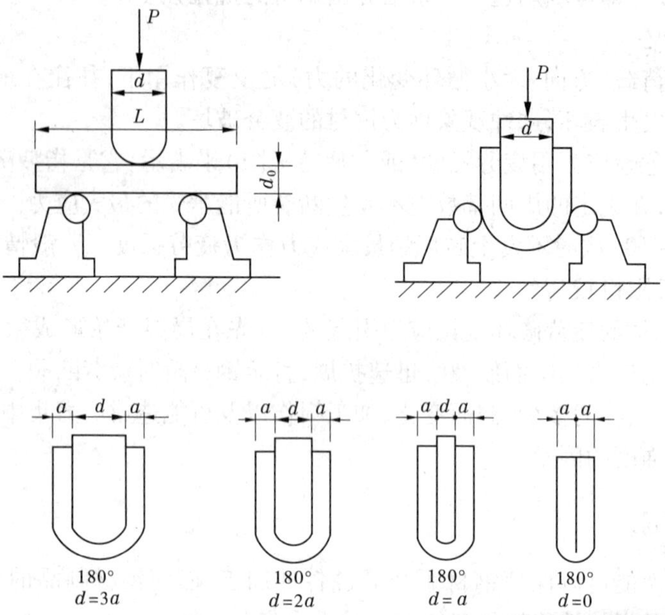

图 7-6　不同弯心直径的钢材的冷弯试验示意

截面,或减少混凝土中配筋数量,从而达到节约钢材的目的。

2. 时效

钢材经冷加工后,在常温下存放 15～20 d 或加热至 100～200 ℃并保持 2 h 左右,其屈服强度、抗拉强度及硬度将进一步提高,而塑性及韧性继续降低,这种现象称为时效。前者称为自然时效,后者称为人工时效。通常,对强度较低的钢材可采用自然时效,强度较高的钢材则需采用人工时效。

钢材经冷加工及时效处理后,其性质变化的规律,可明显地在应力—应变图上得到反映,如图 7-7 所示。图中 *OABCD* 为未经冷拉和时效处理试件的应力—应变曲线。当试件冷拉至超过屈服强度的任意一点 *K* 时,卸去荷载,此时由于试件已产生塑性变形,则曲线沿 *KO'* 下降,*KO'* 大致与 *AO* 平行。若立即再拉伸,则应力—应变曲线将成为 *O'KCD*(虚线),屈服强度由 *B* 点提高到 *K* 点。但如在 *K* 点卸荷后进行时效处理,然后再拉伸,则应力—应变曲线将成为 $O'K_1C_1D_1$,这表明冷拉时效以后,屈服强度和抗拉强度均得到提高,但塑性和韧性则相应降低。

(三)焊接性能

焊接是把两块金属局部加热并使其接缝部分迅速呈熔融或半熔融状态,从而使之牢固地连接起来。在建筑工程中,大量的钢筋接头、钢筋网片、钢筋骨架、预埋铁件以及装配式钢筋混凝土预制构件的安装等,都需要采用焊接,这就要求钢材具有良好的焊接性能。

钢材的可焊性是指钢材适应通常的焊接方法与工艺的性能。可焊性好的钢材指易于用一般焊接方法和工艺施焊,焊口处不易形成裂纹、气孔、夹渣等缺陷;焊接后钢材的力学性能,特别是强度不低于原有钢材,硬脆倾向小。钢材可焊性能的好坏主要取决于钢的化

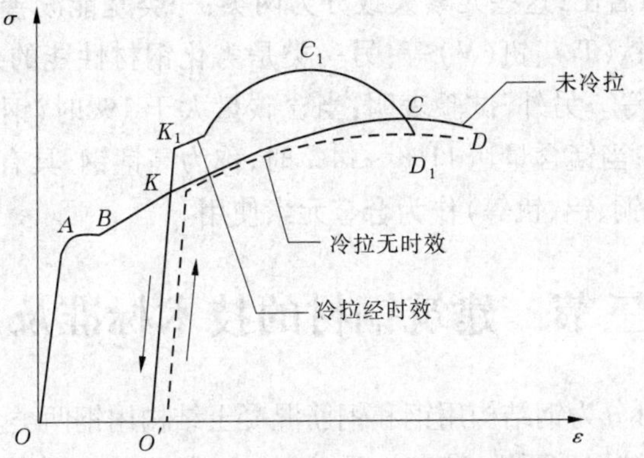

图 7-7　钢筋冷拉时效后应力—应变图的变化

学成分。随着钢材中碳含量和杂质及其他元素的增加，钢材的可焊性降低。含碳量大于 0.3% 的钢，可焊性显著下降。

钢筋焊接应注意的问题是：冷拉钢筋的焊接应在冷拉之前进行；钢筋焊接之前，焊接部位应清除铁锈、熔渣、油污等；应尽量避免不同国家的进口钢筋之间或进口钢筋与国产钢筋之间的焊接。

三、钢材的化学成分对钢材性能的影响

钢材中除主要化学成分 Fe 外，还含有少量的碳（C）、硅（Si）、锰（Mn）、钛（Ti）、钒（V）、硫（S）、磷（P）、氧（O）、氮（N）等元素，这些元素虽然含量很少，但对钢材性能的影响很大，如表 7-1 所示。

表 7-1　化学元素对钢材性能的影响情况

化学元素	强度	硬度	塑性	韧性	可焊性	其他
碳(C) <0.8% ↗	↗	↗	↘	↘	—	重要元素
硅(Si) <1% ↗	↗	↗	—	—	—	有益元素
锰(Mn) <1% ↗	↗	↗	—	—	—	有益元素
钛(Ti) ↗	↗↗	↗	↘	↗	↗	强脱氧剂
钒(V) ↗	↗	↗	—	—	—	弱脱氧剂
硫(S) ↗	↘	↗	↘	↘	↘	热脆性 ↗
磷(P) ↗	↗	↗	↘	↘	↘	冷脆性 ↗
氧(O) ↗	↘	↘	↘	↘↘	↘	热脆性 ↗
氮(N) ↗	↗	↗	↘	↘↘	↘	冷脆性 ↗

注："↗"表示含量的增加或性能的提高，"↘"表示性能的降低，"↗↗"表示性能提高较多，"↘↘"表示性能降低较多，"—"表示无明显影响。

从表 7-1 中可以看出,这些元素大致分为两类:一类是能改善钢材性能的合金元素,如硅(Si)、锰(Mn)、钛(Ti)、钒(V)等;另一类是劣化钢材性能的杂质元素,如硫(S)、磷(P)、氧(O)、氮(N)等。另外,试验表明:当含碳量大于 1% 时,钢材的强度变低,焊接性能变差,冷脆性增大;当锰含量达 11% ~14% 时,称为高锰钢,具有较高的耐磨性;磷和氮可配合其他元素(如铜、铝、钒等)作为合金元素使用。

第三节　建筑钢材的技术标准及应用

建筑工程用钢可分为钢结构用钢和钢筋混凝土结构用钢两类。为保证结构的安全可靠,建筑工程需根据结构重要性、荷载性质、连接方式、温度条件等情况,并综合考虑钢材的力学、工艺性能,来选用合适的钢种及牌号。

一、建筑工程所用钢种

建筑用钢主要有碳素结构钢和低合金结构钢两种。

(一)碳素结构钢

国家标准《碳素结构钢》(GB/T 700—2006)规定,我国碳素结构钢冶炼方法采用氧气转炉法、平炉法和电炉法,一般为热轧状态供应。所谓热轧,是相对于冷轧而言的,冷轧是在再结晶温度以下进行的轧制,而热轧就是在再结晶温度以上进行的轧制。

1. 碳素结构钢的牌号及其表示方法

碳素结构钢的牌号由四个部分组成:屈服点的字母(Q)、屈服点数值(N/mm^2)、质量等级符号(A、B、C、D)、脱氧程度符号(F、b、Z、TZ)。碳素结构钢的质量等级是按钢中硫、磷含量由多至少划分的,按 A、B、C、D 的顺序质量等级逐级提高。当碳素结构钢为镇静钢或特殊镇静钢时,则牌号表示"Z"与"TZ"符号可省略。

按标准规定,我国碳素结构钢分为四个牌号,即 Q195、Q215、Q235 和 Q275,如 Q235A · F 表示屈服点为 235 N/mm^2 的 A 级沸腾碳素结构钢。

2. 碳素结构钢的技术要求

按照国家标准《碳素结构钢》(GB/T 700—2006)规定,碳素结构钢的技术要求包括化学成分、力学性能、冶炼方法、交货状态、表面质量等五个方面。各牌号碳素结构钢的技术指标应分别符合表 7-2 ~ 表 7-4 的要求。

表 7-2　碳素结构钢的化学成分(GB/T 700—2006)

牌号	统一数字代号	质量等级	厚度(或直径)(mm)	脱氧方法	化学成分(质量百分含量)(%)≤				
					C	Si	Mn	P	S
Q195	U11952	—	—	F、Z	0.12	0.30	0.50	0.035	0.040
Q215	U12152	A	—	F、Z	0.15	0.35	1.20	0.045	0.050
	U12155	B	—	F、Z					0.045

续表 7-2

牌号	统一数字代号	质量等级	厚度(或直径)(mm)	脱氧方法	化学成分(质量百分含量)(%)≤				
					C	Si	Mn	P	S
Q235	U12352	A	—	F、Z	0.22	0.35	1.40	0.045	0.050
	U12355	B		F、Z	0.20			0.045	0.045
	U12358	C		Z	0.17			0.040	0.040
	U12359	D		TZ	0.17			0.035	0.035
Q275	U12752	A	—	F、Z	0.24	0.35	1.50	0.045	0.050
	U12755	B	≤40	Z	0.21			0.045	0.045
			>40	Z	0.22				
	U12758	C	—	Z	0.20			0.040	0.040
	U12759	D	—	TZ	0.20			0.035	0.035

注:1. 表中“统一数字代号”指代的是镇静钢、特殊镇静钢的牌号,沸腾钢牌号的统一数字代号如下:Q195F-U11950、Q215AF-U12150、Q215BF-U12153、Q235AF-U12350、Q235BF-U12353、Q275AF-U12750。

2. 经需方同意,Q235B 的碳含量可不大于 0.22%。

表 7-3 碳素结构钢的力学性能(GB/T 700—2006)

牌号	等级	拉伸试验												冲击试验	
		屈服点 σ_s(MPa)						抗拉强度 σ_b(MPa)	伸长率 δ_5(%)					温度(℃)	V 型冲击功(纵向)(J)
		钢材厚度(直径)(mm)							钢材厚度(直径)(mm)						
		≤16	>16 ~40	>40 ~60	>60 ~100	>100 ~150	>150 ~200		≤40	>16 ~40	>60 ~100	>100 ~150	>150 ~200		
		≥							≥						≥
Q195	—	195	185	—	—	—	—	315 ~ 430	33	—	—	—	—	—	—
Q215	A	215	205	195	185	175	165	335 ~ 450	31	30	29	27	26	—	—
	B													+20	27
Q235	A	235	225	215	205	195	185	370 ~ 500	26	25	24	22	21	—	—
	B													+20	27
	C													0	
	D													-20	
Q275	A	275	265	255	245	225	215	410 ~ 540	22	21	20	18	17	—	—
	B													+20	
	C													0	
	D													-20	

注:1. Q195 的屈服强度值仅供参考,不作交货条件。

2. 厚度大于 100 mm 的钢材抗拉强度下限允许降低 20 N/mm^2,宽带钢(包括剪切钢板)抗拉强度上限不作交货条件。

3. 厚度小于 25 mm 的 Q235B 级钢,如供方能保证冲击吸收功值合格,经需方同意,可不作检验。

表 7-4　碳素结构钢的冷弯要求（GB/T 700—2006）

牌号	试样方向	冷弯试验 180°　$B=2a$	
		钢材厚度（或直径）(mm)	
		≤60	>60～100
		弯心直径 d	
Q195	纵	0	—
	横	0.5a	—
Q215	纵	0.5a	1.5a
	横	a	2a
Q235	纵	a	2a
	横	1.5a	2.5a
Q275	纵	1.5a	2.5a
	横	2a	3a

注：1. B 为试样宽度，a 为试样厚度（或直径）。

2. 钢材厚度（或直径）大于 100 mm 时，弯曲试验由双方协商确定。

3. 碳素结构钢各类牌号的特性与用途

在碳素结构钢的四个牌号中：Q195 和 Q215 号钢，塑性很好，但强度太低，常用于生产一般使用的钢钉、铆钉、螺栓及铁丝等；Q275 号钢，强度很高，但塑性较差，可焊性亦差，多用于生产机械零件和工具等；Q235 号钢，既具有较高的强度，又具有较好的塑性和韧性，可焊性也好，故能较好地满足一般钢结构和钢筋混凝土结构的用钢要求。另外，Q235 号钢冶炼方便，成本较低，故在建筑中应用广泛。

Q235 号碳素结构钢，由于其塑性好，故能保证结构在超载、冲击、焊接、温度应力等不利条件下的安全，并适于各种加工，大量被用于轧制各种型钢、钢板及钢筋。其力学性能稳定，对轧制、加热、急剧冷却时的敏感性较小。其中，Q235A 级钢，一般仅适用于承受静荷载作用的结构，Q235C 和 Q235D 级钢可用于重要焊接的结构。另外，由于 Q235D 级钢含有足够的细晶粒结构的元素，且硫、磷有害元素含量控制严格，故其冲击韧性很好，具有较强的抗冲击、振动荷载的能力，尤其适宜在较低温度下使用。

（二）低合金结构钢

在碳素钢的基础上，加入总量小于 5% 的一种或多种合金元素炼成的钢，称为低合金高强度结构钢，简称低合金结构钢。

按照国家标准《低合金高强度结构钢》（GB/T 1591—2008）规定，我国低合金结构钢冶炼方法采用氧气转炉法或电炉法，多为热轧状态供应。

1. 低合金结构钢的牌号及其表示方法

低合金结构钢的牌号由表示屈服点的字母（Q）、屈服点数值（N/mm^2）、质量等级符号（A、B、C、D、E 五级）三部分组成。

根据国家标准规定，我国低合金结构钢共分为八个牌号，即 Q345、Q390、Q420、Q460、

Q500、Q550、Q620、Q690，所加元素主要有锰、硅、钒、钛、铌、铬、镍及稀土元素。例如，Q390E 表示屈服强度为不小于 390 MPa、质量等级为 E 级的低合金结构钢。

2. 低合金结构钢的技术要求

按照国家标准《低合金高强度结构钢》(GB/T 1591—2008)规定，低合金结构钢的技术要求包括化学成分、力学性能、冷弯性能等方面。各牌号低合金结构钢的技术指标应符合表 7-5 的要求。

3. 低合金结构钢各类牌号的特性和应用

由于合金元素的加入，低合金结构钢与碳素结构钢相比，具有较高的屈服强度、抗拉强度和较好的耐磨性、耐蚀性与耐低温性能等。另外，在相同使用条件下，低合金结构钢可比碳素结构钢节约钢材 20% ~30%，对减轻结构自重有利。因此，低合金结构钢是综合性能较为理想的建筑钢材，在大跨度、承受动荷载和冲击荷载的结构中更适用。

低合金结构钢主要用于轧制各种型钢(角钢、槽钢、工字钢)、钢板、钢管及钢筋，广泛应用于钢结构和钢筋混凝土结构中，特别适用于各种重型结构、大跨度结构、高层结构及桥梁工程等。对用于大跨度和大柱网的结构，其技术经济效果更为显著。

在低合金结构钢的五个牌号中：Q295 号钢合金元素含量少，强度不高，但其塑性、焊接性能、冷弯性能及耐蚀性能较好，主要用于对强度要求不高的一般工程结构；Q345 和 Q390 号钢力学性能、焊接性能、冷加工性能及耐腐性能均较好，工程中应用广泛，尤其是 C、D、E 级钢具有良好的低温韧性，可用于承受较高荷载的焊接结构；Q420 和 Q460 号钢强度高，特别是经过热处理之后有较高的力学性能，可用于大型工程结构及要求强度高、荷载大的轻型结构。所谓钢材的热处理，是指按照一定的工艺规程，将钢材加热到一定的温度，并保持一定的时间，再以一定的速度和方式进行冷却，以使钢材内部的组织结构按要求进行改变，或者消除钢中的内应力，从而获得人们所需求的机械力学性能的过程。

二、钢筋混凝土结构用钢

钢筋混凝土结构所用钢材主要是由碳素结构钢和低合金结构钢所加工成的各类线材，即钢筋。按照生产方法、用途等不同，工程中常用的钢筋主要有热轧钢筋、冷加工钢筋、预应力混凝土用热处理钢筋、预应力混凝土用钢丝和钢绞线等。一般情况下，钢筋多以直条或盘条(或盘圆)进行供货。

(一)热轧钢筋

所谓热轧钢筋，是指经高温轧制并自然冷却的成品钢筋。根据其表面特征不同，热轧钢筋分为热轧光圆钢筋和热轧带肋钢筋两大类。

1. 热轧光圆钢筋

热轧光圆钢筋是表面光滑的圆形截面钢材，其公称直径范围是 8 ~20 mm，常用公称直径为 8 mm、10 mm、12 mm、16 mm 和 20 mm 五种。热轧光圆钢筋是由 Q235 碳素钢轧制而成的，强度等级代号为 HPB235(又称为Ⅰ级钢筋)，其中，HPB 是热轧(Hot rolled)、光滑(Plain)、钢筋(Bars)的英文首位字母，235 指屈服强度值为 235 MPa。

热轧光圆钢筋的化学成分应符合表 7-6 的规定，力学性能和工艺性能应符合表 7-7 的规定。

表 7-5　低合金结构钢的力学性能和工艺性能(GB/T 1591—2008)

牌号	质量等级	拉伸试验[b,c]																					
		以下公称厚度(直径、边长)下屈服强度[a] (MPa)									以下公称厚度(直径、边长)下抗拉强度 (MPa)							断面伸长率(%) 公称厚度(直径、边长)					
		≤16 mm	>16 ~ 40 mm	>40 ~ 63 mm	>63 ~ 80 mm	>80 ~ 100 mm	>100 ~ 150 mm	>150 ~ 200 mm	>200 ~ 250 mm	>250 ~ 400 mm	≤40 mm	>40 ~ 63 mm	>63 ~ 80 mm	>80 ~ 100 mm	>100 ~ 150 mm	>150 ~ 250 mm	>250 ~ 400 mm	≤40 mm	>40 ~ 63 mm	>63 ~ 100 mm	>100 ~ 150 mm	>150 ~ 250 mm	>250 ~ 400 mm
Q345	A B	≥345	≥335	≥325	≥315	≥305	≥285	≥275	≥265	—	470 ~ 630	470 ~ 630	470 ~ 630	470 ~ 630	450 ~ 600	450 ~ 600	—	≥20	≥19	≥19	≥18	≥17	—
	C																	≥21	≥20	≥20	≥19	≥18	
	D E									≥265							450 ~ 600						≥17
Q390	A B C D E	≥390	≥370	≥350	≥330	≥330	≥310	—	—	—	490 ~ 650	490 ~ 650	490 ~ 650	490 ~ 650	470 ~ 620	—	—	≥20	≥19	≥19	≥18	—	—
Q420	A B C D E	≥420	≥400	≥380	≥360	≥360	≥340	—	—	—	520 ~ 680	520 ~ 680	520 ~ 680	520 ~ 680	500 ~ 650	—	—	≥19	≥18	≥18	≥18	—	—
Q460	C D E	≥460	≥440	≥420	≥400	≥400	≥380	—	—	—	550 ~ 720	550 ~ 720	550 ~ 720	550 ~ 720	530 ~ 700	—	—	≥17	≥16	≥16	≥16	—	—
Q500	C D E	≥500	≥480	≥470	≥450	≥440	—	—	—	—	610 ~ 770	600 ~ 760	590 ~ 750	540 ~ 730	—	—	—	≥17	≥17	≥17	—	—	—
Q550	C D E	≥550	≥530	≥520	≥500	≥490	—	—	—	—	670 ~ 830	620 ~ 810	600 ~ 790	590 ~ 780	—	—	—	≥16	≥16	≥16	—	—	—
Q620	C D E	≥620	≥600	≥590	≥570	—	—	—	—	—	710 ~ 880	690 ~ 880	670 ~ 860	—	—	—	—	≥15	≥15	≥15	—	—	—
Q690	C D E	≥690	≥670	≥660	≥640	—	—	—	—	—	770 ~ 940	750 ~ 920	730 ~ 900	—	—	—	—	≥14	≥14	≥14	—	—	—

注:a. 当屈服不明显时,可测量屈服极限下限代替下屈服强度。

b. 宽度不小于 600 mm 的扁平材,拉伸试验取横向试样;宽度小于 600 mm 的扁平材、型材及棒材取纵向试样,断后伸长率最小值相应提高 1%(绝对值)。

c. 厚度 >250 ~ 400 mm 的数值适用于扁平材。

表 7-6　热轧光圆钢筋的化学成分

元素名称	C	Mn	Si	P	S
含量(%)	0.14～0.22	0.30～0.65	0.12～0.30	≤0.045	≤0.050

表 7-7　热轧光圆钢筋的力学性能和工艺性能

表面形状	强度等级代号	公称直径(mm)	屈服强度(MPa)≥	抗拉强度(MPa)≥	伸长率(%)≥	冷弯试验(*d* 为弯心直径,*a* 为公称直径)
光圆	HPB235	8～20	235	370	25	180°　$d=a$

2. 热轧带肋钢筋

热轧带肋钢筋通常为圆形横截面,且表面通常带有两条纵肋和沿长度方向均匀分布的月牙形横肋,又称为月牙肋钢筋。按《钢筋混凝土用钢　第 2 部分:热轧带肋钢筋》(GB 1499.2—2007)的规定,月牙肋钢筋表面及截面形状如图 7-8 所示。热轧带肋钢筋是由低合金结构钢轧制而成的,其牌号由 HRB 和屈服强度值(MPa)组成,分为 HRB335、HRB400、HRB500 三个牌号(又称为Ⅱ级、Ⅲ级、Ⅳ级钢筋),其中 HRB 是热轧(Hot rolled)、带肋(Ribbed)、钢筋(Bars)的英文首位字母。

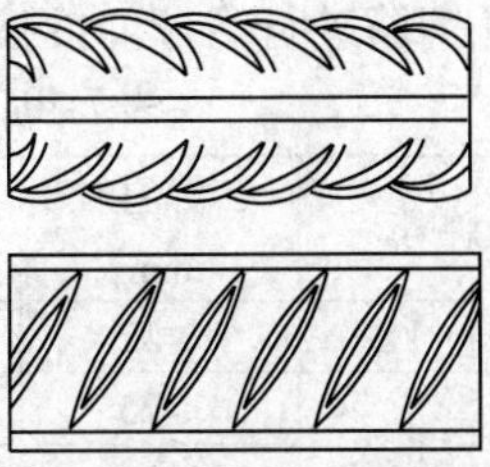

图 7-8　月牙肋钢筋外形

热轧带肋钢筋的化学成分应符合表 7-8 的规定,力学性能和工艺性能应符合表 7-9 的规定。

表 7-8　热轧带肋钢筋的化学成分(GB 1499.2—2007)

牌号	化学成分(%)≤				
	C	Si	Mn	P	S
HRB335	0.25	0.80	1.60	0.045	0.045
HRB400	0.25	0.80	1.60	0.045	0.045
HRB500	0.25	0.80	1.60	0.045	0.045

表 7-9　热轧带肋钢筋的力学性能和工艺性能(GB 1499.2—2007)

牌号	公称直径(mm)	屈服强度(MPa)≥	抗拉强度(MPa)≥	伸长率(%)≥	180°冷弯试验(*d* 为弯心直径,*a* 为公称直径)
HRB335	6～25	335	490	16	$d=3a$
	28～50				$d=4a$
HRB400	6～25	400	570	14	$d=4a$
	28～50				$d=5a$
HRB500	6～25	500	630	12	$d=6a$
	28～50				$d=7a$

Ⅰ级钢筋 HPB235 强度较低,但塑性及焊接性能较好,便于各种冷加工,故广泛用做普通钢筋混凝土构件的受力筋及各种钢筋混凝土结构的构造筋。Ⅱ级钢筋 HRB335 和Ⅲ级钢筋 HRB400 强度较高,塑性和焊接性能也较好,广泛用做大中型钢筋混凝土结构的受力钢筋。Ⅳ级钢筋 HRB500 强度高,但塑性和可焊性较差,可用做预应力钢筋。

(二)冷加工钢筋

所谓冷加工钢筋,是指在常温下将热轧钢筋进行冷拉、冷拔或冷轧加工而成的钢筋。热轧钢筋经冷加工处理后,其强度提高,塑性和韧性有所降低。按照加工方法的不同,冷加工钢筋又分为冷拉钢筋、冷轧带肋钢筋、冷拔低碳钢丝。

1. 冷拉钢筋

为提高钢筋强度和节约钢材,工地上按照一定的规程,并控制冷拉应力和冷拉率,对热轧钢筋进行冷拉。冷拉钢筋的力学性能和工艺性能应符合表 7-10 的规定。

表 7-10　冷拉钢筋的力学性能和工艺性能(GB 50204—2002)

牌号	公称直径(mm)	屈服强度(MPa)≥	抗拉强度(MPa)≥	伸长率(%)≥	冷弯试验(*d* 为弯心直径,*a* 为公称直径)	
冷拉Ⅰ级	≤12	280	370	11	180°	$d=3a$
冷拉Ⅱ级	≤25	450	510	10	90°	$d=3a$
	28~40	430	490	10	90°	$d=4a$
冷拉Ⅲ级	8~40	500	570	8	90°	$d=5a$
冷拉Ⅳ级	10~28	700	835	6	90°	$d=5a$

冷拉Ⅰ级钢筋适用于钢筋混凝土结构中的受拉钢筋,冷拉Ⅱ级、冷拉Ⅲ级、冷拉Ⅳ级钢筋可用做预应力混凝土结构的预应力筋。

2. 冷轧带肋钢筋

冷轧带肋钢筋是采用普通低碳钢或低合金钢热轧的圆盘条为母材,经冷轧减径后在其表面冷轧成沿长度方向均匀分布的两面或三面横肋的钢筋。冷轧带肋钢筋是热轧盘圆钢筋的深加工产品,是一种新型高效的建筑钢材。

冷轧带肋钢筋的牌号由 CRB 和抗拉强度最小值(MPa)组成,分 CRB550、CRB650、CRB800、CRB970、CRB1 170 五个牌号,其中 CRB 是冷轧(Cold rolled)、带肋(Ribbed)、钢筋(Bars)的英文首位字母。冷轧带肋钢筋的力学性能和工艺性能应符合表 7-11 的规定。

表 7-11　冷轧带肋钢筋的力学性能和工艺性能(GB 50204—2002)

牌号	抗拉强度(MPa)≥	伸长率(%)		冷弯试验 180°(*d* 为弯心直径,*a* 为公称直径)	反复弯曲次数	松弛率(%)(初始应力 =0.7 倍抗拉强度)	
		δ_{10}	δ_{100}			1 000 h ≤	10 h ≤
CRB550	550	8.0	—	$d=3a$	—	—	—
CRB650	650	—	4.0	—	3	8	5
CRB800	800	—	4.0	—	3	8	5
CRB970	970	—	4.0	—	3	8	5
CRB1170	1 170	—	4.0	—	3	8	5

冷轧带肋钢筋具有强度高、塑性好、综合力学性能优良、与钢筋握裹力强、节约钢材、质量稳定等优点,因此在工程中得到越来越广泛的应用。其中,CRB550 为普通混凝土结构用钢筋,公称直径范围是 4 ~ 12 mm;CRB650 及以上牌号钢筋宜用做中小型预应力结构构件的受力钢筋,其公称直径为 4 mm、5 mm、6 mm。

3. 冷拔低碳钢丝

冷拔低碳钢丝是将直径为 6.5 ~ 8 mm 的 Q235 热轧盘圆钢筋,通过拔丝模强力拉拔而成的。冷拔低碳钢丝分为甲、乙两级,甲级钢丝可用于预应力筋,乙级钢丝适用于焊接网片、焊接骨架、箍筋和构造钢筋。

冷拔低碳钢丝的力学性能应符合表 7-12 的规定。

表 7-12 冷拔低碳钢丝的力学性能

钢丝级别	直径(mm)	抗拉强度(MPa)		伸长率 δ_{100}(%)	180°反复弯曲次数
		Ⅰ组	Ⅱ组		
		≥			
甲级	5	650	660	3.0	4
	4	700	650	2.5	4
乙级	3 ~ 5	550		2.0	4

注:预应力冷拔低碳钢丝经机械调制后,抗拉强度标准值应降低 50 MPa。

(三)预应力混凝土用热处理钢筋

预应力混凝土用热处理钢筋是用 8 mm、10 mm 的热轧带肋钢筋经淬火和回火等调直处理而成的钢筋,代号为 RB150,有直径为 6 mm、8.2 mm、10 mm 三种规格。热处理钢筋成盘供应,每盘长 100 ~ 120 m,开盘后钢筋可自然伸直。

预应力混凝土用热处理钢筋有 $40Si_2Mn$、$48Si_2Mn$ 和 $45Si_2Cr$ 三个牌号,其力学性能应符合表 7-13 的规定。

表 7-13 预应力混凝土用热处理钢筋的力学性能

公称直径(mm)	牌号	屈服强度 $\sigma_{0.2}$ (MPa)≥	抗拉强度(MPa)≥	伸长率 δ_{100}(%)≥
6	$40Si_2Mn$	1 325	1 470	6
8.2	$48Si_2Mn$			
10	$45Si_2Cr$			

预应力混凝土用热处理钢筋的优点是:强度高,可代替高强钢丝使用;配筋根数少,节约钢材;锚固性好,不易打滑,预应力值稳定;施工简便,开盘后钢筋自然伸直,不需调直及焊接。这类钢筋主要用做预应力钢筋混凝土轨枕,也可用于预应力梁、板结构及吊车梁等。

(四)预应力混凝土用钢丝和钢绞线

大型预应力混凝土构件由于受力很大,常采用高强度钢丝或钢绞线作为主要受力钢筋。

1. 预应力混凝土用钢丝

预应力混凝土用钢丝是用优质高碳钢盘条，经酸洗、冷拉加工或再经回火处理等工艺而制成的高强度钢丝，其抗拉强度高达 1 470 ~ 1 770 MPa。

1）分类及代号

根据《预应力混凝土用钢丝》（GB/T 5223—2002）的规定，预应力混凝土用钢丝有以下两种分类方式。其按加工状态分为冷拉钢丝、消除应力钢丝，消除应力钢丝又分为Ⅰ级松弛（普通松弛）钢丝、Ⅱ级松弛（低松弛）钢丝；按外形分为光圆钢丝、螺旋钢丝和刻痕钢丝三种，代号分别为 P、H、I。冷拉钢丝代号为 WCD，普通松弛钢丝代号为 WNR，低松弛钢丝代号为 WLR。

预应力钢丝的标记方式为：预应力钢丝直径 - 抗拉强度 - 代号 - 外形 - GB/T 5223—2002。如预应力钢丝 5.00 - 1770 - WCD - P - GB/T 5223—2002，表示直径为 5 mm、抗拉强度 1 770 MPa 的冷拉光圆钢丝。

2）技术性能

预应力钢丝具有强度高、柔性好、松弛率低、耐腐蚀、施工简便、质量稳定等特点，适用于各种特殊要求的预应力结构，主要用做大跨度屋架及薄腹梁、大跨度吊车梁、桥梁、电杆、轨枕等的预应力钢筋。其技术性能应符合《预应力混凝土用钢丝》（GB/T 5223—2002）的要求。

2. 预应力混凝土用钢绞线

预应力混凝土用钢绞线是由数根直径为 2.5 ~ 5.0 mm 的优质碳素结构钢丝，绞捻后经一定热处理清除内应力而制成的。其根据钢丝的股数一般分五种类型的钢绞线：1 × 2 型，即用 2 根钢丝捻制；1 × 3 型，即用 3 根钢丝捻制；1 × 3I 型，即用 3 根刻痕钢丝捻制；1 × 7 型，即用 7 根钢丝捻制；1 × 7C 型，即用 7 根钢丝捻制又经拔模的钢绞线。另外，1 × 7 结构钢绞线，是以 1 根钢丝为芯，其余 6 根钢丝围绕着进行螺旋状左捻绞合而成的。预应力混凝土用钢绞线的技术性能应符合《预应力混凝土用钢绞线》（GB/T 5224—2003）的要求。

钢绞线具有强度高、与混凝土黏结性好、断面面积大、使用根数少、在结构中布置方便、易于锚固等优点，主要用做大跨度、大负荷的后张法预应力屋架、桥梁和薄腹梁等结构的预应力筋。

三、钢结构用钢

钢结构所用的钢材主要是由碳素结构钢或低合金结构钢经热轧或冷轧成型的型钢和钢板，如热轧型钢、冷弯薄壁型钢、各类板材等。钢结构各构件之间的连接可采用焊接、铆接或螺栓连接等方式进行。

（一）热轧型钢

热轧型钢主要是采用碳素结构钢 Q235 - A、低合金结构钢 Q345 和 Q390 经热轧而成的。常用的热轧型钢有角钢（见图 7-9（a））、工字钢（见图 7-9（b））、槽钢（见图 7-9（c））、H 型钢、T 型钢、Z 型钢等。

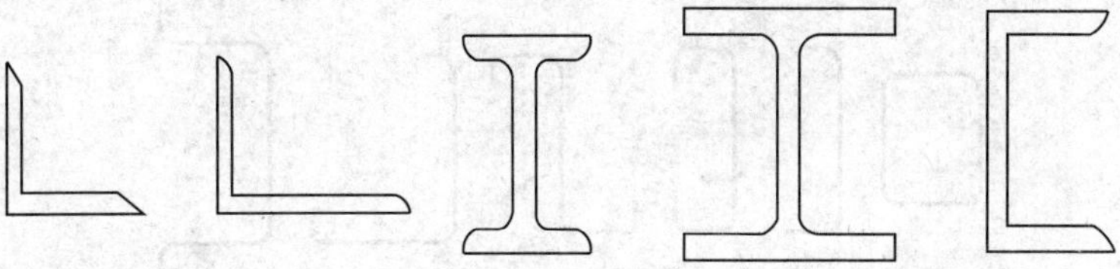
(a) (b) (c)

图 7-9　热轧型钢示意

1. 热轧角钢

热轧角钢是两边互相垂直成直角形的长条钢材。其主要用做承受轴向力的杆件，也可用做受力杆件之间的连接件。

角钢分为等边角钢和不等边角钢两种。等边角钢的规格以"边宽度×边宽度×厚度"(mm)或"边宽度#"(cm)表示，其规格范围为20×20×(3~4)~200×200×(14~24)。不等边角钢的规格以"长边宽度×短边宽度×厚度"(mm)或"长边宽度/短边宽度"(cm)表示，其规格范围是25×16×(3~4)~200×125×(12~18)。

2. 热轧工字钢

工字钢是截面为工字形、腿部内侧有1:6斜度的长条钢材，其规格以"腰高度×腿宽度×腰厚度"(mm)或"腰高度#"(cm)表示，其规格范围为10#~63#。腰高相同的工字钢，如有不同的腿宽和腰厚，需在型号右边加a、b、c加以区别，如32a、32b、32c等。

工字钢广泛用于各类建筑结构和桥梁，主要用做承受横向弯曲(腹板受弯)的杆件，不宜单独用做轴心受压或双向弯曲的构件。

3. 热轧槽钢

槽钢是截面为凹槽形，腿部内侧有1:10斜度的长条钢材，其规格以"腰高度×腿宽度×腰厚度"(mm)或"腰高度#"(cm)表示。腰高相同的槽钢，如有几种不同的腿宽和腰厚，也需在型号右边加a、b、c予以区别，如25a#、25b#、25c#等。

槽钢主要用做受轴向力的杆件、承受横向弯曲的梁以及联系杆件。

4. 热轧H型钢

H型钢是在工字钢的基础上发展起来的，与工字钢相比，H型钢的翼缘宽且翼缘两表面相互平行，其具有侧向刚度大、抗弯能力强、连接方便、节约钢材等优点，常用于要求承受荷载大、截面稳定性好的大型建筑或高层建筑。

H型钢的规格以"腹板高度×翼板宽度×腹板厚度×翼板厚度"(mm)或"腹板高度×翼板宽度#"(cm)表示。

H型钢分为宽翼缘H型钢、中翼缘H型钢、窄翼缘H型钢及H型钢柱，其代号分别为HW、HM、HN、HP。宽翼缘H型钢和中翼缘H型钢适用于钢柱等轴心受压构件，窄翼缘H型钢适用于钢梁等受弯构件。

(二)冷弯薄壁型钢

冷弯薄壁型钢是用厚1.5~6 mm的热轧薄钢板经模压或冷弯而制成的，其截面形式多样(见图7-10)，截面各部分厚度相同，且在各转角处均呈圆弧形。

冷弯薄壁型钢，由于壁薄，截面开展，与普通型钢相比，用材相同时可获得更高的力学

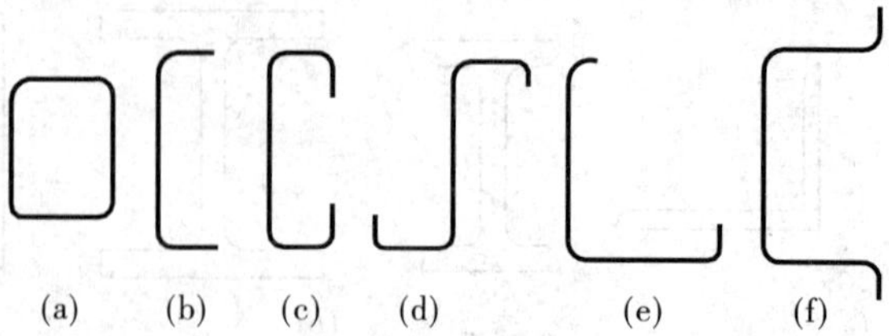

(a) (b) (c) (d) (e) (f)

图 7-10 冷弯薄壁型钢示意

性能，但其耐腐蚀性较差。该类型钢多用于轻型钢结构，如屋架、檩条、天窗架等。

（三）各类板材

钢板材按照加工方法和外形的不同，可分为普通钢板、压型钢板、花纹钢板等。

1. 普通钢板

普通钢板是用碳素结构钢或低合金结构钢经热轧或冷轧生产的扁平钢材，其规格以"宽度×厚度×长度"（mm）表示。

普通钢板按照加工方法不同，分为热轧钢板和冷轧钢板；按照厚度不同，分为厚板（厚度 >4 mm）和薄板（厚度≤4 mm）。

热轧碳素结构钢厚板是钢结构中主要用钢材。低合金结构钢厚板多用于重型结构、大跨度桥梁和高压容器等。薄板用于屋面、墙面或压型钢板的原料等。在钢结构中，单块钢板不能独立使用，必须用几块板组合成工字形、箱形等结构来承受荷载。

2. 压型钢板

压型钢板是将薄板冷轧成波浪形、U 形、V 形等形状而得到的，图 7-11 所示为几种常用的截面形式。

压型钢板有涂层板、镀锌板、防腐板等类型，其具有轻质高强、抗震性能好、施工速度快、外形美观等优点，工程中多用做楼板、屋面板、围护墙板和装饰板等构件。中间填充保温、隔热或隔声等材料的双层压型钢板，既能承重又具有保温隔热效果，广泛用于单层厂房、临时建筑等结构中。

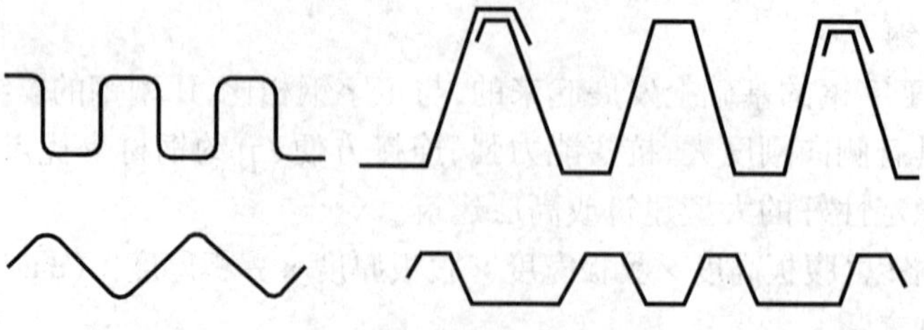

图 7-11 压型钢板示意

3. 花纹钢板

花纹钢板是表面压有防滑凸纹的钢板，主要用于地板、厂房扶梯、工作架踏板、船舶甲板等。钢板的基本厚度为 2.5 ~8.0 mm，宽度为 600 ~1 800 mm，长度为 2 000 ~12 000 mm。

四、钢材的选用原则

钢材的选用一般遵循以下几个方面的原则：

(1)荷载性质。对于经常承受动力或振动荷载的结构,容易产生应力集中,从而引起疲劳破坏,需要选用材质高的钢材。

(2)使用温度。对于经常处于低温状态的结构,钢材容易发生冷脆断裂,特别是焊接结构更甚,因而要求钢材具有良好的塑性和低温冲击韧性。

(3)连接方式。对于焊接结构,当温度变化和受力性质改变时,焊缝附近的母体金属容易出现冷、热裂纹,促使结构早期破坏。所以,焊接结构对钢材化学成分和机械性能要求应较严。

(4)钢材厚度。钢材的力学性能一般随厚度的增大而降低,钢材经多次轧制后,钢的内部结晶组织更为紧密,强度更高,质量更好。因此,一般结构用的钢材厚度不宜超过 40 mm。

(5)结构重要性。选择钢材要考虑结构使用的重要性,如大跨度结构、重要的建筑物结构,须相应选用质量更好的钢材。

第四节　钢材的锈蚀与防护

一、钢材的锈蚀

钢材的锈蚀是指钢材表面与周围介质发生化学反应而遭到的破坏过程。

钢材锈蚀的现象普遍存在,特别是当环境中有各种侵蚀性介质或湿度较大时,情况就更为严重。钢材若被锈蚀,不仅使截面减小,性能降低,还会因为局部锈坑的产生而引起应力集中,使结构发生早期破坏,尤其是在有反复荷载作用的情况下,锈蚀会使钢材的疲劳强度大大降低,出现脆性断裂。

根据锈蚀作用的机制,钢材的锈蚀可分为化学锈蚀和电化学锈蚀两种。

(一)化学锈蚀

化学锈蚀是指钢材直接与周围介质发生化学反应而产生的锈蚀。这种锈蚀多数是氧化作用,使钢材表面形成疏松的氧化物。在常温下,钢材表面能形成一薄层起保护作用的氧化膜 FeO,可以防止钢材进一步锈蚀。因此,在干燥环境下,钢材锈蚀进展缓慢,但在温度和湿度较高的环境中,这种锈蚀进展加快。

(二)电化学锈蚀

电化学锈蚀是建筑钢材在存放和使用过程中发生锈蚀的主要形式。它是指钢材与电解质溶液接触而产生电流,形成微电池而引起的锈蚀。在潮湿环境中的钢材表面会被一层电解质水膜所覆盖,而钢材中含有铁、碳等多种成分,由于这些成分的电极电位不同,从而使钢的表面层在电解质溶液中构成以铁素体为阳极、以渗碳体为阴极的微电池。在阳极,铁失去电子成为 Fe^{2+} 进入水膜,在阴极,溶于水膜中的氧被还原生成 OH^-,随后两者结合生成不溶于水的 $Fe(OH)_2$,并进一步氧化成为疏松易剥落的红棕色铁锈 $Fe(OH)_3$。由于铁素体基体的逐渐锈蚀,钢组织中的渗碳体等暴露出来的越来越多,于是形成的微电池数目也越来越多,钢材的锈蚀速度也就越来越快。

由以上锈蚀作用机制可以看出,影响钢材锈蚀的主要因素是水、氧及介质中所含的酸、碱、盐等，同时钢材本身的组织成分对锈蚀的影响也很大。埋于混凝土中的钢筋，由于普通混凝土的 pH 值为 12 左右，处于碱性环境，使之表面形成一层碱性保护膜。该保护膜有较强的阻止锈蚀继续发展的能力，故混凝土中的钢筋一般不易锈蚀。

二、钢材锈蚀的防护

防止钢材锈蚀的措施主要有保护层法和加入合金法两种。

（一）保护层法

防止钢材锈蚀通常的方法是在表面施加保护层，使钢材与周围介质隔离。保护层可分为金属保护层和非金属保护层两类。

非金属保护层常用的是在钢材表面刷漆。常用底漆有红丹底漆、环氧富锌漆、铁红环氧底漆等，中间漆有红丹防锈漆、铁红防锈漆等，面漆有调和漆、醇酸磁漆、酚醛磁漆等。该方法简单易行，但不耐久。此外，还可以采用塑料保护层、沥青保护层、搪瓷保护层等。

金属保护层是用耐蚀性较好的金属，以电镀或喷镀的方法覆盖在钢材表面，如镀锌、镀锡、镀铬等。薄壁钢材可采取热浸镀锌或镀锌后加涂塑料涂层等措施。

混凝土配筋的防锈措施，应根据结构重要性和所处环境条件等因素考虑，主要是保证混凝土的密实度（控制最大水灰比和最小水泥用量、加强振捣）、保证足够的保护层厚度、限制氯盐外加剂的掺量和保证混凝土一定的碱度等，还可掺用阻锈剂（如亚硝酸钠等）。国外有采用钢筋镀锌、镀镍等方法。对于预应力钢筋，一般含碳量较高，又多是经过变形加工或冷加工而成的，故对锈蚀破坏较敏感，特别是高强度热处理钢筋，容易产生应力锈蚀现象。因此，重要的预应力承重结构除禁止掺用氯盐外，还应对原材料进行严格检验。

（二）加入合金法

钢材的组织及化学成分是引起锈蚀的内因。通过调整钢的基本组织或加入某些合金元素可有效地提高钢材的抗腐蚀能力，如在钢中加入一定量的合金元素铬、镍、钛等制成不锈钢，或者在钢中加入少量的铜、铬、镍、钼等合金元素制成耐候钢等。

【工程案例 7-1】 钢材的冶炼脱氧程度与性能。

现象：图 7-12 所示的两张图片分别为沸腾钢与镇静钢两钢锭的纵剖面，请观察其结构差别，讨论其性能差异。

分析：从图 7-12 中可以看出，沸腾钢的气泡明显多于镇静钢，沸腾钢是脱氧不完全的钢，浇铸后在钢液冷却时有大量 CO 气体外逸，引起钢液剧烈沸腾。沸腾钢内部杂质和夹杂物多，化学成分和力学性能不够均匀，强度低，冲击韧性和可焊性差，但生产成本低，可用于一般的建筑结构。镇静钢是指在浇铸时，钢液平静地冷却凝固，基本无 CO 气泡产生，是脱氧较完全的钢。镇静钢钢质均匀密实，品质好，但成本高。镇静钢可用于承受冲击荷载的重要结构。

【工程案例 7-2】 “鸟巢”中的“特殊”钢材。

现象：如图 7-13 所示为“鸟巢”体育馆，在“鸟巢”所用的 4.8 万 t 钢材中，有 680 t 最为特殊，它们是用来连接各个刚架的高强度用钢，也就是“焊点”用钢。2005 年 3 月，“鸟巢”计划采用的钢板具体参数第一次公布，宝钢、首钢、鞍钢、武钢和舞钢等国内 7 家钢铁巨头负责人立刻陷入沉默，谁都知道这些参数意味着什么。这是一种低合金高强度 Q460

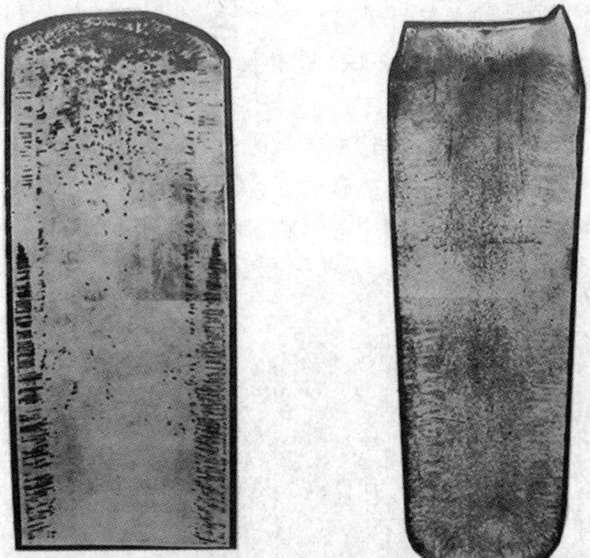

(a) 沸腾钢　　　　(b) 镇静钢

图 7-12　两钢锭的纵剖面图

钢,国内在建筑结构上从未使用过该型号钢材,而且钢板厚度达到 110 mm,足足超出国家标准 10 mm,更何况还有抗低温、易焊接、抗震性能强的要求,几个指标互相匹配,每一个指标都是国标最高级别,因此生产难度很大,以前这种钢一般从卢森堡、韩国、日本进口。

图 7-13　“鸟巢”体育馆

从 2005 年 7 月,为“鸟巢”准备的 110 mm 厚的 Q460E 钢板经河南舞阳特种钢厂的反复试验,终获成功并进入批量生产。如今,400 t Q460 钢材成为撑起“鸟巢”钢筋铁骨最坚硬的一部分。同时,首钢、鞍钢等企业也接下了 GJQ345D、Q345C、Q420C 等高强度钢材的生产订单。在奥运工程中,实现了所有钢材全部国产。

分析:按照目前的国家标准,Q460E 号钢是低合金结构钢中强度较大、质量等级较高的一类钢材。Q460E 号钢中的硫、磷杂质含量最低,即保证其有较好的抗低温冷脆、高温热脆的能力及可焊性。另外,其抗拉强度、冲击韧性和冷弯性能等均是低合金结构钢中较好的,这可以从表 7-5 低合金结构钢的力学性能和工艺性能中查出。

【**工程案例7-3**】 钢结构屋架坍塌。

现象：某厂的钢结构屋架(见图7-14)用中碳钢焊接而成，使用一段时间后，屋架坍塌，请分析事故原因。

分析：首先是因为钢材的选用不当，中碳钢的塑性和韧性比低碳钢差，且其焊接性能较差，焊接时钢材局部温度高，形成了热影响区，其塑性及韧性下降较多，较易产生裂纹。建筑上常用的主要钢种是普通碳素钢中的低碳钢和合金钢中的低合金高强度结构钢。

图7-14 钢结构屋架

复习思考题

1. 钢材有哪几种分类方法？

2. 试画出低碳钢拉伸时应力(σ)—应变(ε)曲线，并在图中标出弹性极限σ_p、屈服点σ_s和抗拉强度σ_b。低碳钢受拉时的应力—应变图中，分为哪几个阶段？各阶段的特征及指标如何？

3. 伸长率表示钢材的什么性质？如何计算？对同一种钢材来说，δ_5和δ_{10}哪个值大？为什么？

4. 什么是屈强比？说明钢材的屈服点和屈强比的实际意义，并解释$\sigma_{0.2}$的含义。

5. 从一批HRB335钢筋(直径为16 mm)中抽样，并截取2根钢筋做拉伸试验，屈服下限的荷载分别为72.3 kN和72.2 kN，拉断时的荷载分别为104.5 kN和108.5 kN。试件标距长度为80 mm，拉断后的标距长度分别为96 mm和94.4 mm。通过计算说明其利用率及使用中安全可靠程度，并说明其塑性如何。

6. 什么是钢材的冷弯性能和冲击韧性？其有何实际意义？

7. 什么是钢材的冷加工和时效处理？工程中常对钢材进行冷拉、冷拔或时效处理的主要目的是什么？

8. 钢材的化学成分对其性能有什么影响？

9. 碳素结构钢如何划分牌号？建筑工程中常用的牌号是哪个？

10. 说明下列钢材牌号的意义：Q235AF、Q235B、Q215Bb。

11. 低合金结构钢的牌号如何表示？低合金结构钢具有怎样的优点？

12. 钢筋混凝土结构和钢结构选用的钢材各包括哪些类型？

13. 热轧钢筋如何划分等级？各级钢筋的应用范围如何？

14. 钢材的锈蚀原因及防腐措施有哪些？

15. 钢材的选用原则是什么？

第八章　合成高分子材料

学习目标

通过本章的学习，掌握建筑工程中常用的塑料制品、胶粘剂及橡胶的品种、性质及应用，理解塑料制品、胶粘剂及橡胶的组分，了解合成高分子材料的基本知识。

重点：建筑塑料和胶粘剂的工程应用。

难点：建筑塑料的特性。

高分子材料是以高分子化合物为基础，由相对分子质量较高的化合物构成的材料，包括橡胶、塑料、纤维、涂料、胶粘剂和高分子基复合材料。

高分子材料按来源分为天然高分子材料、半合成高分子材料（改性天然高分子材料）和合成高分子材料。

第一节　高分子材料基本知识

一、合成高分子化合物的定义及分类

（一）定义

合成高分子材料是以不饱和的低分子碳氢化合物（单体）为主要成分，含少量氧、氮、硫等，经人工加聚或缩聚而合成的分子量很大的物质，常称为高分子聚合物。高分子聚合物具有密度小、比强度高、耐水性及耐化学腐蚀性强、抗渗性及防水性好、耐磨性强、绝缘性好、易加工等特点，但在环境影响下易发生老化，且具有可燃性，是较为常用的代用材料和改性材料。

（二）分类

1. 按合成方法的不同分类

高分子聚合物按合成方法不同分为加聚聚合物和缩聚聚合物。加聚聚合物是一种或几种含有双键的单体在引发剂或光、热、辐射等作用下，经聚合反应合成的聚合物。其中，用一种单体聚合成的称为均聚物，如聚氯乙烯（PVC）、聚四氟乙烯（PTFE）；由两种或两种以上的单体聚合成的称为共聚物，如聚甲基丙烯酸甲酯（PMMA）、苯乙烯－丁二烯－苯乙烯三嵌段共聚物（ABS）等。

缩聚聚合物是由含有两个或两个以上官能团的单体，在催化作用下经化学反应而合成的聚合物，如酚醛树脂（PF）、脲醛树脂（UF）、环氧树脂（EP）等。

2. 按与热有关的性质分类

高分子聚合物按与热有关的性质可分为热塑性聚合物和热固性聚合物。

热塑性聚合物是指可反复受热软化、冷却硬化的聚合物，一般是线性分子结构，如聚乙烯（PE）、聚丙烯（PP）等。

热固性聚合物是指经一次受热软化（或熔化）后，在热和催化剂或热和压力作用下发生化学反应而变成坚硬的体型结构，之后再受热也不软化，在强热作用下即分解破坏的聚合物，如酚醛树脂（PF）、不饱和聚酯树脂（UP）等。

3. 按聚合物所表现的性状不同

高分子聚合物按所表现的性状不同分为塑料类、合成橡胶类及合成纤维类等。

二、高分子化合物的主要性质

高分子化合物的结构决定其具有独特的性能。单体分子经加聚或缩聚反应得到的高分子聚合物都是线型长链状化合物，其结构大体有三种：线型长链状不带支链的、带支链的和体型网状的。线型高分子加热可熔化，也可溶于有机溶剂，易于结晶，合成纤维和大多数塑料都是线型高分子。支链高分子在很多性能上与线型高分子相似，但支链的存在使高分子的密度减小，结晶能力降低。体型高分子具有不熔、不溶、耐热性高和刚性好的特点，适用于工程和结构材料。

合成高分子在聚合反应中得到的是不同聚合度的高分子的混合物，使其结构具有不均一性，或称多分散性。其具有热塑性、热固性、耐磨性、绝缘性、相对密度小、比强度高等特殊的性能。

高分子化合物相对密度小，比金属材料轻得多，但强度高，有的工程塑料的强度超过钢铁和其他金属材料。例如，玻璃钢的强度比合金钢大 1.7 倍，比铝大 1.5 倍，比钛钢大 1 倍。由于质轻、强度高、耐腐蚀、价廉，所以高分子材料在不少场合已逐步取代金属材料的位置，全塑汽车的问世就是典型的例子。

高分子化合物的化学反应性能较差，对化学试剂显得比较稳定，具有耐酸、耐腐蚀等特性，著名的“塑料王”聚四氟乙烯，即使把它放在王水中煮也不会变质，其耐酸程度远超过金。

高分子具有绝缘性，电线的包皮、电源插座等都是用塑料制成的。其对多种射线（如 α、β、γ、X 射线）有抵抗能力，可以抗辐射。

三、合成高分子化合物的命名

合成高分子常用的命名方法有以下三种：

（1）加聚反应产物在单体前加“聚”字，如聚乙烯、聚氯乙烯、聚丙烯等；缩聚反应的产物是在简化的单体名称后面加“树脂”二字，如酚醛树脂、脲醛树脂、环氧树脂等。

（2）商业上喜欢用商品名称，如表 8-1 所示。

（3）用英文名称的缩写字母表示，如聚氯乙烯（PVC）、聚四氟乙烯（PTFE）、聚甲基丙烯酸甲酯（PMMA）、酚醛树脂（PF）、脲醛树脂（UF）、环氧树脂（EP）等。

表 8-1　常用合成高分子的商品名称

聚合物	商品名称	聚合物	商品名称
聚氯乙烯	氯纶	聚甲基丙烯酸甲酯	有机玻璃
聚乙酸乙烯酯	维尼纶	聚对苯二甲酸乙二酯	的确良、涤纶
聚丙烯	丙纶	聚乙烯	乙纶
聚丙烯腈	腈纶	聚四氟乙烯	氟纶
聚己内酰胺	尼龙－6	酚醛树脂	电木
聚酰胺	尼龙－66	脲醛树脂	电玉

第二节　建筑塑料

塑料在建筑中有着广泛的应用，已成为继水泥、钢材、木材之后的第四种建筑材料。可作为装修装饰材料，用于制造门窗、隔墙板、楼梯扶手、栏杆、踢脚板、塑料地砖地板、塑料地板革、塑料壁纸；可制成涂料及建筑胶粘剂；可作为防水工程材料，如塑料止水带、嵌缝材料、塑料防潮膜等；也可制成各种类型的水暖设备，如管道、卫生洁具及隔热隔声材料；还可作为工程材料，如土工布、塑料模板、聚合物混凝土等。

一、塑料的组成

塑料是一种以高分子聚合物为主要成分，内含各种助剂，在一定条件下可塑制成一定形状，并在常温下能保持形状不变的材料。

（一）合成树脂

合成树脂是塑料中的基本组分，在单组分塑料中树脂的含量几乎为100%，多组分塑料中树脂的含量占30%～70%。树脂不仅起着胶结其他组分的作用，而且树脂的种类、性质、数量、用量不同，其物理力学性能、用途及成本也不同。

建筑塑料中常用的合成树脂有聚氯乙烯、聚乙烯、酚醛树脂、环氧树脂等。

（二）填料

填料又称填充料，可改善和增强塑料的性能（如提高机械强度、硬度或耐热性等），降低塑料的成本。填料可分为有机填料和无机填料两类，在多组分塑料中常加入填料，其掺量为40%～70%，主要是一些化学性质不活泼的粉状、片状或纤维状的固体物质。在建筑工程塑料中，按一定配方加入填料可降低成本，增加制品体积，改善加工性能，提高某些物理性能。几乎所有的填料都能改善塑料的耐热性，但会降低其力学性能，并使加工变得困难。

常用的有机填料有玻璃纤维、云母、木粉、棉布、纸张和木材单片等，无机填料有滑石粉、石墨粉、碳酸钙、陶土粉等。

（三）增塑剂

为增加塑料的柔顺性和可塑性，减小脆性而加入的化合物称为增塑剂。

增塑剂为分子量小、高沸点、难挥发的液体或低熔点的固态有机化合物。增塑剂降低塑料制品的机械性能和耐热性等，所以在选择增塑剂的种类和加入量时应根据塑料的使用性能来决定。

常用的增塑剂有邻苯二甲酸二丁酯、邻苯二甲酸二辛酯、二苯甲酮、樟脑等。

（四）着色剂

在塑料中加入着色剂后，可使其具有鲜艳的色彩和美丽的光泽。所选用的着色剂应色泽鲜明、分散性好、着色力强、耐热耐晒，在塑料加工过程中稳定性良好，与塑料中的其他组分不起化学反应，同时，还应不降低塑料的性能。

常用的着色剂有有机染料、无机染料和颜料，有时也采用能产生荧光或磷光的颜料，如钛白粉、氧化铁红、群青、铬酸铅等。

（五）润滑剂

在塑料加工时，为降低其内摩擦和增加流动性，便于脱模和使制品表面光滑美观，可加入0.5%～1%的润滑剂。

常用的润滑剂有高级脂肪酸及其盐类，如硬脂酸钙、硬脂酸镁等。

（六）稳定剂

为防止塑料过早老化，延长塑料的使用寿命，常加入少量稳定剂。塑料在热、光、氧和其他因素的长期作用下，会过早地产生降解、氧化断链、交链等现象，而使塑料性能降低，丧失机械强度，甚至不能继续使用。这种因结构不稳定而使材料变质的现象，称为老化。稳定剂应是耐水、耐油、耐化学侵蚀的物质，能与树脂相溶，并在成型过程中不发生分解。

常用的稳定剂有光屏蔽剂（碳黑）、紫外线吸收剂（水杨酸苯酯等）、能量转移剂（含Ni或Co的络合物）、热稳定剂（硬脂酸铅等）、抗氧剂（酚类化合物，如抗氧剂2246、CA、330等）。

（七）固化剂和固化促进剂

固化剂又称硬化剂，是调节和促进固化反应的单一物质或混合物，使合成树脂中的线性分子结构交联成体型分子结构，从而使树脂具有热固性。

固化剂的种类很多，通常随塑料的品种及加工条件不同而异，如环氧树脂常用的固化剂有胺类（乙二胺、间苯二胺）、酸酐类（邻苯二甲酸酐、顺丁烯二酸酐），热塑性酚醛树脂常用的固化剂为乌洛托品（六亚甲基四胺）。

（八）其他添加剂

为使塑料具有某种特定的性能或满足某种特定的要求而掺入的其他添加剂。如掺入抗静电剂（季胺盐类），可使塑料安全，不易吸尘；掺入发泡剂（异氰酸酯或某些偶氮化合物）可制得泡沫塑料；掺入阻燃剂（某些卤化物、磷化物）可阻滞塑料制品的燃烧，并使之具有自熄性；掺入香酯类物品，可制得经久发出香味的塑料。

二、塑料的特性

与传统建筑材料相比，塑料具有以下许多优异特性：

（1）质量轻、比强度高。塑料的密度为0.9～2.2 g/cm^3，是铝的1/2，是混凝土的1/3，是钢材的1/8～1/4，而塑料比强度比金属高，使用建筑塑料可以大大减轻建筑物的自重。

（2）成本低、加工方便。塑料可以采用多种方法模塑成型，切削加工。虽然其制品的品种多,如薄膜、板材、管材、门窗以及一些复杂的异型材,但是可塑性强,成型温度和压力容易控制,工序简单,设备利用率高,成本低,适合大规模机械化生产,产品结构调整方便,规模效应显著。

(3)优异的装饰性能。现代化的塑料加工技术可以把塑料加工成装饰性优异的各种建筑制品。塑料可以着色,还可以印刷和压花。印刷图案可以模仿天然材料和仿古花纹,压花制品的表面产生立方体质感。此外,塑料还有烫金和电镀等装饰方法。

(4)优良的抗化学腐蚀性。塑料对酸、碱、盐及水等都有较高的化学稳定性,经过适当配方的建筑塑料的使用寿命也高于传统材料。

(5)电绝缘性能好。大多数塑料具有优良的电绝缘性,在电器线路、控制开关、电缆等方面应用广泛,并逐步取代陶瓷、橡胶等其他绝缘材料。

(6)减振、吸声和隔热性好。泡沫塑料具有较好的减振、吸声和隔热性。

(7)经济合理、低能耗、高价值。①塑料生产的能耗低于传统材料,塑料生产所消耗的能量在63~188 kJ/m^3 范围内,而钢材为316 kJ/m^3,铝材为617 kJ/m^3。②在使用过程中具有节能效果。塑料窗隔热性好,代替钢铝窗可节省空调费用;产业管内壁光滑,输水能力比白铁管高30%。③维修保养费低,有的甚至不需要保养。④施工费用低。塑料重量轻,安装施工方法简单,施工费用节省。

(8)耐老化性差。塑料受环境中空气、阳光、热、离子辐射、应力等能量作用,氧气、空气、水分、酸碱盐等化学物质作用和霉菌等生物作用,其组成成分和结构发生如分子降解(大分子链裂解,使高聚物强度、弹性、熔点、黏度降低)、交联(使高聚物变硬、变脆)、增塑剂迁移、稳定剂失效等一系列物理化学反应,从而使塑料变硬、变脆、龟裂、变色乃至破坏、丧失使用功能。

(9)可燃性差别大。塑料在燃烧中消耗空气中的氧气,生成二氧化碳、一氧化碳、三氧化硫、氢氰酸、苯酚、双偶氮丁二腈、氯气、氯化氢等气体,因而烟气的产生、扩散、流动,会充满或弥漫房屋空间,引起窒息,使人死亡。

(10)毒性。纯树脂对生物是无害的,但合成树脂的工艺受到破坏时,剩余的单体或低分子量的物质对健康可能造成危害。生产塑料时加入的增塑剂、固化剂等低分子量物质大多数都危害健康。液体树脂基本上都是有毒的,但完全固化的树脂则基本上无毒。当采用塑料制品做饮用水的设备时,应认真进行卫生处理。

(11)塑料是由石油炼制的产品制成的,石油资源是有限的。

(12)塑料无法被自然分解。

(13)回收利用废弃塑料时,分类十分困难,而且经济上不合算。

三、塑料的分类

(一)按使用特性分类

塑料按使用特性分为通用塑料、工程塑料和特种塑料。

1.通用塑料

通用塑料是指产量大、用途广、成型性好、价格便宜的塑料。通用塑料有五大品种,即聚乙烯(PE)、聚丙烯(PP)、聚氯乙烯(PVC)、聚苯乙烯(PS)及丙烯腈-丁二烯-苯乙烯共聚合物(ABS)。

2. 工程塑料

工程塑料是指能承受一定外力作用,具有良好的机械性能和耐高、低温性能,尺寸稳定性较好,可以用做工程结构的塑料,如聚酰胺、聚砜等。

工程塑料又分为通用工程塑料和特种工程塑料两大类。

3. 特种塑料

特种塑料是指具有特种功能,可用于航空、航天等特殊应用领域的塑料。如氟塑料和有机硅具有突出的耐高温、自润滑等特殊功用,增强塑料和泡沫塑料具有高强度、高缓冲性等特殊性能。

(二)按理化特性分类

塑料按理化特性分为热塑性塑料和热固性塑料。

1. 热塑性塑料

热塑性塑料是指加热后会熔化,可流动至模具冷却后成型,再加热后又会熔化的塑料,即可运用加热及冷却,使其产生可逆变化(液态←→固态)。

2. 热固性塑料

热固性塑料是指在受热或其他条件下能固化或具有不溶(熔)特性的塑料,如酚醛塑料、环氧塑料等。

(三)按加工方法分类

根据各种塑料不同的成型方法,可以分为膜压塑料、层压塑料、注射塑料、挤出塑料、吹塑塑料、浇铸塑料和反应注射塑料等多种类型。

膜压塑料多为物性和加工性能与一般固性塑料相类似的塑料;层压塑料是指浸有树脂的纤维织物,经叠合、热压而结合成为整体的材料;注射塑料、挤出塑料和吹塑塑料多为物性和加工性能与一般热塑性塑料相类似的塑料;浇铸塑料是指能在无压或稍加压力的情况下,倾注于模具中能硬化成一定形状制品的液态树脂混合料;反应注射塑料是用液态原材料,加压注入模腔内,使其反应固化成一定形状制品的塑料。

四、常用的建筑塑料及其制品

(一)工程中常用的建筑塑料

1. 聚乙烯塑料(PE)

聚乙烯是由乙烯($CH_2=CH_2$)加成反应聚合制得的一种热塑性树脂。

聚乙烯无臭,无毒,手感似蜡,具有优良的耐低温性能(最低使用温度可达 $-70\sim-100$ ℃),化学稳定性好,能耐大多数酸碱的侵蚀(不耐具有氧化性质的酸),常温下不溶于一般溶剂,吸水性小,电绝缘性能优良。但聚乙烯对于环境应力(化学与机械作用)很敏感,耐热老化性差。

聚乙烯用途十分广泛,主要用来制造薄膜、容器、管道、单丝、电线电缆、日用品等,并可作为电视、雷达等的高频绝缘材料。

2. 聚氯乙烯塑料(PVC)

聚氯乙烯是由氯乙烯单体聚合而成的。其化学稳定性好,抗老化性能好。聚氯乙烯具有阻燃(阻燃值为40以上)性、自熄性、耐化学药品性高(耐浓盐酸、浓度为90%的硫酸、浓度为60%的硝酸和浓度为20%的氢氧化钠)、机械强度及电绝缘性良好的优点。但其耐热性较差,软化点为80 ℃,于130 ℃开始分解变色,并析出HCl。通常的使用温度为60~80 ℃以下。

根据增塑剂的掺量不同,可制得软、硬两种聚氯乙烯塑料,其中硬聚氯乙烯塑料约占市场的2/3,软聚氯乙烯塑料约占1/3。软聚氯乙烯塑料很柔软,有一定的弹性,可以作地面材料和装饰材料,可以作为门窗框及制成止水带,用于防水工程的变形缝处。硬聚氯乙烯塑料有较高的机械性能和良好的耐腐蚀性能、耐油性和抗老化性,易焊接,可进行黏结加工。其主要用于生产人造革、薄膜、电线护套等塑料软制品,供水管道,家用管道,房屋墙板,商用机器壳体,电子产品包装,医疗器械,食品包装,快艇护舷,也可生产板材、门窗和阀门等塑料硬制品。

3. 聚甲基丙烯酸甲脂(PMMA)

聚甲基丙烯酸甲脂又称有机玻璃,俗称压克力,是透光率最高的一种塑料(可达92%),因此可代替玻璃,而且不易破碎,但其表面硬度比无机玻璃差,容易划伤。如果在树脂中加入颜料、稳定剂和填充料,可加工成各种色彩鲜艳、表面光洁的制品。

有机玻璃机械强度较高,耐腐蚀性、耐气候性、抗寒性和绝缘性均较好,成型加工方便。其缺点是质脆、不耐磨、价格较贵,可用来制作广告牌、灯箱、展览台、橱窗、透明屋面、防震玻璃、室内装饰及浴室隔断。如图8-1所示为招牌看板。

图8-1 招牌看板

4. 酚醛树脂(PF)

酚醛树脂是由苯酚和甲醛在酸性或碱性催化剂的作用下缩聚而成的,多具有热固性。其优点是易溶于醇,不溶于水,对水、弱酸、弱碱溶液稳定,黏结强度高,耐光,耐热,耐腐蚀,电绝缘性好,但质脆。加入填料和固化剂后可制成酚醛塑料制品(俗称电木),因选用催化剂的不同,可分为热固性塑料和热塑性塑料两类。其主要用于生产压塑粉、层压塑料,制造清漆或绝缘、耐腐蚀涂料,制造日用品、装饰品,制造隔声、隔热材料等及常见的高压电插座、家具塑料把手、压层板等。

5. 脲甲醛树脂(UF)

脲甲醛树脂又称脲醛树脂,是尿素与甲醛反应得到的聚合物。加工成型时发生交联,制品为不溶不熔的热固性树脂。固化后的脲醛树脂呈半透明状,无毒、无色、耐光性好,长期使用不变色,热成型时也不变色,可加入各种着色剂以制备各种色泽鲜艳的制品,且坚硬,耐刮伤,耐弱酸、弱碱及油脂等介质,价格便宜,具有一定的韧性。其缺点是易于吸水,因而耐水性和电性能较差,耐热性也不高。

脲醛树脂的用途相当广泛,除用做模压塑料、层压塑料、泡沫塑料外,还可用于制作水溶性板材黏合剂,以粘接木材,做贴面板、建筑装饰板,也可用做织物的防缩防皱处理剂,用做纸张的罩光漆,以提高纸张的湿强度。

6. 不饱和聚脂树脂(UP)

不饱和聚脂树脂是在激发剂作用下,由二元酸或二元醇制成的树脂与其他不饱和单体聚合而成。

7. 环氧树脂(EP)

环氧树脂泛指分子中含有两个或两个以上环氧基团的有机高分子化合物,多以多环氧氯丙烷和二烃基二苯基丙烷为主原料制成。它因热和光合作用起反应,便于储存,是很好的黏合剂,黏结作用较强,耐侵蚀性也较强,稳定性很高,在加入硬化剂之后,能与大多数材料胶合。

固化后的环氧树脂具有良好的物理化学性能,它对金属和非金属材料的表面具有优异的黏结强度,介电性能良好,收缩率小,制品尺寸稳定性好,硬度高,柔韧性较好,对碱及大部分溶剂稳定,因而广泛应用于国防、国民经济各部门,用于浇注、浸渍、层压料、黏结剂、涂料等用途。

(二)建筑工程中常用的塑料制品

1. 塑料地板

塑料地板是发展最早、最快的建筑装修塑料制品,其装饰效果好,色彩图案不受限制,仿真,施工维护方便,耐磨性好,使用寿命长,具有隔热、隔声、隔潮的功能,脚感舒适暖和。目前,我国塑料地板大都采用 PVC(聚氯乙烯)树脂,使用年限 20 年左右。按形状分块状和卷状,按材性分硬质、半硬质和软质,硬质和软质塑料地板如图 8-2 所示。聚氯乙烯块状地板有单层和同质复合两种。其规格为 300 mm × 300 mm,厚度为 1.5 mm。每块地板面积为 0.09 m^2,块状地板损耗率为 2%。

软质塑料卷材地板俗称地板革,其产品标志为:产品名称 - 代号 - 总厚度 - 幅宽 - 标准号,其中,代号 FB 为带基材的发泡聚氯乙烯卷材地板,代号 GB 为带基材的致密聚氯乙烯卷材地板。

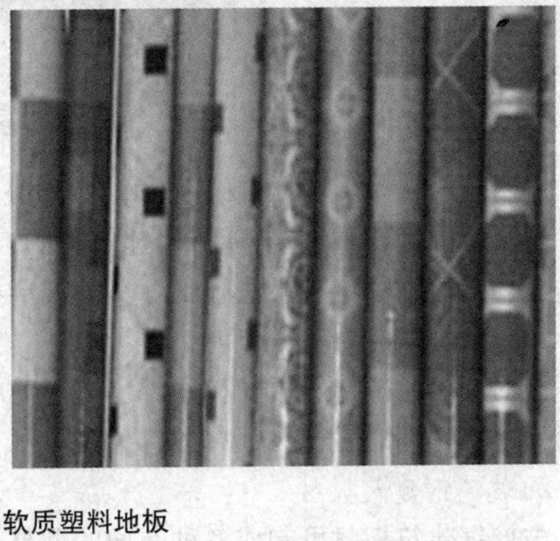

图 8-2　硬质和软质塑料地板

如聚氯乙烯卷材地板 - FB - 2.0 - 1800 - GB 11982.1—2005 表示:厚度为 2.0 mm、幅宽为 1 800 mm 的带基材的发泡聚氯乙烯卷材地板。软质塑料卷材地板规格为每卷 20 m 或 30 m,宽度 1 800 或 2 000 mm,总厚度 1.5 mm(家用)或 2.0 mm(公共场所)。其测试项目有外观尺寸规格、体积密度、吸水率、抗拉强度、延伸率、耐磨性、抗冲击性、耐陷性、阻燃性、硬度。

塑料地板表面压成凹凸花纹，吸收冲击力好，防滑，耐磨。在使用过程中要注意：定期打蜡；避免用大量的水拖地，特别是要避免热水、碱水和底板接触，以免影响黏结强度或引起变色、翘曲等；避免硬质刻划；脏污后用稀的肥皂水和用布擦洗痕迹，还可用少量汽油擦洗；不能接触热物体；家具要垫脚；避免长期阳光照射；更换时，必须在黏结 24 h 后再正常使用。

2. 塑料壁纸

塑料壁纸是由基底材料（纸、麻、棉布、丝织物、玻璃纤维）涂以各种塑料，加入颜料经配色印花而成的。塑料壁纸强度较好，耐水可洗，装饰效果好，施工方便，成本低。目前，广泛用做内墙、天花板等的贴面材料。

塑料壁纸的种类有普通壁纸（单色压花壁纸、印花压花壁纸、有光印花墙纸和平光印花墙纸）、发泡墙纸、特种墙纸（如防水、耐水、彩色砂粒等品种）。

普通壁纸是以 80 g/cm^2 的纸作基材，涂塑 100 g/cm^2 左右聚氯乙烯糊树脂，经压花、印花而成；发泡壁纸是以 100 g/cm^2 的纸作基材，涂塑 300～400 g/cm^2，掺有发泡剂，再加热发泡而成。

3. 塑料装饰板材

建筑用塑料装饰板材主要用做护墙板、层面板和平顶板，此外有夹芯层的夹芯板可用做非承重墙的墙体和隔断。如图 8-3 所示为停车场入口处的遮阳板。

图 8-3　停车场入口处的遮阳板（聚碳酸脂）

塑料装饰板材重量轻，能减轻建筑物的自重。塑料护墙板可以具有各种形状的断面和立面，并可任意着色，干法施工。其分波形板、异形板、格子板和夹层墙板。

1）硬质聚氯乙烯建筑板材

硬质聚氯乙烯建筑板材在国外已运用 30 多年了，其耐老化性好，具有自熄性。其有波形板、异形板和格子板三种形式。

2）玻璃钢建筑板材

玻璃钢建筑板材可制成各种断面的型材或格子板。与硬质聚氯乙烯板材相比，其抗冲击性能、抗弯强度、刚性都较好。此外，它的耐热性、耐老化性也较好，热伸缩性较小，其透光性相近。其用做屋面采光板时，室内光线较柔和。应该注意的是，如果成型工艺控制不好，从外观上看表面会粗糙不平。

3）夹层板

硬质聚氯乙烯建筑板材和玻璃钢建筑板材都是单层板，只能贴在墙上起维护和装饰作用。复合夹层板则具有装饰性和隔声、隔热等墙体功能。用塑料与其他轻质材料复合制成的复合夹层墙，重量轻，是理想的轻板框架结构的墙体材料。

4. 塑料门窗

塑料门窗是以改性硬质聚氯乙烯（PVC）为主要原料，以轻质碳酸钙为填料，并加入适量各种添加剂，经混炼、挤出成型为内部带有空腔的异形材，以此塑料为门窗框材，经切割、组装而成的。

美国研制出以玻纤板为面层的塑料门，聚氨酯绝缘性能为木质门的4倍，在视觉和触觉上一般与木质门相同。我国塑料门窗在型材生产、窗型设计、型材断面设计、型材组装、安装应用等方面与国外还是有一定距离的。如图8-4所示为塑料门窗型材截面。

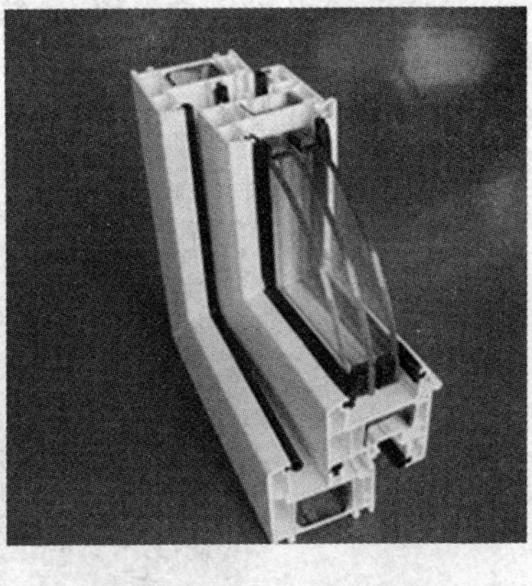

图8-4　塑料门窗型材截面

PVC门窗的颜色有白色（W）、其他色（O）、双色（WO）。门窗的玻璃为：一层（A）、二层（B）、三层（C）、中空玻璃（K）。

塑料门窗的技术特性优良，封闭性能好，气密性、水密性、隔热节能效果好，轻质高强，开启力小，不用涂料，外观不变，耐腐蚀，型材断面大，内部充满空气后被分隔成小空腔，隔声量可达25～40 dB。

5. 塑料管道

2000年，全国塑料管道需求量为40万t（其中33万t为排水管，7万t为给水管），到2010年，全国塑料管道需求量达到100万t，其品种包括塑料给水管、电线导管、冷热水管、燃气管等。

国家建设部，自2000年6月1日起，在城镇新建住宅中，已禁止将冷镀锌钢管用于室内给水管道，推广应用铝塑复合管、交联聚乙烯管、无规共聚聚丙烯管等新型管材。如图8-5所示为交联聚乙烯管。

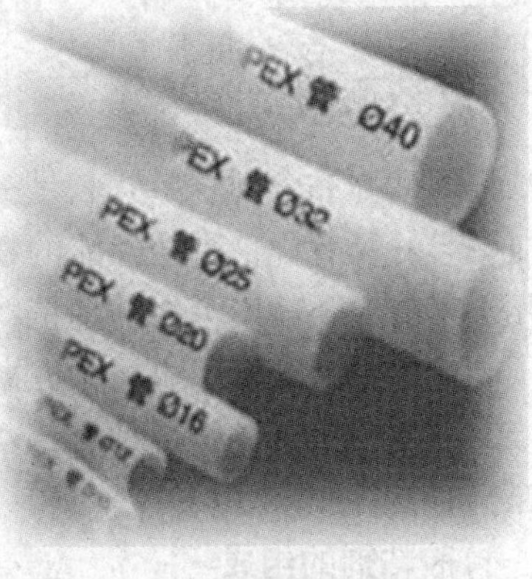

图8-5　交联聚乙烯管

工程中常用类型有硬质聚氯乙烯（UPVC）管、聚乙烯（PE）管、三型聚丙烯（PP－R）管、交联聚乙烯（PEX）管、塑复合（PAP）管。

英国成功地在防腐管道方面采用了金属管内套塑料管的新技术，据称采用此种方法可节省费用40%左右；美国采用的ABS塑料包泡沫塑料管（即管壁芯为泡沫塑料）价格比密实性ABS塑料管价格低25%，其在非压力管中得到广泛应用。

第三节 建筑胶粘剂

自20世纪60年代以后，我国开始生产酚醛树脂、环氧树脂、合成橡胶、醋酸乙烯乳液、聚乙烯醇缩甲醛等，70年代开始生产苯丙乳液、乙烯醋酸乙烯乳液、聚氨酯树脂等，90年代开始生产硅酮密封胶、聚硫密封胶等。由于合成胶粘剂资源广泛、性能优异、施工简便，因而在我国建筑装饰、结构加固、防水密封以及防腐工程中被广泛采用，生产量逐年上升。20世纪80年代初我国胶粘剂产量仅为10万t，其中建筑胶粘剂占15%；1996年达到133万t，其中建筑胶粘剂占25%左右；2000年达200万t，其中建筑胶粘剂约占34%。合成胶粘剂占整个胶粘剂的比重也由20世纪70年代的75%上升到1998年的85%以上。我国除个别胶种（如建筑结构密封胶、乙烯醋酸乙烯可再分散粉等）仍需进口外，国产胶粘剂基本上能够满足建筑业的使用要求。如图8-6所示为日本越信胶粘剂。

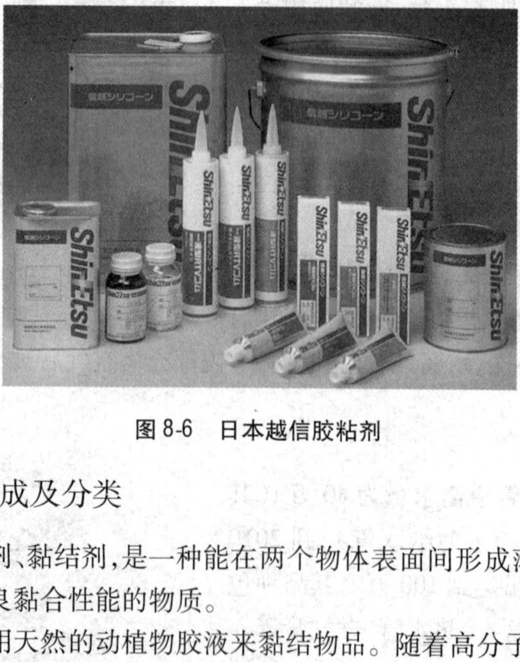

图8-6 日本越信胶粘剂

一、胶粘剂的组成及分类

胶粘剂又称黏合剂、黏结剂，是一种能在两个物体表面间形成薄膜，并能把它们紧密黏结在一起的具有优良黏合性能的物质。

几千年前人类就用天然的动植物胶液来黏结物品。随着高分子材料的发展和建筑结构向预制化、装配化、施工机械化方向的发展，胶粘剂越来越广泛地应用于建筑构件、材料的连接。使用胶粘剂黏结各种材料、构件等具有工艺简单、省工省料、接缝处应力分布均匀、密封和耐腐蚀等优点。

（一）胶粘剂的组成

1. 黏料

黏料是胶粘剂的基本组成物质，也称基料，它使胶粘剂具有黏结特性。黏料一般由一种或几种聚合物配合组成。用于结构受力部位的胶粘剂以热固性树脂为主，用于非结构和变形较大部位的以热塑性树脂和橡胶为主。

2. 固化剂与硫化剂

固化剂用于热固性树脂，使线型分子转变为体型分子；硫化剂用于橡胶，使橡胶形成网型结构。

3. 填料

加入填料可以改善胶粘剂的性能（如强度、耐热性、抗老化性、固化收缩率等），可降低胶粘剂的成本。

4. 稀释剂

稀释剂用于调节胶粘剂的黏度，增加胶粘剂涂敷浸润性。稀释剂有活性和非活性两种，前者参与固化或硫化反应，后者只起到稀释作用。一般情况下，稀释剂的用量越大，黏结强度越低。

此外，为使胶粘剂具有更好的性能或某些特殊性能，还可加入其他添加剂，如增塑剂、增韧剂、防霉剂、防腐剂等。

（二）胶粘剂的分类

1. 按基料的组成分类

胶粘剂按基料的组成分为有机胶粘剂和无机胶粘剂两大类。

其中，有机胶粘剂又可分为天然和合成两类。天然类包括植物胶（淀粉、松香、生漆等）、动物胶（虫胶、鱼胶、骨胶等）和矿物胶（沥青胶、地蜡胶等）；合成类包括热塑性树脂型（聚醋酸乙烯酯、聚乙烯醇缩醛、聚酰胺等）、热固性树脂型（环氧、酚醛、脲醛、不饱和聚酯、有机硅等）、橡胶型（丁苯橡胶、氯丁橡胶、再生胶等）和混合型（酚醛－环氧、环氧－丁腈、环氧－聚酰胺等）。

无机胶粘剂包括硅酸盐类（硅酸钠、硅酸钾等）、磷酸盐类（磷酸氧化铜胶粘剂）、硼酸盐类和玻璃陶瓷及其他低熔点胶等。

2. 按用途分类

胶粘剂按用途分为结构型胶粘剂、非结构型胶粘剂和特种胶粘剂。

（1）结构型胶粘剂。其胶结强度高，至少与被粘物本身的材料强度相当。一般剪切强度大于 15 MPa，不均匀扯离强度大于 3 MPa，如环氧树脂胶粘剂。

（2）非结构型胶粘剂。其有一定的胶结强度，但不能承受较大的力，如聚醋酸乙烯酯等。

（3）特种胶粘剂。其是指能满足某种特殊性能和要求的胶粘剂。根据不同用途的需要，可具有导电、导磁、耐腐蚀、耐高温、耐超低温、厌氧、光敏、防腐等特性。

3. 按固化条件分

胶粘剂按固化条件可分为室温固化胶粘剂、低温固化胶粘剂、高温固化胶粘剂、光敏固化胶粘剂、电子束固化胶粘剂等。

二、常用的建筑胶粘剂

（一）聚醋酸乙烯（PVAC）胶粘剂

聚醋酸乙烯乳液胶粘剂俗称白乳胶，是由醋酸乙烯乳液聚合而成的。其无毒、无味，黏结强度高，常温下固化速度快，但耐水性和耐热性差。聚醋酸乙烯胶粘剂可单独使用，也可与水泥、羧甲基纤维素等复合使用，常用做非结构型胶粘剂，黏结各种非金属材料，如木材、塑料壁纸、陶瓷饰面材料等，还可配置乳液涂料、乳液腻子等。

（二）环氧树脂（ER）胶粘剂

环氧树脂是指分子结构至少含有两个环氧基的线性高分子化合物。凡以环氧树脂为基料配置的胶粘剂都称为环氧树脂胶粘剂，目前应用最多的是由二酚基丙烷（简称双酚A）与环氧氯丙烷在碱性催化剂作用下缩聚而成的双酚A环氧树脂，它在加入固化剂前是热塑性的，固化后是热固性的。

环氧树脂胶粘剂与金属、木材、塑料、橡胶、混凝土等均有很高的黏结力，有万能胶之称。其黏结强度高，收缩率小（约2%），有较好的稳定性和电绝缘性，能在室温至高温（150～180 ℃）条件下用不同的固化剂固化。但其固化后脆性较大，耐热性、耐紫外线较差，抗冲击强度较低，这些缺点可通过加入不同的添加剂来改善。

环氧树脂胶粘剂不仅用做结构胶粘剂，黏结金属、陶瓷、玻璃、混凝土等多种材料，还可用于混凝土构件补强、裂缝修补、配置涂料及防水、防腐材料等。

（三）丙烯酸酯树脂胶粘剂

丙烯酸酯树脂胶粘剂以丙烯酸树脂为基料配制而成。常用的α－氰基丙烯酸酯胶粘剂为无色透明的液体，黏结力强，固化速度快，胶结表面不必打毛，使用方便，且容易清除。但其耐热性、耐水性差，性脆，不宜大面积黏结。其可用于黏结多种金属和非金属材料，特别是对ABS塑料、有机玻璃、聚苯乙烯等与金属之间的黏结，能得到较为理想的胶结强度。

日常生活中的502胶属于丙烯酸酯树脂胶粘剂。它以α－氰基丙烯酸乙酯为基料，加入少量磷酸三甲酚酯（增塑剂）、有机玻璃粉末（填料）及微量二氧化硫（稳定剂）等拌制而成。其适用于－50～70 ℃范围内各种材料的黏结，但不宜在酸性、碱性水中长期使用，也不宜在高度潮湿及强烈震动的设备上使用。

（四）橡胶胶粘剂

橡胶胶粘剂是以橡胶为基料配制而成的胶粘剂。几乎所有的天然橡胶和合成橡胶都可以用来配制胶粘剂。橡胶胶粘剂富有柔韧性，有优异的耐蠕变、耐挠曲及耐冲击震动等特性，起始黏结性高，但耐热性差。常用的橡胶胶粘剂有氯化天然橡胶胶粘剂、氯丁橡胶胶粘剂、丁苯橡胶胶粘剂、丁腈－氯化胶等。橡胶胶粘剂用于橡胶、金属和非金属等多种材料的黏结。

（五）聚乙烯烃基塑料胶粘剂（ME型热熔胶）

聚乙烯烃基塑料胶粘剂是以EVA（乙烯－醋酸乙烯共聚物）为主体的单组分胶，具有耐酸、耐碱、耐老化、常温固化快、强度高等特点。这是一种固体状热熔型胶粘剂，主要用于聚丙烯、聚乙烯管材、板材的黏结，以及此类塑料与金属的黏结。

第四节　合成橡胶

合成橡胶和塑料、纤维并称三大高分子材料。

根据来源不同，橡胶可以分为天然橡胶和合成橡胶。天然橡胶是从天然产胶植物中制取的橡胶，主要是由三叶橡胶树的乳胶制得的。合成橡胶一般在性能上不如天然橡胶全面，但它具有高弹性、高绝缘性、高气密性、耐油、耐高温或低温等性能，因而广泛应用于工农业、水利、国防、交通及日常生活中。如图 8-7 所示为橡胶坝示意。

图 8-7　橡胶坝示意

合成橡胶是一种在室温下呈高弹状态的高分子聚合物。橡胶经硫化作用后可制成橡皮,橡皮可制成各种橡皮止水材料、橡皮管及轮胎等;橡胶也可作为橡胶涂料的成膜物质,主要用于化工设备防腐及水工钢结构的防护涂料;合成橡胶的胶乳可作为混凝土的一种改性外加剂,以改善混凝土的变形性。

一、合成橡胶的命名

其较为通用的命名法是按国际标准化组织制定的,此法取相应单体的英文名称或关键词的第一个大写字母,其后缀以“橡胶”英文名第一个字母 R 来命名。例如:丁苯橡胶是由苯乙烯与丁二烯共聚而成的合成橡胶,故称 SBR;丁腈橡胶称 NBR;氯丁橡胶称 CR 等。

我国的命名方法:对于共聚物,是在相应单体之后缀以共聚物橡胶,如丁二烯－苯乙烯共聚物橡胶,简称丁苯橡胶;对于均聚物,则在相应单体之前冠以“聚”字,而在聚合物之后缀以“橡胶”,如顺式－1,4－聚异戊二烯橡胶(简称异戊橡胶)及顺式－1,4－聚丁二烯橡胶(简称顺丁橡胶)等。

另外,还有通俗取名法,即取该聚合物除碳氢外的特有元素或基团来命名。如由 α,ω－二氯代烃(或 α,ω－二氯代醚)和多硫化钠形成的橡胶俗称聚硫橡胶,而由异丁烯和少量异戊二烯共聚制得的橡胶常俗称丁基橡胶等。

二、工程中常用的橡胶

工程中常用的橡胶有丁苯橡胶、氯丁橡胶、丁腈橡胶、丁基橡胶、聚胺基甲酸酯橡胶、乙丙橡胶及三元乙丙橡胶等。

(一)丁苯橡胶(SBR)

丁苯橡胶是由丁二烯和苯乙烯共聚制得的,是产量最大、应用最广的通用合成橡胶。其有乳聚丁苯橡胶、溶聚丁苯橡胶和热塑性橡胶。

丁苯橡胶是水泥混凝土的沥青混合料常用的改性剂,可直接用于拌制聚合物混凝土,也可与乳化沥青共混制取改性沥青乳液,用于道路路面和桥面防水层。丁苯橡胶对水泥混凝土的强度、抗冲击和耐磨性等均有改善,对沥青混凝土的低温抗裂性有明显提高,对高温稳定性亦有适当改善。

(二)氯丁橡胶(CR)

氯丁橡胶是以氯丁二烯为主要原料,通过均聚或少量其他单体共聚而成的。其抗张强度高,耐热、耐光、耐老化性能优良,耐油性能优于天然橡胶、丁苯橡胶。具有较强的耐燃性和优异的抗延燃性,其化学稳定性较高,耐水性良好。其缺点是电绝缘性能、耐寒性能较差,生胶在储存时不稳定。

氯丁橡胶用溶剂法掺入沥青或氯丁乳胶与乳化沥青共混,均可用于制备路面沥青混合料,也可作为桥面或高架路面的防水层。

(三)丁腈橡胶(NBR)

丁腈橡胶是由丁二烯和丙烯腈经乳液聚合而制得的。其耐油性极好,耐磨性较高,耐热性较好,黏结力强。其缺点是耐低温性和耐臭氧性差,电性能低劣,弹性稍低。

丁腈乳液可与乳化沥青掺合,制成改性沥青乳液。

(四)丁基橡胶(IIR)

丁基橡胶是由异丁烯和少量异戊二烯共聚而成的。其透气率低,气密性优异,耐热、耐臭氧、耐老化性能良好,化学稳定性和电绝缘性也很好。其缺点是硫化速度慢,弹性、强度、黏着性较差。丁基橡胶可作为沥青改性剂。

此外,还有顺丁橡胶、异戊橡胶、异丙橡胶以及特种橡胶,如氟橡胶、硅橡胶、聚氨酯橡胶等。

【工程案例 8-1】 塑钢窗变色原因分析。

现象:2000 年,我国山东、河北、辽宁、吉林、黑龙江等地区对塑钢窗的使用性能进行了一次调查。通过调查发现白色 PVC 型材,有的颜色变化较小,发暗发黄,有的颜色变化较大,呈深灰色、黄灰色,有的出现风化现象,用户反应明显。

分析:塑料制品经过一段时间使用,产生老化现象一直是人们广泛关注和研究的问题。PVC 塑钢窗型材变色问题一方面是自然界光、热、氧、水分以及空气中其他物质综合作用的结果,另一方面与产品配方设计、原材料的组成、工艺的合理性和使用维护等也有关系。

颜色变化较小是正常的光氧化作用,PVC 有降解,产生了共轭双键色团,使 PVC 型材出现变色。表面变为灰色或灰黄色,无光泽,有白色粉末脱落粉化,是配方中 $CaCO_3$ 加入较多,钙塑产品不耐老化所造成的风化;或是配方不合理,塑化不够,没有形成凝胶状态而造成的。稳定剂体系对光老化变色影响较大,铅盐用量过多,促进氧化变色,再加之过硫化物易污染,造成颜色变深,发灰至黑。

【工程案例 8-2】 "水晶楼阁"的隐患。

现象:玻璃幕墙建筑自问世以来,以其自重轻、工期短及外观时尚的特点,受到不少建筑商的青睐,我国幕墙行业从 1983 年起步,现已成为世界第一幕墙生产大国和使用大国。近年来,全国各地陆续发生了一些幕墙玻璃碎裂、坠落事件,"隐形杀手"高悬在城市上空引起国家住房和城乡建设部幕墙门窗标准化技术委员会的重视。

分析：我国玻璃幕墙建筑存在的安全隐患主要是密封胶、密封条、受力构件和雨水渗漏及使用非安全玻璃等。玻璃幕墙平均寿命为25年，配套使用的黏合剂一般10～20年就开始老化，严重的甚至于脱落。以黏合剂固定为主的隐框幕墙的安全更值得重视。用于幕墙的结构硅酮密封胶要求苛刻，不仅要求分子结构稳定，有足够的强度、抗冲击力和抗折强度，良好的延展性、抗水性及耐酸碱性能，而且对氧、臭氧、紫外线都必须稳定，不易被紫外光激活而断裂。结构硅酮密封胶的"老化"研究，幕墙定期的检查、维护、补强工作刻不容缓。

【工程案例8-3】 橡胶坝工程简介。

橡胶坝又称橡胶水闸，是由高分子合成材料建成的一种新型水工建筑物。它是用高强度合成纤维织物作受力骨架，内外涂敷橡胶作保护层，加工成胶布，再将其锚固于底板上成封闭状的坝袋，通过充排管路用水（气）将其充胀形成的袋式挡水坝。坝顶可以溢流，并可根据需要调节坝高，控制上游水位，以发挥灌溉、发电、航运、防洪、挡潮等效益。橡胶坝运用条件与水闸相似，与常规闸坝相比又具有造价低、施工期短、有柔性软壳的坝体结构、抗震抗波浪冲击及止水效果好、维修少、管理方便等特点。

我国1965年开始橡胶坝的研制建设工作，1966年6月建成我国第一座橡胶坝——北京右安门橡胶坝，坝高3.4 m，坝顶长37.6 m。目前，国内橡胶坝最高6 m，单跨最长176 m，多跨最长1 135 m，建于1980年的西藏羊八井橡胶坝海拔4 300多m。

复习思考题

1. 与传统建筑材料相比，建筑塑料有哪些优缺点？
2. 建筑上常用的塑料制品有哪几种？性能如何？
3. 简要说明建筑塑料的基本组成及各组分的作用。
4. 胶粘剂的作用如何？正确选择胶粘剂应注意什么？

第九章　防水材料

学习目标

掌握石油沥青的主要技术性质，熟悉煤沥青和改性沥青的相关概念，了解建筑防水制品的类型和使用等内容。

重点：石油沥青的技术性质、标准及选用。

难点：建筑防水制品在工程中的选用。

防水材料是防止雨水、地下水、工业和民用的给水排水、腐蚀性液体，以及空气中的湿气、蒸汽等侵入建筑物的材料，是对建筑物和构筑物中起着防潮、防漏、保护建筑物和构筑物及其构件不受水侵蚀破坏作用的一类建筑材料。防水材料在建筑、公路、桥梁、水利等土木工程中有着广泛的应用，是土木工程中不可缺少的材料之一。

随着现代科学技术的不断进步，防水材料的品种、数量越来越多。依据防水材料的外观形态，通常分为五大类，即防水卷材、防水涂料、密封材料、刚性防水材料及堵漏止水材料，具体见表9-1。

表9-1　防水材料分类

	系列	种类
防水材料	防水卷材	沥青类防水材料 改性沥青类防水材料 合成高分子防水材料
	防水涂料	乳化沥青类防水涂料 改性沥青类防水涂料 合成高分子类防水涂料 水泥类防水涂料
	密封材料	非定形密封材料 定形密封材料
	刚性防水材料	防水混凝土 防水砂浆 外加剂（防水剂、减水剂、膨胀剂） 注浆堵漏材料
	堵漏止水材料	无机粉状防水堵漏材料类 水溶性及油溶性聚氨酯 橡胶止水带 氰凝

在我国,防水卷材在各类防水材料中的应用仍占主体地位。防水卷材应用比例约为65%;其次是防水涂料,应用比例接近30%;再次是刚性防水材料、瓦类材料、现喷聚氨酯发泡防水保温材料等。改性沥青防水卷材仍是应用最多的品种。

目前,我国建筑防水材料行业各类产品均制定有相应的材料标准,如沥青类防水卷材标准、高分子防水卷材标准、防水涂料标准、无机防水堵漏材料标准、密封材料标准、防水材料试验方法标准等。此外,还有一些工程技术规范对建筑防水材料的使用起到了规范作用,如《屋面工程技术规范》(GB 50345—2004)、《地下工程防水技术规范》(GB 50108—2008)、《硬泡聚氨酯保温防水工程技术规范》(GB 50404—2007)、《屋面工程质量验收规范》(GB 50207—2002)、《地下防水工程质量验收规范》(GB 50208—2002)等。

第一节　石油沥青

石油沥青是石油(原油)经蒸馏等方法提炼出汽油、煤油和柴油等轻质有机混合物后的一种褐色或黑褐色的残留物加工而得到的产品。

一、石油沥青的三组分

石油沥青是由多种高分子碳氢化合物及其非金属衍生物组成的复杂混合物。由于同分异构现象的存在,沥青的众多性质相差很大,造成分析上的困难,但化学元素分析的结果却非常相近。所以,只研究沥青的化学组成并不能反映沥青在物理性质方面的差异。从使用角度出发,将沥青中化学成分极为相似,并且在物理力学性能上有一定关系的成分划分为若干个组,这些组称之为组分。沥青中各种组分相对含量的多少,直接影响沥青的技术性质。

(一)油分

石油沥青中的油分为淡黄色至红褐色的油状液体,在石油沥青中含量为45%~60%,相对密度为700~1 000 kg/m^3,是石油沥青中最轻、物质的相对分子量最小的组分。在较长时间加热至170 ℃时,油分可以挥发。它能溶于大多数有机溶剂,如石油醚、苯、丙酮等,但不溶于酒精。油分是石油沥青具有流动性的主要原因。

(二)树脂(沥青脂胶)

树脂为黄色或黑褐色的黏稠状物质,在石油沥青中含量为15%~30%,相对密度为1 000~1 100 kg/m^3,熔点在100 ℃以内。树脂能溶于大多数有机溶剂,但在酒精和丙酮中溶解度很低。树脂中绝大多数反应为中性反应,属中性树脂。树脂含量越高,石油沥青的品质就越好,黏结性越好,塑性也就越大。

(三)沥青质(地沥青质)

沥青质是由地下原油演变或加工得到的硬而脆的无定形固体物质。沥青质呈深褐色或黑色,在石油沥青中含量为5%~30%,相对密度为1 100~1 500 kg/m^3,是石油沥青中物质相对分子量较高的组分。沥青质能溶解于二硫化碳、氯仿和苯,但不溶于汽油和石油醚。沥青质决定着石油沥青温度的敏感性、黏性,沥青质含量越高,石油沥青的软化点越高,黏性越大,硬度越大;但含量太多,塑性会降低,会变硬变脆。

（四）有害物质

石油沥青中含有2% ~3%的沥青碳和似碳物，是石油沥青中分子量最大的物质，它能降低石油沥青的黏结力。另外，石油沥青中含有一定量的固体石蜡，它会降低石油沥青的黏结性和塑性，使石油沥青对温度变化特别敏感。因此，石蜡也是石油沥青的有害成分之一。

二、石油沥青的技术性能

石油沥青的技术性能包括黏滞性、塑性、温度敏感性、大气稳定性、溶解度、闪点和燃点等。

（一）黏滞性

黏滞性是指沥青在外力作用下抵抗变形的能力，是沥青材料内部阻碍其相对流动的一种特性，是沥青材料软硬、稀稠程度的反映，并且是划分沥青牌号的主要技术指标。各种石油沥青的黏滞性变化范围很大，其大小与石油沥青的组分及温度有关。当沥青质含量较高，同时又有适量树脂，而油分含量较少时，黏滞性较大；在一定温度范围内，当温度升高时，黏滞性随之降低，反之则增大。黏滞性的测试方法有针入度法和标准黏度计法。

1. 针入度法

工程上常用相对黏度（条件黏度）来表示黏滞性，对于黏稠的石油沥青用针入度表示（见图9-1），对液体石油沥青则用黏滞度（标准黏度）表示。针入度反映石油沥青抵抗剪切变形的能力。针入度值越小，表明沥青黏度越大，沥青越硬。针入度是在规定温度（25 ℃）条件下，以规定质量（100 g）的标准针，在规定时间（5 s）内贯入试样中的深度表示，以1/10 mm为1度。

2. 标准黏度计法

我国现行试验法（JTJ 052—2000）规定：测定液体沥青等材料流动状态时的黏度，采用标准黏度计（见图9-2），该试验方法是：液体状态的沥青，在一定温度（20 ℃、25 ℃、30 ℃、50 ℃或60 ℃）的条件下，通过一定孔径（3 mm、4 mm、5 mm和10 mm）的孔口流出50 mL所经历的时间（s），即为其标准黏度。标准黏度表示为 $C_t^d T$，上标 d 代表流孔的直径，下标 t 代表试验温度，T 代表流出时间。如 $C_{25}^5 55$ 即表示试验温度25 ℃、流孔直径5 mm、流出50 mL沥青的时间为55 s。试验温度越高，流孔直径越大，流出时间越长，则表示沥青的黏度越大。

（二）塑性

沥青的塑性是指沥青在受到外力作用时，产生变形而不破坏，去除外力后，仍保持变形后形状的性质。沥青中树脂含量高，则沥青的塑性较大。温度升高时，沥青的塑性增大。塑性小的沥青在低温或负温下易产生开裂。塑性大的沥青能随建筑物的变形而变形，不致产生开裂。塑性大的沥青在开裂后，由于其特有的黏塑性，裂缝可能会自行愈合，即塑性大的沥青具有自愈性。沥青的塑性是沥青作为柔性防水材料的原因之一。

沥青的塑性通常用延度（延伸度或延伸率）作为条件延性指标来表征。沥青的延度采用延伸度仪来测定（见图9-3）。将沥青试样制成8字形标准试件（最小断面1 cm^2），试验温度通常为25 ℃或15 ℃，在规定拉伸速度为5 cm/min条件下，拉断时的长度，以cm

计。在研究中有时测定低温(0 ℃,4 ℃)时的延度,此时拉伸速度为 1 cm/min,应在报告中注明。延度值越大,沥青的塑性越大,防水性越好。

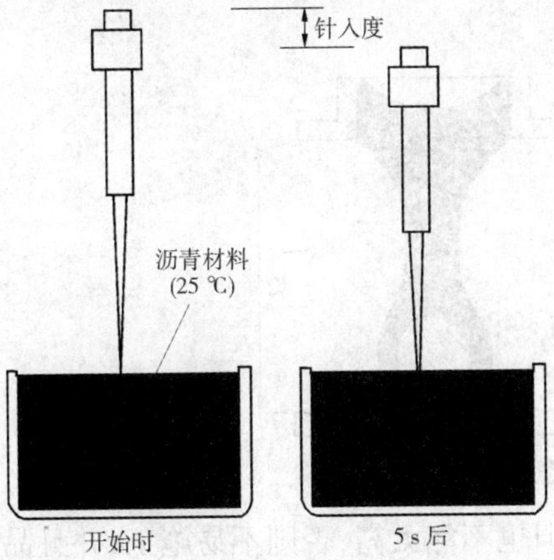

图 9-1 针入度测定示意

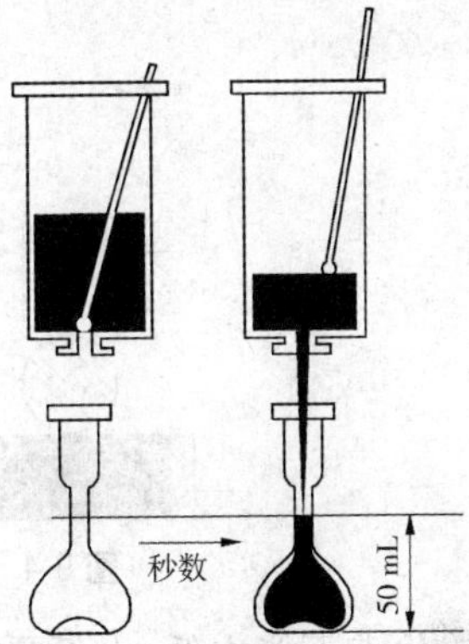

图 9-2 标准黏度测定示意

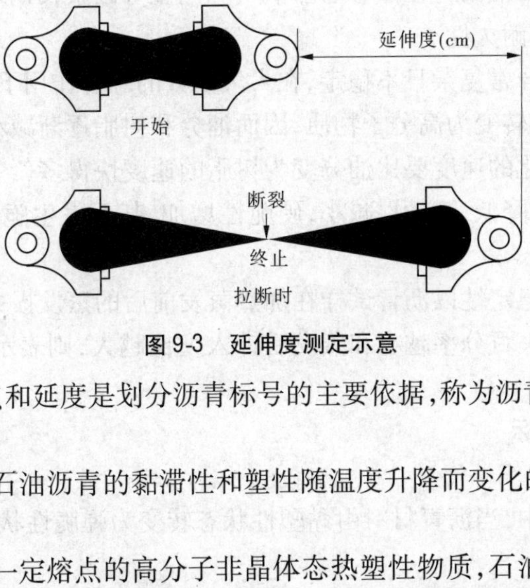

图 9-3 延伸度测定示意

沥青的针入度、软化点和延度是划分沥青标号的主要依据,称为沥青的三大指标。

(三)温度敏感性

温度敏感性是指石油沥青的黏滞性和塑性随温度升降而变化的性能。它是沥青性质的重要指标之一。

沥青是一种没有一定熔点的高分子非晶体态热塑性物质,石油沥青的温度敏感性与沥青质含量和蜡含量有关。当沥青质含量较多时,温度敏感性较小;当蜡含量较多时,温度敏感性较大。在相同的温度变化间隔,各种沥青的黏滞性和塑性变化幅度不同。

工程上要求沥青随温度变化而产生的黏滞性和塑性的变化幅度应较小,即温度敏感性要小。在使用时往往加入滑石粉、石灰料或其他矿物填料,以减小沥青的温度敏感性。建筑工程中宜选用温度稳定性较好的沥青。

温度敏感性用软化点表示。软化点越高,沥青的温度稳定性越好,即表明沥青的耐热性能越好。由于沥青由固态转变为液态有一定的变态间隔,故规定以其中的某一状态作为从固态转变到黏流态的起点,相应的温度称为沥青的软化点。沥青软化点可采用环球法测定,如图 9-4 所示。它是把沥青试样装入规定尺寸(直径约 16 mm、高约 6 mm)的铜环内，试样上放置一标准钢球（直径 9.53 mm、质量 3.5 g），浸入水或甘油中，以规定的升温速度（5 ℃/min）加热，使沥青软化下垂至规定距离（25.4 mm）时的温度，即为其软化点，以摄氏度（℃）计。

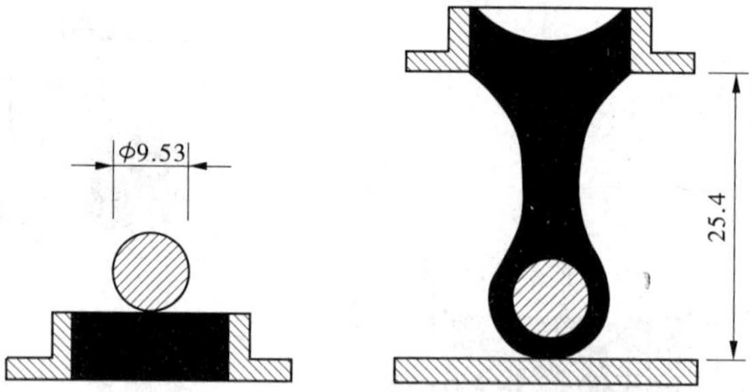

图 9-4　软化点测定示意　（单位：mm）

沥青软化点不能太低，太低夏季熔化发软；但也不能太高，否则不易施工，并且品质太硬，冬季易发生脆裂现象。

（四）大气稳定性

大气稳定性是指石油沥青在热、阳光、氧气和潮湿等因素长期综合作用下抵抗老化的性能，也是沥青材料的耐久性。

沥青的化学组成异常复杂且不稳定，在大气因素的综合作用下，沥青中各组分逐渐转变，低分子化合物逐步转变为高分子物质，因而油分和树脂逐渐减小，而沥青质逐渐增多。由于树脂向沥青质转化的速度要比油分变为树脂的速度快得多（约快 50%），因此石油沥青会随时间发展，塑性降低，流动性减小，硬脆性增加，甚至发生脆裂，这种现象称为石油沥青的老化。

石油沥青的大气稳定性以沥青试样在加热蒸发前后的蒸发损失百分率和蒸发后针入度比来评定。蒸发损失百分率越小和蒸发后针入度比越大，则表示沥青的大气稳定性越好，即老化越慢。

（五）其他技术指标

1. 脆点

在温度下降过程中，当沥青材料由黏塑性状态转变为弹脆性状态的温度，称为脆点。

2. 溶解度

沥青可溶于苯、四氯化碳、三氯乙烯等有机溶剂，当沥青中存在无机杂质时，这些组分不能溶于上述溶剂。因此，溶解度指标可用来检查生产过程是否正常，以及沥青中是否混入无机杂质。

3. 闪点和燃点

沥青加热时，轻质油分挥发的蒸气与周围空气组成混合气体。油分蒸发的浓度随沥青加热温度升高而增大。邻近沥青表面的混合气体遇火后发生闪火时的沥青温度即为闪点。若温度继续升高，遇火后沥青将开始燃烧，燃点是火焰能延续燃烧 5 s 时的沥青温度。沥青的闪点一般在 240 ~ 330 ℃范围内，燃点比闪点高 3 ~ 6 ℃。沥青加热温度应控制在闪点以下，以防止火灾，保证安全生产。

三、石油沥青的技术标准及应用

石油沥青按用途不同分为道路石油沥青、建筑石油沥青和普通石油沥青，由于其应用范围不同，分别制定了不同的技术标准。

（一）石油沥青技术标准

石油沥青的技术指标要求见表9-2和表9-3。其牌号主要根据针入度、延度和软化点等质量指标划分，以针入度值表示。同一品种的石油沥青，牌号越高，沥青越软，则其针入度越大，脆性越小，延度越大，塑性越好，软化点越低，温度敏感性越大。

表9-2　道路石油沥青技术标准（SH/T 0522—2010）

项目		质量指标				
		200号	180号	140号	100号	60号
针入度（25 ℃，100 g，5 s）（1/10 mm）		200～300	150～200	110～150	80～110	50～80
延度（25 ℃）（cm）	不小于	20	100	100	90	70
软化点（℃）		30～48	35～48	38～51	42～55	45～58
溶解度（%）	不小于	99.0				
闪点（开口）（℃）	不小于	180		200		230
密度（25 ℃）（g/cm³）		报告				
蜡含量（%）	不大于	4.5				
薄膜烘箱试验（163 ℃，5 h）						
质量变化（%）	不大于	1.3	1.3	1.3	1.2	1.0
针入度比（%）		报告				
延度（25 ℃）（cm）		报告				

注：如25 ℃延度达不到，15 ℃延度达到，也认为是合格的，指标要求与25 ℃延度一致。

表9-3　建筑石油沥青技术标准（GB/T 494—2010）

项目		质量指标		
		10号	30号	40号
针入度（25 ℃，100 g，5 s）（1/10 mm）		10～25	26～35	36～50
针入度（46 ℃，100 g，5 s）（1/10 mm）		报告[a]	报告[a]	报告[a]
针入度（0 ℃，200 g，5 s）（1/10 mm）	不小于	3	6	6
延度（25 ℃，5 cm/min）（cm）	不小于	1.5	2.5	3.5
软化点（环球法）（℃）	不低于	95	75	60
溶解度（三氯乙烯）（%）	不小于	99.0		
蒸发后质量变化（163 ℃，5 h）（%）	不大于	1		
蒸发后25 ℃针入度[b]（%）	不小于	65		
闪点（开口杯法）（℃）	不低于	260		

(二)石油沥青的应用

建筑石油沥青针入度较小、软化点较高、延度较小。它们主要用于屋面及地下防水、沟槽防水与防腐、管道防腐蚀等工程,还可用于制作油毡、油纸、防水涂料和沥青玛琋脂等建筑材料。建筑沥青在使用时为避免夏季流淌,用于屋面的沥青材料的软化点应比本地区屋面最高温度高20 ℃以上。软化点偏低时,沥青在夏季高温易流淌;而软化点过高时,沥青在冬季低温易开裂。

道路石油沥青的黏度不高,塑性好,容易浸透和乳化,但弹性小,耐热性及温度稳定性差。其主要用于道路路面或车间地面等工程,一般拌制成沥青混合料(沥青混凝土或沥青砂浆)使用。道路石油沥青牌号较多,选用时应注意不同的工程要求、施工方法和环境温度差别。道路石油沥青还可作为密封材料、黏结剂以及沥青涂料等,此时宜选用黏性较大和软化点较高的道路石油沥青。

普通石油沥青含蜡较多,一般含量大于5%,有的高达20%以上(称为多蜡石油沥青),故温度敏感性大,达到液态时的温度与其软化点相差很小。与软化点大体相同的建筑石油沥青相比,其黏性较小,塑性较差,故在建筑工程中不宜直接使用,只能与其他种类石油沥青掺配使用,或者进行适当的改性处理。

四、石油沥青的掺配与稀释

当单独用一种牌号的沥青不能满足工程的耐热性要求时,可以用两种或三种不同牌号的石油沥青掺配使用,但不能与煤沥青相掺。两种石油沥青掺配比例可用下式估算

$$Q_1 = \frac{T - T_2}{T_1 - T_2} \times 100\% \tag{9-1}$$

$$Q_2 = 100 - Q_1 \tag{9-2}$$

式中 Q_1——高软化点石油沥青的用量(%);

Q_2——低软化点石油沥青的用量(%);

T——掺配后的石油沥青的软化点,℃;

T_1——高软化点石油沥青的软化点,℃;

T_2——低软化点石油沥青的软化点,℃。

在实际掺配过程中,按式(9-1)和式(9-2)得到的掺配沥青,其软化点总是低于计算软化点,这是因为掺配后的沥青破坏了原来两种沥青的胶体结构,两种沥青的加入量之间并非简单的线性关系。

如用三种沥青,可先求出两种沥青的配比,然后与第三种沥青进行配比计算,以计算的掺配比例和其邻近的比例(±5%~±10%)进行试配,测定掺配后沥青的软化点,再绘制掺配比—软化点关系曲线,即可从曲线上确定出达到要求的掺配比例。

第二节 煤沥青

煤沥青又称为煤焦油沥青,其主要成分有油分、脂胶、游离碳等,是芳香族碳氢化合物及氧、硫和氮等衍生物的混合物。烟煤在干馏过程中的挥发物质,经过冷凝而成为黑色黏

稠的煤焦油，煤焦油再经分馏加工提取轻油、中油、重油以后，所得的残渣即为煤沥青。根据蒸馏程度不同，煤沥青分为高温沥青、中温沥青和低温沥青三种。建筑上所采用的煤沥青多为黏稠或半固体的低温沥青。

一、煤沥青的的特点

煤沥青和石油沥青外观相似，但由于煤沥青和石油沥青的组分不同，故其性能也不同，主要表现在以下几个方面：

(1)大气稳定性较差。因为含挥发性成分和化学稳定性差的成分较多，如不饱和碳氢化合物，在自然情况下，煤沥青的组成变化较大，易硬脆。

(2)温度敏感性大。因为含可溶性树脂多，由固态（黏稠态）转变为液态（或黏流态）的温度间隔较窄，所以其夏天高温时易软化流淌，而冬天低温时易脆裂。

(3)煤沥青中的酸、碱物质均是表面活性物质且含量较多，所以与矿料表面的黏附力较强。

(4)防腐性好。因为含酚、蒽等有毒物质，具有较强的防腐蚀能力，适用于木材的防腐处理，但因酚易溶于水，故其防水性不及石油沥青。

(5)塑性较差。因为含有较多的游离碳，使用中易因变形而开裂。

煤沥青在储存和施工中要遵守有关安全操作和劳保规定，以防止发生中毒事故。

二、煤沥青与石油沥青的鉴别方法

由于煤沥青和石油沥青的外观和颜色大体相同，使用中根据煤沥青和石油沥青的某些特征，可按表9-4所列方法进行鉴别。

表9-4　煤沥青与石油沥青的鉴别方法

鉴别方法	石油沥青	煤沥青
密度	近似于1.0 g/cm^3	1.25～1.28 g/cm^3
锤击	声哑，有弹性，韧性好	声脆，韧性差
燃烧	烟少，无色，基本无刺激性臭味，无毒	烟多，呈黄色，有刺激性臭味，有毒
溶液比色	用30～50倍汽油或煤油溶解后，将溶液滴于滤纸上，斑点呈棕色	用30～50倍汽油或煤油溶解后，斑点有两圈，内黑外棕

三、煤沥青的应用

煤沥青由于具有很好的防腐能力和良好的黏结能力，可用于配制各种防腐涂料、胶粘剂、防水涂料、油膏以及制作油毡等，适用于地下防水层或作为防腐材料。同时，将石油沥青与煤沥青按适当比例混合可形成一种稳定胶体，称为混合沥青。混合沥青可以综合两种沥青的优点，既提高了石油沥青与矿物材料的黏结性，又提高了煤沥青的大气稳定性及低温塑性，此种沥青已用于高等级公路路面工程。

第三节　改性沥青

建筑上要求使用的沥青应具有一定的性能，即满足工程对沥青的弹性、塑性、黏结强度和稳定性的要求。但石油沥青往往达不到这些要求，为此，在发展各种高性能防水材料的同时，常用矿物填料、橡胶和树脂等对石油沥青进行改性，生产防水卷材、防水涂料和嵌缝油膏等防水制品。

一、矿物填料改性沥青

为降低沥青的温度敏感性，减少沥青的耗用量，通常在沥青中加入一定数量的矿物填充料，以提高沥青的黏性和耐热性，其主要适用于生产沥青胶。常用的矿物填充料有滑石粉、石灰石粉、硅藻土、石棉绒和云母粉等，一般掺量为 20% ~40%。矿物填充料要求有适当的细度，以增大比表面积，增强材料间的吸附作用。

二、树脂改性沥青

用树脂改性沥青，可以增加沥青的耐寒性、耐热性、黏结性和不透气性。树脂改性沥青在生产各种卷材、密封材料和防水涂料等产品时均需应用。

由于石油沥青中含芳香性化合物较少，使得树脂与石油沥青的相溶性较差，故可用的树脂品种较少。常用的树脂有古马隆树脂、聚乙烯（PE）、环氧树脂、聚丙烯（PP）等。目前，性能较优异的改性沥青是 APP、APAO 等改性沥青。

APP 很容易与沥青混溶，并且对改性沥青软化点的提高很明显，耐老化性也很好。它具有发展潜力，在国外应用比较广泛，如意大利 85% 以上的柔性屋面防水采用 APP 改性沥青油毡。

三、橡胶改性沥青

橡胶与石油沥青有较好的相溶性，利用此特性对石油沥青改性，可以获得高温变形很小、低温时具有一定塑性等特点的改性沥青。所用的橡胶有天然橡胶、合成橡胶（氯丁橡胶、丁基橡胶和丁苯橡胶等）和再生橡胶。由于橡胶品种不同，掺入的方法有差异，故各种橡胶沥青的性能也不一样。

（一）氯丁橡胶改性沥青

将氯丁橡胶溶于一定的溶剂（如甲苯）中形成溶液，然后掺入液态沥青中并混合均匀即可得到氯丁橡胶改性沥青。石油沥青中掺入氯丁橡胶后，可使其气密性、低温柔性、耐化学腐蚀性、耐光性、耐臭氧性、耐气候性和耐燃性大大改善。

（二）丁基橡胶改性沥青

丁基橡胶改性沥青具有优异的耐分解性，并有较好的低温抗裂性和耐热性，多用于道路路面工程和制作密封材料与涂料。由于丁基橡胶抗拉强度高，耐热性和抗扭曲性较强，故丁基橡胶改性沥青性能优异。

(三)再生橡胶改性沥青

再生橡胶掺入石油沥青中,能明显提高沥青的气密性、低温柔性、耐光性、耐臭氧性和耐气候性,且价格低廉。废橡胶粉加入到沥青中,可提高沥青的软化点,降低沥青的脆化点,废旧橡胶的掺量视需要一般为 3% ~15% 。再生橡胶改性沥青可以制成防水卷材、密封材料、胶粘剂和涂料等多种制品。

(四)SBS 改性沥青

SBS 是热塑性丁苯橡胶,兼有橡胶和塑料的特性。其在常温下具有橡胶的弹性,当温度升到 180 ℃时,易于加工,且有多次可塑性。SBS 改性沥青的耐高温性能和耐低温性能均有明显的提高,制成的卷材弹性和耐疲劳性也大大提高,是目前世界上应用最成功和用量最大的沥青改性材料之一。SBS 改性沥青主要用于制作防水卷树,也可用于制作防水涂料等。

四、橡胶和树脂共混改性沥青

将橡胶和树脂同时用于沥青改性,使沥青兼有橡胶和树脂的特性,两者有较好的混溶性,且树脂比橡胶便宜,故能取得较满意的综合技术效果。配制时采用的原料品种、配比、制作工艺不同,可以得到多种性能各异的沥青改性产品,主要有卷材、片材、密封材料和防水涂料等。

第四节　建筑防水制品

防水是为防止水对建筑物某些部位的渗透而从建筑材料上和构造上所采取的措施,是保证建筑工程发挥其正常功能和寿命的一项重要措施。

建筑防水制品多使用在屋面、地下建筑、建筑物的地下部分和需防水的内室和储水构筑物中等,具有防潮、防渗、防漏的功能,避免外界水分侵蚀基材,保证基材良好的工作性。建筑防水制品的好坏直接影响到人们的居住环境、生活质量和建筑物的寿命。

目前,我国的建筑防水制品发展迅速,由采用传统的沥青基防水材料向采用高聚物改性的防水材料和合成高分子防水材料发展,克服了传统的卷材防水多用热操作法,劳动强度大,不安全,操作人员易被烫伤,而且污染环境的缺点;在防水设计方面,由过去的单一材料向不同性能的复合材料应用发展;在施工方面,则由热熔法向冷贴法过渡。

一、防水卷材

(一)沥青基防水卷材

凡用原纸、玻璃布、石棉布、棉麻织品、无纺布等胎料浸渍或涂敷石油沥青(或煤沥青)制成的卷状材料称为有胎卷材。将石棉、橡胶粉等掺入沥青材料中,经碾压、硫化、冷却而制成的卷状材料称为无胎卷材。这两种卷材通称为沥青防水卷材。

1. 石油沥青油毡和油纸

采用低软化点沥青浸渍原纸所制成的无涂盖层的纸胎防水卷材称为油纸,当再用高软化点沥青涂盖油纸的两面,并撒布隔离材料后,则称为油毡。油毡按原纸 1 m^2 的质量克数分为200号、350号和500号三种,油纸分为200号和350号两种。目前,建筑工程中常用的有石油沥青油纸、石油沥青油毡和煤沥青油毡三种。200号石油沥青油毡适用于简易防水、临时性防水等,350号和500号油毡适用于屋面工程和水利工程。

纸胎基油毡防水材料存在一些缺点,如抗拉强度及塑性较低,吸水率较大,不透水性较差,并且原纸由植物纤维制成,易腐烂,耐久性较差。目前,已有多种性能良好的新型防水卷材不断涌现,弥补了普通纸胎油毡的不足。

2. 塑性体改性沥青(APP)防水卷材

APP防水卷材是以聚酯毡或玻纤毡为胎基,以APP或聚烯烃类聚合物(APAO)作改性剂,两面覆以隔离材料所制成的防水卷材的统称,其具有抗拉强度大、延伸率高(-50 ℃不龟裂、120 ℃不变形、150 ℃不流淌、老化期长)的优点。其上表面材料分为聚乙烯膜(PE)、细砂(S)与矿物粒(片)料(M)三种,国家标准《塑性体改性沥青防水卷材》(GB 18243—2008)将塑性体改性沥青防水卷材按物理力学性能分为Ⅰ型和Ⅱ型,按不同胎基及上表面材料可分为表9-5所示的6个品种。

表9-5 APP防水卷材品种

上表面材料	胎基	
	PY 聚酯胎	G 玻纤胎
聚乙烯膜	PY-PE	G-PE
细砂	PY-S	G-S
矿物粒(片)料	PY-M	G-M

APP防水卷材尤其适用于高温或有强烈太阳辐照地区的建筑物防水。

3. 弹性体改性沥青(SBS)防水卷材

弹性体改性沥青防水卷材是以聚酯毡或黄麻布为胎基,以SBS热塑性弹性体作改性剂,两面覆以塑料薄膜或砂粒隔离材料所制成的建筑防水卷材,简称SBS防水卷材。其品种与表9-5中的APP防水卷材品种相同,卷材规格也与APP防水卷材相同。

SBS防水卷材具有优良的物理力学性能,其对结构变形有很强的适应性,延伸率可达150%;有效使用温度范围为-38~119 ℃;疲劳循环1万次以上仍无异常;比玻纤胎油毡的耐撕裂强度大15~17倍,耐刺穿性大15~19倍;掺入氯丁黏合剂后可进行冷粘贴施工,也可用汽油喷灯进行常规的热熔施工。

SBS防水卷材适用于寒冷地区和结构变形频繁的建筑物防水。

(二)橡胶基防水卷材

橡胶基防水卷材是以橡胶为主体原料,再加入硫化剂、软化剂、促进剂、补强剂和防老化剂等助剂,经过一系列加工程序而制成的新型防水材料。橡胶基防水卷材是高分子防水卷材中发展最快的一类防水材料,与其他防水材料相比,橡胶基防水材料具有更优异的耐化学腐蚀性、耐水性、耐气候性、弹性、抗拉强度、抗老化性能及较长的使用寿命,所以是目前室外使用的最好的防水卷材。

橡胶基防水卷材是单层防水,其搭接处用氯丁橡胶或聚氨酯橡胶等黏合剂进行冷粘,施工工艺简单。其主要有以下品种。

1. 三元乙丙橡胶(EPDM)防水卷材

三元乙丙橡胶防水卷材是以三元乙丙橡胶为主体制成的,是目前耐老化性能最好的一种卷材,使用寿命可达20年以上。其适用范围非常广,不仅可用于屋面、厨房、卫生间等防水工程,也可用于桥梁、地下室、电站水库、排灌渠道等需要防水的部位。

三元乙丙橡胶防水卷材防水性能虽然很好,但工程造价较高,是普通防水做法造价的2~4倍,但其使用的综合经济效益还是十分显著的。目前,在有些发达国家,其用量已占合成高分子防水卷材总量的60%~70%。

2. 氯丁橡胶防水卷材

氯丁橡胶防水卷材是以氯丁橡胶为主体制成的防水卷材。它的抗拉强度达12.4 MPa以上,延伸率达300%以上。同时,其耐油性、耐日光、耐臭氧、耐气候性等均好。与三元乙丙橡胶防水卷材相比,氯丁橡胶防水卷材除耐低温性稍差外,其他性能基本类似,其使用年限可达20年以上。

3. 丁基橡胶防水卷材

丁基橡胶防水卷材是以丁基橡胶为主体而制成的防水卷材,这种卷材的特点是耐低温性特别好,适用于严寒地区的防水工程及冷库防水工程。

(三)树脂基防水卷材

树脂基防水材料是一种高分子化合物,其以树脂为基料。树脂基防水卷材的主要品种有聚氯乙烯防水卷材、氯化聚乙烯防水卷材等。

1. 聚氯乙烯(PVC)防水卷材

聚氯乙烯防水卷材是以聚氯乙烯树脂为主要原料,掺入一定量改性剂和填充料而制成的柔性防水卷材。其特点是:价格便宜;抗拉强度和断裂延伸率较高,对基层伸缩、开裂、变形的适应性强;低温柔韧性好,可在较低的温度下施工和使用。除在一般工程中使用外,PVC卷材更适用于刚性屋面板、空心板的防水层及旧建筑物混凝土构件屋面的维修,以及有一定耐腐蚀要求的室内地面工程的防水、防渗工程等。

2. 氯化聚乙烯(CPE)防水卷材

氯化聚乙烯防水卷材的主要原料为氯化聚乙烯树脂。聚乙烯经氯化改性后,其耐气候性、耐臭氧性和耐热老化性均明显提高,物理力学性能也得到明显改善。由于氯化聚乙烯防水卷材本身可以制成彩色的,所以除用于防水工程外,还可作为室内装饰材料,兼有防水与装饰双重效果。

(四)橡塑共混基防水材料

橡塑共混基防水材料兼有橡胶和塑料的优点,其弹塑性好,耐低温性能优异。橡塑共混基防水材料的主要品种有聚氯乙烯-橡胶共混型防水卷材、氯化聚乙烯-橡胶共混型防水卷材等。该类防水卷材使用范围很广,可用于各类工程的防水、防潮、防渗等。

二、防水涂料

防水涂料是将一种流态或半流态的物质涂布在基体表面,经溶剂或水分挥发或各组分间的化学反应,形成具有一定弹性的连续薄膜,使基材表面与水隔离,并能抵抗一定的水压力，从而起到防水和防潮作用。

（一）防水涂料的组成和分类

防水涂料根据不同的组分可以分为单组分防水涂料和双组分防水涂料。根据成膜物质的不同可以分为沥青基防水涂料、高聚物改性沥青防水涂料和合成高分子材料防水涂料。根据涂料的介质不同，又可分为溶剂型防水涂料、水乳型防水涂料和反应型防水涂料。

以沥青为主要成分的防水涂料，受沥青性能本身的限制，使用寿命通常较短。目前，应用较为广泛的主要是聚合物改性沥青防水涂料和高分子防水涂料。高分子防水涂料价格较高，但其弹性和防水效果均好，是近年来防水涂料发展的重点。

（二）改性沥青防水涂料

改性沥青防水涂料按其所能溶的介质类型分为溶剂型和乳液型两类：溶剂型的黏结性较好，但污染环境，对人体有害；乳液型的价格较便宜且使用方便，但黏结性差些。从环境角度看，乳液型的防水涂料更容易被人们所接受。

1. 橡胶沥青防水涂料

橡胶沥青防水涂料是以沥青为基料，加入改性材料橡胶和稀释剂及其他助剂等而制成的黏稠液体。其中，以溶剂（苯、甲苯、汽油等）为稀释剂的称为溶剂型涂料，以水为稀释剂的称为水乳型涂料。由于这类涂料无有机溶剂挥发，不污染环境，而且克服了溶剂涂料不能在潮湿基层上直接施工的缺点，因此应用越来越广，适用于基层易开裂的屋面防水层，也可作为木材、金属管道等的防腐涂层。

2. SBS 改性沥青防水涂料

SBS 改性沥青防水涂料有水乳型和溶剂型。水乳型是以石油沥青为基料，添加 SBS 丁苯热塑性弹性体等高分子材料制成的。其可用于较复杂的基层，防水性能好，可冷施工。溶剂型是以石油沥青为基料，添加 SBS 热塑性弹性体作改性剂，配以适量的助剂和防老化剂等制成的。其广泛应用于各种防水工程和防潮工程。

（三）合成高分子防水涂料

合成高分子防水涂料是以合成橡胶或合成树脂为主要成膜物质，加入一定量辅料配制而成的单组分或多组分防水材料，按其形态分为乳液型、溶剂型和反应型。合成高分子防水涂料的主要品种有单组分乳液型硅橡胶防水涂料、双组分反应型聚氨酯防水涂料等。其适用于屋面、地下室、卫生间等防水工程。

1. 硅橡胶防水涂料

硅橡胶防水涂料是以硅橡胶胶乳以及其他乳液的复合物为主要基料，掺入无机填料及各种助剂配制而成的乳液型防水涂料。它具有良好的物理力学性能，且无毒无味，延伸率极高，可达 700%，故抗裂性很好。硅橡胶防水涂料施工时要求对基层表面进行处理，适当打底，以提高涂料对基层的黏结力。其可用于普通材料表面防水或防腐，也可用于修补工程，用于修补时需涂刷四遍。

2. 丙烯酸酯防水涂料

丙烯酸酯防水涂料是以丙烯酸酯共聚乳液为基料配制成的水乳型单组分涂料，其涂膜具有一定的柔韧性、延伸性和耐气候性。其在 $-30\sim80$ ℃范围内性能基本无变化，同时易配制成多种颜色的防水涂料，使防水层兼有装饰和隔热效果，适用于各类建筑防水工程，也可做防水层的维修或保护层。

我国防水涂料发展方向是：以水乳型取代溶剂型，以厚质防水涂料取代薄质防水涂料，以浅色、彩色防水涂料取代深色防水涂料，以多功能复合防水涂料取代单一功能的防水涂料。

三、密封材料

密封材料是指填充在建筑物接缝处及其他缝隙内，具有一定气密性、水密性，同时对构件具有黏结、固定作用的定型材料和非定型材料。

密封材料的应用已有悠久的历史，早期装配门窗玻璃用的油灰及填嵌公路、机场跑道和桥面板接缝用的沥青膏等，都是这类材料。常用的防水密封材料可分为弹性密封膏、弹塑性密封膏及塑性密封膏等三大类，现分别简述如下。

（一）弹性密封膏

目前，弹性密封膏是新型密封材料发展的方向，其主要品种有单组分型和双组分型两大类。单组分型又可分为无溶剂型、溶剂型和乳液型三种。其按基础聚合物的不同分为聚氨酯系、硅酮系、丙烯酸系及聚硫系等系列。

1. 聚氨酯密封膏

聚氨酯密封膏是指以聚氨酯为主要组分，再配加其他组分材料而制成的双组分反应型密封材料，它是目前较好的密封材料之一。

混凝土聚氨酯密封材料具有良好的黏结性，不需要打底，所以聚氨酯密封膏可以用做混凝土屋面和墙面的水平或垂直接缝的密封材料。聚氨酯密封膏更适用于游泳池工程，并且也是公路及机场跑道的补缝、接缝的好材料。

2. 有机硅橡胶（硅酮）密封膏

有机硅橡胶密封膏为线型的聚硅氧烷，或称硅酮。其具有良好的耐气候性、耐久性、耐热性和耐寒性，而且施工时操作方便、毒性小。硅酮密封材料的最大优点是弹性大，拉伸压缩循环性能好。

3. 丙烯酸类密封膏

丙烯酸类密封膏是由丙烯酸类树脂掺入增量剂、增塑剂、分散剂等配制而成的，分为溶剂型和水乳型两种，目前使用的以水乳型为主。丙烯酸类密封材料在一般建材基底（包括砖、砂浆、石、混凝土等）上不产生污渍。它具有优良的抗紫外线性能；延伸率很大，初期固化阶段为200%～600%，经过热老化、气候老化试验后达完全固化时的延伸率为100%～350%；在－34～80 ℃温度范围内均有良好的性能，并具有较好的自密性。

丙烯酸类密封膏主要用于建筑物的屋面、墙板、门、窗嵌缝。由于其耐水性不够好，所以不宜用于长期浸入水中的工程，如堤坝等水下接缝中。丙烯酸类密封材料比橡胶类便宜，属于中等价格及性能的产品。

（二）弹塑性密封膏

1. 氯丁橡胶基密封膏

氯丁橡胶基密封膏是以氯丁橡胶和丙烯系塑料为主要材料，再掺入少量增塑剂、硫化剂、增韧剂、防老化剂、溶剂及填充料等配制而成的一种黏稠的溶剂型膏状体。

氯丁橡胶基密封膏与砂浆、混凝土、铁及石膏板等都有良好的黏结能力，黏结强度为0.1～0.4 MPa。其具有优良的延伸性和回弹性能，延伸率可达500%，恢复率可达69%～90%，用于工业厂房屋面及墙板嵌缝。同时，具有很好的抗老化、耐热和耐低温性能，耐气候稳定性也很好。此种密封膏还有良好的挤出性能，便于施工，在最高气温下施工垂直缝，密封膏不流淌，所以可用于垂直墙面的纵向缝、水平缝及各种异形变形缝。

2. 聚氯乙烯(PVC)嵌缝接缝膏

聚氯乙烯嵌缝接缝膏是以煤焦油和聚氯乙烯树脂粉为基料，按一定比例加入增塑剂、稳定剂及填充料等，在一定温度下塑化而成的弹塑性热施工的膏状密封材料，又称聚氯乙烯胶泥或PVC嵌缝接缝膏。其具有耐热、耐寒、耐腐蚀和抗老化等性能，且表观密度小，原料易得，成本低廉。这种密封材料适用于各种屋面嵌缝或表面涂布作为防水层。聚氯乙烯胶泥除热用外，也可以冷用，冷用时需加溶剂稀释。

3. 塑料油膏

塑料油膏是用废旧聚氯乙烯塑料代替聚氯乙烯树脂粉而制成的，其他原料及生产同聚氯乙烯胶泥，各项性能也与聚氯乙烯胶泥相似，但其成本低、低温柔性好。

(三)塑性密封膏

1. 油膏

使用油膏嵌缝时，缝内应洁净干燥，先涂刷冷底子油一道，待其干燥后再嵌填油膏。同时，油膏表面可加石油沥青、油毡、砂浆、塑料等做覆盖层，以延缓油膏的老化。

2. 止水带

止水带指的是用于全部或部分浇捣于混凝土中的橡胶密封止水带和具有钢边的橡胶密封止水带。GB 18173.2—2000 按止水带的用途分为B类(用于变形缝)、S类(用于施工缝)和J类(用于有特殊耐老化要求的接缝)，三类止水带的拉伸强度分别不低于15 MPa、12 MPa和10 MPa。止水带及止水橡皮断面形状如图9-5所示。

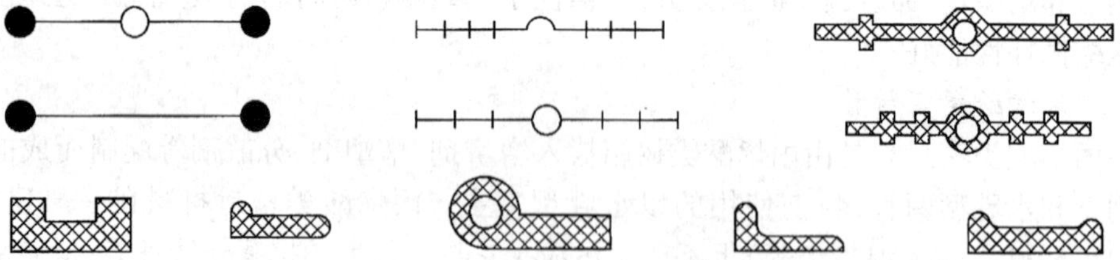

图9-5　止水带及止水橡皮断面形状

3. 遇水膨胀橡胶

遇水膨胀橡胶是指天然橡胶、氯丁橡胶等合成橡胶与水溶性聚氨酯预聚体、丙烯酸钠高分子吸水性树脂等吸水性材料混合而制得的遇水膨胀性防水材料。遇水膨胀橡胶的拉伸强度大于3 MPa，遇水体积膨胀率为150%～600%。其可用于各种环境的止水工程。

【工程案例9-1】　卷材起泡、鼓裂原因分析。

现象：某单层多跨装配式厂房，屋面为1.5 m×6 m预应力混凝土屋面板。要求：屋面板设120 mm厚沥青膨胀珍珠岩保温层，20 mm厚水泥砂浆找平层，二毡三油一砂防水层。保温层、找平层于2000年8月10~30日完成,9月12日开始敷设第一层卷材。第一层卷材敷设2 d后,发现25%卷材起泡,同时找平层也出现不同程度的鼓裂。起泡直径大小不同,最高达60 mm,直径最大4.5 m。

分析:根据当时的天气记录发现,白天平均气温为35 ℃,下午14时屋顶表面温度为48 ℃。通过剥离检查,发现起泡85%以上出现在基层与卷材之间,鼓泡处潮湿、有小水珠,且沥青玛瑶脂少数表面发亮。原因有以下几点:

(1)敷设卷材贴压不实,黏结不牢固,使卷材与基层之间出现少量鼓泡。

(2)卷材与基层黏结不牢固,间隙处存有水分,受到炎热日光照射后,水分蒸发和气体急剧膨胀导致形成鼓泡。

(3)保温层施工用料没有采用机械搅拌,有沥青团,现浇时遇雨又没有采取相应的防雨措施,导致保温层材料含水率较高,并且又采用封闭式现浇保温层,水分、气体受热膨胀,致使找平层不同程度地鼓裂。

复习思考题

1. 石油沥青可分为哪几类?各有什么用途?

2. 建筑石油沥青针入度较小,软化点较高,延伸率较小,主要用于屋面及地下防水等工程。在我国武汉、长沙等地区,沥青屋面温度约达68 ℃,选择什么样的沥青能满足要求?为什么?

3. 煤沥青与石油沥青相比,其性能和应用有何不同?

4. 简述SBS改性沥青防水卷材、APP改性沥青防水卷材的应用。

第十章　木　材

学习目标

通过学习本章内容,应掌握木材的纤维饱和点、平衡含水率、标准含水率和持久强度等概念,理解木材的各向异性、湿胀干缩性以及含水率对木材性质的影响,了解木材的构造、防腐措施以及木材的综合利用。

重点:木材的含水率及对木材性质的影响、防腐措施。

难点:木材的构造、木材的物理力学性能及综合利用。

木材是传统的三大建筑材料之一,具有很多优良的性能,如具有轻质高强、导电导热性低、有较好的弹性和韧性、能承受冲击和振动、易于加工等优点,但天然木材构造不均匀、各向异性、易吸湿变形,且易腐、易燃。由于树木生长周期长,成材不易等,所以在应用中对木材的节约使用和综合利用是十分重要的。

树木通常分为针叶树与阔叶树两大类。树种不同,木材的性质及应用也不同,如表 10-1 所示。

表 10-1　树木的分类和特点

种类	特点	主要用途	常见树种
针叶树	树叶细长,为针状,树干高、直,木质较软,易加工,强度高,胀缩变形小	是工程中主要使用的树种,多用于承重构件、门窗等	松树、杉树、柏树等
阔叶树	树叶宽大,为片状,树干通直,部分较短,木质较硬,不易加工,易胀缩、翘曲、裂缝	常用做内部装饰及次要的承重构件、胶合板等	榆树、桦树、水曲柳等

第一节　木材的基本构造

木材的构造是决定木材性能的主要因素。树种不同,其构造相差很大,通常可从宏观和微观两方面观察。

一、材料的组成

用肉眼或在低倍放大镜下所看到的木材构造和非构造特征称为宏观特征,也称为粗视特征。

木材的宏观特征可通过横切面、径切面和弦切面来观察。横切面是与树干纵轴垂直锯割的切面,径切面是通过髓心的纵切面,弦切面是垂直横切面而与年轮相切的纵切面。

就宏观特征而言,树木可分为树皮、木质部和髓心三个主要部分。木材的宏观构造如图 10-1所示。

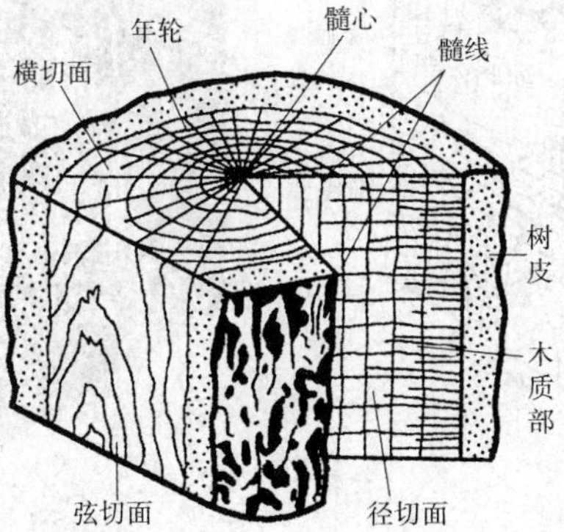

图 10-1　木材的宏观构造

木质部是木材的主体。其构造特征包括年轮、早材(春材)和晚材(夏材)、边材和心材、树脂道、管孔、轴向薄壁组织、木射线和波痕等。

(1)年轮、早材和晚材。从横切面上可以看到:髓心周围一圈圈呈同心圆分布的木质层,称为年轮。年轮由春材和夏材两部分组成。木材的每一年轮内,靠髓心方向材色浅、组织松、材质软的部分是每年生长旺盛时期形成的,称为春材;靠树皮方向材色深、组织密、材质硬的部分是生长后期形成的,称为夏材。夏材所占比例愈大,木材的强度与表观密度就愈大。当树种相同时,年轮稠密均匀者材质较好。

(2)髓心、髓线。在树木的中心由第一年轮组成的初生木质部分称为髓心(又称树心)。其材质松软、强度低、易腐朽开裂。从髓心呈放射状穿过年轮的条纹称为髓线。髓线与周围细胞连接较弱,木材在干燥过程中易沿髓线开裂。

(3)心材与边材。有些树种,靠近髓心周围材色较深,含水率小的部分称心材;心材外围材色较浅的部分含水率大,称为边材。

二、微观特征

在显微镜下看到的木材组织称为微观构造。针叶树和阔叶树的微观构造不同,针叶树马尾松和阔叶树柞木的微观构造分别如图 10-2 和图 10-3 所示。

在显微镜下可以看到,木材是由有无数细小空腔的长形细胞紧密结合组成的,每个细胞都有细胞壁和细胞腔,细胞壁是由若干层细胞纤维组成的,其连接纵向较横向牢固,因而造成细胞壁纵向的强度高,而横向的强度低,在组成细胞壁的纤维之间存在极小的空隙,能吸附和渗透水分。

细胞本身的组织构造在很大程度上决定了木材的性质,如细胞壁越厚,腔越小,木材组织越均匀,则木材越密实,表观密度与强度越大,但干缩率也因细胞壁厚度的增大而增大。

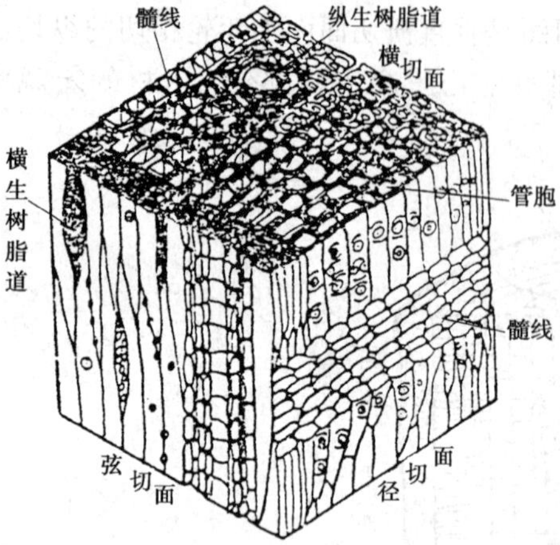

图 10-2　针叶树马尾松的微观构造

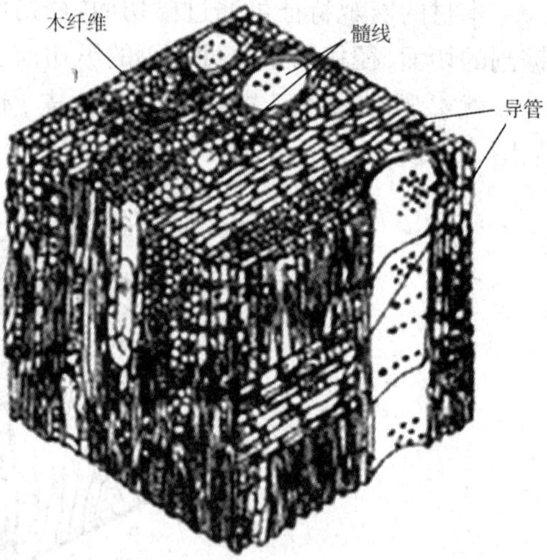

图 10-3　阔叶树柞木的微观构造

第二节　木材的性能及应用

一、密度、表观密度、含水量

(一)木材的密度与表观密度

各种木材的密度相差甚小,平均为 1.55 g/cm³;表观密度差别甚大,即使同一品种,因树木生长条件、内部组织构造不同,其表观密度也有明显的差别,平均约为 500 kg/m³。表观密度大小与木材种类及含水率有关,通常以含水率为 15%(标准含水率)时的标准密度为准。

(二)含水率、平衡含水率、纤维饱和点

木材中的水分包括存在于细胞腔内的自由水和存在于细胞壁内的吸附水,以及构成细胞化学成分的化合水三部分。自由水对木材性质影响不大,而吸附水则是影响木材性质的主要因素。

木材的含水率是木材所含水的质量与木材干燥质量的比值。当木材的含水率与环境的湿度达到平衡时的含水率称为平衡含水率,它随大气的温度和湿度的变化而变化。我国木材平衡含水率平均为 15%(北方为 12%,南方为 18%)。

潮湿木材干燥时,自由水蒸发完毕,而细胞壁中的吸附水仍处于饱和状态,或干燥木材吸湿时,细胞壁中的吸附水达到饱和状态,而细胞腔内没有自由水,此时的含水率称为纤维饱和点。纤维饱和点随树种而异,一般为 23% ~33%,平均约为 30%。

(三)纤维饱和点对木材性质的影响

1. 对强度的影响

木材纤维饱和点是许多木材性质变化的转折点。木材含水量在纤维饱和点以上(如含水量为 50%、100% 等)变化时,对强度没有影响;但含水量在纤维饱和点以下变化时,

其强度将随含水量的减少而增加。其原因是水分的减少使细胞壁物质变干而紧密，从而使强度提高；反之，细胞壁物质软化、膨胀而松散，强度降低。

2. 湿胀干缩

木材细胞壁内吸附水含量的变化会引起木材的变形，即湿胀干缩。在木材从潮湿状态干燥到纤维饱和点的过程中，其尺寸并不改变，仅表观密度减小。只有干燥到纤维饱和点以下，细胞壁中的吸附水开始蒸发时，木材才发生收缩；反之，当干燥木材吸湿时，由于吸附水的增加，将发生体积膨胀，直到含水率达到纤维饱和点，此后木材的含水率继续增加，而体积不再变化。

由于木材具有湿胀干缩的性质，同时构造又不均匀，在不同方向的干缩值不同。顺纹方向干缩最小，平均为0.1%~0.35%；径向干缩较大，为3%~6%；弦向干缩最大，为6%~12%。湿胀干缩将影响木材的使用。干缩会使木材翘曲、开裂、接榫松动、拼缝不严等，湿胀可造成表面鼓凸。所以，木材在加工或使用前应预先进行干燥，使其接近于与环境湿度相适应的平衡含水率。

二、木材的强度

由于木材内部组织的不均匀性，木材的强度各不相同，即使是同一棵树也有差异。

木材的抗压、抗拉、抗剪强度都有顺纹和横纹之分。木材各种强度的关系如表10-2所示。

表10-2　木材的相对强度(以顺纹抗压强度为1)

抗压强度		抗拉强度		抗剪强度		抗弯强度
顺纹	横纹	顺纹	横纹	顺纹	横纹	
1	1/10~1/3	2~3	1/20~1/3	1/7~1/3	1/2~1	1.2~2.0

影响木材强度的因素主要有以下几个方面。

(一)含水率的影响

木材含水率在纤维饱和点以下时，其强度随含水率的增加而降低，而且不同的受力条件，其影响程度是不相同的。

一般规定以含水率为15%的强度 f_{15} 为标准，其他含水率的强度 f_w 可按式(10-1)计算

$$f_{15} = f_w[1 + \alpha(W - 15)] \quad (10\text{-}1)$$

式中　W——木材实际含水率(%)；

α——含水率校正系数，其值可取为：顺纹抗压0.05，顺纹抗弯0.04，顺纹抗剪0.03，横纹抗压0.045，顺纹抗拉阔叶树材为0.015、针叶树材为0。

(二)负荷时间的影响

木材在长期外力作用下，只有在应力远低于强度极限的某一范围时，才可避免因长期负荷而破坏。木材所能承受的不致引起破坏的最大应力，称为持久强度。木材的持久强度仅为极限强度的50%~60%。木材在外力作用下会产生塑性流变，当应力不超过持久

强度时，变形到一定限度后趋于稳定；当应力超过持久强度时，经过一定时间后，变形急剧增加，从而导致木材破坏。因此，在设计木结构时，应考虑负荷时间对木材强度的影响，一般应以持久强度为依据。

（三）环境温度的影响

环境温度对木材强度有直接影响，当温度从 25 ℃升至 50 ℃时，将因木纤维间的胶体软化等原因，而使木材抗压强度降低 20% ~40%，抗拉强度和抗剪强度降低 12% ~20%。当温度在 100 ℃以上时，木材中部分组织会分解、挥发，木材变黑，强度明显下降。因此，环境温度长期超过 50 ℃时，不应采用木结构。

（四）缺陷的影响

木材在生长、采伐、储存、加工和使用过程中会产生一些缺陷，如木节、裂纹、腐朽和虫蛀等。这会破坏木材的构造，造成材质的不连续性和不均匀性，从而使木材的强度大大降低，甚至可失去其使用价值。

三、木材在建筑工程中的应用

在建筑工程施工中，应根据已有木材的树种、等级、材质情况等合理使用木材，做到大材不小用、好材不零用。

建筑工程中常用木材，按其用途和加工程度有原条、原木、锯材三类，如表 10-3 所示。

表 10-3　木材的分类

分类名称	说明	主要用途
原条	除去皮、根、树梢的木料，但尚未按一定尺寸加工成规定直径和长度的材料	建筑工程的脚手架、建筑用材、家具等
原木	已经除去皮、根、树梢的木料，并已按一定尺寸加工成规定直径和长度的材料	直接使用的原木：用于建筑工程（如屋架、檩、椽等）、桩木、电杆等 加工原木：用于胶合板、造船、车辆、机械模型及一般加工用材等
锯材	已经加工锯解成材的木料，凡宽度为厚度 3 倍或 3 倍以上的，称为板材，不足 3 倍的称为方材	建筑工程、桥梁、家具、造船、车辆、包装箱板等

常用锯材按其厚度、宽度可分为薄板、中板及厚板，如表 10-4 所示。而方材按照面积（F = 宽 × 厚）分为小方（$F \leqslant 54\ cm^2$）、中方（$F = 55 \sim 100\ cm^2$）、大方（$F = 101 \sim 225\ cm^2$）和特大方（$F \geqslant 226\ cm^2$）。

锯材有特等和普通之分。普通锯材又分为一等、二等、三等。各等级锯材的技术指标如表 10-5 所示。

表 10-4　针叶树、阔叶树锯材宽度、厚度

分类	厚度(mm)	宽度(mm)	
		尺寸范围	进级
薄板	12、15、18、21	30～300	10
中板	25、30		
厚板	40、50、60		
方材	25×20、25×25、30×30、40×30、60×40、60×50、100×55、100×60		

注：表中以外尺寸由供需双方协议商定。

表 10-5　锯材的技术指标

缺陷名称	检量方法	允许限度							
		针叶树				阔叶树			
		特等	一等	二等	三等	特等	一等	二等	三等
活节、死节	最大尺寸不得超过板宽的(%)	15	30	40	不限	15	30	40	不限
	任意材长 1 m 范围内的个数不得超过	3	6	8		4	8	12	
腐朽	面积不得超过所在材面面积的(%)	不允许	2	10	30	不允许	2	10	30
裂缝、夹皮	长度不得超过材长的(%)	10	15	40	不限	5	10	30	不限
虫眼	任意材长 1 m 范围内的个数不得超过	1	2	8	不限	1	4	15	不限
钝棱	最严重缺角尺寸不得超过材宽的(%)	5	10	30	40	5	10	30	40
弯曲	横弯最大拱高不得超过内曲水平长的(%)	0.5	1	2	4	0.3	0.5	2	3
	顺弯最大拱高不得超过内曲水平长的(%)	1	2	3	不限	1	2	3	不限
斜纹	斜纹倾斜高不得超过水平长的(%)	5	10	20	不限	5	10	20	不限

第三节　木材的防腐与防火

一、木材的防腐

木材受到真菌侵害后，其细胞改变颜色，结构逐渐变松、变脆，强度和耐久性降低，这种现象称为木材的腐蚀(腐朽)。

侵害木材的真菌主要有霉菌、变色菌、腐朽菌等。它们在木材中繁殖和生存的条件是空气、适宜的温度和湿度。当木材的含水率为 35%～50%，环境温度为 25～30 ℃，又有足够的空气时，最适宜真菌繁殖，木材也最易腐蚀。

此外，木材还易受到白蚁、天牛等昆虫的蛀蚀，使木材形成很多孔眼或沟道，甚至蛀

穴，破坏木质结构的完整性而使强度严重降低。

木材防腐的基本原理在于破坏真菌及虫类生存和繁殖的条件，常用方法有以下两种：一是将木材干燥至含水率在20%以下，保证木结构在干燥状态，对木结构物采取通风、防潮、表面涂刷涂料等措施；二是将化学防腐剂施加于木材，使木材成为有毒物质，常用的方法有表面喷涂法、浸渍法、压力渗透法等。常用的防腐剂有水溶性的、油溶性的及浆膏类的几种。水溶性防腐剂多用于内部木构件的防腐，常用的有氯化锌、氟化钠、铜铬合剂、硫酸铜等。油溶性防腐剂药力持久、毒性大、不易被水冲走、不吸湿，但有臭味，多用于室外、地下、水下，常用的有煤焦油等。浆膏类防腐剂有恶臭，木材处理后呈黑褐色，不能油漆，如氟砷沥青等。

二、木材的防火

木材为易燃物质，应进行防火处理，以提高其耐火性，使木材着火后不致沿表面蔓延，或当火源移开后，材面上的火焰立即熄灭。常用的防火处理是在木材表面涂刷、浸注或覆盖难燃材料，或用防火剂浸渍木材。常用的防火涂料有石膏、硅酸盐类、丙烯酸乳胶防火涂料等。浸渍用防火剂有硼化物系列、卤类系列防火剂等。

第四节　木材的综合利用

木材的综合利用就是将木材加工过程中的大量边角、碎料、刨花、木屑等，经过再加工处理，制成各种人造板材，有效地提高木材利用率，这对弥补木材资源严重不足有着十分重要的意义。

一、胶合板

胶合板是用原木旋切成薄片，经干燥处理后，再用胶粘剂按奇数层数，以各层纤维互相垂直的方向，黏和热压而成的人造板材。其一般为3～13层，工程中常用的是三合板和五合板。针叶树和阔叶树均可制作胶合板。

胶合板的特点是：材质均匀，强度高，无明显纤维饱和点存在，吸湿性小，不翘曲开裂，无疵病，幅面大，使用方便，装饰性好。

胶合板广泛用做建筑室内隔墙板、护臂板、天花板、门面板以及各种家具和装修。

普通胶合板的分类、特性及适用范围如表10-6所示。

二、细木工板

细木工板属于特种胶合板的一种，芯板用木板拼接而成，两面胶粘一层或二层单板。细木工板按结构不同，可分为芯板条不胶拼的和芯板条胶拼的两种；按表面加工状况不同，可分为一面砂光、两面砂光和不砂光三种；按所使用的胶合剂不同，可分为Ⅰ类胶细木工板、Ⅱ类胶细木工板两种；按面板的材质和加工工艺质量不同，可分为一、二、三等3个等级。细木工板具有质坚、吸声、绝热等特点，适用于家具和建筑物内装修等。细木工板的尺寸规格和技术性能如表10-7所示。

表 10-6　普通胶合板的分类、特性及适用范围

种类	分类	名称	胶种	特性	适用范围
阔叶树普通胶合板	Ⅰ类	NQF（耐气候胶合板）	酚醛树脂胶或其他性能相当的胶	耐久、耐煮沸或蒸汽处理、耐干热、抗菌	室外工程
	Ⅱ类	NS（耐水胶合板）	脲醛树脂胶或其他性能相当的胶	耐冷水浸泡及短时间热水浸泡、不耐煮沸	室外工程
	Ⅲ类	NC（耐潮胶合板）	血胶、带有大量填料的脲醛树脂胶或其他性能相当的胶	耐短期冷水浸泡	室内工程，一般在常态下使用
	Ⅳ类	BNS（不耐潮胶合板）	豆胶或其他性能相当的胶	有一定胶合强度，但不耐水	室内工程，一般在常态下使用
松木普通胶合板	Ⅰ类	Ⅰ类胶合板	酚醛树脂胶或其他性能相当的胶	耐久、耐热、抗真菌	室外长期使用工程
	Ⅱ类	Ⅱ类胶合板	脱水脲醛树脂胶、改性脲醛树脂胶或其他性能相当的树脂胶	耐水、抗真菌	潮湿环境下使用的工程
	Ⅲ类	Ⅲ类胶合板	血胶和加少量填料的脲醛树脂胶	耐湿	室内工程
	Ⅳ类	Ⅳ类胶合板	豆胶和加少量填料的脲醛树脂胶	不耐水、不耐湿	室内工程，在干燥环境下使用

表 10-7　细木工板的尺寸规格和技术性能

长度（mm）						宽度（mm）	厚度（mm）	技术性能
915	1 220	1 520	1 830	2 135	2 440			
915	—	—	1 830	2 135	—	915	16 19	含水率：10% ±3% 静曲强度：厚度≥16 mm，不低于 15 MPa，厚度＜16 mm，不低于 12 MPa；胶层剪切强度不低于 1 MPa
—	1 220	—	1 830	2 135	2 440	1 220	22 25	

注：芯条胶拼的细木工板，其横向静曲强度为表中规定值各增加 10 MPa。

三、纤维板

纤维板是以植物纤维为主要原料，经破碎、浸泡、碾磨成木浆，再加入一定的胶料，经热压成型、干燥等工序制成的一种人造板材。

纤维板的原料非常丰富，如木材采伐加工剩余物（板皮、刨花、树枝等）、稻草、麦秸、玉米秆、竹材等。

按纤维板的体积密度分为硬质纤维板（体积密度 >800 kg/m³）、中密度纤维板（体积密度为 500 ~ 800 kg/m³）和软质纤维板（体积密度 <500 kg/m³）三种，按表面分为一面光板和两面光板两种，按原料分为木材纤维板和非木材纤维板两种。

（一）硬质纤维板

硬质纤维板的强度高、耐磨、不易变形，可用于墙壁、门板、地面、家具等。硬质纤维板的幅面尺寸有 610 mm ×1 220 mm、915 mm ×1 830 mm、1 000 mm ×2 000 mm、915 mm ×2 135 mm、1 220 mm ×1 830 mm、1 200 mm ×2 440 mm，厚度为 2. 50 mm、3. 00 mm、3. 20 mm、4. 00 mm、5. 00 mm。硬质纤维板按其物理力学性能和外观质量分为特级、一级、二级、三级 4 个等级。

（二）中密度纤维板

中密度纤维板按体积密度分为 80 型（体积密度为 0. 80 g/cm³）、70 型（体积密度为 0. 70 g/cm³）、60 型（体积密度为 0. 60 g/cm³），按胶粘剂类型分为室内用和室外用两种。中密度纤维板的长度为 1 830 mm、2 135 mm、2 440 mm，宽度为 1 220 mm，厚度为 12 mm、15 mm、16 mm、18 mm、21 mm、24 mm 等。中密度纤维板按外观质量分为特级品、一级品、二级品 3 个等级，各等级的外观质量和物理性能应满足表 10-8 的规定。

表 10-8　中密度纤维板的外观质量和物理性能要求

项目		特级品	一级品	二级品
外观质量	局部松软（直径≤80 mm）	不允许	1 个	3 个
	边角缺损（宽度≤10 mm）	不允许		允许
	分层、鼓泡、碳化	不允许		
物理性能	出厂含水率（%）	4 ~ 13		
	吸水厚度膨胀率（%）≤	12		
	甲醛释放量	每 100 g 板重可抽出的总甲醛量≤70 mg		
	体积密度偏差（%）≤	±10		

中密度纤维板具有表面光滑、材质细密、性能稳定、边缘牢固，且板材表面的再装饰性能好等优点。中密度纤维板主要用于隔断、隔墙、地面、高档家具等。

（三）软质纤维板

软质纤维板的结构松软，故强度低，但吸声性和保温性好，主要用于吊顶等。

四、刨花板、木丝板、木屑板

刨花板、木丝板、木屑板是利用木材加工中产生的大量的刨花、木丝、木屑为原料，经干燥，与胶结料拌和并热压而成的板材。所用胶结料有动植物胶（血胶、豆胶）、合成树脂胶、无机胶凝材料（水泥等）。

这类板材表观密度小，强度较低，主要用做绝热材料和吸声材料，经饰面处理后，还可用做吊顶板材、隔断板材等。

五、木质地板

木材具有天然的花纹、良好的弹性，给人以淳朴、典雅的质感。用木材制成的木质地板作为室内地面装饰材料具有独特的功能和价值，得到了广泛的应用。

木地板是由软木树材（如松、杉等）和硬木树材（如水曲柳、榆木、橡木、枫木等）经加工处理制成的木板平铺而成的。木地板可分为条木地板、拼花木地板、漆木地板、复合地板等。

（一）条木地板

条木地板是使用最普遍的木质地板。地板面层有单层和双层之分。单层硬木地板是在木搁栅上直接钉企口板，称普通实木企口板；双层硬木地板是在木搁栅上先钉一层毛板，再钉一层实木长条企口地板。木搁栅有空铺与实铺两种形式，但多用实铺法，即将木搁栅直接铺在水泥地坪上，然后在搁栅上铺毛板和地板。

普通条木地板（单层）的板材常选用松、杉等软木树材，硬木条板多选用水曲柳、柞木、枫木、柚木、榆木等硬质木材。材质要求采用不易腐朽、不易变形开裂的木板。条板宽度一般不大于120 mm，板厚为20 ~ 30 mm。条木拼缝做成企口或错口，直接铺钉在木搁栅上，端头接缝要相互错开。条木地板铺设完工后，应经过一段时间，待木材变形稳定后再进行刨光、清扫及油漆。条木地板一般采用调和漆，当地板的木色和纹理较好时，可采用透明的清漆做涂层，使天然的纹理清晰可见，以增添室内装饰感。

条木地板自重轻，弹性好，脚感舒适，其导热性小，冬暖夏凉，且易于清洁。条木地板被公认为是良好的室内地面装饰材料，它适用于会客室、旅馆客房、办公室、会议室、住宅起居室、卧室、幼儿园、休息室等场所。

（二）拼花木地板

拼花木地板是较普通的室内地面装修材料，安装分双层和单层两种。双层拼花木地板是将面层用暗钉钉在毛板上；单层拼花木地板是采用黏结材料，将木地板面层直接粘贴于找平后的混凝土基层上。

拼花木地板的木块尺寸一般为：长250 ~ 300 mm，宽40 ~ 60 mm，板厚20 ~ 25 mm。其有平头接缝地板和企口拼接地板两种。

拼花木地板是由水曲柳、柞木、胡桃木、榆木等优良木材，经干燥处理后，加工出的条状小木板。它具有纹理美观、弹性好、耐磨性强、坚硬、耐磨等特点，且拼花木地板一般均经过远红外线干燥，含水率恒定（约12%），因而变形稳定，易保持地面平整、光滑而不翘曲变形。

拼花木地板适用于高级楼宇、宾馆、别墅、会议室、体育馆和住宅等的地面装饰，可根据装修等级的要求，选择合适档次的木地板。

（三）漆木地板

漆木地板是国际上最新流行的高级装饰材料。这种地板的基板选用珍贵树种（如北美洲的橡木、枫木、樱桃木、胡桃木，南美巴西的象牙木，东南亚、非洲的柚木、花梨木、紫檀木，中国台湾地区的榉木、红豆杉及大陆的水曲柳、香柏、金丝木等），经先进设备严格按规定进行锯割、干燥、定型、定湿等科学化处理，再进行精细加工而成紧密的企口地板基板，然后对企口基板表面进行封闭处理，并用树脂漆进行涂装的板材。漆木地板的宽度一般不大于 90 mm，厚度为 15 ~ 20 mm，长度为 450 ~ 4 000 mm。

漆木地板特别适用于高档的住宅装修，容易与室内其他装饰产生和谐感，不论应用在客厅、餐厅、卧室，都能使人仿佛置身于大自然中。板宽一般根据装修部位的面积和格调决定，厚度根据使用功能选用，家庭中选用 15 mm 较为适宜，公共场所选用 18 mm 以上为好。

（四）复合地板

随着木材加工技术和高分子材料应用的快速发展，复合地板作为一种新型的地面装饰材料得到了广泛的开发和利用。在我国木材资源（尤其是珍贵木材资源）相对缺乏的情况下，采用复合地板代替木质地板不失为节约天然资源的好方法。复合地板分为实木复合地板和耐磨塑料贴面复合地板两类。

实木复合地板一般为三层结构：表层厚 4 ~ 7 mm，选用珍贵树种（如榉木、橡木、枫木、水曲柳等）的锯切板；中间层厚 7 ~ 12 mm，选用一般木材（如松木、杉木、杨木等）；底层（防潮层）厚 2 ~ 4 mm，选用各种木材旋切单板。也有以多层胶合板为基层的多层实木复合地板，板厚通常为 12 mm、15 mm、18 mm 三种，宽度大多为 303 mm。该地板既可以直接铺设在平整的地坪上，又可以像实木长条企口地板一样，铺设在毛地板上。

耐磨塑料贴面复合地板简称复合地板。它是以防潮薄膜为平衡层，以硬质纤维板、中密度纤维板、刨花板为基层，木纹图案浸汁纸，因此复合地板的品种花样很多，色彩丰富，几乎覆盖了所有珍贵树种，如榉木、橡木、枫木等。该地板避免了木材受气候变化而产生的变形、虫蛀，以及防潮和经常性保养等问题，而且耐磨、阻燃、防潮、防静电、防滑、耐压、易清理、色泽均匀，但其弹性不如实木地板。复合地板适用于铺设实木地板的场所，还可以用于具有洁净要求的车间、实验室、游乐场所的健身房及医院等。若用在湿度较大的场所，则应先作防潮处理。

【工程案例 10-1】 实木地板磨损分析。

现象：如图 10-4 所示某客厅采用白松实木地板装修，使用一段时间后多处磨损，请分析原因。

分析：白松属针叶树材，木质软，硬度低。虽受潮后不易变形，但用于走动频繁的客厅则不妥。可考虑改用质量好的复合木地板，其板面坚硬耐磨，可防高跟鞋、家具的重压、磨刮。

【工程案例 10-2】 木材腐朽分析。

现象：如图 10-5 所示是水中木桩腐朽最严重的一段，它发生在水面上与水交界的部位。请分析原因。

分析：木材的腐朽是真菌在木材中寄生引起的。真菌是一种低等植物，可分为破坏性真菌和非破坏性真菌。破坏性真菌分解细胞壁的成分作为养分，造成木材的腐朽破坏。非破坏性真菌主要以边材细胞中的淀粉、糖类为食，细胞壁并不会被削弱。

真菌在木材中生存和繁殖必须同时具备四个条件：①温度适宜；②木材含水率适当；③有足够的空气；④适当的养料。真菌生长最适宜含水率在木材纤维饱和点左右。木材远离水面的部分的含水率低于 20%，真菌难以生长；在水下，含水率过大，空气难以流通，

图 10-4　实木地板磨损

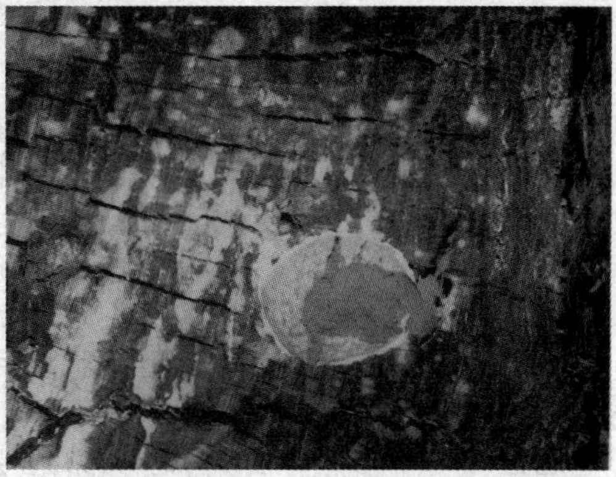

图 10-5　木材腐朽

真菌得不到足够的氧或排不出废气，也难以生长。只有在水面上的部位木材的含水率适合真菌的生长，造成木材的腐朽。

复习思考题

1. 木材含水率的变化对其强度的影响如何？

2. 木材在吸湿或干燥过程中，体积变化有何规律？

3. 一块松木试件长期置于相对湿度为 60%、温度为 20 ℃的空气中，其平衡含水率为 15.8%，测得顺纹抗压强度为 49.4 MPa，问此木材在标准含水率情况下抗压强度为多少？

4. 常言道，木材是“湿千年，干千年，干干湿湿二三年”。请分析其中的道理。

5. 试说明木材腐朽的原因。有哪些方法可以防止木材腐朽？并说明其原理。

第十一章　绝热材料和吸声材料

学习目标

掌握绝热材料和吸声材料的性能特点和应用，熟悉绝热材料和吸声材料的主要类型，了解建筑功能材料的新发展。

重点：绝热材料和吸声材料的性能特点和应用。

难点：建筑功能材料的新发展。

第一节　绝热材料

在建筑中，通常将防止室内热量流向室外的材料称为保温材料，将防止室外热量进入室内的材料称为隔热材料，保温材料和隔热材料统称为绝热材料。对于采暖房屋，其墙体和屋顶等围护结构需要采用保温材料，而处于炎热气候环境下的空调房屋和冷库等，则要求围护结构具有良好的隔热性能。在建筑中合理使用绝热材料可以减少热损失，节约能源，减小外墙厚度，减轻自重，从而节约材料，降低造价。有些国家将绝热材料看做是继煤炭、石油、天然气、核能之后的第五大能源。

一、绝热材料的基本要求

（一）导热性低

导热性低是绝热材料最基本的要求。导热性是指材料传递热量的能力，材料的导热性能用导热系数表示，导热系数低于 0.23 W/(m·K)的材料称为绝热材料。它受本身物质构成、孔隙率及材料所处环境的温度和湿度等影响。

（二）表观密度小

绝热材料的表观密度不宜大于 600 kg/m^3。材料中固体物质的导热能力比空气大得多，故表观密度小的材料，因其孔隙率大，导热系数小。

（三）具有一定的强度

绝热材料的抗压强度不小于 0.3 MPa，以满足建筑物构造和施工安装上的需要。在实际应用中，由于绝热材料抗压强度一般都很低，常将绝热材料与承重材料复合使用。

二、常用绝热材料

（一）无机绝热材料

无机绝热材料主要由矿物质原料制成，呈纤维状、散粒状或多孔状。该类绝热材料具有不易燃烧、不易腐朽生虫、价格便宜等优点。

1. 纤维状绝热材料

1) 石棉及其制品

石棉是蕴藏在中性或酸性火成岩矿床中的一种非金属矿物,其具有耐火、耐热、耐酸、耐碱、防腐、隔声、绝缘及保温隔热等特性。石棉多制成石棉纸、石棉板、石棉毡或石棉块材等。

2) 岩棉、矿渣棉及其制品

由熔融的岩石经喷吹制成的称为岩棉,由熔融矿渣经喷吹制成的称为矿渣棉,岩棉和矿渣棉统称为矿物棉。将矿物棉与有机胶粘剂结合可以制成矿棉板、矿物毡、矿物筒等制品。

3) 玻璃棉及其制品

将玻璃熔化后从流口流出的同时,用压缩空气喷吹形成乱向玻璃纤维,也称玻璃棉。以玻璃棉为基料,加入适量胶粘剂,经压制、固化、切割等工艺,可制成板、毡、毯、管壳等保温制品。这些制品具有质轻、导热系数低、吸声性能好、不燃烧、耐腐蚀等性能,是优良的绝热和吸声材料。

4) 硅酸铝棉及其制品

硅酸铝棉即直径 3 ~ 5 μm 的硅酸铝纤维,又称陶瓷纤维。其是近年来大力发展的新型轻质高效保温材料,在该棉中加入适量黏结剂,以不同工艺可制成板、毡、毯、管套、纸、绳等制品。

2. 散粒状绝热材料

1) 膨胀珍珠岩及其制品

地下喷出的熔岩在地表急剧冷却后而形成的酸性火山玻璃质岩石,其结构呈珍珠状裂隙,故得名为珍珠岩。膨胀珍珠岩是珍珠岩矿石经破碎、筛分、预热、高温使其体积骤然膨胀而成的一种白色或灰白色的松散颗粒。膨胀珍珠岩具有质轻、绝热、不易燃、无臭味、无毒等特点,可以直接作为保温材料填充于建筑物围护结构,也可以与水泥、水玻璃、沥青、黏土等结合制成膨胀珍珠岩绝热制品。

2) 膨胀蛭石

蛭石是一种复杂的镁、铁含水硅酸盐矿物,由云母类矿物风化而成,具有层状结构,由于其热膨胀时像蛭石(蚂蝗)一样蠕动,所以取名为蛭石。膨胀蛭石是由蛭石经晾干、破碎、筛选、煅烧(850 ~ 1 000 ℃)后体积急剧膨胀(可膨胀 5 ~ 20 倍)而成的松散颗粒,其密度小,导热系数低,具有耐火、防腐、不变质、不易被虫蛀蚀等特点,常用于填充墙壁、楼板、平屋顶等。

3. 多孔状绝热材料

多孔状绝热材料是指有大量封闭、不连通气孔的隔热保温材料。为了获得多孔结构,可在基材中加入发泡剂。

1) 微孔硅酸钙制品

微孔硅酸钙制品是用粉状二氧化硅材料、石灰、纤维增强材料及水等经搅拌、成型、蒸压处理和干燥等工序而制成的。其可用于围护结构及管道保温工程。

2）泡沫玻璃

泡沫玻璃是由玻璃粉料和发泡剂，经配料、装模、煅烧、冷却而成的多孔材料。其导热系数小、抗压强度高、耐久性强，并且加工性好，易锯切、钻孔等，在建筑上主要用于墙体保温、地板、天花板及屋顶保温，适用于寒冷地区的低层建筑物。

3）多孔混凝土

多孔混凝土主要有泡沫混凝土和加气混凝土。泡沫混凝土是用水泥、水和松香泡沫剂或粉煤灰、石灰、石膏和泡沫剂，经搅拌、成型、养护而制成的。加气混凝土是用硅质的粉煤灰或磨细砂加石灰，掺入发气剂（铝粉）经蒸压或蒸养而制成的。两者均是应用广泛的绝热材料。

（二）有机绝热材料

有机绝热材料多是由天然的植物质材料或合成高分子材料为原料，经加工而成的。其保温效果较好，但存在易变质、易燃烧的缺点。

1. 软木板

软木板是用栓皮栎、黄菠萝的树皮，经切碎脱脂热压而制成的。其具有导热系数及表观密度较小，吸水性差，防水、防腐性好等优点。软木板常用热沥青错缝粘贴，适用于冷藏库及某些重要工程的保温。

2. 纤维板

纤维板是用木材废料破碎、浸泡、研磨成木浆，经热压而制成的。纤维板一般用于墙体和吊顶，也可用于包装箱和冷藏库等。

3. 木丝板

木丝板是用木材下脚料刨成木丝加黏结剂（植物胶、水泥等）冷压而制成的，其常用于墙体和吊顶。

4. 泡沫塑料

泡沫塑料是以各种树脂为基料，加入一定剂量的发泡剂、催化剂等辅助材料，经加热发泡而制成的。其表观密度很小，保温隔热性能好，加工使用方便。泡沫塑料适用于工业厂房屋面、墙面、冷藏库及管道的保温隔热。目前，我国生产的有聚苯乙烯泡沫塑料、聚氯乙烯泡沫塑料、聚氨酯泡沫塑料和脲醛泡沫塑料等多种。其中，硬质泡沫塑料常在建筑工程中使用。

第二节　吸声材料

吸声材料是指对空气中传播的声能有较大程度吸收作用的材料。吸声材料主要用于音乐厅、影剧院、大会堂、播音室等内部的墙面、地面、天棚等部位，适当地采用吸声材料能改善音质，获得良好的音响效果。

一、吸声系数

声音起源于物体的振动，它迫使邻近的空气跟着振动而成为声波，并在空气介质中向四周传播。声音在传播过程中，一部分逐渐扩散，一部分因空气分子的吸收而削弱，在室内则是被材料表面所吸收。当声波遇到材料表面时，一部分被反射，另一部分穿透材料，其余部分则传递给材料被吸收。这些被吸收的声能（E）与传递给材料的全部入射声能（E_0）之比，称为吸声系数 a。其是评定材料吸声性能好坏的主要指标，用公式表示如下

$$a = E/E_0 \tag{11-1}$$

一般材料的吸声系数为 0～1，吸声系数越大，吸声效果越好。

任何材料对声音都有一定的吸收能力，只是吸收程度有很大不同。吸声系数与声音的频率及声音的入射方向有关，由于同一材料对于高、中、低不同频率声波的吸收性不等，故往往取多个频率下的吸声系数平均值，以全面评价吸声性。如常将 125 Hz、250 Hz、500 Hz、1 000 Hz、2 000 Hz、4 000 Hz 下的六个吸声系数平均，凡大于 0.2 的，可视为吸声材料。

二、吸声系数的影响因素

材料的吸声性能主要受到材料的孔隙特征、材料的表观密度及材料的厚度影响。

（一）材料的孔隙特征

吸声材料大多为疏松多孔的材料，如矿渣棉、毯子等。为发挥吸声材料的作用，材料的气孔应是开放的，且应相互连通，气孔越多、越细小，吸声性能越好。

（二）材料的表观密度

多孔材料的表观密度增加，意味着微孔减少，能使低频吸声效果有所提高，而对高频的吸声效果则有所降低。

（三）材料的厚度

多孔材料的低频吸声系数一般随着厚度的增加而提高，但厚度对高频影响不显著。所以，为提高吸声性能而无限制地增加厚度是不适宜的。

三、工程中常用的吸声材料及吸声结构

（一）多孔吸声材料

多孔吸声材料是最常用的一类吸声材料。其构造特征为具有大量内外连通的微孔，声波易于进入微孔。常用的多孔吸声材料有木丝板、纤维板、玻璃棉、矿棉、珍珠岩砌块、泡沫混凝土、泡沫塑料等。

（二）矿棉装饰吸声板

矿棉装饰吸声板是以矿渣棉、岩棉或玻璃棉为基料，加入适量的胶粘剂、防潮剂、防腐剂，经过加压和烘干制成的板状材料。矿棉装饰吸声板具有质轻、不燃、吸声效果好、保温、施工方便等优点，多用于吊顶和墙面吸声装饰。

（三）膨胀珍珠岩装饰吸声制品

膨胀珍珠岩装饰吸声板是以膨胀珍珠岩和胶凝材料为主要原料，加入其他辅料制成的正方形板。按照所用的胶凝材料不同，其可分为水玻璃珍珠岩板、石膏珍珠岩板、水泥珍珠岩板等多种。膨胀珍珠岩装饰吸声板具有质轻、不燃、吸声、施工方便等优点，多用于墙面或顶棚的装饰与吸声工程。

膨胀珍珠岩装饰吸声砖是以水玻璃为胶粘剂，以适当粒径的膨胀珍珠岩为集料，按一

定比例配合、搅拌、成型干燥、焙烧而成的。该砖吸声隔热，可锯可钉，施工方便，常用于消声砌体工程。

（四）钙塑泡沫装饰吸声板

钙塑泡沫装饰吸声板是以聚乙烯树脂加入无机填料，经混炼模压、发泡、成型制成的。该板一般规格为500 mm×500 mm×6 mm，表观密度在250 kg/m^3以下，有多种颜色，可制成凹凸图案、打孔图案。其具有质轻、耐水、吸声、隔热、施工方便等优点，常用于吊顶和内墙面。

除采用多孔吸声材料吸声外，还可将材料组成不同的吸声结构，达到更好的吸声效果，常用的吸声结构形式有薄板共振吸声结构和穿孔板组合共振吸声结构。

1. 薄板共振吸声结构

其常用的材料有胶合板、薄木板、硬质纤维板、石膏板、石棉水泥板、金属板等。将其周边固定在墙或顶棚的龙骨上，并在背后留有一定的空气层，即构成薄板共振吸声结构。此种结构在声波作用下，薄板和空气层的空气发生振动，在板内部和龙骨间出现摩擦损耗，将声能转化为热能，起吸声作用。由于低频声波比高频声波容易激起薄板产生振动，所以这种结构对低频声波的吸声效果较好。

2. 穿孔板组合共振吸声结构

穿孔板组合共振吸声结构是将穿孔的各种薄板周边固定在龙骨上，并在背后设置空气层形成的吸声结构。这种结构与单独的共振吸声器相似，可以看做是由多个单独共振吸声器并联而成的，其吸声频带较宽，特别是对中频声波的吸声效果最好。穿孔板厚度、穿孔率、孔径、孔距、背后空气层厚度以及是否填充多孔吸声材料等都直接影响吸声结构的吸声性能。这种吸声结构在建筑中使用比较普遍。

四、隔声材料

吸声性能好的材料不能简单地就把它们作为隔声材料来使用。

隔声材料是指用来隔绝声音的材料。人们把要隔绝的声音按照传播的途径分为隔绝空气声（通过空气传播的声音）和隔绝固体声（通过固体传播的声音）两种。

对空气声的隔绝，主要是依据声学中的“质量定律”，即材料的密度越大，越不易受声波作用而产生振动，因此应尽可能选择密实、沉重的材料（如黏土砖、钢板、钢筋混凝土等）作为隔声材料。

对固体声的隔绝，最有效的方法是采用柔性材料隔断声音传播的途径。一般来说，可采用加设弹性面层、弹性垫层等方法来隔绝声音。常用的弹性衬垫材料有橡胶、软木、毛毡、地毯等。

【工程案例 11-1】 吸声材料的应用。

现象：广州某建筑物拱顶采用轻质吸声材料喷粘，该材料为碎纸、废棉絮等处理制成的。使用该材料后声环境大为改善，且经热工测试，当屋顶外壁温度较高时，室内温度比喷粘前低，请分析原因。

分析：因该吸声材料是轻质、多孔的纤维状材料，具有绝热材料的特点。其保温隔热性能与玻璃棉相近，故喷粘后有一定的隔热效果。

【工程案例 11-2】 保温材料的应用。

现象:带有 10 cm 厚普通保温材料绝热层的冷藏柜,可用容积为 330 L,若将保温材料改用聚氨酯泡沫塑料,绝热层厚度可降低到 5.5 cm,可用容积增加到 450 L,增加 36%,请分析原因。

分析:聚氨酯泡沫塑料是一种性能良好的保温材料,固相所占体积仅 5%,闭孔中的气体导热系数极小,导热系数低于所有的其他保温材料。与其他保温材料相比,达到同样的保温效果,绝热层可减小 30% ~80%,增加容积 20% ~50%。

第三节 建筑功能材料的新发展

建筑功能材料发展迅速,且在三方面有较大的发展:一是注重健康、环保,生产绿色建材;二是复合多功能;三是智能化。

一、绿色建材

绿色建材又称生态型建材、环保型建材或健康型建材。其基本含义是:不用或少用自然资源(利用工业废料或工农业副产品),采用清洁无污染的生产技术生产的,用有利于环保和人体健康材料所生产出的可再生的建筑材料。绿色建材的主要特征:首先是节约资源和能源;其次是减少环境污染,避免温室效应与臭氧层的破坏;再次是容易回收和循环利用。

在当前的科学技术和社会生产力条件下,已经可以利用各类工业废渣生产水泥、砌块、装饰砖等,利用废弃的塑料生产保温墙体材料,利用无机抗菌剂生产各种抗菌涂料等各种新型绿色功能建筑材料。

二、复合多功能建材

复合多功能建材是指材料在满足某一主要的建筑功能的基础上,附加了其他使用功能的建筑材料。如彩色弹性橡胶地板砖既能满足一般地板砖对建筑主体结构材料的保护和装饰地面的作用,同时又具有防滑、减震、耐磨、抗静电、疏水性好、无反光和耐老化的附加功能,使得人类居住的环境质量进一步提高,满足人们对健康居住环境的要求。

三、智能化建材

智能化建材是指材料本身具有自我诊断和预告失效、自我调节和自我修复的功能并可继续使用的建筑材料。当这类材料的内部发生异常变化时,能将材料的内部状况反映出来,以便在材料失效前采取措施,甚至材料能够在材料失效初期自动进行自我调节,恢复材料的使用功能。如恒温玻璃可以使太阳能和光线透过,但能将来自玻璃以外物体的二次辐射热反射回去,达到透光透视和隔热的目的。通过调整其镀膜的成分与结构可以获得不同透光性和热反射能力,满足光亮度控制、热量控制、节约能源和改善环境的不同要求。

复习思考题

1. 何谓绝热材料？建筑上使用绝热材料有何意义？
2. 建筑工程中对绝热材料的基本要求是什么？
3. 何谓吸声材料？材料的吸声性能用什么指标表示？
4. 影响多孔性吸声材料效果的因素有哪些？
5. 为什么不能简单地将吸声材料作为隔声材料来用？

第十二章 建筑装饰材料

学习目标

通过本章学习，了解主要建筑装饰材料的定义、分类、作用、基本性能和选用原则，掌握建筑涂料、墙面装饰材料、壁纸、墙布、建筑玻璃、建筑装饰用面砖的主要品种、性能和用途。

重点：建筑涂料、建筑装饰石材、建筑玻璃、建筑陶瓷的特性与运用。

难点：建筑涂料、建筑玻璃、壁纸和墙布的基本性能与应用。

本章内容实践性很强，学习时应注意理论联系实际，注意观察现有建筑物的装饰效果，提出问题。逐渐学会正确选择和使用材料，并能及时了解不同的建筑装饰风格和出现的各种新材料，丰富自己的建筑装饰材料知识。

第一节 概 述

建筑装饰是在已确定的建筑物实体上进行装饰施工的工程。为了实现建筑技术与建筑艺术相结合的目的，建筑装饰工程要求其设计和施工人员必须了解建筑装饰材料的种类，熟悉建筑装饰材料的性能、特点，掌握各类材料的变化规律，以便于在工程中和不同的使用条件下合理选择、正确使用不同的装饰材料，并尽可能做到经济、耐久。

一、建筑装饰材料的分类

（一）按化学成分分类

按化学成分的不同，建筑装饰材料可分为金属材料（如不锈钢、铝合金、铜等）、非金属材料（如天然饰面石材、陶瓷、木材等）和复合材料（如装饰砂浆、胶合板、塑钢复合门窗等）三大类。

（二）按装饰部位的不同分类

根据装饰部位的不同，建筑装饰材料可分为外墙装饰材料、内墙装饰材料、地面装饰材料和顶棚装饰材料四大类。

二、建筑装饰材料的功能

（一）室外装饰材料的功能

室外装饰的目的主要是美化建筑物和环境，并起到保护建筑物的作用。外墙结构材料直接受到风吹、日晒、雨淋、霜雪和冰雹的袭击，以及腐蚀性气体和微生物的作用，其耐久性将受到影响。因此，选用合适的外墙装饰材料可以有效地提高建筑物的耐久性。建筑物的外观效果主要通过建筑物的总体设计造型、比例、虚实对比、线条等平面和立面的设计手法体现，而外墙装饰效果则是通过装饰材料的质感、线条和色彩来表现的。选用外墙装饰材料除考虑其装饰性和保护作用外,有时还应考虑兼具其他特殊功能。如在外墙或窗户上安装吸热玻璃或热反射玻璃,可以吸收或反射太阳辐射热能的 50% ~70%,从而大大节约了能源。

(二)室内装饰材料的功能

内墙装饰的目的是保护墙体材料,保护室内使用条件,创造一个舒适、美观而整洁的生活环境。室内装饰材料主要有内墙装饰材料、地面装饰材料和顶棚装饰材料。

一般情况下内墙饰面具有:承担一部分墙体的热工功能;调节室内空气的相对湿度,净化室内空气的功能;辅助墙体起到声学功能,如反射声波、吸声降噪、隔声等。

内墙装饰效果同样也是由质感、线条和色彩三个因素构成的。不同的是,人们距饰面的距离比外墙近得多,所以质感要细腻逼真,线条可以是细致的,也可以是粗犷有力的。色彩则根据个人爱好及房间的内在性质决定。

(三)地面装饰材料的功能

地面装饰的目的同样也是保护基底材料,同时还兼有保温、隔声和增强弹性的功能。采用水磨石、大理石或各种彩色地砖不但美观大方,便于清洗,而且会给人一种凉爽的感觉。铺设塑料地板、地毯、木地板及复合地板则使人有一种舒适、温暖和富有弹性的感觉。

三、装饰材料的选择

建筑物的种类繁多,不同功能的建筑物对装饰的要求不同。即使同一类建筑物,也因设计标准不同而对装饰的要求也不同。在建筑装饰工程中,应根据不同的装饰档次、使用环境及要求,正确合理地选择建筑装饰材料。

(一)安全与健康性选择

现代建筑装饰材料中,绝大多数装饰材料对人体是无害的,但是也有少数装饰材料含有对人体有害的物质,如有的石材中含有对人体有害的放射性元素,油漆、涂料中所含有的苯、二甲苯、甲醛等挥发性物质均会对人体健康造成危害。因此,在选用时一定要选择不超过国家标准的建筑装饰材料。同时,也可借助有关环境监测和质量检测部门,对将要选用的装饰材料进行检验,以便放心使用。另外,在装饰工程结束后,不宜马上使用,应打开窗户通风一段时间,待室内建筑装饰材料中的挥发性物质基本挥发尽,方可入住。

(二)色彩选择

建筑装饰效果最突出的一点就是材料的色彩,它是构成人造环境的重要内容。建筑物外部色彩的选择要根据建筑物的规模、环境及功能等因素决定。合理而艺术地运用色彩选择装饰材料,可把建筑物点缀得丰富多彩、情趣盎然。

(三)耐久性选择

建筑物外部装饰材料要经受日晒、雨淋、霜雪、冰冻、风化、介质侵蚀,而内部装饰材料则要经受摩擦、潮湿、洗刷等作用。因此,在选择装饰材料时,既要美观,也要耐久,主要应注意以下几个方面:

(1)力学性能包括强度(抗压、抗拉、抗弯、耐冲击性等)、变形性、黏结性、耐磨性以及可加工性等。

(2)物理性能包括密度、吸水性、耐水性、抗渗性、抗冻性、耐热性、吸声隔声性、光泽度、光吸收及光反射性等。

(3)化学性能包括耐酸碱性、耐大气侵蚀性、耐污染性、抗风化性及阻燃性等。

在选用装饰材料时应根据建筑物不同的部位、不同的使用条件,对装饰材料性能提出相应的要求。

(四)经济性选择

选购装饰材料时,还必须考虑装饰工程的造价问题,既要体现建筑装饰的功能性和艺术效果,又要做到经济合理。因此,在建筑装饰工程的设计、材料的选择上一定要做到精心选择。根据工程的装饰要求、装饰档次,合理选择装饰材料。

第二节　建筑涂料

涂敷于物体表面能与基体材料很好黏结并形成完整而坚韧保护膜的材料称为涂料。建筑涂料是专指用于建筑物内、外表装饰的涂料,其同时还可对建筑物起到一定的保护作用和某些特殊功能作用。

一、涂料的组成

涂料由主要成膜物质、次要成膜物质、辅助成膜物质构成。

(一)主要成膜物质

涂料所用的主要成膜物质有树脂和油料两类。

树脂有天然树脂(虫胶、松香、大漆等)、人造树脂(甘油酯、硝化纤维等)和合成树脂(醇酸树脂、聚丙烯酸酯、环氧树脂、聚氨酯、聚磺化聚乙烯、聚乙烯醇缩聚物、聚醋酸乙烯及其共聚物等)。

油料有桐油、亚麻子油等植物油及鱼油等动物油。

为满足涂料的各种性能要求,可以在一种涂料中采用多种树脂配合,或与油料配合,共同作为主要成膜物质。

(二)次要成膜物质

次要成膜物质是各种颜料,包括着色颜料、体质颜料和防锈颜料三类,是构成涂膜的组分之一。其主要作用是使涂膜着色并赋予涂膜遮盖力,增加涂膜质感,改善涂膜性能,增加涂料品种,降低涂料成本等。

(三)辅助成膜物质

辅助成膜物质主要指各种溶剂(稀释剂)和各种助剂。涂料所用溶剂有两大类:一类是有机溶剂,如松香水、酒精、汽油、苯、二甲苯、丙酮等;另一类是水。助剂是为改善涂料的性能、提高涂膜的质量而加入的辅助材料,如催干剂、增塑剂、固化剂、流变剂、分散剂、增稠剂、消泡剂、防冻剂、紫外线吸收剂、抗氧化剂、防老化剂、防霉剂等。

二、建筑涂料的分类

(1)按使用部位不同,建筑涂料可分为木器涂料、内墙涂料、外墙涂料和地面涂料。

(2)按溶剂特性不同,建筑涂料可分为溶剂型涂料、水溶性涂料和乳液型涂料。

(3)按涂膜形态不同,建筑涂料可分为薄质涂料、厚质涂料、复层涂料和砂壁状涂料。

三、常用建筑涂料品种

(一)木器涂料

木器涂料用于家具饰面或室内木装修,又常称为油漆。传统的木器涂料品种有清油、清漆、调和漆、磁漆等,新型木器涂料有聚酯树脂漆、聚氨酯漆等。

1. 传统的油漆品种

1)清油

清油又称熟油,是由干性油、半干性油或将干性油与半干性油加热,熬炼并加少量催干剂而成的浅黄至棕黄色黏稠液体。

2)清漆

清漆为不含颜料的透明漆。其主要成分是树脂和溶剂或树脂、油料和溶剂,为人造漆的一种。

3)调和漆

调和漆是以干性油和颜料为主要成分制成的油性不透明漆。其稀稠适度时,可直接使用。油性调和漆中加入清漆,则得磁性调和漆。

4)磁漆

磁漆是以清漆为基础加入颜料等研磨而制得的黏稠状不透明漆。

2. 聚酯树脂漆

聚酯树脂漆是以不饱和聚酯和苯乙烯为主要成膜物质的无溶剂型漆。

其特性是:可高温固化,也可常温固化(施工温度不小于 15 ℃),干燥速度快。漆膜丰满厚实,有较好的光泽度、保光性及透明度,漆膜硬度高、耐磨、耐热、耐寒、耐水、耐多种化学药品的作用。聚酯树脂漆含固量高,涂饰一次漆膜厚可达 200 ~ 300 μm。固化时溶剂挥发少,污染小。

其缺点是:漆膜附着力差,稳定性差,不耐冲击。聚酯树脂漆为双组分固化型,施工配制较麻烦,涂膜破损不易修补。涂膜干性不易掌握,表面易受氧阻聚。

聚酯树脂漆主要用于高级地板涂饰和家具涂饰。施工时应注意不能用虫胶漆或虫胶腻子打底,否则会降低黏附力。施工温度不小于 15 ℃,否则固化困难。

3. 聚氨酯漆

聚氨酯漆是以聚氨酯为主要成膜物质的木器涂料。

其特性是:可高温固化,也可常温或低温(0 ℃以下)固化,故可现场施工也可工厂化涂饰。聚氨酯漆装饰效果好,漆膜坚硬,韧性高,附着力强,涂膜强度高,高度耐磨,具有优良的耐溶性和耐腐蚀性。

其缺点是:含有游离异氨酸酯(TDI),污染环境,遇水或潮气时易胶凝起泡。保色性差,遇紫外线照射易分解,漆膜泛黄。

聚氨酯漆广泛用于竹地板、木地板、船甲板的涂饰。

木器涂料必须执行《室内装饰装修材料溶剂型木器涂料中有害物质限量》(GB 18581—2009)、《室内装饰装修材料水性木器涂料中有害物质限量》(GB 24410—2009)国家标准的强制性条文。

(二)内墙涂料

1. 分类

内墙涂料可分为乳液型内墙涂料、水溶性内墙涂料和其他类型内墙涂料。

乳液型内墙涂料包括丙烯酸酯乳胶漆、苯－丙乳胶漆、乙烯－乙酸乙烯乳胶漆。

水溶性内墙涂料包括聚乙烯醇水玻璃内墙涂料、聚乙烯醇缩甲醛内墙涂料。

其他类型内墙涂料包括复层内墙涂料、纤维质内墙涂料、绒面内墙涂料等。

水溶性内墙涂料已被建设部2001年颁布的第27号公告《关于发布化学建材技术与产品公告》列为停止或逐步淘汰类产品，产量和使用量已逐渐减少。

2. 丙烯酸酯乳胶漆

丙烯酸酯乳胶漆具有涂膜光泽柔和、耐候性好、保光保色性优良、遮盖力强、附着力高、易于清洗、施工方便、价格较高等优点，属于高档建筑装饰内墙涂料。

3. 苯－丙乳胶漆

苯－丙乳胶漆具有良好的耐候性、耐水性、抗粉化性，色泽鲜艳，质感好，由于聚合物粒度细，可制成有光型乳胶漆，属于中高档建筑内墙涂料。其与水泥基层附着力强，耐洗刷性好，可以用于潮气较大的部位。

4. 乙烯－乙酸乙烯乳胶漆

乙烯－乙酸乙烯乳胶漆是在乙酸乙烯共聚物中引入乙烯基团形成的乙烯－乙酸乙烯(VAE)乳液中，加入填料、助剂、水等调配而成的。其具有成膜性好、耐水性和耐候性较好、价格较低等优点，属于中低档建筑装饰内墙涂料。

(三)外墙涂料

1. 分类

外墙涂料有溶剂型外墙涂料、乳液型外墙涂料、水溶性外墙涂料和其他类型外墙涂料。

溶剂型外墙涂料包括过氯乙烯、苯乙烯焦油、聚乙烯醇缩丁醛、丙烯酸酯、丙烯酸酯复合型、聚氨酯系外墙涂料。丙烯酸酯外墙涂料的技术性能如表12-1所示。

表12-1　丙烯酸酯外墙涂料的技术性能

项目	指标
固体含量(%)	>45
干燥时间(h)	表干≤2，实干≤24
细度(mm)	≤60
遮盖力(白色及浅色)(g/m^2)	≤170
耐水性((23±2)℃，96 h)	不起泡、不剥落，允许稍有变色
耐碱性(氢氧化钙溶液浸泡，48 h)	不起泡、不剥落，允许稍有变色，不露底
耐洗刷性(0.5%皂液2 000次)	未露底、不脱落
耐沾污性(白色及浅色，5次循环反射系数下降率)(%)	≤30
耐候性(人工加速，200 h)	不起泡、不剥落、无裂纹，变色及粉化不大于2级

乳液型外墙涂料包括薄质涂料纯丙乳胶漆、苯－丙乳胶漆、乙－丙乳胶漆和乙－丙乳液厚涂料、氯－偏共聚乳液厚涂料。苯－丙乳胶漆的主要技术性能如表12-2所示，乙－丙乳胶漆的主要技术性能如表12-3所示。

表12-2　苯－丙乳胶漆的主要技术性能

项目	指标
固体含量(%)	≥45
干燥时间(h)	表干≤2，实干≤12
遮盖力(白色及浅色)(g/m^2)	≤200
冻融稳定性((－5±1)℃，16 h)	不变质
耐水性((23±2)℃，96 h)	不起泡、不剥落，允许稍有变色
耐碱性(氢氧化钙饱和溶液浸泡，48 h)	不起泡、不剥落，允许稍有变色
耐洗刷性(0.5%皂液1 000次)	不露底
耐沾污性(白色及浅色，5次循环，反射系数下降率)(%)	<50

表12-3　乙－丙乳胶漆的主要技术性能

项目	指标
漆膜颜色和外观	符合标准板及其色差范围
黏度(涂－4黏度计)(s)	≥17
固体含量(%)	≥45
遮盖力(白色及浅色)(g/m^2)	≤170
干燥时间(h)	表干≤0.5，实干≤24
耐湿性(浸水96 h)(%)	板面破坏不超过5
耐碱性(氢氧化钙饱和溶液浸泡，48 h)(%)	板面破坏不超过5
耐沾污性(30次污染后反射系数下降率)(%)	≤50
冻融稳定性	不小于5次循环，不破乳

水溶性外墙涂料以硅溶胶外墙涂料为代表。

其他类型外墙涂料包括复层外墙涂料和砂壁状涂料。

2. 过氯乙烯外墙涂料

过氯乙烯外墙涂料具有良好的耐大气稳定性、化学稳定性、耐水性、耐霉性。

3. 丙烯酸酯外墙涂料

丙烯酸酯外墙涂料具有良好的抗老化性、保光性、保色性，不粉化，附着力强，施工温度范围广(0 ℃以下仍可干燥成膜)，但该种涂料耐沾污性较差，因此常利用其与其他树脂能良好相混溶的特点，用聚氨酯、聚酯或有机硅对其改性制得丙烯酸酯复合型耐沾污性外墙涂料，综合性能大大改善，使其得到广泛应用。施工时基体含水率不应超过8%，可以直接在水泥砂浆和混凝土基层上进行涂饰。

4. 氟碳涂料

氟碳涂料是在氟树脂基础上经改性、加工而成的涂料，简称氟涂料，又称氟碳漆，属于新型高档高科技全能涂料。

氟碳涂料按固化温度的不同，可分为高温固化型（主要指 PVDF，即聚偏氟乙烯涂料，180 ℃固化）、中温固化型、常温固化型。

氟碳涂料按组成和应用特点不同，可分为溶剂型氟涂料、水性氟涂料、粉末氟涂料、仿金属氟涂料等。

氟碳涂料具有优异的耐候性、耐污性、自洁性、耐酸碱性、耐腐蚀性、耐高低温性，其涂层硬度高，与各种材质的基体有良好的黏结性能，色彩丰富有光泽，装饰性好，施工方便，使用寿命长。

氟碳涂料广泛用于金属幕墙、柱面、墙面、铝合金门窗框、栏杆、天窗、金属家具、商业指示牌户外广告着色及各种装饰板的高档饰面。

5. 复层涂料

复层涂料由基层封闭涂料、主层涂料、罩面涂料三部分构成。复层涂料按主层涂料的黏结料的不同，可分为聚合物水泥系（CE）、硅酸盐系（SI）、合成树脂乳液系（E）和反应固化型合成树脂乳液系（RE）复层外墙涂料。

复层涂料具有黏结强度高及良好的耐退色性、耐久性、耐污染性、耐高低温性。其外观可成凹凸花状、环状等立体装饰效果，故亦称浮感涂料或凹凸花纹涂料，适用于水泥砂浆、混凝土、水泥石棉板等多种基层的中高档建筑装饰饰面。

复层涂料可用于无机板材、内外墙、顶棚的饰面。

（四）地面涂料（水泥砂浆基层地面涂料）

1. 分类

地面涂料包括溶剂型地面涂料、乳液型地面涂料和合成树脂厚质地面涂料。

溶剂型地面涂料包括过氯乙烯地面涂料、丙烯酸－硅树脂地面涂料、聚氨酯－丙烯酸酯地面涂料。其为薄质涂料，涂覆在水泥砂浆地面的抹面层上，起装饰和保护作用。

乳液型地面涂料有聚醋酸乙烯地面涂料等。

合成树脂厚质地面涂料包括环氧树脂厚质地面涂料、聚氨酯弹性地面涂料、不饱和聚酯地面涂料等。该类涂料常采用刮涂方法施工，涂层较厚，可与塑料地板媲美。

2. 过氯乙烯地面涂料

过氯乙烯地面涂料具有干燥快、与水泥地面结合好、耐水、耐磨、耐化学药品腐蚀等优点。施工时有大量有机溶剂挥发、易燃，要注意防火、通风。

3. 聚氨酯－丙烯酸酯地面涂料

聚氨酯－丙烯酸酯地面涂料具有涂膜外观光亮平滑，有瓷质感，良好的装饰性、耐磨性、耐水性及耐酸碱、耐化学药品腐蚀等优点。

其适用于图书馆、健身房、舞厅、影剧院、办公室、会议室、厂房、车间、机房、地下室、卫生间等水泥地面的装饰。

4. 环氧树脂厚质地面涂料

环氧树脂厚质地面涂料是以黏度较小、可在室温固化的环氧树脂（如 E－44、E－42

等牌号)为主要成膜物质,加入固化剂、增塑剂、稀释剂、填料、颜料等配制而成的双组分固化型地面涂料。

环氧树脂厚质地面涂料黏结力强,膜层坚硬耐磨且有一定的韧性,耐久、耐酸、耐碱、耐有机溶剂、耐火、防尘,可涂饰各种图案,但施工操作比较复杂。其适用于机场、车库、实验室、化工车间等室内外水泥地面的装饰。

【工程案例 12-1】 因使用非环保涂料,室内环境检测未达标。

现象:某装饰工程在选用水性涂料时,未采用环保涂料,室内环境检测时出现挥发性有机物(VOC_S)和游离甲醛含量超标。

分析:环保型涂料隔热阻燃、防紫外线、防辐射、防虫、防霉等功能突出,其具有硬度高、光洁度好、防潮、通气、抗冻、耐磨、抗湿、耐腐蚀以及附着力强等优点。非环保涂料有害有毒,应避免使用。

含有大量危害人体健康的甲醛、苯类物质的涂料已被禁止使用,国家推广使用环保型涂料。如以环保、绿色为标志的酚-丙乳胶漆和以苯-丙乳胶漆为代表的合成树脂乳液、内外墙乳胶漆。选购材料时要识别市场上的真假环保型涂料。

【工程案例 12-2】 乳胶漆开裂原因分析。

现象:某装饰工程完成后,几个月内在天花线、门框等的接缝处及乳胶漆面层多处出现裂缝。

分析:以上现象可能是因为季节原因引发的开裂。

因季节原因引发的开裂称为正常开裂,多见于天花线、门框的接缝等处。所以,装饰完成后有半年或一年的保修期,就是为了用来修补因季节变化而造成的质量损耗。这些因自然开裂出现的缝隙,经过施工单位的再次修补后,平整如新,日后也不易再开裂。

由于施工方法不当造成的开裂则属于不正常开裂。如做基底时使用的胶水质量不好等原因,易使腻子与墙体分离。另外,腻子抹得太厚,超过 5 cm,日后随着墙体内水分不断蒸发,乳胶漆涂刷的墙体也会发生大面积开裂。在这种情况下,只有铲掉涂料和基底材料,重新涂刷,方能避免今后再次发生的麻烦。

第三节　墙面装饰材料

墙面装饰是室内装饰中面积最大的部分,地面以上和顶棚以下,除门窗外的装饰都属于墙面装饰的内容。墙面材料的品种很多,有涂料、壁纸及壁布、木材及其制品、玻璃及玻璃砖、釉面砖、大理石、花岗石、文化石、金属饰面板、人造饰面板、石膏制品等。墙面装饰材料的品种、档次、颜色,装修风格及施工质量都是影响装饰效果的重要因素,因此要给予充分的注意。本节主要学习装饰石材知识。

装饰石材是指用于建筑物表面装饰的石材。饰面板材是指用饰面石材加工成的板材,用做建筑物的内外墙面、地面、柱面、台面等。饰面石材分天然饰面石材和人造饰面石材。天然饰面石材主要有花岗石、大理石、青石、岩板等;人造石材以其强度高、装饰性好、耐腐蚀、耐污染、便于施工、价格低等优点,得到了广泛的应用。

一、天然花岗石

建筑装饰工程上所指的花岗石是指以花岗岩为代表的一类装饰石材，包括各类以石英、长石为主要的组成矿物，并含有少量云母和暗色矿物的岩浆岩和花岗岩的变质岩，如花岗岩、辉绿岩、辉长岩、玄武岩、橄榄岩等。从外观特征上看，花岗石常呈整体均粒状结构，称为花岗结构。

(一)花岗石的特性

花岗石构造致密、强度高、密度大、吸水率极低、质地坚硬、耐磨，属酸性硬石材。花岗石的化学成分有 SiO_2、Al_2O_3、CaO、MgO、Fe_2O_3 等，其中 SiO_2 的含量常为60%以上，为酸性石材，因此其耐酸、抗风化、耐久性好，使用年限长。花岗石所含石英在高温下会发生晶变，体积膨胀而开裂，因此不耐火。

(二)分类、等级及技术要求

1. 分类

天然花岗石板材按形状可分为毛光板(MG)、普型板(PX)、圆弧板(HM)和异型板(YX)四类，按其表面加工程度可分为细面板(YG)、镜面板(JM)、粗面板(CM)三类。

2. 等级

天然花岗石板材根据国家标准《天然花岗石建筑板材》(GB/T 18601—2009)：毛光板按厚度偏差、平面度公差、外观质量等，普型板按规格尺寸偏差、平面度公差、角度公差及外观质量等，圆弧板按规格尺寸偏差、直线度公差、线轮廓度公差及外观质量等，分为优等品(A)、一等品(B)和合格品(C)三个等级。

3. 技术要求

天然花岗石板材的技术要求包括物理性能(见表12-4)、规格尺寸允许偏差(见表12-5)、平面度允许极限公差(见表12-6)、角度允许极限公差(见表12-7)和正面的外观缺陷(见表12-8)。

表12-4　天然花岗石建筑板材的物理性能

项目		技术指标	
		一般用途	功能用途
体积密度(g/cm^3)≥		2.56	2.56
吸水率(%)≤		0.60	0.40
压缩强度(MPa)≥	干燥	100	131
	水饱和		
弯曲强度(MPa)≥	干燥	8.0	8.3
	水饱和		
耐磨性($1/cm^3$)≥		25	25

注：使用在地面、楼梯踏步、台面等严重踩踏或磨损部位的花岗石石材应检验耐磨性。

表 12-5　天然花岗石普型板材的规格尺寸允许偏差　　（单位：mm）

分类		细面和镜面板材			粗面板材		
等级		优等品	一等品	合格品	优等品	一等品	合格品
长度、宽度		0 −1.0	0 −1.5	0 −1.5	0 −1.0	0 −2.0	0 −3.0
厚度	≤15	±0.5	±1.0	+1.0 −2.0			
	>15	±1.5	±2.0	±2.0 −3.0	+1.0 −2.0	+2.0 −3.0	+2.4 −4.0

表 12-6　天然花岗石的平面度允许极限公差　　（单位：mm）

板材长度范围	细面和镜面板材			粗面板材		
	优等品	一等品	合格品	优等品	一等品	合格品
≤400	0.20	0.40	0.60	0.80	1.00	1.20
400～1 000	0.50	0.70	0.90	1.50	2.00	2.20
≥1 000	0.80	1.00	1.20	2.00	2.50	2.80

表 12-7　天然花岗石普型板材的角度允许极限公差　　（单位：mm）

板材长度范围	细面和镜面板材			粗面板材		
	优等品	一等品	合格品	优等品	一等品	合格品
≤400	0.40	0.60	0.80	0.60	0.80	1.00
>400			1.00		1.00	1.20

表 12-8　天然花岗石板材正面的外观缺陷

名称	规定内容	优等品	一等品	合格品
缺棱	长度不超过 10 mm（长度小于 5 mm 不计），周边每米长（个）		1	2
缺角	面积不超过 5 mm×2 mm（面积小于 2 mm×2 mm 不计），每块板（个）			
裂纹	长度不超过两端顺延至板边总长度的 1/10（长度小于 20 mm 的不计），每块板（条）	不允许		
色斑	面积不超过 20 mm×30 mm（面积小于 15 mm×15 mm 的不计），每块板（条）			
色线	长度不超过两端顺延至板边总长度的 1/10（长度小于 40 mm 的不计），每块板（条）		2	3
坑窝	粗面板材的正面出现坑窝		不明显	出现，但不影响使用

（三）应用

花岗石板材主要应用于大型公共建筑或装饰等级要求较高的室内外装饰工程。花岗石因不易风化，外观色泽可保持百年以上，所以粗面和细面板材常用于室外地面、墙面、柱面、勒脚、基座、台阶，镜面板材主要用于室内外地面、墙面、柱面、台面、台阶等，特别适宜做大型公共建筑大厅的地面。

二、天然大理石

建筑装饰工程上所指的大理石是广义的，除指大理岩外，还泛指具有装饰功能，可以磨平、抛光的各种碳酸盐岩和与其有关的变质岩，如石灰岩、白云岩、钙质砂岩等。其主要成分为碳酸盐矿物。

（一）大理石的特性

大理石质地较密实、抗压强度较高、吸水率低、质地较软，属碱性中硬石材。天然大理石易加工、开光性好，常被制成抛光板材，其色调丰富、材质细腻，极富装饰性。大理石的化学成分有 CaO、MgO、SiO_2 等，其中 CaO 和 MgO 的总量占 50% 以上，故大理石属碱性石材。在大气中受硫化物及水汽形成的酸雨长期的作用，大理石容易发生腐蚀，造成表面强度降低、变色掉粉，失去光泽，影响其装饰性能。所以，除少数大理石，如汉白玉、艾叶青等质纯、杂质少、比较稳定、耐久的品种可用于室外外，绝大多数大理石品种只宜用于室内。

（二）分类、等级及技术要求

1. 分类

天然大理石板材按形状分为普型板（PX）、圆弧板（HM）。国际和国内板材的通用厚度为 20 mm，亦称为厚板。随着石材加工工艺的不断改进，厚度较小的板材也开始应用于装饰工程，常见的厚度有 10 mm、8 mm、7 mm 等，亦称为薄板。

2. 等级

根据《天然大理石建筑板材》（GB/T 19766—2005），天然大理石板材按板材的规格尺寸允许偏差、平面度允许极限公差、角度允许极限公差及正面的外观缺陷分为优等品（A）、一等品（B）和合格品（C）三个等级。

3. 技术要求

天然大理石板材的技术要求包括物理性能（见表 12-9）、规格尺寸允许偏差（见表 12-10）、平面度允许极限公差（见表 12-11）、角度允许极限公差（见表 12-12）。其中物理性能的要求为：体积密度应不小于 2.30 g/cm^3，吸水率不大于 0.50%，干燥压缩强度不小于 50.0 MPa，弯曲强度不小于 7.0 MPa，耐磨度不小于10 cm^{-3}，镜面板材的镜向光泽值应不低于 70 光泽单位。

表 12-9　天然大理石板材的物理性能

项目		指标
体积密度（kg/m^3）		2 500 ~ 2 700
强度（MPa）	抗压	70.0 ~ 110.0
	抗折	6.0 ~ 16.0
	抗剪	7.0 ~ 12.0
平均韧性（cm）		10
平均质量磨耗率（%）		12
吸水率（%）		<1
膨胀系数（×10^{-6}/℃）		6.5 ~ 10.12
耐用年限（年）		40 ~ 100

表 12-10 天然大理石普型板材的规格尺寸允许偏差 （单位:mm）

部位		优等品	一等品	合格品
长度、宽度		0 1.0	0 1.0	0 -1.5
厚度	≤15	±0.5	±1.0	±1.0
	>15	+0.5 -1.5	+1.0 -2.0	±2.0

表 12-11 天然大理石建筑板材的平面度允许极限公差 （单位:mm）

板材长度范围	允许极限公差		
	优等品	一等品	合格品
≤400	0.20	0.30	0.50
>400~800	0.50	0.60	0.80
≥800~1 000	0.70	0.80	1.00
≥1 000	0.80	1.00	1.20

表 12-12 天然大理石建筑板材的角度允许极限公差 （单位:mm）

板材长度范围	允许极限公差		
	优等品	一等品	合格品
≤400	0.30	0.40	0.60
>400	0.50	0.60	0.80

（三）应用

天然大理石板材是装饰工程的常用饰面材料，一般用于宾馆、展览馆、剧院、商场、图书馆、机场、车站等工程的室内墙面、柱面、服务台、栏板、电梯间门口等部位。由于其耐磨性相对较差，虽也可用于室内地面，但不宜用于人流较多场所的地面。大理石由于耐酸腐蚀能力较差，除个别品种外，一般只适用于室内。

三、人造饰面石材

人造饰面石材是采用无机或有机胶凝材料作为胶粘剂，以天然砂、碎石、石粉或工业渣等为粗、细填充料，经成型、固化、表面处理而成的一种人造材料。它一般具有质量轻、强度大、厚度薄、色泽鲜艳、花色繁多、装饰性好、耐腐蚀、耐污染、便于施工、价格较低的特点。按照所用材料和制造工艺的不同，可把人造饰面石材分为水泥型人造石材、聚酯型人造石材、复合型人造石材、烧结型人造石材和微晶玻璃型人造石材几类。其中，聚酯型人造石材和微晶玻璃型人造石材是目前应用较多的品种。

(一)聚酯型人造石材

聚酯型人造石材是以不饱和聚酯为胶凝材料,配以天然大理石、花岗石、石英砂或氢氧化铝等无机粉状、粒状填料,经配料、搅拌、浇筑成型的块材。在固化剂、催化剂作用下发生固化,再经脱模、抛光等工序制成的人造石材。

(1)按成型方法可分为浇筑成型聚酯型人造石、压缩成型聚酯型人造石和大块荒料成型聚酯型人造石。

(2)按花色质感可分为聚酯型人造大理石板、聚酯型人造花岗石板、聚酯型人造玉石板。

聚酯型人造石材的特性是光泽度好、质地高雅、强度较高、耐水、耐污染、花色可设计性强。其缺点是耐刻划性较差,且填料级配若不合理,则产品易出现翘曲变形。聚酯型人造石材可用于室内外墙面、柱面、楼梯面板、服务台面等部位的装饰装修。

(二)微晶玻璃型人造石材

微晶玻璃型人造石材又称微晶板、微晶石,是由矿物粉料高温融烧而成的,是由玻璃相和结晶相构成的复相人造石材。

(1)按外形分为普型板和异型板。

(2)按表面加工程度分为镜面板和亚光面板。

微晶玻璃型人造石材具有大理石的柔和光泽、色差小、颜色多、装饰效果好、强度高、硬度高、吸水率极低、耐磨、抗冻、耐污、耐风化、耐酸碱、耐腐蚀、热稳定性好。其可分为优等品(A)、合格品(B)两个等级。其适用于室内外墙面、地面、柱面、台面。

【工程案例12-3】 家庭居室装修危害。

现象:在四川有一家三口先后在一个月内都患上了再生障碍性贫血,多方面查找病因,最后对其住房进行放射性检测才发现,这家人使用了一种西班牙粉红麻的花岗石装饰墙面,放射性水平太高,损伤了其造血功能。

分析:上述悲剧的发生是由于放射性水平太高,损伤了人体造血功能。实践中应测量石材板材中的放射性物质的具体含量,并根据《天然石材产品放射性防护分类控制标准》中的控制值,直接获得是属于A类还是B类或C类的定数值。如果属于A类的数值(即放射性辐射值小),其使用范围不受限制,即包括家庭居室装修均可使用;如果属于B类的数值,不可用于家庭居室装修,而可用于其他一切建筑物的内外装修;如果属于C类的数值(即放射性辐射值偏高),不可用于各种建筑物的内装修,只能用于一切建筑物的外装修。即使是辐射值偏大的天然石材也不能笼统地说"辐射超标",如果超过了A类标准,就不要用于家庭的内装修,但仍然可用于其他一切内装修中;如果超过B类标准,就不能用在各种建筑物的内装修中,可是仍能用于各种外装修中;最重要的是一定要避免将C类产品用于室内(尤其是家庭的居室内)装修中,如果将C类产品用于居室装修中就会对身体造成危害。只要严格按规定办事,就一定能够确保所有使用天然石材装修的用户的人身安全。

室内通风良好是消除一切辐射物质的最简单有效的方法。

第四节　壁纸与墙布

壁纸、墙布以其独特的质地和装饰效果，成为墙面装饰的重要方法。

一、塑料壁纸

塑料壁纸是以一定的材料为基材，表面进行涂塑后，再经过压延、涂布以及印刷、轧花、发泡等工艺而制成的一种墙面装饰材料。塑料壁纸是目前国内外使用广泛的一种室内墙面装饰材料，也可用于顶棚、梁柱等处的贴面装饰。

（一）塑料壁纸的特点

塑料壁纸与传统的织物纤维壁纸相比，具有以下优点。

1. 装饰效果好

由于塑料壁纸表面可进行印花、压花发泡处理，能仿天然石材、木纹及锦缎，可印制适合各种环境的花纹图案，色彩也可任意调配，做到自然流畅、清淡高雅。

2. 性能优越

根据需要可加工成具有难燃、隔热、吸声、防霉性且不易结露、不怕水洗、不易受机械损伤的产品。

3. 粘贴方便

塑料壁纸的湿纸状态强度仍较好，耐拉耐拽，易于粘贴，且透气性能好，可在尚未完全干燥的墙面上粘贴，而不致造成起鼓、剥落，施工简单，陈旧后易于更换。

4. 使用寿命长，易维修保养

表面可清洗，对酸碱有较强的抵抗能力，易于保持墙面的清洁。

（二）常用塑料壁纸的种类

塑料壁纸大致可分为三大类：普通塑料壁纸、发泡塑料壁纸和特种塑料壁纸。每种塑料壁纸又有 3 ~ 4 个品种，有几十种乃至上百种花色。

1. 普通塑料壁纸

普通塑料壁纸是以 80 g/cm^2 的纸作基材，涂以 100 g/cm^2 左右的聚氯乙烯糊状树脂，经印花、压花等工序制成的。它又包括以下几种：

（1）单色压花墙纸。这种墙纸是经凸版轮转热轧花机加工而成的，可制成仿丝绸、织锦缎等多种花色。

（2）印花、压花墙纸。这种墙纸是经多套色凹版轮转印刷机印花后再轧花而成的，可制成印有各种色彩图案，并压有布纹、隐条凹凸花纹等双重花纹，故叫做艺术装饰墙纸。

（3）有光印花墙纸和平光印花墙纸。有光印花墙纸是在抛光辊轧的面上印花，其表面光洁明亮；平光印花墙纸是在消光辊轧平的面上印花，表面平整柔和，以满足用户的不同需求。

2. 发泡塑料壁纸

发泡塑料壁纸是以 100 g/cm^2 纸为基材，涂塑上 300 ~ 400 g/cm^2 掺有发泡剂的聚氯乙烯糊状料，经印花后，再加热发泡而成的。这类墙纸有高发泡印花、低发泡印花、低发泡印花压花等品种。高发泡印花墙纸发泡较大，表面富有弹性的凹凸花纹，是一种装饰、吸声多功能墙纸，常用于影剧院和住房天花板等装饰。低发泡印花墙纸是在发泡平面印有图案的品种。低发泡印花压花墙纸采用化学压花的方法，即用有不同抑制发泡作用的油墨印花后再发泡，使表面形成具有不同色彩的凹凸花纹图案，所以也叫化学浮雕。该品种还有仿木纹、拼花、仿瓷砖等花色，图样逼真，立体感强，装饰效果好，并有弹性，适用于室内墙裙、客厅和内走廊的装饰。

3. 特种塑料壁纸

特种墙纸品种也很多，常用的有耐水墙纸、防火墙纸、彩色砂粒墙纸、风景壁画墙纸等。耐水墙纸是用玻璃纤维毡为基材，以适应卫生间、浴室等墙面的装饰。防火墙纸是用 100 ~ 200 g/cm^2 的石棉纸为基材，并在聚氯乙烯涂塑材料中掺加阻燃剂，使其具有一定的阻燃、防火性能，适用于防火要求较高的建筑和木板面装饰。表面彩色砂粒墙纸是在基材上撒布彩色砂粒，再喷涂黏结剂，使表面具有砂粒毛面，一般用做门厅、柱头、走廊等局部装饰。

（三）塑料壁纸的规格及技术要求

1. 塑料壁纸的规格

目前，塑料壁纸的规格有以下三种：

（1）窄幅小卷：幅宽 530 ~ 600 mm，长 10 ~ 12 m，每卷 5 ~ 6 m^2。

（2）中幅中卷：幅宽 760 ~ 900 mm，长 25 ~ 50 m，每卷 25 ~ 45 m^2。

（3）宽幅大卷：幅宽 920 ~ 1 200 mm，长 50 m，每卷 46 ~ 50 m^2。

小卷墙用壁纸施工方便，选购数量和花色都比较灵活，最适合民用，家庭可自行粘贴。中卷、大卷墙用壁纸粘贴时施工效率高，接缝少，适合专业人员施工。

2. 塑料壁纸的技术要求

塑料壁纸的技术要求按我国企业标准主要有以下几个方面：

（1）外观。塑料壁纸的外观是影响装饰效果的主要项目，一般不允许有色差、折印和明显的污点，不允许有漏印，压花墙纸压花应达到规定深度，不允许有光面。

（2）退色性试验。将壁纸试样在老化试验机内经碳棒光照 20 h 后不应有退色和变色现象。

（3）耐摩擦性。将壁纸用干的白布在摩擦机上干磨 25 次，用湿的白布湿磨 2 次后不应有明显的掉色，即白色布上不应沾色。

（4）湿强度。将壁纸放入水中浸泡 5 min 后即取出用滤纸吸干，测定其抗拉强度应大于 2.0 N/15 mm。

（5）可擦性。指粘贴壁纸的黏合剂可用湿布或海绵擦去而不留下明显痕迹的性能。

（6）施工性。将壁纸按要求用聚醋酸乙烯乳液和淀粉混合（7∶3）的黏合剂贴在硬木板上，经过 2 h、4 h、24 h 后观察不应有剥落现象。

在特殊场合，塑料壁纸还应做耐燃性试验。

3. 应用时需注意的事项

应用时应注意其燃烧性等级、老化特性，防止其出现老化退色或老化开裂的现象。使用塑料类材料做墙面装饰时，还应注意其封闭性，即这种材料的水密性及气密性。有时常出现由于塑料墙体材料的封闭性，破坏了砖墙体及混凝土墙体的呼吸效应，使室内空气干燥，空气新鲜程度下降，令人产生不适感的现象。

二、织物壁纸

织物壁纸主要有纸基织物壁纸和麻草壁纸两种。

（一）纸基织物壁纸

纸基织物壁纸是以棉、麻、毛等天然纤维制成各种色泽、花色和粗细不一的纺线，经特殊工艺处理和巧妙的艺术编排，黏合于纸基上而制成的。这种壁纸面层的艺术效果主要是通过各色纺线的排列来达到，有的用纺线排出各种花纹，有的有荧光，有的线中夹有金、银丝，使壁纸呈现金光点点，同时还可压制成浮雕绒面图案。

纸基织物壁纸的特点是色彩柔和幽雅，墙面立体感强，吸声效果好，耐日晒，不退色，无毒无害，无静电，不反光，且具有透气性，能调节室内湿度。其适用于宾馆、饭店、办公楼、会议室、接待室、疗养院、计算机房、广播室及家庭卧室等室内墙面装饰。

（二）麻草壁纸

麻草壁纸是以纸为基底，以编织的麻草为面层，经复合加工而制成的墙面装饰材料。麻草壁纸具有吸声、阻燃、散潮气、不吸尘、不变形等特点，并具有自然、古朴、粗犷的大自然之美。其适用于会议室、接待室、影剧院、酒吧、舞厅以及饭店、宾馆的客房等的墙壁贴面装饰，也可用于商店的橱窗设计。

三、玻璃纤维印花贴墙布

玻璃纤维印花贴墙布是以中碱玻璃纤维布为基料，表面涂以耐磨树脂，印上彩色图案而成的。其特点是：玻璃布本身具有布纹质感，经套色印花后，装饰效果好，且色彩鲜艳，花色多样，室内使用不退色、不老化，防水、耐湿性强，便于清洗，价格低廉，施工简单，粘贴方便。玻璃纤维印花贴墙布适用于宾馆、饭店、工厂净化车间、民用住宅等室内墙面装饰，尤其适用于室内卫生间、浴室等墙面的装贴。

玻璃纤维印花贴墙布在使用中应防止硬物与墙面发生摩擦，否则，表面树脂涂层磨损后会散落出玻璃纤维，损坏墙布。另外，在运输和储存过程中应横向放置、放平，切勿立放，以免损伤两侧布边。当墙布有污染和油迹时，可用肥皂水清洗，切勿用碱水清洗。

四、无纺贴墙布

无纺贴墙布是采用棉、麻等天然纤维或涤、腈等合成纤维，经过无纺成型、上树脂、印刷彩色花纹等工序而制成的。

无纺贴墙布的特点是：挺括，富有弹性、不易折断，纤维不老化、不散失，对皮肤无刺激作用，墙布色彩鲜艳、图案雅致，具有一定的透气性和防潮性，可擦洗而不退色，且粘贴施工方便。无纺贴墙布适用于各种建筑物的室内墙面装饰，尤其是涤纶无纺贴墙布，除具有麻质无纺贴墙布的所有性能外，还具有质地细洁、光滑等特点，特别适用于高级宾馆、住宅。

五、化纤装饰贴墙布

化纤装饰贴墙布是以化学纤维织成的布(单纶或多纶)为基材,经一定处理后印花而成的。所谓多纶,是指多种化纤与棉纱混纺织成的贴墙布。常用的化学纤维有黏胶纤维、醋酸纤维、丙纶、腈纶、锦纶、涤纶等。

化纤装饰贴墙布具有无毒、无味、透气、防潮、耐磨、不分层等特点,适用于宾馆、饭店、办公室、会议室及民用住宅的内墙面装饰。

六、棉纺装饰墙布

棉纺装饰墙布是以纯棉平布为基材经过处理、印花、涂布耐磨树脂等工序制作而成的。这种墙布的特点是:强度大,静电小,蠕变性小,无光,吸声,无毒,无味,对施工人员和用户均无害,花型色泽美观大方。棉纺装饰墙布适用于宾馆、饭店及其他公共建筑和较高级的民用住宅建筑中的内墙装饰,适用于水泥砂浆墙面、混凝土墙面、白灰墙面以及石膏板、纤维板、石棉水泥板等墙面基层的粘贴或浮挂。

七、高级墙面装饰织物

高级墙面装饰织物是指锦缎、丝绒、呢料等织物,这些织物由于纤维材料、制造方法以及处理工艺不同,所产生的质感和装饰效果也就不同,但均能给人们以极美的感受。

锦缎也称织锦缎,由于丝织品的质感与丝光效应,其显得绚丽多彩、高雅华贵,具有很好的装饰效果,常被用于高档室内墙面的浮挂装饰,也可用于室内高级墙面的裱糊,但其价格昂贵、柔软易变形、施工难度大、不能擦洗、不耐脏、不耐光、易留下水渍的痕迹、易发霉,故其应用受到了很大的限制。

丝绒色彩华丽,质感厚实温暖,格调高雅,主要用于高级建筑室内窗帘、柔隔断或浮挂,可营造出富贵、豪华的氛围。

粗毛呢料、纺毛化纤织物、麻类织物质感粗实厚重,具有温暖感,吸声性能好,还能从纹理上显示出厚实、古朴等特色,适用于高级宾馆等公共厅堂柱面的裱糊装饰。

【工程案例 12-4】 选用壁纸时只看花色不关心材质,造成身体危害。

现象:某住户搬进了新房没多久,鼻炎就频频发作。住户很不解,为了防污染,家中的家具选的都是环保的,后来才知道问题就出在卧室的 PVC 壁纸上。

分析:市场上壁纸花色繁多,材质也很多,其中最常用的就是 PVC、无纺布和纯纸。无纺布的价格最高,其次是 PVC,再次就是纯纸。无纺布以透气性强为主要特色,但它的防潮性比不上 PVC,加上价格昂贵,选择的人不算多。纯纸虽然价格便宜,但因为没有防潮功能,不能用湿抹布擦洗,受欢迎程度也较低。考虑到当地的气候,有时为了防潮,避免返工浪费,买 PVC 的人最多。由于 PVC 表层涂有一层防水用的聚氯乙烯,属于含塑的合成壁纸,稍有气味。而 PVC 有等级之分,高级 PVC 的聚氯乙烯是控制在安全范围内的,对人体几乎没有危害;低档次的 PVC 闻起来有刺鼻味道,对于敏感的人而言,选择这种壁纸,易造成危害。

第五节 建筑玻璃

建筑玻璃是以石英砂、纯碱、石灰石、长石等为主要原料,经 1 550 ~ 1 600 ℃高温熔融、成型、冷却并裁割而得到的有透光性的固体材料,其主要成分是二氧化硅(含量 72%左右)和钙、钠、钾、镁的氧化物。近年来,以三氧化二铝和氧化膜为主要成分的铝镁玻璃以其优良的性能,逐步成为主要的玻璃品种。

一、净片玻璃

净片玻璃是指未经深加工的平板玻璃,也称为白片玻璃。

(一)分类及规格

净片玻璃按生产方法不同,可分为普通平板玻璃和浮法玻璃两类。

浮法工艺是现代最先进的平板玻璃生产方法,它具有产量高、质量好、生产效率高和经济效益好等优点,所以浮法玻璃生产技术发展得非常迅速。浮法已成为当今社会衡量一个国家生产平板玻璃技术水平高低的重要标志。目前,我国大型玻璃生产线几乎全部采用浮法技术生产平板玻璃。浮法玻璃的生产过程如图 12-1 所示。

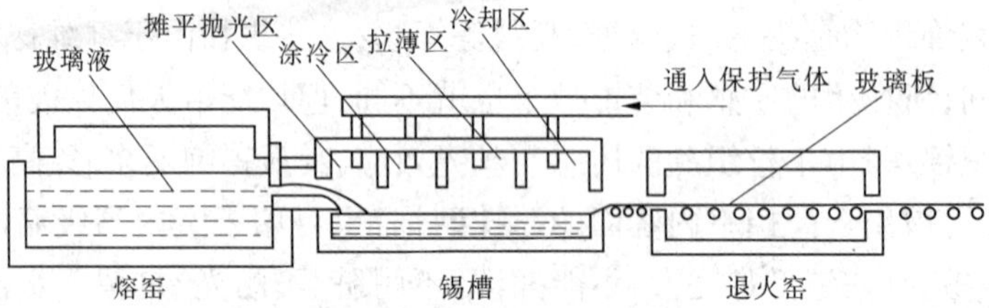

图 12-1 浮法玻璃的生产过程

根据国家标准《平板玻璃》(GB 11614—2009)的规定,净片玻璃按其公称厚度可分为 2 mm、3 mm、4 mm、5 mm、6 mm、8 mm、10 mm、12 mm、15 mm、19 mm、22 mm、25 mm 十二种规格。

(二)特性

(1)良好的透视、透光性能(3 mm、5 mm 厚的净片玻璃的可见光透射比分别为 87%和 84%)。对太阳光中近红外热射线的透过率较高,但对可见光射至室内墙顶地面和家具、织物而反射产生的远红外长波热射线却能有效阻挡,故可产生明显的暖房效应。净片玻璃对太阳光中紫外线的透过率较低。

(2)隔声,有一定的保温性能。抗拉强度远小于抗压强度,是典型的脆性材料。

(3)有较高的化学稳定性,在通常情况下,对酸、碱、盐、化学试剂及气体有较强的抵抗能力,但长期遭受侵蚀性介质的作用也能导致变质和破坏,如玻璃的风化和发霉都会导致外观的破坏和透光能力的降低。

(4)热稳定性较差,急冷急热,易发生炸裂。

(三)等级

按照国家标准,净片玻璃根据其外观质量进行定级,平板玻璃分为优等品、一等品和合格品三个等级。

(四)应用

3 ~ 5 mm 的净片玻璃一般直接用于有框门窗的采光,8 ~ 12 mm 的平板玻璃可用于隔断、橱窗、无框门。净片玻璃的另外一个重要用途是作为钢化、夹层、镀膜、中空等深加工玻璃的原片。

二、装饰玻璃

(一)彩色平板玻璃

彩色平板玻璃又称有色玻璃或饰面玻璃。彩色玻璃分为透明彩色玻璃和不透明彩色玻璃两种。透明彩色玻璃是在平板玻璃中加入一定量的着色金属氧化物,按一般的平板玻璃生产工艺生产而成的;不透明彩色玻璃又称为饰面玻璃。

彩色平板玻璃也可以采用在无色玻璃表面上喷涂高分子涂料或粘贴有机膜制得。这种方法在装饰上更具有随意性。

彩色平板玻璃的颜色有茶色、黄色、桃红色、宝石蓝色、绿色等。

彩色玻璃可以拼成各种图案,并有耐腐蚀、抗冲刷、易清洗等特点,主要用于建筑物的内外墙、门窗装饰及对光线有特殊要求的部位。

(二)釉面玻璃

釉面玻璃是指在按一定尺寸切裁好的玻璃表面上涂敷一层彩色的易熔釉料,经烧结、退火或钢化等处理工艺,使釉层与玻璃牢固结合而制成的具有美丽色彩或图案的玻璃。釉面玻璃的特点是:图案精美,不退色,不掉色,易于清洗,可按用户的要求或艺术设计图案制作。

釉面玻璃具有良好的化学稳定性和装饰性,广泛用于室内饰面层、一般建筑物门厅和楼梯间的饰面层及建筑物外饰面层。

(三)压花玻璃

压花玻璃又称为花纹玻璃或滚花玻璃。其有一般压花玻璃、真空镀膜压花玻璃和彩色膜压花玻璃几类。

(四)喷花玻璃

喷花玻璃又称为胶花玻璃,是在平板玻璃表面贴以图案,抹以保护面层,经喷砂处理形成透明与不透明相间的图案而成的。喷花玻璃给人以高雅、美观的感觉,适用于室内门窗、隔断和采光。

(五)乳花玻璃

乳花玻璃是在平板玻璃的一面贴上图案,抹以保护层,经化学蚀刻而成的。它的花纹柔和、清晰、美丽,富有装饰性。

(六)刻花玻璃

刻花玻璃是由平板玻璃经涂漆、雕刻、围蜡与酸蚀、研磨而成的。图案的立体感非常强,似浮雕一般,在室内灯光的照耀下,更是熠熠生辉。刻花玻璃主要用于高档场所的室内隔断或屏风。

（七）冰花玻璃

冰花玻璃是一种利用平板玻璃经特殊处理而形成的具有随机裂痕的似自然冰花纹理的玻璃。冰花玻璃对通过的光线有漫射作用。它具有花纹自然、质感柔和、透光不透明、视感舒适的特点。冰花玻璃装饰效果优于压花玻璃，给人以典雅清新之感，是一种新型的室内装饰玻璃。其可用于宾馆、酒楼、饭店、酒吧间等场所的门窗、隔断、屏风和家庭装饰。

三、安全玻璃

（一）钢化玻璃

1. 概念

钢化玻璃是用物理的或化学的方法，在玻璃的表面上形成一个压应力层，而内部处于较大的拉应力状态，内外拉压应力处于平衡状态。玻璃本身具有较高的抗压强度，表面不会造成破坏。当玻璃受到外力作用时，这个压应力层可将部分拉应力抵消，避免玻璃的碎裂，从而达到提高玻璃强度的目的。钢化玻璃的应力状态如图 12-2 所示。

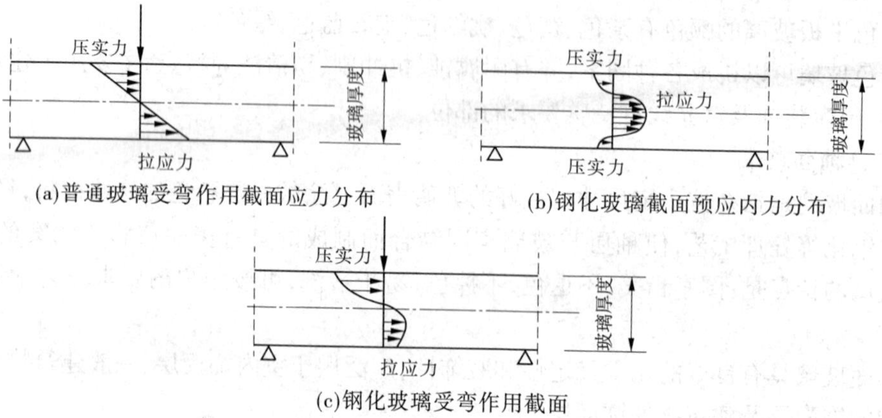

图 12-2　钢化玻璃的应力状态

2. 特性

钢化玻璃具有机械强度高、弹性好、热稳定性好、碎后不易伤人、可发生自爆等特点。

3. 应用

钢化玻璃具有较好的机械性能和热稳定性，常用做建筑物的门窗、隔墙、幕墙及橱窗、家具等。但钢化玻璃使用时不能切割、磨削，边角亦不能碰击挤压，需按现成的尺寸规格选用或提出具体设计图纸进行加工定制。用于大面积玻璃幕墙的玻璃在钢化程度上要予以控制，宜选择半钢化玻璃（即没达到完全钢化，其内应力较小），以避免受风荷载引起振动而自爆。

（二）夹丝玻璃

1. 概念

夹丝玻璃也称防碎玻璃或钢丝玻璃。它是由压延法生产的，即在玻璃熔融状态时将经预热处理的钢丝或钢丝网压入玻璃中间，经退火、切割而成。夹丝玻璃表面可以是压花的或磨光的，颜色可以制成无色透明或彩色。

2. 特性

(1)安全性:夹丝玻璃由于钢丝网的骨架作用,不仅提高了玻璃的强度,而且遭受到冲击或温度骤变而破坏时,碎片也不会飞散,避免了碎片对人的伤害作用。

(2)防火性:当遇到火灾时,夹丝玻璃受热炸裂,但由于金属丝网的作用,玻璃仍能保持固定,可防止火焰蔓延。

(3)防盗抢性:当遇到盗抢等意外情况时,夹丝玻璃虽玻璃碎但金属丝仍可保持一定的阻挡性,起到防盗和防抢的安全作用。

3. 应用

夹丝玻璃应用于建筑的天窗、采光屋顶、阳台及须有防盗、防抢功能要求的营业柜台的遮挡部位。当用做防火玻璃时,要符合相应耐火极限的要求。夹丝玻璃可以切割,但断口处裸露的金属丝要作防锈处理,以防锈体体积膨胀,引起玻璃"锈裂"。

(三)夹层玻璃

1. 概念

夹层玻璃是在两片或多片玻璃原片之间,用 PVB(聚乙烯醇缩丁醛)树脂胶片经加热、加压黏合而成的平面或曲面复合玻璃制品。用于生产夹层玻璃的原片可以是浮法玻璃、钢化玻璃、彩色玻璃、吸热玻璃或热反射玻璃等。夹层玻璃的层数有 2、3、5、7 层,最多可达 9 层。夹层玻璃的结构如图 12-3 所示。

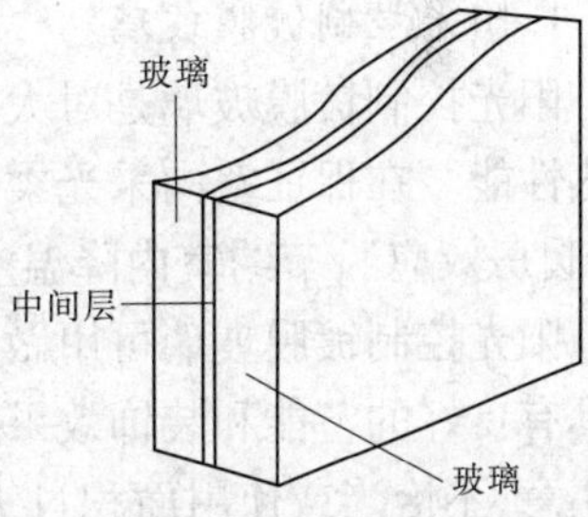

图 12-3 夹层玻璃的结构

2. 特性

(1)透明度好。

(2)抗冲击性能要比一般平板玻璃高好几倍,用多层普通玻璃或钢化玻璃复合起来,可制成抗冲击性极高的安全玻璃。

(3)由于 PVB 胶片的黏合作用,玻璃即使破碎,碎片也不会散落伤人。

(4)通过采用不同的原片玻璃,夹层玻璃还可具有耐久、耐热、耐湿、耐寒等性能。

3. 应用

夹层玻璃有着较高的安全性,一般在建筑上用做高层建筑的门窗、天窗、楼梯栏板和有抗冲击作用要求的商店、银行、橱窗、隔断及水下工程等安全性能高的场所或部位等。夹层玻璃不能切割,需要选用定型产品或按尺寸定制。

四、节能装饰型玻璃

(一)着色玻璃

1. 概念

着色玻璃是一种既能显著地吸收阳光中热作用较强的近红外线,又能保持良好透明度的节能装饰性玻璃。着色玻璃通常都带有一定的颜色,所以也称为着色吸热玻璃。

2. 特性

(1)有效吸收太阳的辐射热,产生冷室效应,可达到蔽热节能的效果。

(2)吸收较多的可见光,使透过的阳光变得柔和,避免眩光并改善室内色泽。

(3)能较强地吸收太阳的紫外线，有效地防止紫外线对室内物品的退色和变质作用。

(4)仍具有一定的透明度，能清晰地观察室外景物。

(5)色泽鲜丽，经久不变，能增加建筑物的外形美观。

3. 应用

着色玻璃在建筑装修工程中的应用比较广泛。凡既须采光又须隔热之处均可采用。采用不同颜色的着色玻璃能合理利用太阳光，调节室内温度，节省空调费用，而且对建筑物的外形有很好的装饰效果。一般多用做建筑物的门窗或玻璃幕墙。

(二)镀膜玻璃

镀膜玻璃分为阳光控制镀膜玻璃和低辐射镀膜玻璃，是一种既能保证可见光良好透过又能有效反射热射线的节能装饰型玻璃。镀膜玻璃是由无色透明的平板玻璃镀覆金属膜或金属氧化物而制得的。根据外观质量，阳光控制镀膜玻璃和低辐射镀膜玻璃可分为优等品和合格品两个等级。

1. 阳光控制镀膜玻璃

阳光控制镀膜玻璃是对太阳光具有一定控制作用的镀膜玻璃。这种玻璃具有良好的隔热性能。在保证室内采光柔和的条件下，可有效地屏蔽进入室内的太阳辐射能，可以避免"暖房效应"，节约室内降温空调的能源消耗，并具有单向透视性，故又称为单反玻璃。

阳光控制镀膜玻璃可用做建筑门窗玻璃、幕墙玻璃，还可用于制作高性能中空玻璃。其具有良好的节能和装饰效果，很多现代的高档建筑都选用镀膜玻璃作幕墙，但在使用时应注意，不恰当或使用面积过大会造成光污染，影响环境的和谐。单面镀膜玻璃在安装时，应将膜层面向室内，以提高膜层的使用寿命和取得节能的最大效果。

2. 低辐射镀膜玻璃

低辐射镀膜玻璃又称"Low－E"玻璃，是一种对远红外线有较高反射比的镀膜玻璃。低辐射镀膜玻璃对于太阳可见光和近红外光有较高的透过率，有利于自然采光，可节省照明费用，但玻璃的镀膜对阳光中的和室内物体所辐射的热射线均可有效阻挡，因而可使夏季室内凉爽而冬季则有良好的保温效果，总体节能效果明显。此外，低辐射镀膜玻璃还具有较强的阻止紫外线透射的功能，可以有效地防止室内陈设物品、家具等受紫外线照射产生老化、退色等现象。

低辐射镀膜玻璃一般不单独使用，往往与普通平板玻璃、浮法玻璃、钢化玻璃等配合，制成高性能的中空玻璃。

(三)中空玻璃

1. 概念

中空玻璃是由两片或多片玻璃，使用高强度高气密性复合黏合剂将玻璃片与内含干燥剂的铝合金框架黏结，使玻璃层间形成干燥气体空间，从而达到保温隔热效果的节能玻璃制品。中空玻璃按玻璃层数有双层和多层之分，一般是双层结构。可采用无色透明玻璃、热反射玻璃、吸热玻璃或钢化玻璃等作为中空玻璃的基片。

2. 特性

(1)光学性能良好。由于中空玻璃所选用的玻璃原片可具有不同的光学性能，因而制成的中空玻璃可见光透过率、太阳能反射率、吸收率及色彩可在很大范围内变化，从而满足建筑设计和装饰工程的不同要求。

(2)保温隔热、降低能耗。中空玻璃玻璃层间干燥气体导热系数极小,故起着良好的隔热作用,可有效保温隔热、降低能耗。以 6 mm 厚玻璃为原片,玻璃间隔(即空气层厚度)为 9 mm 的普通中空玻璃,大体相当于 100 mm 厚普通混凝土的保温效果。其适用于寒冷地区和需要保温隔热、降低采暖能耗的建筑物。

(3)防结露。中空玻璃的露点很低,因玻璃层间干燥气体层起着良好的隔热作用。在通常情况下,中空玻璃内层玻璃接触室内高湿度空气时,由于玻璃表面温度与室内接近,不会结露,而外层玻璃虽然温度低,但接触的空气湿度也低,所以也不会结露。

(4)良好的隔声性能。中空玻璃具有良好的隔声性能,一般可使噪声下降 30 ~ 40 dB。

3. 应用

中空玻璃主要用于保温隔热、隔声等功能要求较高的建筑物,如宾馆、住宅、医院、商场、写字楼等,也广泛用于车船等交通工具。

第六节　建筑陶瓷

建筑陶瓷通常是指以黏土为主要原料,经原料处理、成型、焙烧而成的无机非金属材料。陶瓷可分为陶和瓷两大部分,介于陶和瓷之间的一类产品称为炻,也称为半瓷或石胎瓷。瓷、陶和炻通常又按其细密性、均匀性各分为精、粗两类。建筑陶瓷主要是指用于建筑内外饰面的干压陶瓷砖和陶瓷卫生洁具,其按材质主要属于陶和炻。

干压陶瓷砖按材质可分为瓷质砖(吸水率≤0.5%)、炻瓷砖(0.5% < 吸水率≤3%)、细炻砖(3% < 吸水率≤6%)、炻质砖(6% < 吸水率≤10%)、陶质砖(吸水率 > 10%)。按应用特性可分为釉面内墙砖、陶瓷墙地砖和陶瓷锦砖。

一、釉面内墙砖

陶质砖可分为有釉陶质砖(即釉面内墙砖)和无釉陶质砖两种。其中,以有釉陶质砖应用最为普遍,过去亦习称瓷片,属于薄形陶质制品(吸水率 > 10%,但不大于 21%)。釉面内墙砖采用瓷土或耐火黏土低温烧成,坯体呈白色或浅褐色,表面施透明釉、乳浊釉或各种色彩釉及装饰釉。

釉面内墙砖按形状可分为通用砖(正方形、矩形)和配件砖,如图 12-4 和图 12-5 所示。

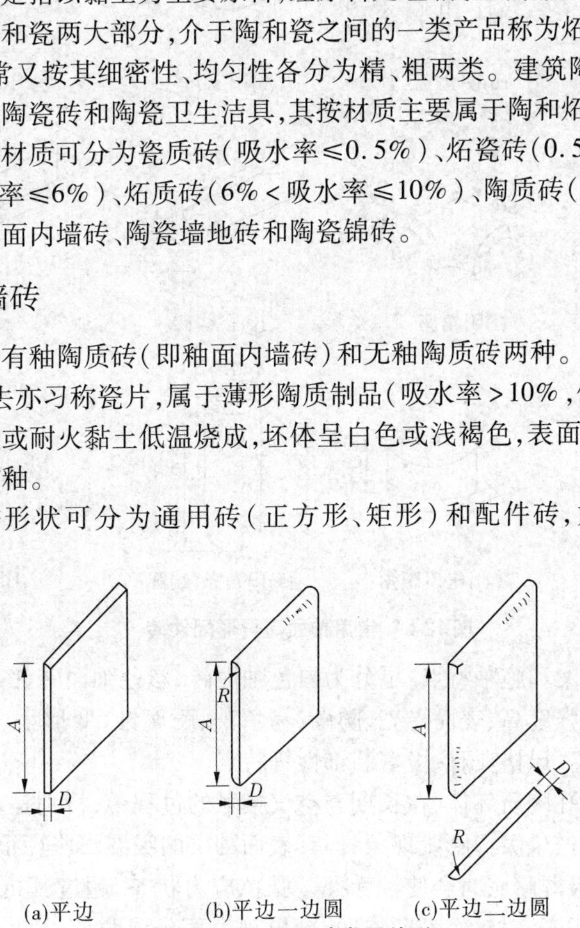

图 12-4　通用砖常用外形

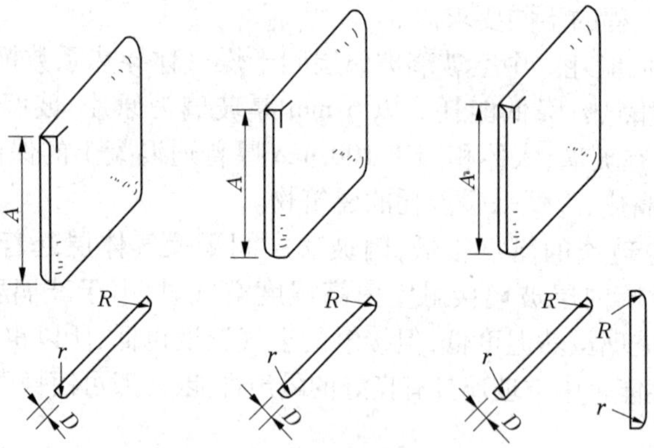

(d)小圆边　　(e)小圆边一边圆　　(f)小圆边二边圆

续图 12-4

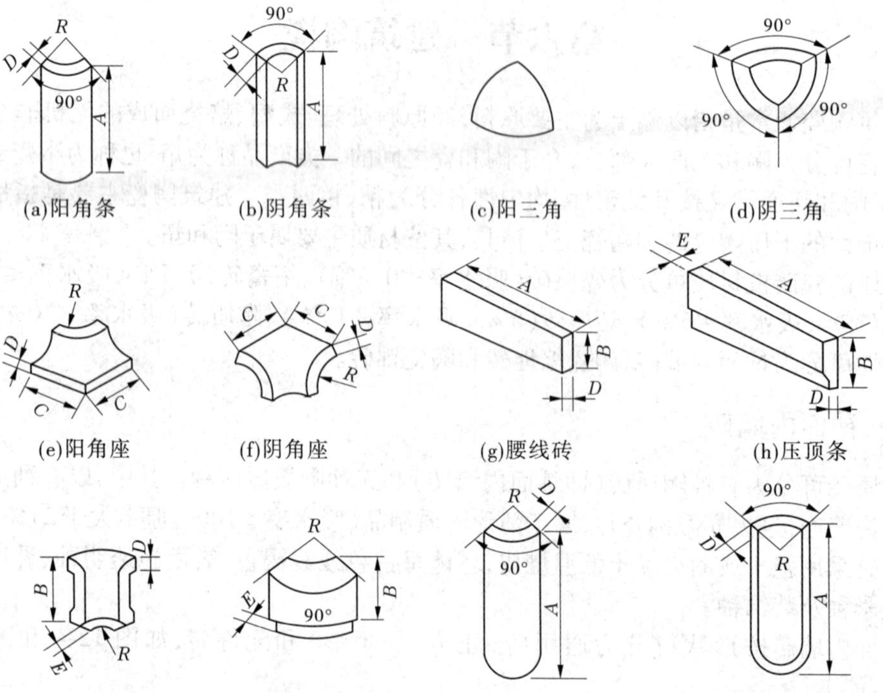

(a)阳角条　　(b)阴角条　　(c)阳三角　　(d)阴三角

(e)阳角座　　(f)阴角座　　(g)腰线砖　　(h)压顶条

(i)压顶阴角　　(j)压顶阳角　　(k)阳角条(端圆)　　(l)阴角条(端圆)

图 12-5　常用釉面砖异形配件砖

釉面内墙砖按图案和施釉特点,可分为白色釉面砖、彩色釉面砖、图案砖、色釉砖等。

釉面内墙砖具有强度高、表面光亮、防潮、易清洗、耐腐蚀、变形小、抗急冷急热、表面细腻、色彩和图案丰富、风格典雅、极富装饰性等特点。

釉面内墙砖是多孔陶质坯体,在长期与空气接触的过程中,特别是在潮湿的环境中使用,坯体会吸收水分,产生吸湿膨胀现象,但其表面釉层的吸湿膨胀性很小,与坯体结合得很牢固,所以当坯体吸湿膨胀时会使釉面处于张拉应力状态,超过其抗拉强度时,釉面就会发生开裂,尤其是用于室外,经长期冻融,会出现表面分层脱落、掉皮现象。所以,釉面内墙砖只能用于室内，不能用于室外。

釉面内墙砖的技术要求包括尺寸偏差、表面质量、物理性能、化学性能。其中，物理性能的要求为：吸水率平均值大于10%（单个值不小于9%，当平均值大于20%时，生产厂家应说明），破坏强度和断裂模数、抗热震性、抗釉裂性、耐磨性、抗冲击性、热膨胀系数、湿膨胀、色差应合格或检验后报告结果。

根据边直度、直角度、表面平整度和表面质量，釉面内墙砖分为优等品和合格品两个等级。

釉面内墙砖主要用于民用住宅、宾馆、医院、实验室等要求耐污、耐腐蚀、耐清洗的场所或部位，如浴室、厕所、盥洗室等，既有明亮清洁之感，又可保护基体，延长使用年限。釉面内墙砖用于厨房的墙面装饰，不但清洗方便，还可兼有防火功能。

二、陶瓷墙地砖

陶瓷墙地砖为陶瓷外墙面砖和室内外陶瓷铺地砖的统称。由于目前陶瓷生产原料和工艺的不断改进，这类砖在材质上可满足墙地两用，故统称为陶瓷墙地砖。

陶瓷墙地砖采用陶土质黏土为原料，经压制成型再高温（1 100 ℃左右）焙烧而成，坯体带色。根据表面施釉与否，分为彩色釉面陶瓷墙地砖、无釉陶瓷墙地砖和无釉陶瓷地砖，前两类属于炻质砖，后一类属于细炻类陶瓷砖。炻质砖的平面形状分正方形和长方形两种，其中长宽比大于3的通常称为条砖。

陶瓷墙地砖具有强度高、致密坚实、耐磨、吸水率小（<10%）、抗冻、耐污染、易清洗、耐腐蚀、耐急冷急热、经久耐用等特点。

炻质砖的技术要求包括尺寸偏差、表面质量、物理性能与化学性能。其中，物理性能与化学性能的要求为：吸水率的平均值大于6%且不大于21%，破坏强度和断裂模数、抗热震性、抗釉裂性、抗冻性、耐磨性、抗冲击性、线性热膨胀系数、湿膨胀、小色差、地砖的摩擦系数、耐化学腐蚀性、耐污染性、铅和镉的溶出应合格或检验后报告结果。

无釉细炻砖的技术性能包括尺寸偏差、表面质量、物理性能、化学性能。其中，物理性能中的吸水率平均值为大于3%且不大于6%，单个值不大于6.5%；其他物理和化学性能技术要求项目同炻质砖。

炻质砖和无釉细炻砖按产品的边直度、直角度、表面平整度和表面质量分为优等品和合格品两个等级。

炻质砖广泛应用于各类建筑物的外墙和柱的饰面及地面装饰，一般用于装饰等级要求较高的工程。用于不同部位的墙地砖应考虑其特殊的要求，如用于铺地时应考虑彩色釉面墙地砖的耐磨类别，用于寒冷地区的应选用吸水率尽可能小、抗冻性能好的墙地砖。无釉细炻砖适用于商场、宾馆、饭店、游乐场、会议厅、展览馆的室内外地面。各种防滑无釉细炻砖也广泛用于民用住宅的室外平台、浴厕等地面装饰。

墙地砖的品种创新很快，劈离砖、麻面砖、渗花砖、玻化砖、大幅面幕墙瓷板等都是常见的陶瓷墙地砖的新品种。

【工程案例12-5】 釉面砖墙面不平、接缝不直、缝子不均原因分析。

现象：某装饰工程釉面砖粘贴时出现墙面不平、接缝不直、缝子不均等现象。

分析:出现这些现象的原因有:①釉面砖质量不高,尺寸误差大,挑选釉面砖尺寸时把关不严;②施工时,挂线贴灰饼、排砖不规矩;③粘贴操作不当。可采取以下措施:①购买质量好的釉面砖。施工前按釉面砖标准制作木框进行选砖,将标准尺寸、大于标准尺寸、小于标准尺寸三类分开,同一类砖用在一面墙上;②认真做好贴灰饼、找标准的工作,并进行釉面砖预排;③每贴好一行釉面砖,及时用靠尺板校正、找平,避免在砂浆收水后再纠偏移动。

复习思考题

1. 叙述建筑装饰材料的分类。
2. 常用的外墙涂料有哪些?
3. 何为花岗石? 有何特点? 有何主要用途?
4. 何为大理石? 有何特点? 为什么大理石饰面板不宜用于室外?
5. 安全玻璃主要有哪几种? 各有何特性?
6. 建筑陶瓷常用的品种有哪些?
7. 釉面内墙砖为什么不能用于室外?

第十三章　结构工程质量检测

学习目标

本章主要讲述混凝土结构质量检测，通过学习，应掌握回弹法的检测技术、数据处理方法及混凝土强度计算与推定，超声回弹综合法的检测技术，后装拔出法的检测技术，钻芯法检测技术，钢筋的直径、保护层厚度和钢筋锈蚀性状的检测技术。了解以上各种检测方法的原理及所用仪器，了解超声法检测混凝土缺陷的内容及方法，了解砂浆强度的检测方法。

重点：回弹法的检测技术、数据处理方法。

难点：混凝土强度检测方法的原理。

近年来，建设工程质量检测技术在我国迅速发展，结构混凝土采用无损检测和评价的方法得到了越来越广泛的重视。结构混凝土无损检测技术在工程中的应用主要有结构混凝土的强度、缺陷和损伤的诊断测试，而钢筋的位置、直径和保护层厚度以及钢结构焊缝质量检测也得到比较广泛的应用，随着新技术的开发，结构水渗漏、气密性和保温性能及钢筋腐蚀程度的检测也日益得到重视。无损检测技术的应用已遍及建筑、交通、水利、电力、地矿、铁道等系统的建设工程质量检测与评估，正如国际上权威人士早就预言的：混凝土工程应用无损检测技术程度标志着一个国家对结构工程验收和质量检测技术水平的高低。这正说明了发展无损检测技术的必要性和实际意义。

在混凝土全面质量保证体系中，必须确信混凝土构件能够足以承受设计所要求的荷载。目前，世界上主要国家的现行规范中均以 28 d 抗压强度作为评定结构混凝土质量的指标。在混凝土施工及构件的生产、运输和安装过程中，强度检测是非常有效的质量控制手段。混凝土非破损检测又称无损检测，它可用同一试件进行多次重复检测而不损坏试件，可以直接而迅速地测定混凝土的强度、内部缺陷的位置和大小，还可判断混凝土结构遭受破坏或损伤的程度。因此，无损检验在工程中得到普遍重视和应用。

国内常用无损检测方法分为以下几种：

(1) 混凝土强度检测。回弹法、超声回弹综合法、拔出法、钻芯法等。

(2) 混凝土缺陷检测。超声法、雷达波反射法、冲击反射法等。

(3) 钢筋直径和位置检测。雷达波反射法、电磁感应法等。

(4) 砌体及砂浆质量检测。贯入法、轴压法、推出法等。

(5) 钢结构质量检测。超声波探伤、磁粉探伤、X 射线探伤等。

本章着重介绍回弹法、超声回弹综合法、拔出法和钻芯法检测混凝土强度及超声法检测混凝土内部缺陷。目前，对于上述几种检测方法，我国已制定了相应的技术规程，并得到了推广使用。

第一节　回弹法检测混凝土强度

回弹法是用一弹簧驱动的重锤，通过弹击杆（传力杆）弹击混凝土表面，并测出重锤被反弹回来的距离，以回弹值（反弹距离与弹簧初始长度之比）作为与强度相关的指标，来推定混凝土强度的一种方法。回弹法主要用于检测混凝土的抗压强度，其检测结果只能是评价现场混凝土强度或处理混凝土质量问题的依据之一，不能用于评定混凝土的抗压强度。由于回弹法仪器构造简单、方法简便，半个多世纪以来，该方法在国内外得到了广泛的推广使用。

一、回弹仪的类型、构造及工作原理

随着回弹仪用途的日益广泛及现代科学技术的发展，回弹仪的型号不断增加，如检测高强混凝土的重型回弹仪，以及利用先进的电子技术集数显、记录、数据处理、强度推定和打印输出为一体的数字式智能回弹仪等。目前，我国应用最广泛的是指针直读式回弹仪。按其冲击动能的大小可分为重型、中型、轻型、特轻型四种规格，其分类和适用范围如下：

（1）重型回弹仪（瑞士为 M 型）。其冲击动能为 29.40 J，可供大型、重型构件，路面、飞机跑道及其他大体积混凝土的强度检测之用。

（2）中型回弹仪（瑞士为 N 型）。其冲击动能为 2.207 J，可用于一般建筑物、桥梁工地、预制厂等普通混凝土构件的强度检测。中型回弹仪是目前应用最广泛的回弹仪。

（3）轻型回弹仪（瑞士为 L 型）。其冲击动能为 0.98 J（瑞士为 0.735 J），可用于各种轻质建筑材料（如各种普通黏土砖、轻质混凝土、低强度混凝土等）和其他薄壁构件的强度检测。

（4）特轻型回弹仪。其冲击动能为 0.27 J，可供检测砂浆强度。

本节只讨论目前我国应用最广泛的中型回弹仪，以下统称为回弹仪。回弹仪构造和主要构件名称如图 13-1 所示。

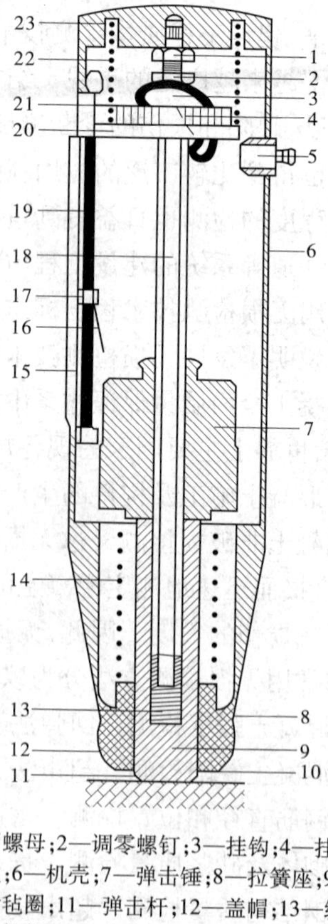

1—紧固螺母；2—调零螺钉；3—挂钩；4—挂钩销子；5—按钮；6—机壳；7—弹击锤；8—拉簧座；9—卡环；10—密封毡圈；11—弹击杆；12—盖帽；13—缓冲压簧；14—弹击拉簧；15—刻度尺；16—指针片；17—指针块；18—中心导杆；19—指针轴；20—导向法兰；21—挂钩压簧；22—压簧；23—尾盖

图 13-1　回弹仪构造和主要构件名称

仪器工作时，随着对回弹仪施压，弹击杆 11 徐徐向机壳内推进，弹击拉簧 14 被拉伸，使连接弹击拉簧的弹击锤 7 获得恒定的冲击能量 e，当仪器水平状态工作时，其冲击能量

e 可由式(13-1)计算

$$e = \frac{1}{2}E_s l^2 = 2.207\ \mathrm{J} \tag{13-1}$$

式中 E_s——弹击拉簧的刚度,N/mm,此处取 0.785 N/mm;

l——弹击拉簧工作时的拉伸长度,mm,此处取 75 mm。

弹击锤脱钩前的状态如图 13-2 所示。挂钩 3 与调零螺钉 2 互相挤压,使弹击锤脱钩,弹击锤的冲击面与弹击杆的后端平面相碰撞,如图 13-3 所示,此时弹击锤释放出来的能量借助弹击杆传递给混凝土构件,混凝土弹性反应的能量又通过弹击杆传递给弹击锤,使弹击锤获得回弹的能量向后弹回,计算弹击锤回弹的距离 l' 和弹击锤脱钩前距弹击杆后端平面的距离 l 之比,即得回弹值 R,它由仪器外壳上的刻度尺 15 示出(见图 13-4)。

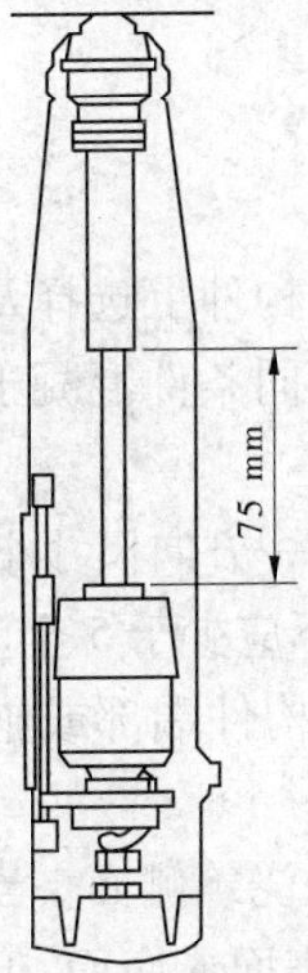

图 13-2 弹击锤脱钩前的状态

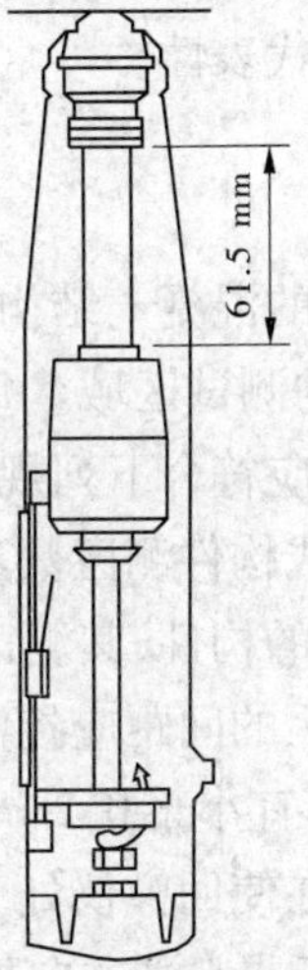

图 13-3 弹击锤脱钩后的状态

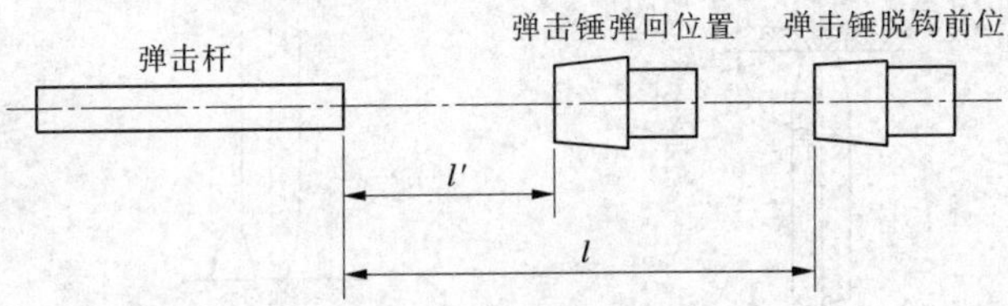

图 13-4 回弹位置示意

二、检测技术及数据处理

(一)检测准备

凡是需要回弹法检测的混凝土结构或构件,往往是缺乏同条件试块或标准试块数量不足,试块的质量缺乏代表性,试块的试压结果不符合现行标准、规范、规程所规定的要求,并对该结果持有怀疑。所以,检测前应全面、正确地了解被测结构或构件的情况。

检测前,一般需要了解工程名称及设计、施工和建设单位名称,结构或构件名称、外形尺寸、数量及混凝土设计强度等级,水泥品种、安定性、强度等级、厂名,砂、石的种类、粒径,外加剂或掺合料的品种、掺量,施工时材料计量、模板、浇筑、养护情况及成型日期等,配筋及预应力情况,结构或构件所处环境条件及存在的问题。其中,以了解水泥的安定性合格与否最为重要,若水泥的安全性不合格,则不能采用回弹法检测。

结构或构件混凝土强度检测可采用下列两种方式,其适用范围及结构或构件数量应符合下列规定:

(1)单个检测。适用于单个结构或构件的检测。

(2)批量检测。适用于在相同的生产工艺条件下,混凝土强度等级相同,原材料、配合比、成型工艺、养护条件基本一致且龄期相近的同类结构或构件。按批进行检测的构件,抽检数量不得少于同批构件总数的30%且不得少于10件。抽检构件时,应随机抽取并使所选构件具有代表性。

(二)检测方法

1. 测区的要求

当了解被检测的混凝土结构或构件情况后,需要在构件上选择及布置测区。所谓测区,是指每一试样的测试区域。每一测区相当于该试样同条件混凝土的一组试块。每一结构或构件的测区应符合下列规定:

(1)每一结构或构件测区数不应少于10个,对于某一方向尺寸小于4.5 m,且另一方向尺寸小于0.3 m的构件,其测区数量可适当减少,但不应少于5个。

(2)相邻两测区的间距应控制在2 m以内,测区离构件端部或施工缝边缘的距离不宜大于0.5 m,且不宜小于0.2 m。

(3)测区应选在使回弹仪处于水平方向检测混凝土浇筑侧面。当不能满足这一要求时,可使回弹仪处于非水平方向检测混凝土浇筑侧面、表面或底面,但需对回弹值进行修正(见图13-5)。

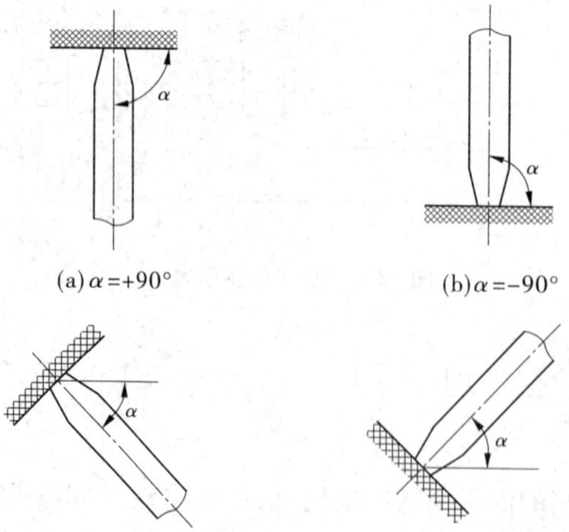

(a) $\alpha=+90°$　(b) $\alpha=-90°$

(c) $\alpha=+45°$　(d) $\alpha=-45°$

图13-5　测试角示意

(4)测区的面积不宜大于0.04 m^2，测区宜选在构件的两个对称可测面上，也可选在一个可测面上，且应均匀分布。在构件的重要部位及薄弱部位必须布置测区，并应避开预埋件。

(5)检测面应为混凝土表面，并应清洁、平整，不应有疏松层、浮浆、油垢、涂层以及蜂窝、麻面，必要时可用砂轮清除疏松层和杂物，且不应有残留的粉末或碎屑。

(6)对弹击时产生颤动的薄壁、小型构件应进行固定。

2. 测点的要求

(1)测点宜在测区范围内均匀分布，相邻两测点的净距不宜小于20 mm，测点距外露钢筋、预埋件的距离不宜小于30 mm。

(2)测点不应在气孔或外露石子上，同一测点只应弹击一次。

(3)每一测区应记取16个回弹值，每一测点的回弹值读数估读至整数。

3. 碳化深度测定

(1)回弹值测完后，应在有代表性的位置上测量碳化深度值，测点数不应少于构件测区数的30%，取其平均值为该构件每测区的碳化深度值。当碳化深度值极差大于2.0 mm时，应在每一测区测量碳化深度值。

(2)测碳化深度时，可采用适当的工具在测区表面形成直径约15 mm的孔洞，其深度应大于混凝土的碳化深度。

(三)数据处理

(1)当回弹仪非水平方向测试混凝土浇筑侧面时，应从每一测区的16个回弹值中剔除其中的3个最大值和3个最小值，取余下的10个回弹值的平均值作为该测区的平均回弹值 R_m。

(2)当回弹仪水平方向测试混凝土浇筑表面或底面时，或当回弹仪呈非水平方向测试混凝土浇筑侧面时，应进行修正。

(3)如果测试时仪器既非水平方向而测区又非混凝土的浇筑侧面，则应对回弹值先进行角度修正，然后再进行浇筑面修正。

三、测强曲线

回弹法测定混凝土的抗压强度是建立在混凝土的抗压强度与回弹值之间具有一定的相关性的基础上的，这种相关性可用 $f_{cu} \sim R$ 相关曲线(或公式)来表示。根据曲线制定的条件及使用范围分为以下三类。

(一)统一测强曲线(全国曲线)

统一测强曲线以全国经常使用的有代表性的混凝土原材料、成型养护工艺和龄期为基本条件。这种曲线的建立是以全国许多地区曲线为基础，经过大量的分析研究和计算汇总而成的。

统一测强曲线适用于无地区测强曲线和专用测强曲线的单位，对全国大多数地区来说，具有一定的现场适应性，因此使用范围广，但其精度不高。

(二)地区(部门)测强曲线

地区(部门)测强曲线采用本地区(本部门)通常使用的有代表性的混凝土材料、成型养护工艺和龄期为基本条件，在本地区（本部门）制作相当数量的试块进行非破损和破损的平行试验建立的测强曲线。地区（部门）测强曲线适用于无专用测强曲线的工程测试，对本地区（本部门）来说，其现场适应性和强度测试精度均优于统一测强曲线。这种曲线是针对我国区域辽阔和各地材料差别较大这一特点建立起来的。

（三）专用测强曲线

专用测强曲线是以某一个具体工程为对象，采用与被测工程相同的材料质量、成型养护工艺和龄期，制作一定数量的试块，进行非破损和破损平行测试建立的测强曲线。制定的这类曲线因针对性较强，故测试精度较地区（部门）测强曲线高。

各检测单位应按专用测强曲线、地区（部门）测强曲线、统一测强曲线的次序选用测强曲线。

四、结构或构件混凝土强度的计算

（一）测区混凝土强度值的确定

根据每一测区的平均回弹值 R_m 及碳化深度值 d_m，由测强曲线计算出的强度值即为该测区的混凝土强度换算值 $f^c_{cu,i}$。

（二）结构或构件混凝土强度的确定

1. 构件强度平均值

$$m_{f^c_{cu}} = \frac{\sum_{i=1}^{n} f^c_{cu,i}}{n} \tag{13-2}$$

式中 $m_{f^c_{cu}}$——构件混凝土强度平均值，MPa，精确至 0.1 MPa；

n——对于单个检测的构件取一个构件的测区数，对批量检测的构件，取被抽检构件测区数之和。

2. 强度标准差

$$S_{f^c_{cu}} = \sqrt{\frac{\sum_{i=1}^{n} (f^c_{cu,i})^2 - n(m_{f^c_{cu}})^2}{n-1}} \tag{13-3}$$

式中 $S_{f^c_{cu}}$——构件混凝土强度标准差，MPa，精确至 0.01 MPa。

3. 强度推定方法

（1）当该结构或构件测区数少于 10 个时，计算式为

$$f_{cu,e} = f^c_{cu,min} \tag{13-4}$$

式中 $f^c_{cu,min}$——构件中最小的测区混凝土强度换算值。

（2）当该结构或构件的测区强度值中出现小于 10.0 MPa 的值时，有

$$f_{cu,e} < 10.0\ \text{MPa} \tag{13-5}$$

（3）当该结构或构件的测区数不少于 10 个或按批量检测时，有

$$f_{cu,e} = m_{f^c_{cu}} - 1.645 S_{f^c_{cu}} \tag{13-6}$$

对于按批量检测的构件，当该批构件混凝土强度标准差出现下列情况之一时，则该批构件全部按单个构件检测推定：

(1)当该批构件混凝土强度平均值小于 25 MPa,且 $S_{f^c_{cu}}>4.5$ MPa 时;

(2)当该批构件混凝土强度平均值不小于 25 MPa,且 $S_{f^c_{cu}}>5.5$ MPa 时。

【工程案例 13-1】 混凝土底板强度抽样检测。

某工程渡槽底板一块,混凝土强度等级为 C20,自然养护,龄期为 6 个月,未做试块。

(1)测试。测区布置如图 13-6 所示,回弹仪垂直向上测试底板底面。

(2)记录。记录回弹值及碳化深度值。测区平均回弹值 R_m 及平均碳化深度值 d_m 见表 13-1。

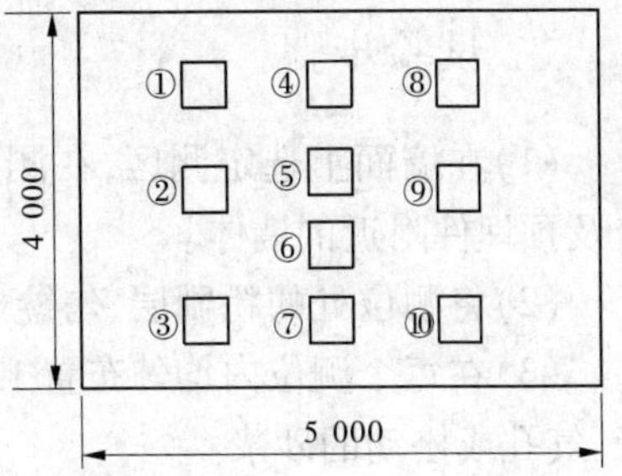

图 13-6 测区布置示意 (单位:mm)

表 13-1 结构或构件试样混凝土强度计算

单位工程名称:渡槽

构件名称及编号:底板东 -3

项目		测区号									
		1	2	3	4	5	6	7	8	9	10
回弹值 R_m (MPa)	测区平均值	46.0	47.5	39.0	44.0	42.0	43.5	50.0	51.0	46.5	47.3
	角度修正值	-3.7	-3.6	-4.1	-3.8	-3.9	-3.8	-3.5	-3.5	-3.7	-3.6
	角度修正后	42.3	43.9	34.9	40.2	38.1	39.7	46.5	47.5	42.8	43.7
	浇筑面修正值	-0.8	-0.6	-1.5	-1.0	-1.2	-1.0	-0.4	-0.3	-0.7	-0.6
	浇筑面修正后	41.5	43.3	33.4	39.2	36.9	38.7	46.1	47.2	42.1	43.1
碳化深度值 d_m(mm)		5.0	5.0	3.0	5.0	4.0	5.0	6.0	6.0	6.0	6.0
测区强度值 $f^c_{cu,i}$(MPa)		29.7	32.3	22.6	26.4	25.5	25.8	33.8	35.4	28.1	29.5
强度计算(MPa) $n=10$		$S_{f^c_{cu}} = \sqrt{\frac{\sum_{i=1}^{n}(f^c_{cu,i})^2 - n(m_{f^c_{cu}})^2}{n-1}} = 4.04$ $m_{f^c_{cu}} = \frac{1}{n}\sum_{i=1}^{10} f^c_{cu,i} = 28.91$ $f_{cu,e} = m_{f^c_{cu}} - 1.645S_{f^c_{cu}} = 22.3$									
测区强度换算表名称		规程√地区专用					备注				

测试:张三 计算:李四 复核:王五 计算日期: 年 月 日

(3)计算。步骤同前,此处尚需进行角度及测试面的修正,计算结果见表 13-1。

第二节 回弹法检测砂浆抗压强度

回弹法用于推定砌体中的砂浆强度,不适用于评定砂浆抗压强度,或推定高温、长期浸水、化学侵蚀及火灾等情况下的砂浆强度。

一、仪器设备

砂浆回弹仪:冲击动能 0.196 J,弹击锤冲程 75 mm,在钢砧上率定平均回弹值为

(74 ± 2) MPa(回弹检测前后均应做率定试验),需半年校正一次。

二、试验步骤

(1)在墙面上选定测区,在测区内确定测位,测位面积宜大于 0.3 m^2,并避开门窗洞口及预埋件附近的墙体。

(2)将测位处的粉刷层、勾缝砂浆、污物等清除干净,并仔细打磨平整,除去浮灰。

(3)在每个测位内均匀布置 12 个测点,相邻两点的间距不应小于 20 mm;避开砖的边缘、气孔或松动的砂浆。

(4)在每个弹击点上,用回弹仪连续弹击 3 次,第 1、2 次不读数,仅记录第 3 次回弹值,精确至 1 个刻度;测试过程中回弹仪应始终处于水平状态。

(5)在每一测位内,选择 1 ~ 3 处灰缝,用游标卡尺和酚酞试剂测量砂浆的碳化深度,精确至 0.5 mm。

三、计算结果

(1)从每一测位的 12 个回弹值中,分别剔除最大值和最小值,将余下的 10 个回弹值计算平均值,以 R 表示。

(2)每个测位的平均碳化深度,应取该测位各次测量值的算术平均值,以 d 表示,精确至 0.5 mm;平均碳化深度大于 3 mm 时,取 3.0 mm。

(3)第 i 个测区第 j 个测位的砂浆强度换算值应根据该测位的平均回弹值和平均碳化深度值,分别按式(13-7) ~ 式(13-9)计算

$d \leqslant 1.0$ mm 时　　$$F_{ij} = 13.97 \times 10^{-5} R^{2.57} \tag{13-7}$$

$1.0 \text{ mm} < d < 3.0$ mm 时　　$$F_{ij} = 4.85 \times 10^{-4} R^{3.04} \tag{13-8}$$

$d \geqslant 3.0$ mm 时　　$$F_{ij} = 6.34 \times 10^{-5} R^{3.60} \tag{13-9}$$

式中　F_{ij}——第 i 个测区第 j 个测位的砂浆强度换算值,MPa;

d——第 i 个测区第 j 个测位的平均碳化深度,mm;

R——第 i 个测区第 j 个测位的平均回弹值,MPa。

(4)测区砂浆抗压强度平均值 F 按式(13-10)计算

$$F = \frac{1}{n}\sum_{i=1}^{n} F_{ij} \tag{13-10}$$

第三节　超声回弹综合法检测混凝土强度

一、一般规定

超声回弹综合法是指采用超声仪和回弹仪,在结构混凝土同一测区分别测量声时值及回弹值,然后利用已建立起来的测强公式推算该测区混凝土强度的一种方法。超声回弹综合法适用于以中型回弹仪和低频超声仪检测混凝土抗压强度,不适用于遭受冻害、化学侵蚀、火灾的结构,以及结构表面温度低于 4 ℃或高于 60 ℃,构件厚度小于 100 mm 的

混凝土结构。按该方法测得的抗压强度相当于在同一条件下边长150 mm立方体试件的抗压强度值。该方法在结构混凝土工程的质量检测中已获得了广泛的推广应用,并由中国工程标准化委员会批准了《超声回弹综合法检测混凝土强度技术规程》(CECS02:2005)。应用该方法时需根据原材料品种和混凝土龄期等条件,建立专用测强曲线。

二、检测技术

综合法检测混凝土强度实质上就是超声法和回弹法两种单一测强方法的综合测试。

(一)测区的要求

(1)按单个构件检测时,应在构件上均匀布置测区,且不少于10个。

(2)当对同批构件抽样检测时,构件抽样数应不少于同批构件的30%,且不少于10件;对一般施工质量的检测和结构性能的检测,可按照现行国家标准《建筑结构检测技术标准》(GB/T 50344—2004)的规定抽样。

(3)对某一方向尺寸不大于4.5 m,且另一方向尺寸不大于0.3 m的构件,其测区数量可适当减少,但不应少于5个。

(4)测区宜均匀布置在构件混凝土浇筑方向的侧面,相邻两测区的间距不宜大于2 m。

(5)测区应避开钢筋密集区和预埋铁件。

(6)测区尺寸宜为200 mm×200 mm,采用平测时宜为400 mm×400 mm。

结构和构件上的测区应注明编号(见图13-7),并记录测区所处的位置和外观质量情况。每一测区宜先进行回弹测试,然后进行超声测试。对于非同一测区的回弹值及超声声速值,在计算混凝土强度换算值时不得混用。

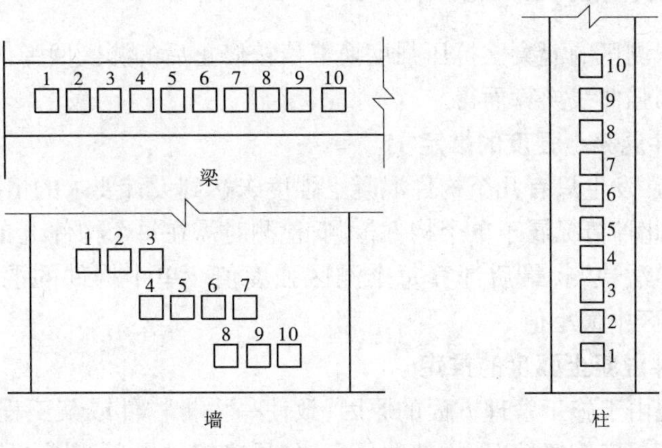

图13-7 梁、柱、墙测区布置示意

(二)回弹值的测量与计算

超声回弹综合法回弹值的测量与计算方法同回弹法。

(三)超声声速值的测量与计算

(1)超声声时值的测量。超声测点应布置在回弹测试的同一测区内,每一测区布置3个测点。测区测点分布示意如图13-8所示。超声测试宜优先采用对测或角测,当被测构件不具备对测或角测条件时，可采用单面来测。换能器布置参照本章第六节，换能器辐射面应通过耦合剂与混凝土测试面良好耦合。

(2)声速值的计算。当在混凝土浇筑方向的侧面对测时，测区混凝土中声速代表值应根据该测区中3个测点的混凝土中声速值按式(13-11)计算

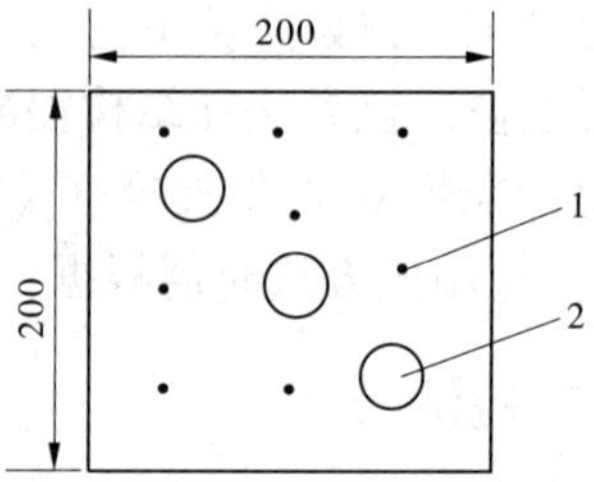

1—回弹测点；2—超声测点

图 13-8　测区测点分布　(单位：mm)

$$v = \frac{1}{3}\sum_{i=1}^{3}\frac{l_i}{t_i - t_0} \tag{13-11}$$

式中　v——测区混凝土中声速代表值，km/s；

l_i——第 i 个测点的超声测距，mm，角测时测距按《超声回弹综合法检测混凝土强度技术规程》(CECS02:2005)的附录 B 计算；

t_i——第 i 个测点的声时读数，μs；

t_0——声时初读数，μs。

当在混凝土浇筑的顶面与底面测试时，由于上表面砂浆较多、强度偏低，底面粗集料较多、强度偏高，综合起来与成型侧面是有区别的，且浇筑表面不平整，也会使声速偏低，所以修正后的测区混凝土中声速代表值

$$v_a = \beta v \tag{13-12}$$

式中　β——超声测试面的声速修正系数，在混凝土浇筑的顶面和底面间对测或斜测时，$\beta = 1.034$，平测时，声速代表值应按《超声回弹综合法检测混凝土强度技术规程》(CECS02:2005)的附录 B 计算和修正。

三、结构或构件混凝土强度的推定

结构或构件中测区的混凝土抗压强度换算值按修正后的测区回弹代表值和声速代表值采用已确定的测强曲线换算而得。

(一)单个构件混凝土强度的推定

在施工中，常常发生只有几个构件混凝土强度未达到设计要求的情况，为了解每个构件的混凝土强度，此种情况属于单个构件检测，检测时需在每个构件上布置 10 个测区，分别用超声法和回弹法检测，最后计算每个测区强度值。单个构件的混凝土强度推定值 $f_{cu,e}$ 取该构件各测区中最小值。

(二)批量构件混凝土强度的推定

有时也会出现由于施工管理方面的原因，致使一大批构件或某工程某层结构混凝土强度都未达到设计强度等级情况，构件数量多，如果确定是属于四同(混凝土强度等级相同，混凝土原材料、配合比、成型工艺、养护条件基本相同，构件种类相同，在施工阶段所处状态基本相同)的同批构件，根据《超声回弹综合法检测混凝土强度技术规程》(CECS02:2005)，则可按批进行抽样检测，构件抽样数应不少于同批构件总数的 30%，且不少于 10 件，每个构件测区不少于 10 个。同批构件的混凝土强度推定值 $f_{cu,e}$ 计算方法同回弹检测法。当同批测区混凝土强度换算值标准差 $S_{f_{cu}^{c}}$ 较大时，该批构件应全部重新按单个构件进行检测。

第四节 拔出法检测技术

一、试验原理

拔出法是一种半破损检测方法，是把一个用金属制作的锚固件预埋入未硬化的混凝土浇筑构件内，或在已硬化的混凝土构件上钻孔埋入一个锚固件，然后根据测试锚固件被拔出时的拉力，来确定混凝土的拔出强度，并据以推算混凝土的立方体抗压强度。在浇筑时预埋锚固件的方法叫预埋法（又称 LOK 试验），混凝土硬化后再埋入锚固件的方法叫后装法（又称 CAPO 试验）。一般来说，采用预埋法时，锚固件与混凝土的黏结性较好，拉拔时着力点较稳定，试验结果也较好，但采用预埋法必须预先进行拔出法测定的计算。

由于对拉拔时混凝土中的应力状态尚无定论，要建立拉拔强度与混凝土抗压强度之间的稳定关系是困难的。目前，还只能用拉拔强度作为衡量混凝土质量的相对指标。当用拔出法推定混凝土抗压强度时，则必须建立混凝土标准抗压强度与拉拔强度之间的经验关系。

后装拔出法在我国工程质量检测中得到了普遍运用，其检测技术及计算原理较完善，并制定了相应标准《后装拔出法检测混凝土强度技术规程》（CECS69:2011）。

二、后装拔出法的试验装置

试验装置由钻孔机、磨槽机、锚固件及拔出仪等组成。钻孔机与磨槽机用以在混凝土上钻孔，并在孔壁上磨出凹槽，以便安装胀簧和胀杆（见图 13-9、图 13-10）。钻孔机可采用金刚石薄壁空心钻或冲击电锤，并应带有控制垂直度及深度的装置及水冷却装置；磨槽机可采用电钻配以金刚石磨头、定位圆盘及水冷装置。

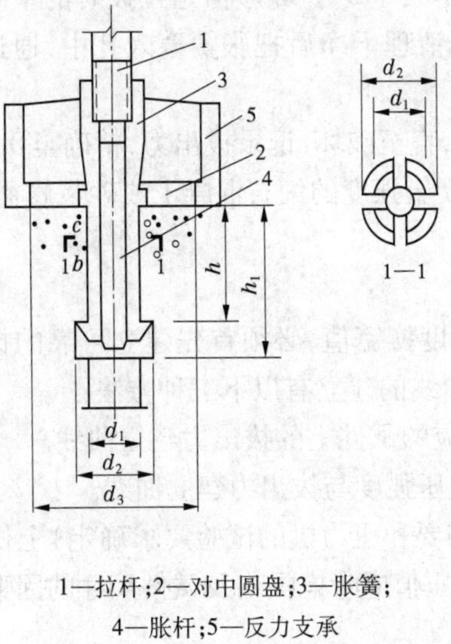

1—拉杆；2—对中圆盘；3—胀簧；4—胀杆；5—反力支承

图 13-9 圆环式拔出试验装置示意

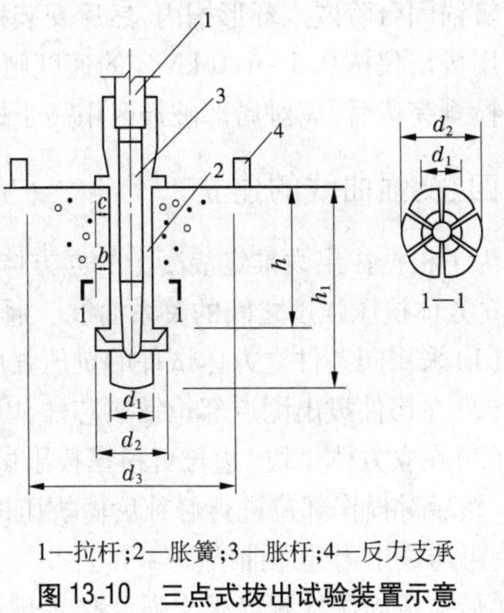

1—拉杆；2—胀簧；3—胀杆；4—反力支承

图 13-10 三点式拔出试验装置示意

拔出试验的反力装置可采用圆环式或三点式两种。圆环式适用于粗集料最大粒径不大于 40 mm 的混凝土,三点式则适用于粗集料最大粒径不大于 60 mm 的混凝土。

圆环式反力支承的内径 $d_3=55$ mm,锚固件的锚固深度 $h=25$ mm,钻孔直径 $d_1=18$ mm(见图 13-9)。三点式反力支承的内径 $d_3=120$ mm,锚固件的锚固深度 $h=35$ mm,钻孔直径 $d_1=22$ mm(见图 13-10)。

锚固件由胀簧和胀杆组成,胀簧锚固台阶宽度 $b=3.5$ mm。

拔出仪由加荷装置、测力装置及反力支承三部分组成。加荷装置常采用液压式,其额定拔出力应大于测试范围内的最大拔出力,工作行程应大于 4 mm(圆环式支承)和 6 mm(三点式支承);测力装置的允许示值误差为 ±2% F(F 为拔出力),并具有峰值保持功能。

三、后装拔出法的检测方法

(一)测点布置

根据工程需要,后装拔出试验可分为按单个构件和同批构件按批抽样检测两种。当按单个构件检测时,应在构件上均匀布置 3 个测点。拔出试验完成后,若 3 个拔出力数值中最大值或最小值与中间值之差不超过中间值的 15%,则可用该 3 个值来推算构件混凝土强度;若 3 个拔出力数值中最大值或最小值与中间值之差大于中间值的 15%,则应在最小拔出力测点附近再加测 2 个测点。

当按批抽样检验时,抽检的构件数应不少于同批构件总数的 30%,且不少于 10 件,每个构件不应少于 3 个测点。

测点应尽可能布置在混凝土的成型侧面,并应在构件受力较大及薄弱部位布置测点,两测点间距应大于 10 倍锚固深度,测点距构件边缘应不小于 4 倍锚固深度,测点应避开表面缺陷及钢筋和预埋件,反力支承面应平整、清洁,无浮浆与饰面。

(二)钻孔、磨槽与拔出操作

钻孔与混凝土表面应相互垂直,垂直度偏差不大于 3°。环形槽是拉拔时的主要着力点,应力求槽内平整,槽深为 3.6 ~4.5 mm。将孔清理干净后把胀簧塞入孔中,通过胀杆使胀簧锚固台阶嵌入环形槽内,然后安装拔出仪。

用拔出仪按 0.5 ~1.0 kN/s 的速度施加拉力,直至破坏,记录拔出力,精确至 0.1 kN。

检测完毕后,应对局部破损区用高于构件混凝土强度的细石混凝土或砂浆修补。

四、测强曲线的建立

为了根据拔出力推定混凝土的立方体抗压强度换算值,必须首先建立可靠的拔出力 F 与立方体抗压强度之间的关系曲线。通常,该曲线的建立有以下三种方法:

(1)采用同条件立方体试件的抗压强度与相应的试件上的拔出力建立曲线。

(2)在构件拔出测点部位钻取芯样,以芯样抗压强度与拔出力建立曲线。

(3)在立方体试块(边长可根据拔出试验的需要和压力机的试验要求确定)上做拔出试验,然后对损伤部位进行修补后做抗压试验,抗压值应考虑损伤及试件尺寸的因素进行修正,再与拔出力建立曲线。

《后装拔出法检测混凝土强度技术规程》(CECS69:94)采用同条件试块法确定混凝

土强度。试块的强度等级不少于 6 个,拔出试验的最低强度应不低于 C10。因此,建议采用的混凝土强度等级为 C10 ~ C60(如工程需要可增加强度等级)。每个强度等级应不少于 6 组数据,以便进行回归处理。进行回归处理时,可用各种适当的方程拟合,选择相关性较好者,为了使用方便,应优先选用线性方程。

五、混凝土强度换算与推定

(一)混凝土强度的换算

混凝土强度应根据事先建立的测强曲线公式换算,通常曲线公式为如下线性方程

$$f_{cu}^{c} = AF + B \tag{13-13}$$

式中 f_{cu}^{c}——混凝土强度换算值,MPa,精确至 0.1 MPa;

F——拔出力,kN,精确至 0.1 kN;

A、B——回归系数。

当被测结构所用混凝土的材料与制定曲线所用材料有较大差异时,可在被测结构上钻取混凝土芯样,根据芯样强度对混凝土强度换算值进行修正,芯样数量应不少于 3 个。

(二)构件混凝土强度的推定

1. 单个构件的检测

单个构件进行检测时,取 3 个测点换算强度的最小值作为该构件混凝土的推定强度。3 个测点值较离散,即最大值或最小值与中间值之差超过中间值的 15% 时,则应加测两个测点,并将这两个加测点的拔出力与最小拔出力一起取平均值,再与前次的拔出力中间值比较,取较小值作为该构件拔出力的计算值,并将其换算强度作为该构件混凝土强度推定值。

2. 批抽检构件的强度推定

将所有测定的拔出力代入式(13-13),求得各点的换算强度,然后按式(13-14)、式(13-15)计算该批构件的强度推定值 $f_{cu,e1}$ 和批中每个构件混凝土强度换算值中最小值的平均值 $f_{cu,e2} = m_{f_{cu,min}^{c}}$,然后计算 $f_{cu,e1}$ 的数值,再将其与 $f_{cu,e2} = m_{f_{cu,min}^{c}}$ 比较,选择其中较大值作为该批构件的最终强度推定值。

$$f_{cu,e1} = m_{f_{cu}^{c}} - 1.645 S_{f_{cu}^{c}} \tag{13-14}$$

$$f_{cu,e2}^{c} = m_{f_{cu,min}^{c}} = \frac{1}{m}\sum_{j=1}^{n} f_{cu,min,j}^{c} \tag{13-15}$$

$$m_{f_{cu,min}^{c}} = \frac{1}{n}\sum_{i=1}^{n} f_{cu,i}^{c} \tag{13-16}$$

$$S_{f_{cu}^{c}} = \sqrt{\frac{\sum_{i=1}^{n}(f_{cu,i}^{c})^2 - n(m_{f_{cu}^{c}})^2}{n-1}} \tag{13-17}$$

式中 $m_{f_{cu}^{c}}$——批抽检构件混凝土强度换算值的平均值,MPa,精确至 0.1 MPa;

$f_{cu,i}^{c}$——第 i 个测点混凝土强度换算值,MPa;

$S_{f_{cu}^{c}}$——批抽检构件混凝土强度换算值的标准差,MPa,精确至 0.1 MPa;

$m_{f^c_{cu,min}}$——批抽检每个构件混凝土强度换算值中最小值的平均值，MPa，精确至 0.1 MPa；

$f^c_{cu,min,j}$——第 j 个构件混凝土强度换算值中的最小值，MPa，精确至 0.1 MPa；

n——批抽检构件的测点总数；

m——批抽检的构件数。

《后装拔出法检测混凝土强度技术规程》(CECS69:94)还规定，若批抽检构件混凝土强度换算值的平均值小于或等于 25 MPa，而 $S_{f^c_{cu}} > 4.5$ MPa，或平均值大于 25 MPa 而 $S_{f^c_{cu}} > 5.5$ MPa，该批构件混凝土强度均匀性太差，不宜按批抽检下结论，而应改为逐个构件按单个构件检测和推定。

第五节　钻芯法检测混凝土强度

一、钻芯法应用范围及特点

钻芯法是直接从混凝土结构上钻取芯样检测混凝土抗压强度的方法，适用于对试块试验结果有怀疑、发生质量问题、混凝土遭受火灾等灾害或检测多年使用的混凝土结构强度等情况。

利用钻芯法检测结构混凝土强度，不需进行某种物理量与强度之间的换算，被公认为是一种直观、可靠和准确的方法。但由于它对结构物有局部损伤，且受结构物尺寸、配筋密度的影响，同时，取芯成本较高，因此在工程质量检测中，大量钻取芯样往往受到一定限制。近年来，检测人员通常把钻芯法与其他非破损检测方法结合使用，如回弹－取芯、超声回弹－取芯、拔出－取芯、射钉－取芯等。一方面，利用非破损方法可以大量测试而不损伤结构；另一方面，又可利用钻芯法提高非破损检测精度，二者相辅相成。

用钻取的芯样除可进行抗压强度试验外，还可进行抗劈强度、抗冻性、抗渗性、吸水性及密度的测定，并且可以检查混凝土的内部缺陷，如裂缝深度、孔洞和疏松程度及混凝土中粗集料的级配情况等。但对于混凝土强度等级低于 C10 的结构，不宜采用钻芯法检测。

二、检测技术

(一)仪器设备要求

钻芯法所需的仪器设备包括钻芯机、芯样切割机、磨平机和芯样补平器、人造金刚石空心薄壁钻头、钢筋位置测定仪以及电锤、水泵和水管等配套设备。钻芯机应满足操作灵活、固定和移动方便的要求，应具有水冷却系统。芯样宜采用内径 100 mm 的金刚石薄壁钻头钻取。芯样切割机应具有冷却系统和能牢固夹紧芯样的装置。钢筋位置测定仪可以准确测量钢筋数量、间距和混凝土保护层厚度。

(二)芯样钻取

芯样钻取时应考虑结构或构件的受力情况、钻芯机安装是否便于操作、预埋件的位置等因素，一般应在下列部位钻取：

(1)结构或构件受力较小的部位；

(2)混凝土强度质量具有代表性的部位；

(3)便于钻芯机安放与操作的部位；

(4)避开主筋、预埋件和管线的位置，并尽量避开其他钢筋；

(5)用钻芯法和非破损法综合测定强度时，应与非破损法取同一测区。

钻取的芯样直径一般不宜小于集料最大粒径的3倍，在任何情况下不得小于集料最大粒径的2倍。

(三)芯样加工及技术要求

芯样抗压试件的高度和直径之比(简称高径比)宜为1.00。

采用锯切机加工芯样试件时，应将芯样固定，并使锯切平面垂直于芯样轴线。锯切过程中应冷却人造金刚石圆锯片和芯样。

芯样试件内不宜含有钢筋。若不能满足此项要求，则每个试件内最多只允许含有2根直径小于10 mm的钢筋；公称直径小于100 mm的芯样试件，每个试件内最多只允许有一根直径小于10 mm的钢筋；且钢筋应与芯样轴线基本垂直并离开端面10 mm以上。

锯切后的芯样应进行端面处理，宜采用在磨平机上磨平端面的处理方法。承受轴向压力的芯样试件端面，也可采用下列处理方法：

(1)用环氧胶泥或聚合物水泥砂浆补平。

(2)抗压强度低于40 MPa的芯样试件，可采用水泥砂浆、水泥净浆或聚合物水泥砂浆补平，补平层厚度不宜大于5 mm；也可采用硫磺胶泥补平，补平层厚度不宜大于1.5 mm。

芯样在试验前应对其几何尺寸作下列测量：

(1)平均直径。用游标卡尺测量芯样中部，在相互垂直的两个位置上，取其3次测量的算术平均值，精确至0.5 mm。

(2)芯样高度。用钢卷尺或钢板尺进行测量，精确至1 mm。

(3)垂直度。用游标量角器测量两个端面与母线的夹角，精确至0.1°。

(4)平整度。用钢板尺或角尺紧靠在芯样端面上，一面转动钢板尺，一面用塞尺测量与芯样端面之间的缝隙。

芯样尺寸偏差及外观质量超过下列数值时，相应的测试数据无效：

(1)芯样试件的实际高径比小于要求高径比的0.95或大于1.05。

(2)沿芯样高度任一直径与平均直径差达2 mm以上。

(3)芯样端面的不平整度在100 mm长度内大于0.1 mm。

(4)芯样端面与轴线的不垂直度大于1°。

(5)芯样有裂缝或有其他较大缺陷。

(四)芯样混凝土强度试验与计算

芯样试件的抗压试验应按现行国家标准《普通混凝土力学性能试验方法标准》(GB/T 50081—2002)中对立方体试块抗压试验的规定进行。

芯样试件应在自然干燥状态下进行抗压试验。当结构工作条件比较潮湿，需要确定潮湿状态下混凝土的强度时，芯样试件宜在(20±5)℃的清水中浸泡40~48 h，从水中取出后立即进行试验。

芯样试件的混凝土抗压强度可按式(13-18)计算

$$f_{cu,cor} = F_C/A \tag{13-18}$$

式中 $f_{cu,cor}$——芯样试件的混凝土抗压强度,MPa;

F_C——芯样试件抗压试验测得的最大压力,N;

A——芯样试件抗压截面面积,mm^2。

(五)钻孔的修补

混凝土结构经钻孔取芯后,对结构的承载能力会产生一定影响,应及时进行修补。修补前孔壁应尽量凿毛,并应清除孔内污物,以保证新老混凝土的良好结合。在一般情况下,可采用合成树脂为胶结料的细石聚合物混凝土,也可采用微膨胀水泥细石混凝土,修补的混凝土应比原设计提高一个强度等级,并应在修补后注意养护,也可采用预先制作圆柱体试件的办法放入钻孔中,然后用环氧树脂灌满缝隙。

第六节 超声法检测混凝土缺陷

一、基本原理及方法

(一)基本原理

缺陷检测是指对混凝土内部空洞和不密实区的位置和范围、裂缝深度、表面损伤层厚度、不同时间浇筑的混凝土结合面质量、灌注桩中的缺陷所进行的检测。

超声法(超声脉冲法)是指采用带波形显示功能的超声波检测仪,测量超声脉冲波在混凝土中的传播速度(简称声速)、首波幅度(简称波幅)和接收信号主频率(简称主频)等声学参数,并根据这些参数及其相对变化判定混凝土中的缺陷情况。

由于混凝土是非均质的弹塑性材料,对超声脉冲波的吸收、散射衰减较大,其中高频成分更易衰减。因此,超声波检测混凝土缺陷一般采用较低的发射频率。当混凝土的组成材料、工艺条件、内部质量及测试距离一定时,其超声传播速度、首波幅度和接收信号主频率等声学参数一般无明显差异。如果某部分混凝土存在空洞、裂缝或不密实区等缺陷,破坏了混凝土的整体性,则与无缺陷的混凝土相比较声时值偏大,波幅和频率值降低。超声波检测混凝土缺陷,正是根据这一基本原理,对同条件下的混凝土进行声速、波幅和主频测量值比较,从而判定混凝土的缺陷情况。

(二)基本方法

混凝土缺陷超声波检测,根据换能器布置的方式大致有直接穿透法、直角传播法、单面平测法和钻孔对测法等,如图 13-11 所示。

1.直接穿透法

在混凝土试件的相对面布置换能器,如图 13-11(a)所示,这种方法包括发射、接收两换能器沿垂直方向和斜向传播的两种布置方式。该法的灵敏度和准确性均好,能提供比较准确的声通路距离,是通常采用的方法。

2.直角传播法

对于大体积的结构或受实际的测试面的限制,有时也采用直角方式布置换能器,如图 13-11(b)所示,其探测的灵敏度不如直接穿透法。

3. 单面平测法

在结构混凝土只有一个可测面的情况下,可采用单面平测法,如图 13-11(c)所示。它可以检测混凝土水池顶面、底板,飞机跑道,路面和大坝等构筑物的浅层缺陷和裂缝深度。由于探测时脉冲能量大部分进入混凝土中,所以接收的信号仅反映混凝土表层的质量,不能探测深处的缺陷。此外,探测强度较高的混凝土表面下的低强度或缺陷区是极为困难的。这种方法不能准确地确定声通路的距离,使计算材料的声速值产生偏差。

4. 钻孔对测法

当结构的测试面较大时,为了提高测试的灵敏度,可在测区适当位置钻出平行于测面的测试孔,测孔直径 45 ~ 50 mm,深度视测试需要而定,测孔中采用径向振动式换能器,用清水耦合;在结构侧面布置厚度振动式换能器,用油耦合,对构件作对测或斜测,如图 13-11(d)所示。

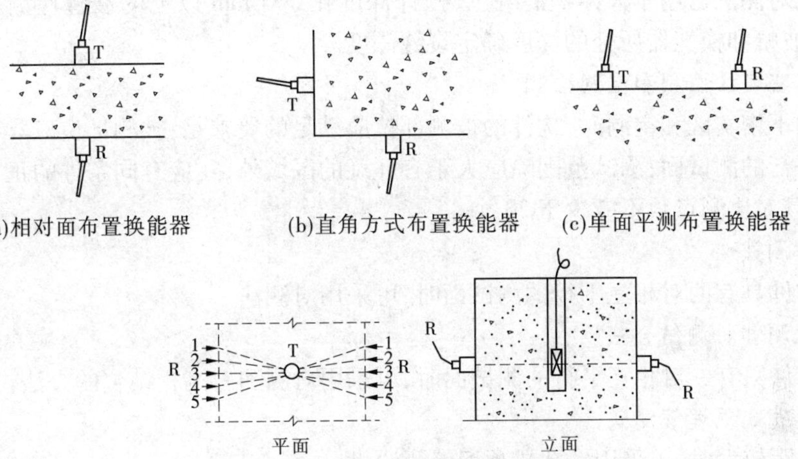

(a)相对面布置换能器　(b)直角方式布置换能器　(c)单面平测布置换能器

(d)钻孔对测法布置换能器

R、T 为电阻器种类,R—电阻,T—碳膜

图 13-11　超声波检测换能器布置方式

二、检测技术

(一)仪器设备的要求

超声法检测混凝土缺陷的仪器设备主要是超声波检测仪和换能器。它们的技术指标必须符合行业标准《混凝土超声波检测仪》(JG/T 5004—1992)和《超声法检测混凝土缺陷技术规程》(CECS21—2000)的技术要求。

超声波检测仪应具有波形清晰、显示稳定的示波装置,具有最小分度为 1 dB 的衰减系统,具有手动游标测读和自动测读两种功能,波形显示幅度分辨率高,连续正常工作时间不少于 4 h 等技术要求。

常用换能器具有厚度振动式和径向振动式两种类型,可根据不同测试需要选用,厚度振动式换能器的频率宜采用 20 ~ 250 kHz,径向振动式换能器的频率宜采用 20 ~ 60 kHz,直径不宜大于 32 mm。当接收信号较弱时,宜选用带前置放大器的接收换能器,用于水中的换能器,其水密性应在1 MPa水压下不渗漏。

(二)检测方法及测量参数

1. 裂缝深度检测

1)单向平测法

当结构的裂缝部位只有一个可测表面,估计裂缝深度又不大于500 mm时,可采用单向平测法。平测时应在裂缝的被测部位,以不同的测距,按跨缝和不跨缝布置测点,进行声时和测距测量,然后计算声速及裂缝深度。

2)双面斜测法

当结构的裂缝部位具有两个相互平行的测试表面时,可采用双面穿透斜测法。根据波幅、声时和主频的突变,判定裂缝深度以及是否在所处断面内贯通。

3)钻孔对测法

钻孔对测法适用于大体积混凝土,预计深度在500 mm以上的裂缝检测。根据测量的声时、波幅和换能器所处的深度确定裂缝深度。

2. 不密实区检测和空洞检测

检测不密实区和空洞时,构件的被测部位应满足的要求是:被测部位应具有一对或两对相互平行的测试面;测试范围除应大于有怀疑的区域外,还应有同条件的正常混凝土进行对比,且对比测点数不应少于20个。

1)对测法

当构件具有两对相互平行的测试面时,可采用对测法。

2)对测和斜测结合法

当构件只有一对相互平行的测试面时,可采用对测和斜测相结合的方法。

3)钻孔或预埋管测法

当测距较大时,可采用钻孔或预埋管测法。

通过测得每一测点的声时、波幅、主频和测距,将各测点的波幅、声速或主频值按由大到小的顺序排列,一步一步判别出异常位。当测位中某些测点的声学参数被判为异常值时,可结合异常测点的分布及波形状况确定混凝土内部存在不密实区和空洞的位置及范围。

3. 混凝土结合面质量检测

检测混凝土结合面时,被测部位及测点的确定应满足下列要求:测试前应查明结合面的位置及走向,明确被测部位及范围;构件的被测部位应具有使声波垂直或斜穿结合面的测试条件。

检测时可根据实际情况采用对测法和斜测法,将同一测位各测点声速、波幅和主频值分别按规程进行统计和比较,判断出异常测点。当通过结合面的某些测点的数据被判为异常,并查明无其他因素影响时,可判定混凝土结合面在该部位结合不良。

4. 表面损伤层检测

检测表面损伤层厚度时,被测部位和测点的确定应满足的要求是:根据构件的损伤情况和外观质量选取有代表性的部位布置测位;构件被测表面应平整并处于自然干燥状态,且无接缝和饰面层。

表面损伤层检测宜选用频率较低的厚度振动式换能器。用各测点的声时值和相应测距值绘制声时—测距坐标图,由此图可得到声速改变所形成的转折点,该点前后分别表示损伤和未损伤混凝土的相关直线,据此用回归分析法确定损伤层厚度。

5. 灌注桩混凝土缺陷检测

灌注桩混凝土缺陷检测是指桩径(或边长)不小于0.6 m 的灌注桩桩身混凝土缺陷的检测。通过预埋超声检测管(检测管根数根据桩径大小决定),采用对测、斜测、交叉斜测及扇形扫描测等方法测得声时、声速、波幅和主频,按统计学原理分析异常值,确定缺陷的位置和范围。

三、一般规定

(1)了解、收集被测结构的有关资料和情况,综合分析产生质量问题的原因,拟订检测方案。

(2)结合测试操作条件的可能性,检测应突出重点,选取对混凝土质量有争议或根据施工情况易产生质量事故的部位进行检测。

(3)反映混凝土质量的声学参数容易受混凝土表面状态的影响,为了使检测数据具有真实性和良好的可比性,测位混凝土表面应清洁、平整,必要时可用砂轮磨平或用高强度的快凝砂浆抹平。

(4)在满足首波幅度测读精度的条件下,应选用较高频率的换能器。换能器辐射应通过耦合剂与混凝土测试表面接触,以保证良好的声耦合。

(5)检测时应避免超声传播路径与附近钢筋轴线平行,若无法避免,应使两个换能器连线与该钢筋的最短距离不小于超声测距的1/6。

第七节　电磁感应法检测钢筋的直径和保护层厚度

一、检测原理

根据电磁场理论,线圈是严格磁偶极子,当信号源供给交变电流时,它向外界辐射出电磁场;钢筋是一个电偶极子,它接收外界电磁场,从而产生大小沿钢筋分布的感应电流。钢筋的感应电流重新向外界辐射出电磁场(即二次场),使原激励线圈产生感生电动势,从而使线圈的输出电压产生变化。总之,钢筋探测仪正是根据钢筋对仪器探头所发出的电磁场的感应强度来判定钢筋的粗细和深度的。

二、一般规定

(1)本检测方法不适用于含有铁磁性物质的混凝土检测。

(2)应依据设计资料,确定检测区内钢筋可能分布的状况。

(3)检查面应清洁、平整,避开金属预埋件。对于具有饰面层的结构和构件,应清除饰面层后再检测。

(4)钢筋直径检测时,若误差较大,应以剔凿实测结果为准。

(5)钻孔、剔凿时,不得损坏钢筋。实测时,应采用游标卡尺,测量精度应为0.1 mm。

三、仪器组成

钢筋探测仪包括主机、信号线、探头等(见图13-12)。

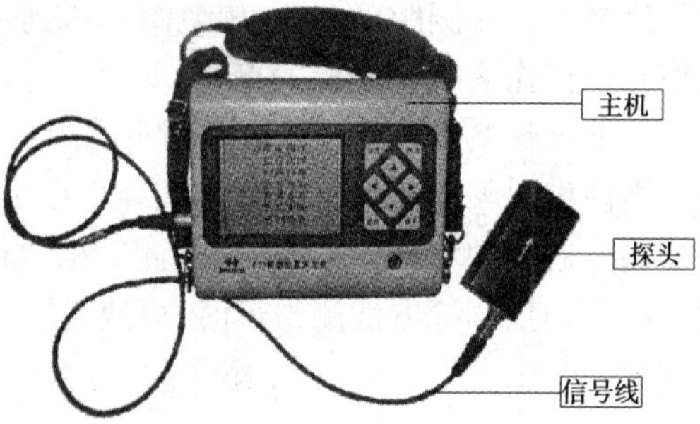

图13-12　钢筋探测仪

四、检测技术

(一)检测前准备

宜结合设计资料,了解钢筋布置的大致状况。尽量选择表面比较光滑的区域作为检测区。检测前,应对钢筋检测仪进行预热和调零,调零时,探头应远离金属物体。

(二)确定钢筋分布

1. 测定钢筋走向

应在两个正交方向多点扫描,从而确定钢筋位置,如图13-13所示。

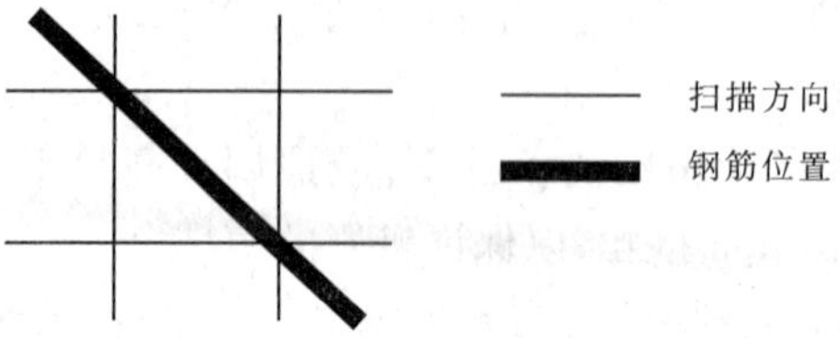

图13-13　钢筋位置测定

2. 测定主筋的位置

选择一个起始点,沿主筋垂向进行扫描,依次在扫描到钢筋的位置,作上标记。然后沿主筋走向平移一定距离,进行下一次扫描。同样,在扫描到钢筋的位置,作上标记。将两次扫描到的点用直线连接起来,即得到主筋的分布情况,如图13-14所示。

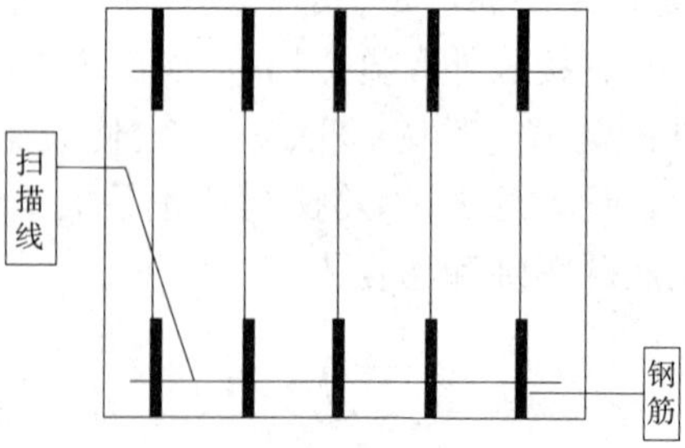

图13-14　主筋位置测定

3. 测定箍筋的位置

选择一个起始点,沿箍筋垂向进行扫描(方法同确定主筋的位置)。

（三）检测钢筋直径和保护层厚度

若已知钢筋直径，应按照钢筋实际公称直径进行设置。将钢筋探测仪置于两根箍筋的中间位置，沿主筋的垂线方向扫描，确定被测主筋的精确位置，检测钢筋的直径和该点保护层的厚度；在两根主筋的中间位置沿箍筋的垂线方向扫描，确定被测箍筋的精确位置，检测钢筋的直径和该点保护层厚度。

同一点保护层厚度需检测两次，并保存两次检测数值。当同一处读取的 2 个混凝土保护层厚度检测值相差大于 1 mm 时，则该组检测数据无效。应查明原因，重新检测，若仍不满足要求，可更换钢筋探测仪或采用钻孔、剔凿的方法验证。

钢筋探测仪检测钢筋直径时，会显示钢筋的公称直径，每根钢筋需重复检测 2 次，第 2 次检测时探头应旋转 180°，每次读数必须一致。

注：①检测时，应避开钢筋接头和绑丝。②当实际混凝土保护层厚度小于钢筋探测仪的最小示值时，可在探头下附加垫块（垫块表面应光滑、平整，各方向厚度值偏差不大于 0.1 mm，并保证对钢筋探测仪的检测结果不产生干扰）进行检测。

五、结果计算

（1）钢筋的混凝土保护层厚度平均检测值应按下式计算

$$c_{m,i}^{t} = (c_1^{t} + c_2^{t} + 2c_c - 2c_0)/2 \tag{13-19}$$

式中 $c_{m,i}^{t}$——第 i 测点混凝土保护层厚度平均检测值，精确至 1 mm；

c_1^{t}、c_2^{t}——第 1、2 次检测的混凝土保护层厚度检测值，精确至 1 mm；

c_c——混凝土保护层厚度修正值，为同一规格钢筋的混凝土保护层厚度实测验证值减去检测值，精确至 0.1 mm；

c_0——探头垫块厚度，精确至 0.1 mm，不加垫块时 $c_0 = 0$。

（2）在用游标卡尺进行钢筋直径实测时，应根据相关的钢筋产品标准如《钢筋混凝土用钢 第 2 部分：热轧带肋钢筋》GB 1499.2 等来确定量测部位，并根据量测结果，通过产品标准查出其对应的公称直径。

第八节　半电池电位法检测钢筋锈蚀性状

一、检测原理

半电池电位法是通过测定钢筋混凝土腐蚀体系的电化学特性来确定混凝土中钢筋的锈蚀程度和锈蚀速度。混凝土中的钢筋锈蚀本身就是一个电化学过程，将混凝土与混凝土中的钢筋看做是半个电池组，与硫酸铜参比电极连通构成一个全电池系统。混凝土是电解质，参比电极的电位值相对恒定，而混凝土中的钢筋因锈蚀程度不同产生不同的腐蚀电位，从而引起全电池电位的变化。钢筋锈蚀检测仪就是根据混凝土中钢筋表面各点的电位来评定钢筋的锈蚀状态。

二、一般规定

（1）本检测方法不适用于带涂层的钢筋以及混凝土已饱水和接近饱水的构件检测。

当测区混凝土有绝缘涂层介质隔离时,应清除绝缘涂层介质。

(2)测点处混凝土表面应平整、清洁,必要时应采用砂轮或钢丝刷打磨,并应将粉尘等杂物清除。

(3)本检测方法适用于已硬化混凝土中钢筋的半电池电位的检测,它不受混凝土构件尺寸和钢筋保护层厚度的限制。

(4)钢筋的实际锈蚀状况宜进行剔凿实测验证。

三、仪器组成

钢筋锈蚀检测仪包括主机、金属电极、硫酸铜参比电极、连接杆、延长线等,如图 13-15 所示。

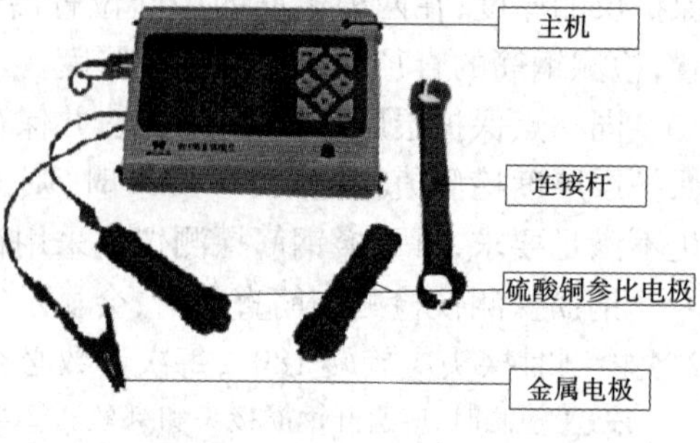

图 13-15　钢筋锈蚀检测仪

四、检测技术

(一)布置测区(测区面积不宜大于 5 m×5 m)

(1)采用钢筋探测仪检测钢筋的分布情况。标出钢筋的位置和走向,并对钢筋进行编号。钢筋的交叉点即为测点。

(2)在适当位置剔凿出钢筋,并除去钢筋锈蚀层,将金属电极夹在钢筋上,并保证测区内的钢筋(钢筋网)与金属电极能够形成电通路。

(3)充分浸湿测区混凝土。可在饮用水中加入适量(约 2%)家用液态洗涤剂,配制成导电溶液,喷洒在测区混凝土表面。

(二)检测步骤

(1)测量并记录环境温度。

(2)按测区编号,将电位电极(硫酸铜电极)依次放在各电位测点上,检测并记录各测点的电位值,如图 13-16 所示。

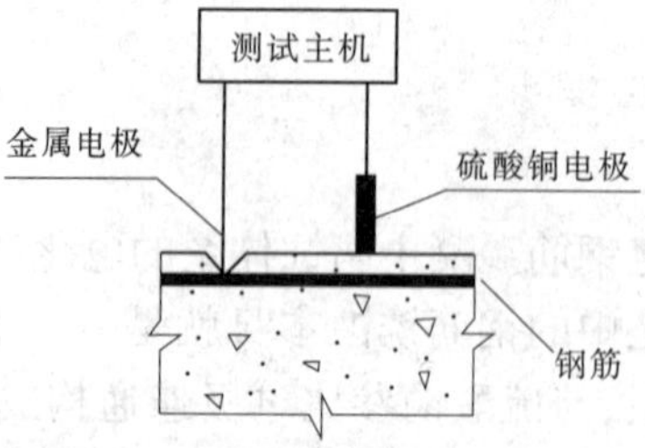

图 13-16　钢筋锈蚀仪电位测量方式示意

注:检测时应避免外界各种因素产生的电流影响。

五、数据处理

当检测环境温度在(22±5)℃以外时,应按下列公式对测点的电位值进行温度修正:

当 $T \geqslant 27$ ℃时

$$V = 0.9 \times (T - 27.0) + V_R \tag{13-20}$$

当 $T \leqslant 17$ ℃时

$$V = 0.9 \times (T - 17.0) + V_R \tag{13-21}$$

式中 V——温度修正后电位值,精确至 1 mV;

V_R——温度修正前电位值,精确至 1 mV;

T——检测环境温度,精确至 1 ℃;

0.9——系数,mV/℃。

六、检测结果评判

检测结果可采用电位等值线图表示被测结构及构件中钢筋的锈蚀性状。可按合适比例在结构及构件图上标出各测点的电位值,通过数值相等的各点或内插等值的各点绘出电位等值线(见图 13-17)。电位等值线的最大间隔宜为 100 mV。

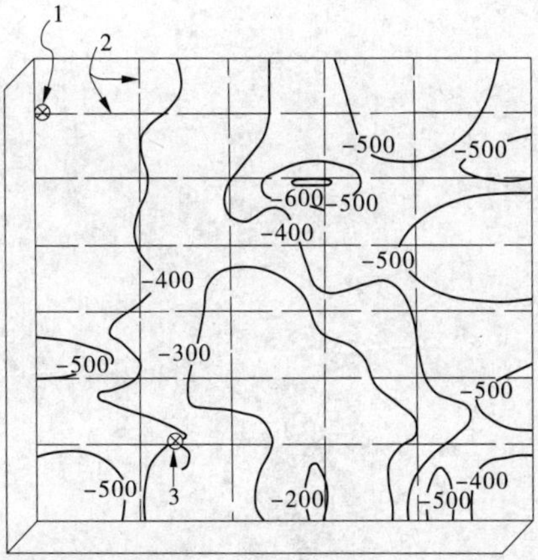

1—钢筋锈蚀检测仪与钢筋连接点;2—钢筋;3—铜－硫酸铜半电池

图 13-17 电位等值线示意

评价钢筋锈蚀性状时,应根据表 13-12 进行判断。

表 13-2 半电池电位值评价钢筋锈蚀性状的判据

电位水平(mV)	钢筋锈蚀性状
> -200	不发生锈蚀的概率 >90%
-200 ~ -350	锈蚀性状不确定
< -350	发生锈蚀的概率 >90%

复习思考题

1. 回弹法的基本原理是什么?

2. 简述回弹法检测混凝土强度的步骤。
3. 超声回弹法有哪些特点？与单一的回弹法和超声法相比具有哪些优点？
4. 简述超声回弹法检测混凝土强度的步骤。
5. 超声回弹综合法与单一回弹法相比在检测技术要求上有何不同？
6. 拔出法检测混凝土强度的方法有几种？各自的特点和适用范围是什么？
7. 回弹法检测砂浆抗压强度的试验步骤是什么？
8. 后装拔出法检测混凝土强度的主要仪器设备有哪些？大致步骤是什么？
9. 钻芯法作为混凝土质量的检测技术适用范围有哪些？
10. 钻芯法检测技术的要求有哪些？
11. 超声法检测混凝土缺陷的内容有哪些？

第十四章　建筑材料检测

学习目标

通过试验，使学生对主要建筑材料的性状有进一步的了解，熟悉、巩固和加深理解所学的理论知识；掌握常用建筑材料的试验方法、仪器操作，试验报告的填写以及试验数据的处理，最终得出正确的试验结论；了解试验的原理、仪器设备的类型，了解常用建筑材料的取样、性能的检验和评定；培养学生严谨认真的工作作风，提高学生分析和解决问题的能力。

重点：常用建筑材料的试验方法，根据试验数据得出试验结论。

难点：理解试验的原理，对试验数据的处理。

第一节　建筑材料基本性质检测

一、密度试验

（一）试验目的

测定材料的密度。

（二）主要仪器设备

密度瓶（又名李氏瓶，见图14-1，分度值0.1 mL）、筛子（900 孔/cm^2）、研钵、量筒、烘箱、干燥器、天平（500 g，感量0.001 g）、温度计、恒温水槽、漏斗和小勺等。

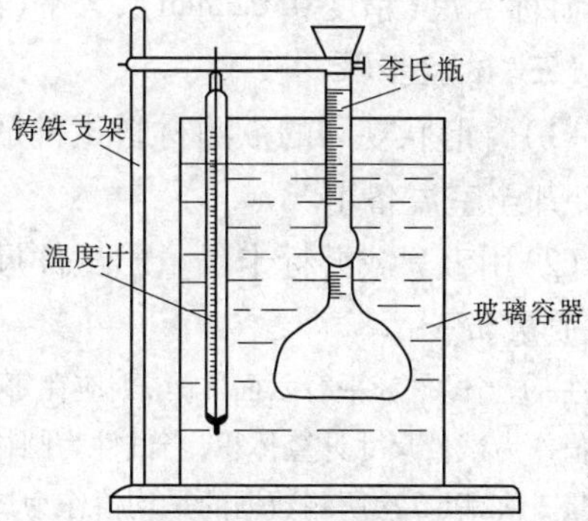

图14-1　李氏瓶装置

（三）试验步骤

1. 试样制备

将试样研磨后，用筛子筛分，除去筛余物，放在（105 ±5）℃的烘箱中烘至恒量（恒量是指试样在烘干1 ~3 h的情况下，其前后质量之差不大于该项试验所要求的称量精度），再放入干燥器中冷却至室温备用。

2. 测定 V_0 值

在密度瓶中注入与试样不发生化学反应的液体，使液面达到0 ~1 mL刻度值之间。将密度瓶放入盛水的恒温水槽中，使刻度部分完全浸入水中，并用铸铁支架固定，调整水温到20 ℃，30 min后记录刻度示值 V_0。

3. 测定 m 值

用天平称取60 ~90 g试样，精确至0.01 g。用小勺和漏斗小心地将试样徐徐送入密度瓶中，直至液面上升到20 mL刻度左右。再称剩余的试样质量，计算出装入瓶内的试样质量 m。

4. 测定 V 值

用瓶内的液体将黏附在瓶颈和瓶壁上的试样洗入瓶内液体中，转动密度瓶，使液体中的气泡排出，记下液面刻度 V_1，根据前后两次液面读数，算出液面上升的差值，即为瓶内试样所占的绝对体积 $V(V = V_1 - V_0)$。

注：试验过程中始终保持盛水容器中的水温为(20 ±1)℃。

(四)试验数据计算与评定

按式(14-1)计算材料密度 ρ

$$\rho = \frac{m}{V} \tag{14-1}$$

式中 ρ——材料的密度，g/cm^3(精确至0.01 g/cm^3)；

m——装入瓶中试样的质量，g；

V——装入瓶中试样的绝对体积，cm^3。

密度试验用两个试样平行进行，以其计算结果的算术平均值作为最后结果。但两个试验结果之差不应大于0.02 g/cm^3，否则应重新测试。

二、表观密度试验

(一)试验目的

测定材料的表观密度，评定材料的质量。

(二)主要仪器设备

游标卡尺(精度0.02 mm)、天平(感量0.01 g)、烘箱、干燥器、漏斗、直尺等。

(三)试验步骤

(1)将形状规则的欲测材料试件放入(105 ±5)℃烘箱中烘至恒量，取出置入干燥器中，冷却至室温备用。

(2)用直尺或游标卡尺量出试件尺寸，按几何公式计算出试件的体积 V_0，再用天平称试样质量 m。

注：①当试件为平行六面体时，则应在每边的上、中、下3个位置分别测量，以3次所测数据的算术平均值作为试件尺寸计算体积；当试件为圆柱体时，按两个互相垂直的方向测其直径，各方向上、中、下各测量3次，以6次所测数据的平均值作为试件直径，再在互相垂直的两直径与圆周交界的四点上量其高度，取4次测量的平均值作为试件的高度。②对于形状不规则的材料，可用排液法或水中称重法测量其体积 V_0，但在测定前，待测材料表面应用薄蜡层密封，以免测液进入材料内部开口孔隙而影响测定值。

(四)试验数据计算与评定

按式(14-2)计算材料的表观密度

$$\rho_0 = \frac{m}{V_0} \tag{14-2}$$

式中 ρ_0——材料的表观密度，g/cm^3(精确至0.01 g/cm^3)；

m——材料的质量，g；

V_0——试件的体积,包括材料在绝对密实状态下的体积加上孔隙体积,cm^3。

当试件的组织均匀时,以 3 个试件测值的算术平均值作为试验结果;当试件组织不均匀时,应注明最大值及最小值。

三、堆积密度试验

(一)试验目的

测定材料的堆积密度,计算材料的孔隙率,用以估算运输工具的数量或存放堆场的面积。

(二)主要仪器设备

标准容器(容积为 1 L)、天平(感量 1 g)、烘箱、干燥器、漏斗、料勺、直尺等。

(三)试验步骤

1. 试样制备

用浅盘装样品约 10 kg,放在(105 ± 5)℃的烘箱中,烘至恒量,再放入干燥器中冷却至室温,分成大致相等的两份备用。

2. 松散堆积密度的测定

称标准容器的质量 m_1。用标准漏斗或料勺将试样徐徐地装入容器内,漏斗出料口距容器口为 5 cm,待容器顶上形成锥形,将多余的材料用直尺沿容器口中心线向两个相反方向刮平。称容器和材料的总质量 m_2。

3. 紧密堆积密度的测定

称标准容器的质量 m_1,将试样分两层装入标准容器内。装完一层后,在筒底垫放一根Φ 10 的钢筋,用手扶住标准容器,左右交替颠击地面各 25 下;再装第二层,将垫着的钢筋转动 90°同法颠击;再加料至试样超出容器口,用直尺沿容器中心线向两个相反方向刮平,称其总质量 m_2。

注:每次称量时,精确至 1 g。

(四)试验数据计算与评定

堆积密度按式(14-3)计算

$$\rho'_0 = \frac{m_2 - m_1}{V'_0} \tag{14-3}$$

式中 ρ'_0——材料的堆积密度,kg/m^3;

m_1——容器的质量,kg;

m_2——容器和试样总质量,kg;

V'_0——容器的容积,m^3。

以两次试验结果的算术平均值作为堆积密度测定的结果,精确至 10 kg/m^3。

容量筒容积的校准方法是:将温度为(20 ± 2)℃的饮用水装满容量筒,用一块玻璃沿筒口推移,使其紧贴水面。擦干筒外壁水分,然后称出其质量,精确至 1 g。容量筒容积按式(14-4)计算,精确至 1 mL。

$$V = m_1 - m_2 \tag{14-4}$$

式中　V——容量筒容积,mL;

m_1——容量筒、玻璃板和水的总质量,g;

m_2——容量筒和玻璃板的总质量,g。

四、吸水率试验

(一)试验目的

测定材料的吸水率,评定材料的质量。

(二)主要仪器设备

天平(称量 1 kg,感量 0.1 g)、烘箱、干燥器等。

(三)试验步骤

(1)称取饱和面干试样两份,每份 500 g,分别进行试验。

(2)将试样放入已知质量为 m_1 的烧杯中,放入温度为(105 ± 5)℃的烘箱中烘至恒量,并在干燥器内冷却至室温后,称取干样与烧杯的总质量 m_2。

(四)试验数据计算与评定

吸水率 W 按式(14-5)或式(14-6)计算(精确至 0.1%)

$$W_1 = \frac{500 - (m_2 - m_1)}{m_2 - m_1} \times 100\% \tag{14-5}$$

$$W_2 = \frac{500 - (m_2 - m_1)}{500} \times 100\% \tag{14-6}$$

式中　W_1——以干试样为基准的饱和面干吸水率(%);

m_1——烧杯的质量,g;

m_2——烘干的试样与烧杯的总质量,g;

W_2——以饱和面干试样为基准的饱和面干吸水率(%)。

以两次试验结果的算术平均值作为测定值,精确至 0.1%,若两次结果之差值大于 0.2%,应重新取样进行试验。

第二节　水泥技术性质检测

根据《水泥取样方法》(GB/T 12573—2008)的规定,在施工现场取样,应以同一水泥厂、同品种、同强度等级、同一批号且连续进场的水泥为一个取样单位。袋装不超过 100 t 为一批,散装不超过 500 t 为一批。取样应具有代表性,可连续取样,也可随机在 20 个以上不同部位抽取等量样品,样品总量不少于 12 kg。

取得的水泥试样应充分混合均匀,分成两等份,一份进行试验,另一份密封保存 3 个月,供作仲裁检验时使用。

试验前,应将水泥试样用 0.9 mm 方孔筛过筛,并记录筛余量。

当试验水泥从取样至试验要持续 24 h 以上时,应把它储存在基本装满和气密的容器里,该容器应不与水泥发生反应。

试验用水必须是洁净的饮用水,有争议时应以蒸馏水为准。

实验室的温度应保持在(20 ±2)℃,相对湿度不低于50%。水泥试样、标准砂、拌和水及试模等仪器用具的温度应与实验室温度相同。

湿气养护箱的温度应保持在(20 ±2)℃,相对湿度应不低于90%,水泥试体养护池的水温应控制在(20 ±2)℃内。

一、水泥细度检测(筛析法)

试验依据《通用硅酸盐水泥》(GB 175—2007)规定:硅酸盐水泥和普通硅酸盐水泥的细度以比表面积表示,其比表面积不小于300 m^2/kg;矿渣硅酸盐水泥、火山灰质硅酸盐水泥、粉煤灰硅酸盐水泥和复合硅酸盐水泥的细度以筛余表示,其80 μm方孔筛筛余不大于10%。水泥筛析法检测有负压筛法、水筛法和干筛法。当有争议时,以负压筛法为准。

(一)试验目的

检验水泥颗粒的粗细程度,用以评定水泥的质量。

(二)主要仪器设备

1. 试验筛

80 μm方孔筛分负压筛、水筛和干筛三种。负压筛应附有透明筛盖,并与筛上口有良好的密封性。试验筛每使用100次后,需重新标定。试验筛示意如图14-2所示。

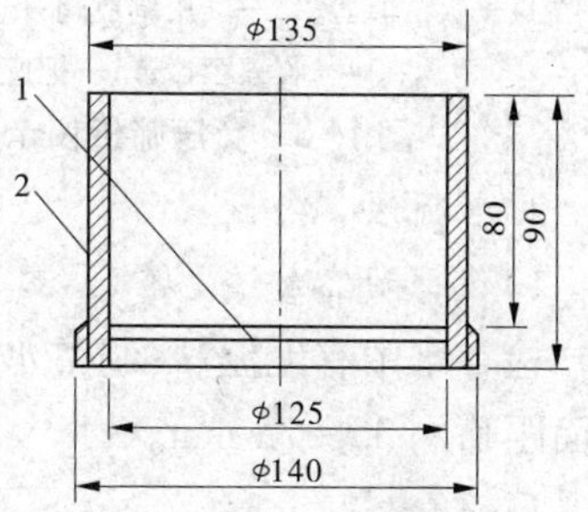

1—筛网;2—筛框

图14-2 试验筛示意 (单位:mm)

2. 负压筛析仪

负压筛析仪由筛座、负压筛、负压源及吸尘器组成,如图14-3所示。筛座由转速为(30 ±2) r/min的喷气嘴、负压表、电机及机壳组成。

3. 水筛架和喷头

水筛架上筛座内径为140^{+0}_{-3} mm,下部有叶轮可在水流作用时使筛座旋转。喷头直径55 mm,面上均匀分布90个孔,孔径0.5 ~0.7 mm。水筛法装置系统如图14-4所示。

4. 天平

感量应不大于0.01 g。

(三)试验步骤

1. 负压筛法

1)仪器设备检查

置负压筛于筛座上并盖上筛盖,接通电源,调节负压至4 ~6 kPa,检查控制系统。

2)筛分

称取试样25 g置于洁净的负压筛中,盖上筛盖,放在筛座上,开动负压筛析仪,连续筛析2 min。筛毕,称量筛余物R_s。

注:①在筛分中,若有试样附在筛壁和筛盖上,应轻敲筛盖使试样下落;②在筛析过程中,负压应保持为4 ~6 kPa。

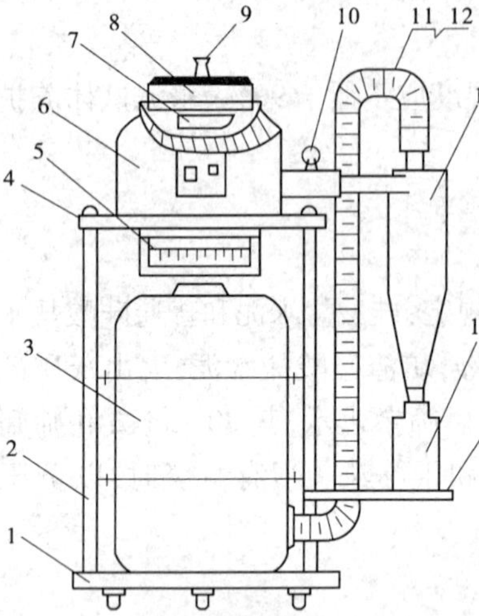

1—底座;2—立柱;3—吸尘器;4—面板;5—真空负压筛;6—筛析仪;7—喷嘴;8—试验筛;9—筛盖;10—气压接头;11—吸法软管;12—气压调节阀;13—收尘筒;14—收集容器;15—把座

图 14-3　负压筛析仪示意

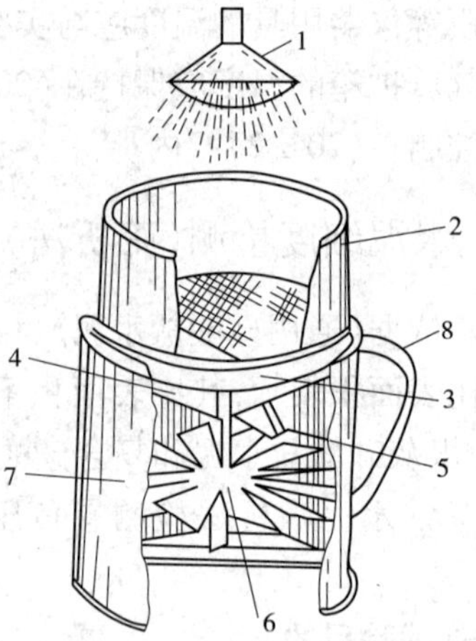

1—喷头;2—标准筛;3—旋转托架;4—集水斗;5—出水口;6—叶轮;7—外筒;8—把手

图 14-4　水筛法装置系统

2. 水筛法

1)仪器设备检查

检查水中有无泥沙,调整水压(0.05 MPa)及水筛架的位置,使其能正常运转。喷头底面距筛网 35 ~ 75 mm。

2)筛分

称取试样 50 g,置于洁净水筛中,立即用洁净淡水冲洗至大部分细粉通过后,再将水筛置于水筛架上,打开喷头连续冲洗 3 min。筛毕,用少量水将筛余物冲至蒸发皿中,沉淀后,小心倒出清水,烘干后,称量筛余物 R_s。

3. 干筛法

1)仪器检查

筛框有效直径 150 mm、高 50 mm,并附有筛盖、筛底。

2)筛分

称取水泥试样 50 g 倒入干筛内,盖好筛盖,用一只手执筛往复摇动,另一只手轻轻拍打,拍打速度每分钟 120 次,每 40 次向同一方向转动 60°,并使试样均匀分布在筛网上。筛至每分钟通过试样量不超过 0.05 g 为止,称量筛余物 R_s。

注:试验筛必须经常保持洁净,筛孔通畅,使用 10 次后进行清洗。

(四)试验数据计算与评定

按式(14-7)计算水泥筛余百分率

$$F = \frac{R_s}{m} \times 100\% \tag{14-7}$$

式中　F——水泥试样的筛余百分数(%);

R_s——水泥筛余物的质量,g;

m——水泥试样的质量,g。

评定被测水泥是否合格时,每个样品应称取两个试样分别筛析,取两次筛余平均值作为结果。若两次筛余结果绝对误差大于0.5%(筛余值大于5.0%时可放至1.0%),须再做一次试验,取两次相近结果的算术平均值作为最终结果。

二、水泥标准稠度用水量检测

试验依据《水泥标准稠度用水量、凝结时间、安定性检验方法》(GB/T 1346—2011)的规定。

(一)试验目的及原理

通过试验测定水泥净浆达到标准稠度的需水量,作为水泥凝结时间、安定性试验的用水量标准。

水泥净浆对标准试杆(或试锥)的沉入具有一定阻力,通过试验含有不同水量的水泥净浆对试杆阻力的不同,可确定水泥净浆达到标准稠度时所需的水量。

水泥标准稠度用水量测定方法有标准法和代用法。有争议时,以标准法为准。

(二)主要仪器设备

1. 标准稠度与凝结时间测定仪

标准稠度与凝结时间测定仪又名维卡仪(如图14-5所示),由铁座、可以自由滑动的金属滑杆(下部可旋接测定标准稠度用的试杆、试锥和试针,滑动部分的总质量为(300±1)g)、松紧螺丝、标尺和指针组成。

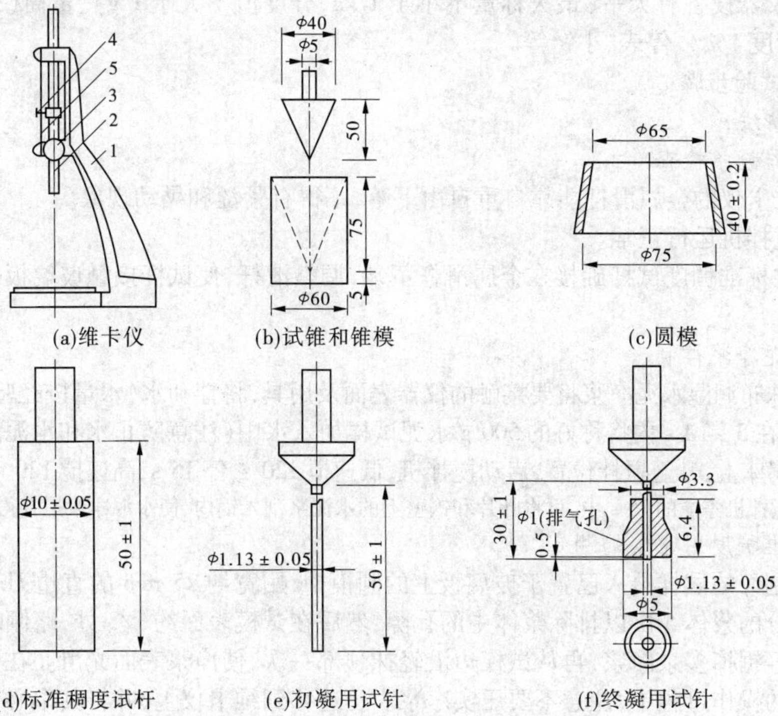

1—铁座;2—金属滑杆;3—松紧螺丝;4—指针;5—标尺

图14-5 标准稠度与凝结时间测定仪 (单位:mm)

2. 圆模

圆模由耐腐蚀、有足够硬度的金属制成，每个圆模应配备一个大于圆模并且厚度不小于2.5 mm的平板玻璃底板，如图14-5(c)所示。

3. 水泥净浆搅拌机

水泥净浆搅拌机由搅拌锅、搅拌锅座、搅拌叶片、电机和控制系统组成，如图14-6所示。搅拌锅座可以在垂直方向升降，控制系统具有自动控制和手动控制两种功能。

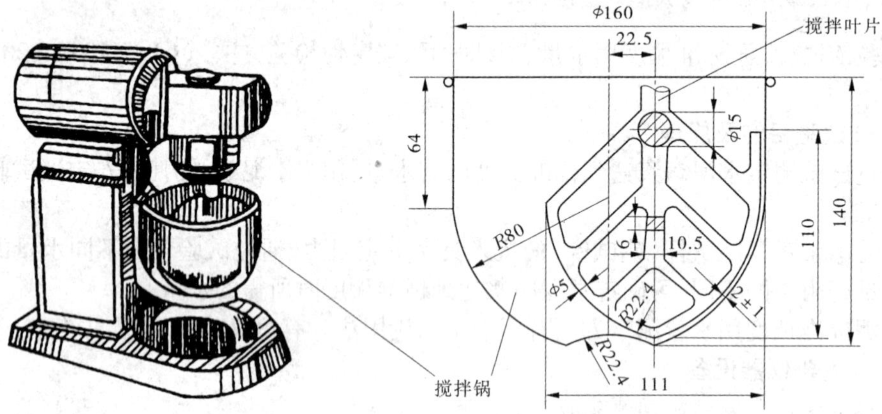

(a)水泥净浆搅拌机　　(b)搅拌锅与搅拌叶片

图14-6　水泥净浆搅拌机示意　（单位：mm）

4. 其他

其他仪器设备有天平（最大称量不小于1 kg，分度值不大于1 g）、量筒（最小刻度为0.1 mL，精度1%）、停表、小铲等。

（三）试验步骤

1. 标准法

1）仪器设备检查

（1）维卡仪的金属滑杆能靠自重自由下落，不得有紧涩和晃动现象。

（2）搅拌机运行正常。

（3）将标准稠度试杆旋接在金属滑杆下端，调整滑杆，使试杆接触玻璃板时指针对准零点。

2）水泥净浆拌制

用湿抹布润湿水泥净浆将要接触的仪器表面及用具，将拌和水（水量按经验确定）倒入搅拌锅中，在5～10 s内将称好的500 g水泥试样加入水中（注意防止水和水泥溅出），放置在搅拌机锅座上，升至搅拌位置，启动搅拌机，低速搅120 s，停15 s，高速搅120 s，停机。

注：在搅拌机停搅的15 s中，可将叶片和锅壁上的水泥浆刮入锅内，使水泥净浆搅拌得更均匀。

3）标准稠度用水量的测定

将拌制好的试样装入已置于玻璃板上的圆模中，用宽约25 mm的直边刀轻轻拍打超出试模部分的浆体5次以排除浆体中的孔隙，然后在试模表面约1/3处，略倾斜于试模分别向外轻轻锯掉多余净浆，再从试模边沿轻抹顶部一次，使净浆表面光滑。在锯掉多余净浆和抹平的操作过程中，注意不要压实净浆。迅速移到维卡仪上，并将其中心位于试杆下方。降低试杆使其底端与净浆表面接触，拧紧螺丝1～2 s后，突然放松，使试杆自由沉入。在试杆停止沉入或释放试杆30 s时记录试杆距底板的距离。

以试杆沉入净浆并距底板(6 ±1) mm 的水泥净浆为标准稠度净浆。当沉入偏浅或偏深时,可增减水量,重复以上试验,直至达到标准稠度的水泥净浆。此时的拌和水量即为该水泥的标准稠度用水量(P),以水泥质量的百分比计。

注:整个操作应在搅拌后的 1.5 min 内完成。

2. 代用法

代用法分为调整水量法和不变水量法。

1) 仪器设备检查

(1) 维卡仪的金属滑杆能自由滑动。

(2) 将试锥旋接在金属滑杆下部,调整滑杆使锥尖接触锥模顶面时指针对准零点。

(3) 搅拌机运行正常。

2) 水泥净浆拌制

采用调整水量法,水量按经验确定;采用不变水量法,拌和水量用 142.5 mL。拌制过程同标准法。

3) 标准稠度用水量的测定

将拌制好的试样装入锥模中,用宽约 25 mm 的直边刀在浆体表面轻轻插捣 5 次,再轻振 5 次,刮去多余的净浆,抹平后迅速放到维卡仪的固定位置上。将试锥降至锥尖与净浆表面接触,拧紧螺丝 1 ~2 s 后,突然放松,使试锥自由沉入净浆中。当试锥停止下沉或释放试锥 30 s 时记录试锥下沉深度(S)。

注:①整个操作应在搅拌后 1.5 min 内完成;②用调整水量法,以试锥下沉深度(30 ±1) mm 时的净浆为标准稠度净浆;③用不变水量法测定时,按式(14-9)计算,将计算的数据加上百分号,即为该水泥的标准稠度用水量。若试锥下沉深度小于 13 mm,应改用调整水量法测定。

(四) 试验数据计算与评定

(1) 用标准法和调整水量法测定时,水泥的标准稠度用水量 P(%)以水泥质量的百分数计,按式(14-8)计算

$$P = \frac{m_1}{m_2} \times 100\% \tag{14-8}$$

式中 P——标准稠度用水量(%);

m_1——水泥净浆达到标准稠度时的拌和用水量,g;

m_2——水泥试样质量,g。

(2) 用不变水量法测定时,按式(14-9)计算标准稠度用水量 P

$$P = 33.4 - 0.185S \tag{14-9}$$

式中 P——标准稠度用水量(%);

S——试锥下沉深度,mm。

三、水泥净浆凝结时间检测

试验依据《水泥标准稠度用水量、凝结时间、安定性检验方法》(GB/T 1346—2011)的规定。

(一) 试验目的及原理

测定水泥初凝及终凝时间,评定水泥质量。

凝结时间以试针沉入水泥标准稠度净浆至一定深度所需的时间表示。

(二)主要仪器设备

(1)湿气养护箱。温度控制在(20 ±1) ℃,相对湿度不低于90%。

(2)其他。同标准稠度用水量测定试验。

(三)试验步骤

1. 仪器检查

将维卡仪金属滑杆下部旋接的试杆改为试针,调整试针高度,当试针尖端接触玻璃板时,指针对准标尺零点。在圆模内侧及玻璃板上涂少许机油,将圆模放在玻璃板上。

2. 试件制备

以标准稠度的用水量,制成标准稠度的水泥净浆后,立即一次装满圆模,振动数次后刮平,立即放入湿气养护箱内。

注:①在拌制水泥净浆时,记录水泥全部加入水中的时刻作为凝结时间的起始时刻(T_0);②从加水30 min后开始第一次测定。

3. 测定指针读数

从养护箱中取出圆模放在试针下方,调节试针高度使试针尖与净浆表面接触,拧紧螺丝1 ~2 s后,突然放松,试针自由沉入,观察试针停止下沉或放松30 s时指针的读数。

4. 初凝时间测定

最初测定时应轻轻扶持试针上部的滑杆,以防试针被撞弯,但初凝时间仍必须以自由降落的指针读数为准。当临近初凝时,每隔5 min测定一次指针读数。当试针尖沉入距底板(4 ±1) mm时,为水泥达到初凝状态,记录初凝时刻 T_1,如图14-7(b)所示。从水泥全部加入水中到初凝时刻,所经历的时间为水泥的初凝时间。

5. 终凝时间测定

初凝时间测定后,立即将带浆圆模平移出玻璃板,翻转180°(直径大端在上),放在玻璃板上,继续养护。安装终凝针在仪器上,测定指针读数。当临近终凝时,再隔15 min测定一次指针读数。当试针尖沉入距净浆表面0.5 mm时,水泥浆达到终凝状态,记录终凝时刻 T_2(见图14-7(c))。从水泥全部加入水中到终凝时刻所经历的时间为水泥的终凝时间。

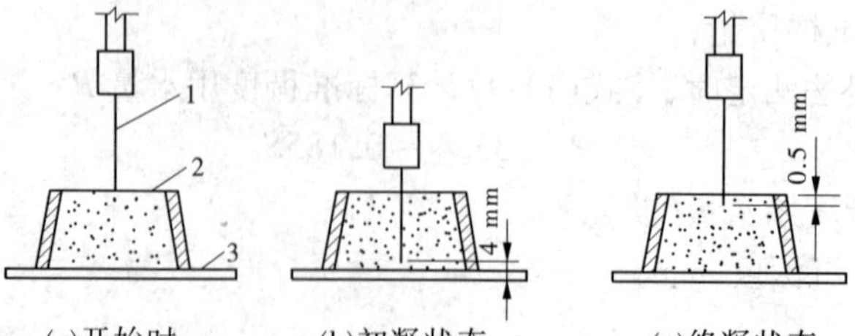

(a)开始时　　(b)初凝状态　　(c)终凝状态

1—试针;2—净浆面;3—玻璃板面

图14-7　水泥凝结时间测定示意

注:①当达到初凝状态或终凝状态时,应立即重复测定一次,以两次相同的结果为准;②试针沉入的位置至少要距试模内壁10 mm,并且每次试针不得落入原有针孔;③每次测试完毕,须将试针擦净,并将试模放回养护箱内,在整个过程中,圆模不得受到振动;④定期检查试针有无弯曲。

（四）试验数据计算与评定

凝结时间按式（14-10）、式（14-11）计算：

初凝时间 $$T_{初} = T_1 - T_0 \quad (14\text{-}10)$$

终凝时间 $$T_{终} = T_2 - T_0 \quad (14\text{-}11)$$

式中 $T_{初}$——水泥初凝时间，min；

$T_{终}$——水泥终凝时间，min；

T_1——水泥初凝时刻；

T_2——水泥终凝时刻；

T_0——起始时刻（水泥全部加入水中的时刻）。

四、水泥安定性检测

试验依据《水泥标准稠度用水量、凝结时间、安定性检验方法》（GB/T 1346—2011）的规定。

（一）试验目的

检验水泥在硬化过程中体积变化是否均匀，用以评定水泥质量。

水泥安定性的测定方法有标准法（又名雷氏法）和代用法（又名试饼法）两种，有争议时以标准法为准。

（二）主要仪器设备

1. 雷氏沸煮箱

雷氏沸煮箱（见图 14-8）内能保证试验用水在（30 ± 5）min 内由室温升到沸腾，并能始终保持沸腾状态 3 h 以上，整个试验过程中无须增加水量。箱内各部位温度应一致。箅板与加热器之间的距离大于 50 mm。

2. 雷氏夹

雷氏夹如图 14-9 所示，由标准弹性铜板制成。

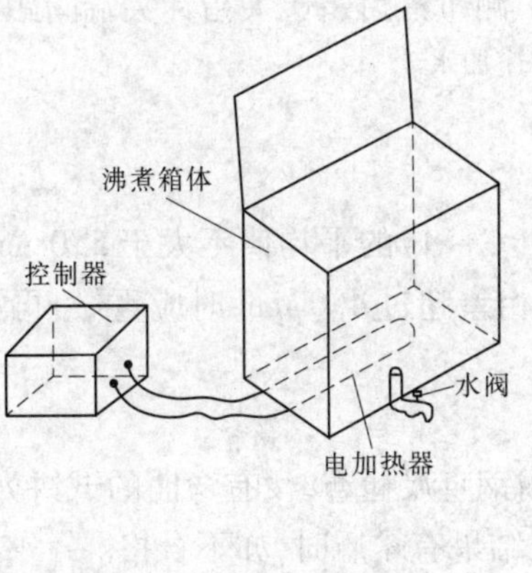

图 14-8 雷氏沸煮箱示意

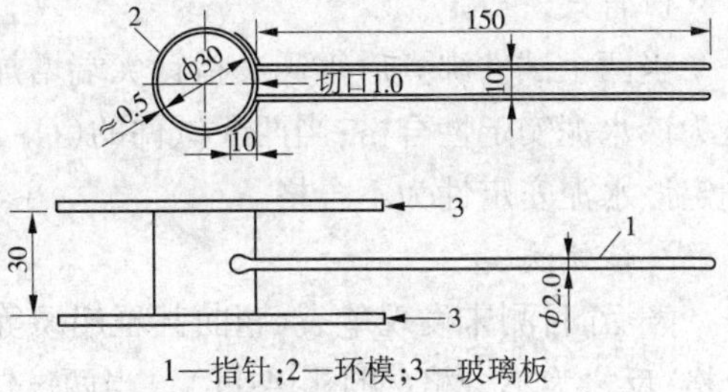

图 14-9 雷氏夹 （单位：mm）

3. 雷氏夹膨胀值测量仪

雷氏夹膨胀值测量仪如图 14-10 所示，标尺最小刻度为 0.5 mm。

4. 其他

其他仪器设备有水泥净浆搅拌机、湿气养护箱等。

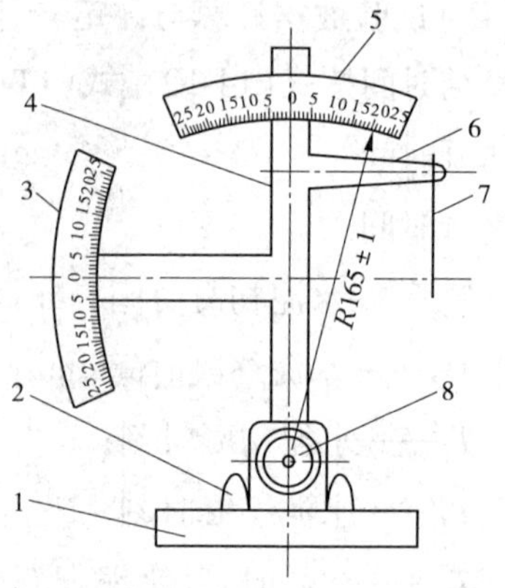

1—底座；2—模子座；3—测弹性标尺；4—立柱；5—测膨胀值标尺；6—悬臂；7—悬丝；8—弹簧顶钮

图 14-10　雷氏夹膨胀值测量仪

（单位：mm）

（三）试验步骤

1. 仪器设备检查

检查沸煮箱能否正常工作，雷氏夹弹性是否满足要求。

2. 雷氏法试件的制备

将雷氏夹放在已稍擦油的玻璃板上，将拌制好的标准稠度净浆装满环模。每个试样成型 2 个试件，用宽约 25 mm 的直边刀在浆体表面轻轻插捣 3 次，抹平，盖上稍涂油的玻璃板，立即将试模移至湿气养护箱内养护(24 ±2) h。

3. 试饼法试件的制备

从拌制好的标准稠度水泥净浆中取出约 150 g，分成两等份，用手团成球形，放在涂抹少许机油的玻璃板上，然后轻轻振动玻璃板，使水泥浆球扩展成试饼。用被湿布擦过的小刀由边缘向中央抹动，做成直径 70 ~ 80 mm、中心厚约 10 mm、边缘渐薄、表面光滑的试饼。接着将试饼连同玻璃板放入湿气养护箱内，养护(24 ±2) h。

注：将净浆装入雷氏夹时，应用手轻扶雷氏夹，抹平不要用力，防止装浆过量，影响检测结果。

4. 沸煮

采用雷氏法时，在沸煮前，先用雷氏夹膨胀值测量仪测量雷氏夹指针尖端之间的距离 A(精确到 0.5 mm)，然后将试件放入水中箅板上，指针向上，试件之间互不交叉。

采用试饼法将养护好的试饼脱去玻璃板，检查试饼无缺陷的情况下，将试饼放在沸煮箱水中的箅板上。

调整好沸煮箱内的水位，在(30 ±5) min 内加热至水沸，并恒沸 3 h + 5 min。煮毕，将热水放出，打开箱盖，待冷却到室温时，取出试件。测量煮后雷氏夹指针尖端间距离 C。

注：在整个沸煮过程中，应使水面高出试件，且不能中途加水。

（四）试验数据计算与评定

1. 雷氏法

当两个试件沸煮后雷氏夹指针尖端增加距离($C - A$)的平均值不大于 5.0 mm 时，即认为该水泥安定性合格；当两个试件的($C - A$)值相差超过 4.0 mm 时应重做，再如此，则判定该水泥安定性为不合格。

2. 试饼法

煮后，目测未发现龟裂、翘曲甚至崩溃等，并用钢直尺检查，没有弯曲的试饼为安定性合格，反之为不合格(见图 14-11)。当两试饼判定结果有矛盾时，亦不合格。

注：检查试饼弯曲时，用钢直尺与试饼底部紧靠，以两者间不透光为不弯曲。

五、水泥胶砂强度检测(ISO 法)

试验依据《水泥胶砂强度检验方法(ISO 法)》(GB/T 17671—1999)的规定。

(一)试验目的

检验水泥各龄期强度,以确定强度等级,或已知水泥强度等级,检验其强度是否满足水泥标准要求。

水泥胶砂强度检验主要是水泥抗折强度和抗压强度的检验。

(二)主要仪器设备

(1)水泥胶砂搅拌机(见图 14-12)。由搅拌锅、搅拌叶片及相应机构组成。搅拌锅可以在垂直方向升降,并可以装上、卸下,其搅拌叶片既绕自身轴线做顺时针自转,又沿搅拌锅周边做逆时针公转。搅拌叶片自转时的速度为:快速(285 ±10)r/min,慢速(140 ±5)r/min。搅拌叶片公转时的速度为:快速(125 ±10)r/min,慢速(62 ±5)r/min。

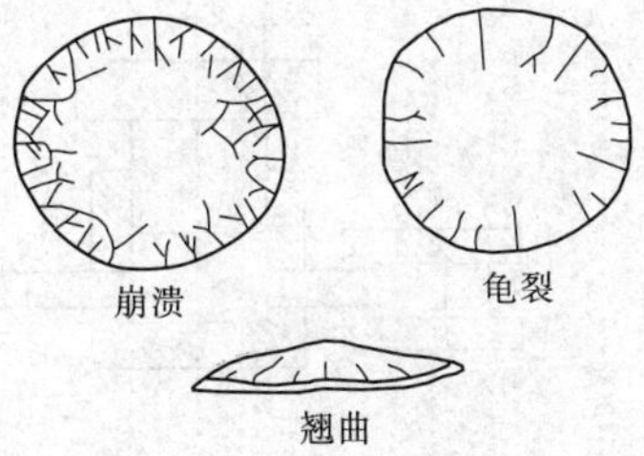

图 14-11 安定性不合格的试样

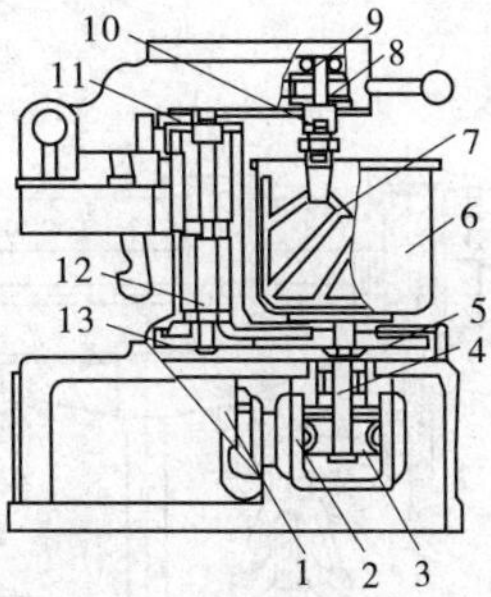

1—电机;2—蜗杆;3—蜗轮;4—蜗轮轴;5—齿轮;6—搅拌锅;7—搅拌机;8—齿轮带;9—齿形带;10—搅拌轴;11—传动轴;12—主轴;13—齿轮

图 14-12 胶砂搅拌机构造示意

(2)水泥胶砂振实台(见图 14-13)。由可以跳动的台盘和使其跳动的凸轮等组成。振幅为(15 ±0.3) mm,振动频率为 1 Hz(1 次/s)。

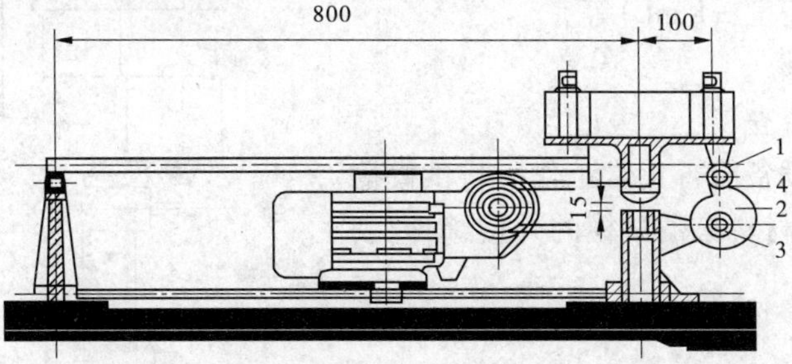

1—突头;2—凸轮;3—止动器;4—随动轮

图 14-13 水泥胶砂振实台 (单位:mm)

(3)试模(见图 14-14)。为可装卸的三联模,由隔板、端板和底座组成。可同时成型 3 条尺寸为 40 mm ×40 mm ×160 mm 的棱柱体试件。

(4)下料漏斗(见图 14-15)。由漏斗和套模组成。

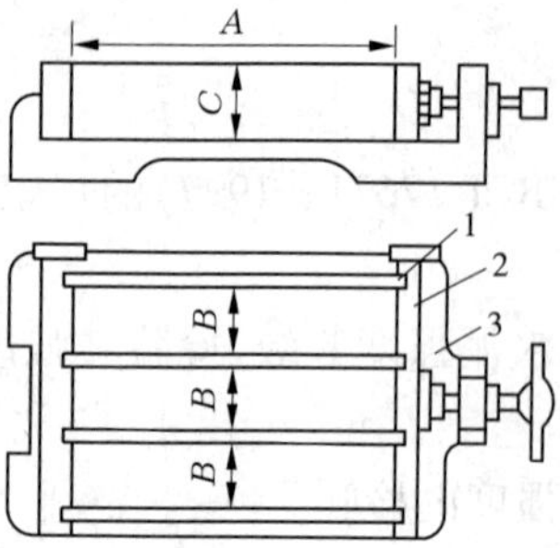

1—隔板;2—端板;3—底座;$B=C=40$ mm

图 14-14　试模

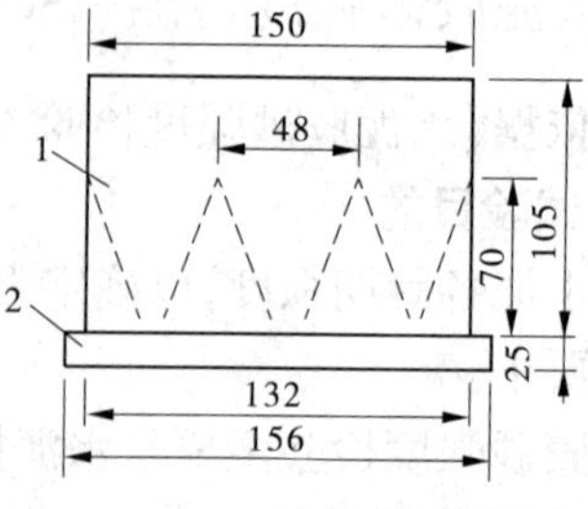

1—漏斗;2—套模

图 14-15　下料漏斗　(单位:mm)

(5)抗折强度试验机(见图 14-16)。

(6)抗压强度试验机(见图 14-17)、抗压夹具(见图 14-18)。试件受压面积为 40 mm × 40 mm。

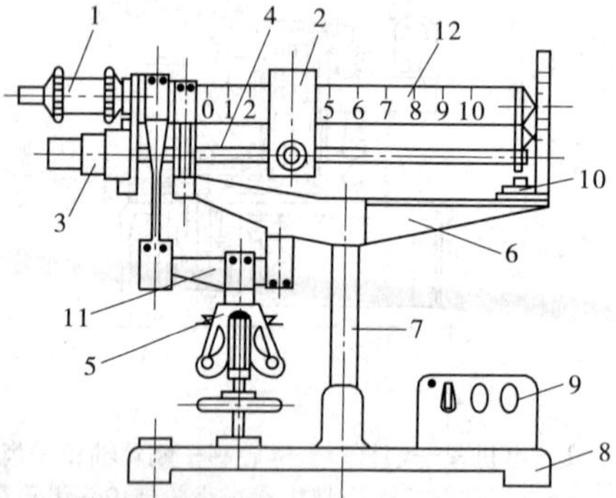

1—平衡锤;2—游动砝码;3—电动机;4—传动丝杠;
5—抗折夹具;6—机架;7—立柱;8—底座;9—电器控制箱;
10—启动开关;11—下杠杆;12—上杠杆

图 14-16　电动抗折强度试验机

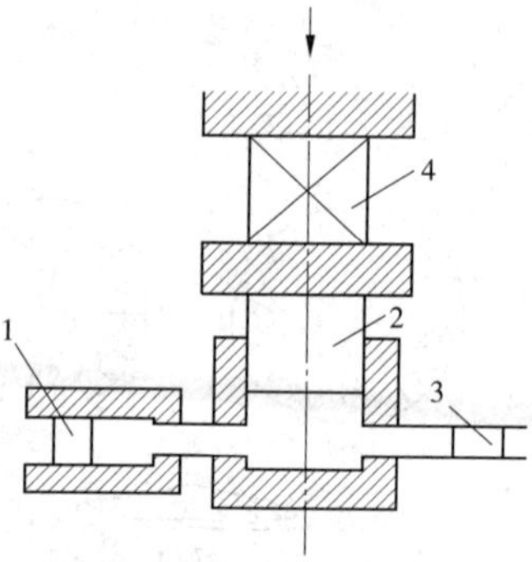

1—油泵柱塞;2—工作油缸;
3—测力活塞;4—试块

图 14-17　液压式抗压强度试验机工作原理

(7)其他。金属直尺、播料器、天平(精度 ±1 g)、量筒(精度 ±1 mL)等。

(三)试验步骤

1. 仪器设备检查

检查各仪器设备能否正常工作。将试模擦净,用黄油等密封材料涂覆试模的外接缝,内表面刷一薄层机油。

2. 试体成型

1)胶砂组成材料

胶砂组成材料为水泥、中国 ISO 标准砂和水。

标准砂可以单级分包装,也可以各级预配合,以(1 350 ± 5) g 的塑料袋混合包装。试验

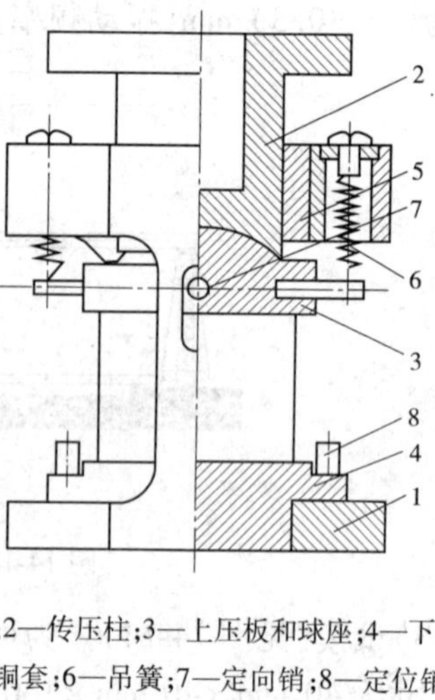

1—框架;2—传压柱;3—上压板和球座;4—下压板;
5—铜套;6—吊簧;7—定向销;8—定位销

图 14-18　抗压夹具

可用饮用水,有争议时用蒸馏水。按水泥试验的一般规定取得水泥。胶砂的质量配合比应为水泥: 中国 ISO 标准砂: 水 =1∶3∶0.5。每锅材料成型 3 条试体,需要各材料质量为:水泥(450 ±2) g、标准砂(1 350 ±5) g、水(225 ±1) mL。精确称量各材料用量。

2)胶砂搅拌

先将量好的水倒入搅拌锅内,再加入称好的水泥,把锅放在固定架上,上升至搅拌位置后立即开动搅拌机,低速搅拌 30 s 后,在第二个 30 s 开始的同时均匀地将标准砂加入(当各级分装时,从粗到细依次加入;当混合包装时,均匀加入),30 s 内加完。高速搅拌 30 s,停拌 90 s,再高速搅拌 60 s,总搅拌时间 4 min。

注:①在停拌的 15 s 内可将锅壁和叶片上的胶砂刮入锅内;②各搅拌阶段时间误差应在 1 s 以内。

3)胶砂装模、振实成型

胶砂制备后应立即成型。把空试模和模套固定在振实台上,再放上下料漏斗,用一个小勺从搅拌锅里将胶砂分两层装入试模,装第一层时,每个模里约放 300 g 胶砂,用大播料器播平胶砂,接着振实 60 次,再装入第二层胶砂,播平并振实 60 次。移走漏斗套模,从振实台上取下试模,用金属直尺以近似 90°的角度架在试模模顶的一端,沿试模长度方向,以横向锯割动作慢慢向另一端移动,将超过试模的胶砂刮去,再用金属直尺在近似水平的情况下将试体表面抹平,并去掉试模四周的胶砂。

3. 试体养护

1)试体编号、脱模

在试模上作标记或用字条标明试体的编号,立即将作好标记的试模放入雾室或湿箱的水平架上养护,湿空气应能与试模各边接触。养护到规定的脱模时间时取出脱模。

脱模前用防水墨汁或颜料笔对试体进行编号。若有 2 个以上龄期的试体,在编号时应将同一试模中的 3 条试体分在两个以上龄期内。对于 24 h 龄期的,应在破型试验前 20 min 内脱模;对于 24 h 以上龄期的,应在成型后 20 ~24 h 内脱模。脱模时可用塑料锤、橡皮榔头或专门的脱模器小心脱掉模具。

2)水中养护

将作好标记的试体立即水平或竖直放在(20 ±1) ℃的水中养护,水平放置时,刮平面应朝上。养护期间应让水与试件 6 个面充分接触,试件之间的间隔和上表面水深不得小于 5 mm。

试件龄期从水泥加水搅拌开始时算起,不同龄期的强度试验应在下列时间内进行强度试验:24 h ±15 min,48 h ±30 min,72 h ±45 min,7 d ±2 h,≥28 d ±8 h。

注:①每个养护池只能养护同类型的水泥试体;②最初用自来水装满养护池(或容器),随后随时加水保持适当的恒定水位,不允许在养护期间全部更换养护水;③除 24 h 龄期或延长至 48 h 脱模的试体外,任何到龄期的试体应在试验(破型)前 15 min 从水中取出,抹去试体表面沉积物,并用湿布覆盖至强度试验。

4. 强度试验

1)抗折强度试验

每个龄期取出 3 条试体先做抗折强度试验,再做抗压强度试验。试体放入抗折试验机前,应使杠杆呈平衡状态。将试体长轴与支撑圆柱垂直并使两侧面与圆柱接触放入抗折夹具中。接通电源,圆柱以(50±10) N/s 的速度均匀地将荷载垂直地加在棱柱体相对侧面上,直至折断。记录破坏荷载 F_t。

注:①折断后的两个半截棱柱体用湿布包裹直至开始进行抗压试验;②当不需要抗折强度数值时,抗折强度试验可以省去,但抗压强度试验应在不使试件受有害应力情况下折断的两截棱柱体上进行。

抗折强度按式(14-12)进行计算

$$f_{ce,m}=\frac{1.5F_tL}{b^3} \tag{14-12}$$

式中 $f_{ce,m}$——单块抗折强度测定值,MPa(精确至0.1 MPa);

F_t——折断时施加于棱柱体中部的荷载,N;

L——支撑圆柱的中心距离,100 mm;

b——棱柱体正方形截面的边长,40 mm。

以一组3个棱柱体抗折强度测定值的算术平均值作为试验结果。当3个测定值中仅有1个超出平均值的±10%时,应剔除这个数据,再以其余2个测定值的平均值作为抗折强度试验结果;当有2个试件的测定值超过平均值的±10%时,应重做试验。

2)抗压强度试验

抗压强度试验通过标准规定的仪器,在半截棱柱体的侧面上进行。

将抗折强度试验后的6个半截试块立即进行抗压试验。试验时,应使抗压夹具对准压力机压板中心,使试件的侧面为受压面,试件的底面靠紧夹具定位销,接通电源,试验机以(2 400±200) N/s 的速度均匀加荷直至破坏。记录破坏时的最大荷载 F_c。

抗压强度按式(14-13)进行计算(精确至0.1 MPa)

$$f_{ce,c}=\frac{F_c}{A} \tag{14-13}$$

式中 $f_{ce,c}$——单块抗压强度测定值,MPa(精确至0.1 MPa);

F_c——破坏时的最大荷载,N;

A——受压面积, mm^2(40 mm×40 mm)。

每组试件的抗压强度以3个棱柱体折断得到的6个抗压强度测定值的算术平均值作为试验结果。当6个测定值中有一个超出平均值的±10%时,应剔除这个结果,而以剩下5个测定值的平均值作为试验结果;当5个测定值中再有超出其平均值的±10%时,此组试验结果作废。

根据上述测得的抗折强度、抗压强度的试验结果,评定水泥的胶砂强度。

第三节 混凝土用集料性能检测

试验依据《建设用砂》(GB/T 14684—2011)及相关的行业检验标准。检测方法除遵照国家标准外,还应参照《普通混凝土用砂、石质量及检验方法标准》(JGJ 52—2006)、《建设用卵石、碎石》(GB/T 14685—2011)及相关的行业检验标准的规定。

在料堆上取样时,取样部位应均匀分布。取样前先将取样部位表面铲除,砂子取样时从各部位抽取大致相等的砂子共8份组成一组样品;石子取样时,从不同部位抽取大致相等的石子 15 份组成一组样品。

单项试验所需取样的最少数量如表 14-1 所示。

表 14-1　单项试验所需取样的最少数量

试验项目	砂（kg）	碎石或卵石(kg)							
		集料最大粒径(mm)							
		9.5	16.0	19.0	26.5	31.5	37.5	63.0	75.0
颗粒级配	4.4	9.5	16.0	19.0	25.0	31.5	37.5	63.0	80.0
表观密度	2.6	8.0	8.0	8.0	8.0	12.0	16.0	24.0	24.0
堆积密度	5.0	40.0	40.0	40.0	40.0	80.0	80.0	120.0	120.0

砂样缩分可采用分料器法或人工四分法进行。

(1)分料器法。将样品拌和均匀,通过分料器,取接料斗中的其中一份再次通过分料器。重复以上过程,直至把样品缩分到略多于试验所需数量。

(2)人工四分法。砂子缩分时,将所取样品置于平板上拌和均匀,并堆成厚度约为 20 mm 的“圆饼”,在“圆饼”上画十字线,将其分成大致相等的 4 份,除去对角的两份,将其余两份照上述四分法缩分,如此持续进行,直到把样品缩分到略多于试验所需数量。

石料缩分时,将所取样品置于平板上拌和均匀,并堆成锥体,于锥体上画十字线,将其分成大致相等的 4 份,除去对角两份,将其余两份照上述四分法缩分,如此持续进行,直到把样品缩分到略多于进行试验所需的数量。

实验室的温度应保持在 15 ~ 30 ℃,水温与室温相同,在称量过程中,水的温差不超过 2 ℃,试验用筛采用规范规定的标准方孔筛。

一、砂的筛分析(颗粒级配)检测

(一)试验目的

测定砂子的颗粒级配和粗细程度,评定砂子的质量,为混凝土配合比设计提供依据。

(二)主要仪器设备

(1)标准方孔筛 1 套。包括孔径为 9.50 mm、4.75 mm、2.36 mm、1.18 mm、600 μm、300 μm、150 μm 的方孔筛各 1 只,并附有筛底和筛盖,筛框直径为 300 mm 或 200 mm。

(2)电动振筛机。振幅为(0.5 ±0.1) mm,频率为(50 ±3) Hz。

(3)烘箱。温度可控制在(105 ±5) ℃。

(4)其他。天平(称量 1 kg,感量 1 g)、搪瓷盘、毛刷等。

(三)试验步骤

(1)仪器设备检查。检查试验筛各筛中有无残留砂子,各筛孔是否通畅,振筛机、烘箱工作是否正常。

(2)准备试样。用人工四分法将样品缩分至 1 100 g,放在烘箱中,在(105 ±5) ℃下烘干至恒量(恒量是指试样在烘干 1 ~3 h 的情况下,其前后质量之差不大于该项试验所要求的称量精度),冷却至室温。然后用孔径为9.50 mm的方孔筛筛除大于粒径9.50 mm的颗粒(计算出筛余百分率并记录)。

(3)筛分试样。称取试样500 g,将试样倒入筛孔尺寸自上而下、由粗到细顺次排列(附筛底)的套筛最上层筛中,盖上筛盖,将套筛置于振筛机上,振10 min。取下套筛,去掉筛盖,从上到下逐个用手筛。筛至每分钟通过量小于试样总量的0.1%。通过的砂子并入下一号筛中,并和下一号筛中试样一起过筛。重复以上过程,直到各号筛全部筛完。若无振筛机,可以直接用手筛。

(4)称出各号筛的筛余量,同时称取筛底质量(精确至1 g),并记录。

注:①筛分过程中,防止将500 g试样的砂粒丢失或添加;②如每号筛的筛余量与筛底的剩余量之和与原试样质量相对误差超过1%,则须重新试验;③试样在各号筛上的筛余量不得超过按式(14-14)计算出的质量。

$$m = \frac{A\sqrt{d}}{200} \tag{14-14}$$

式中 m——某号筛上的筛余量,g;

A——筛面面积,mm^2;

d——筛孔尺寸,mm。

若超过式(14-14)的要求,应按下列方法之一处理:

(1)将该号筛上的试样分成小于按式(14-14)计算出的质量,分别筛分,并以各筛余量之和作为该号筛的筛余量。

(2)将该粒级以下各粒级的筛余混合均匀,称出其质量(精确至1 g),再用四分法缩分为大致相等的两份,取其中一份,称出其质量(精确至1 g),继续筛分。计算该粒级和以下各粒级的分计筛余量时,应根据缩分比例进行修正。

试验要求做两次,即试验步骤(3)和(4)须重复做一次。

(四)试验数据计算与评定

(1)计算各筛的分计筛余百分率。各号筛的筛余量与试样总量之比,乘以100%,精确至0.1%。

(2)计算累计筛余百分率(A_i)。某号筛的筛余量百分率加上该号筛以上各筛余百分率之和,精确至0.1%。

(3)按式(14-15)计算砂的细度模数M_x(精确至0.01)

$$M_x = \frac{(A_2 + A_3 + A_4 + A_5 + A_6) - 5A_1}{100 - A_1} \tag{14-15}$$

式中 M_x——细度模数;

A_1、A_2、A_3、A_4、A_5、A_6——4.75 mm、2.36 mm、1.18 mm、600 μm、300 μm、150 μm筛的累计筛余百分率。

累计筛余百分率取两次试验结果的算术平均值,精确至1%。细度模数取两次试验结果的算术平均值,精确至0.1。当两次试验的细度模数之差超过0.20时,须重新取样进行试验。

将砂的细度模数、各累计筛余百分率与相应规范对照检查,进行结果评定。

二、砂的含泥量检测

(一)试验目的

测定砂中的含泥量,作为评定砂子质量的重要指标。通常采用标准法(淘洗法)。

(二)主要仪器设备

(1)天平:称量 1 kg,感量 1 g。

(2)筛:孔径为 0.08 mm 及 1.25 mm 筛各一只。

(3)烘箱:能使温度控制在(105 ± 5) ℃。

(4)洗砂用的容器:要求容器冲洗试样时,保持试样不溅出,深度大于 250 mm。

(5)搪瓷盘、毛刷、浅盘等。

(三)试验步骤

(1)试样制备。将样品在潮湿状态下用四分法缩分至约 1 100 g,置于温度为(105 ± 5) ℃的烘箱中烘干至恒量,冷却至室温后,立即称取质量为 500 g(m_0)精确至 0.1 g 的试样两份备用。

(2)取烘干的试样一份置于容器中,注入饮用水,使水面高出砂面约 150 mm。充分拌混均匀后,浸泡 2 h,然后用手在水中淘洗试样:使尘屑、淤泥和黏土与砂粒分离,并使之悬浮或溶于水中。

(3)约 1 min 后,缓缓地将浑浊液倒入孔径 1.25 mm 及 0.08 mm 的套筛(0.08 mm 筛放置在下层)上,滤去粒径小于 0.08 mm 的颗粒。

注:试验前筛子的两面应先用水润湿,在整个试验过程中应注意避免砂粒丢失。再次加水于容器中,重复上述过程,直到容器内洗出的水清澈。

(4)用水冲洗剩余在筛上的细粒,并将 0.08 mm 筛放在水中(使水面略高出筛中砂粒的上表面)来回摇动,以充分洗除粒径小于 0.08 mm 的颗粒。然后将两只筛上剩余的颗粒和容器中已经洗净的砂样一并装入浅盘,置于温度为(105 ± 5) ℃的烘箱中烘干至恒量。取出冷却至室温后,称试样的质量 m_1。

(四)试验数据计算与评定

细集料的含泥量 Q 按式(14-16)计算(精确至 0.1%)

$$Q = \frac{m_0 - m_1}{m_0} \times 100\% \tag{14-16}$$

式中 m_0——试验前的烘干试样质量,g;

m_1——试验后的烘干试样质量,g。

以两个试样试验结果的算术平均值作为测定值,两次结果的差值超过 0.5% 时,应重新取样进行试验。

三、砂的表观密度检测

(一)试验目的

评定砂的质量,为混凝土配合比设计提供依据。

(二)主要仪器

(1)容量瓶:500 mL。

(2)烘箱:能使温度控制在(105 ±5)℃。

(3)天平:称量 10 kg 或 1 000 g,感量 1 g。

(4)其他:干燥器、滴管、温度计、毛刷等。

(三)试验步骤

(1)准备试样。将样品筛去大于 9.5 mm 的颗粒,四分法缩分至大约 660 g,在(105 ±5)℃烘箱中烘至恒量,冷却至室温后,分为大致相等的两份备用。

(2)测定 m_1 值。称取烘干砂两份,每份 300 g(m_0),精确至 1 g,取一份装入容量瓶中,注入冷开水至接近 500 mL 的刻度,用手旋转摇动容量瓶,使砂样充分摇动,排除气泡。塞紧瓶塞,静置 24 h。测量并调整容量瓶中水的温度,然后用滴管小心加水至容量瓶 500 mL 刻度处,塞紧瓶塞,擦干瓶外水分,称其质量(m_1),精确至 1 g。

(3)测定 m_2 值。倒出瓶内水和砂,洗净容量瓶,再向瓶内注冷开水至 500 mL 刻度处,塞紧瓶塞,擦干瓶外水分,称出其质量(m_2),精确至 1 g。

注:试验步骤(2)、(3)所用冷开水,水温应在 15 ~ 25 ℃范围内,并且两次水温误差不超过 2 ℃;操作期间手与瓶之间应垫毛巾,以防传热。

(四)试验数据计算与评定

砂的表观密度按式(14-17)计算(精确至 10 kg/m³)

$$\rho_0 = \left(\frac{m_0}{m_0 + m_2 - m_1}\right)\rho_{水} \tag{14-17}$$

式中 ρ_0——砂的表观密度,kg/m³;

$\rho_{水}$——水的密度,1 000 kg/m³;

m_0——烘干后试样质量,g;

m_1——容量瓶加干试样再加满水的质量,g;

m_2——容量瓶加满水的质量,g。

表观密度取两次试验结果的算术平均值,精确至 10 kg/m³。若两次试验之差大于 20 kg/m³,则须重新试验。

四、砂堆积密度试验

(一)试验目的

测定砂的堆积密度,为混凝土配合比设计提供依据,并用以估计运输工具的数量或存放堆场的面积。

(二)主要仪器设备

(1)鼓风烘箱:能使温度控制在(105 ±5)℃。

(2)容量筒:圆柱形金属筒,内径 108 mm,净高 109 mm,容积为 1 L。

(3)天平:称量 10 kg,感量 1 g。

(4)标准漏斗。

(5)垫棒:直径 10 mm、长 500 mm 的圆钢。

(6)其他:直尺、漏斗或料勺、搪瓷盘、毛刷等。

（三）试验步骤

（1）准备试样。用搪瓷盘取样约 3 L，放在烘箱中于（105 ±5）℃下烘干至恒量，待冷却至室温后，（筛除大于 4.75 mm 的颗粒）分为大致相等的两份备用。

（2）松散堆积密度的测定。取一份试样，用漏斗或料勺将试样从容量筒中心上方 50 mm 处徐徐倒入（让试样自由下落）。当容量筒上部试样呈锥体，且容量筒四周溢满时，停止加料。然后用直尺沿筒中心线向两边刮平，称出试样和容量筒总质量 m_1，精确至 1 g。

注：试验过程中应防止触动容量筒。

（3）紧密堆积密度的测定。取一份试样分两层装入容量筒。装完第一层后，在筒底垫一根直径为 10 mm、长 500 mm 的圆钢筋，将筒按住，左右交替击地面各 25 次，然后装入第二层，第二层装满后用同样方法颠实（筒底所垫钢筋的方向与第一层时的方向垂直）后，再加试样直至超过筒口，然后用直尺沿筒口中心线向两边刮平，称出试样和容量筒总质量 m_1，精确至 1 g。

（四）试验数据计算与评定

砂的松散堆积密度或紧密堆积密度按式（14-18）计算（精确至 10 kg/m³）

$$\rho_1 = \frac{m_1 - m_2}{V} \tag{14-18}$$

式中 ρ_1——砂的松散堆积密度或紧密堆积密度，kg/m³；

m_1——容量筒和试样的总质量，g；

m_2——容量筒的质量，g；

V——容量筒的容积，L。

堆积密度取两次试验结果的算术平均值，精确至 10 kg/m³。

五、石子的筛分析检测

（一）试验目的

测定石子的颗粒级配，作为混凝土配合比设计的依据。

（二）主要仪器设备

（1）方孔筛：孔径为 2.36 mm、4.75 mm、9.5 mm、16.0 mm、19.0 mm、26.5 mm、31.5 mm、37.5 mm、53.0 mm、63.0 mm、75.0 mm 及 90 mm 的筛各一只，并附有筛底和筛盖（筛框内径均为 300 mm）。

（2）标准烘箱：能使温度控制在（105 ±5）℃。

（3）台秤：称量 10 kg，感量 5 g。磅秤：称量 50 kg，感量 50 g。

（4）其他：振筛机、铁锹、铁盘等。

（三）试验步骤

（1）检查振筛机、烘箱能否正常工作，方孔筛筛孔是否通畅。

（2）按规定方法取样，并将试样四分法缩分至略大于表 14-2 规定的数量，烘干或风干后备用。

表 14-2 颗粒级配试验所需试样数量

最大粒径(mm)	9.5	16.0	19.0	26.5	31.5	37.5	63.0	75.0
试样最少质量(kg)	1.9	3.2	3.8	5.0	6.3	7.5	12.6	16.0

(3)按规定称取试样一份,精确到1 g,将试样倒入按筛孔尺寸自上而下、由粗到细顺次排列的套筛(附筛底)最上层筛中。

(4)将套筛置于摇筛机上,振10 min;取下套筛,按筛孔大小顺序再逐个用手筛,筛至每分钟通过量小于试样总量的0.1%。通过的颗粒并入下一号筛中,并和下一号筛中的试样一起过筛。按这样的顺序进行,直至各号筛全部筛完。称量并记录每号筛的筛余质量及筛底质量,精确至1 g。

注:①在筛分过程中,试样在各筛上的筛余层厚度不得大于试样最大粒径,超过时应将该筛余试样分为两份,分别进行筛分,并以两份筛余量之和作为该号筛的筛余量;②当筛余颗粒的粒径大于19.0 mm时,在筛分过程中,允许用手指拨动颗粒;③筛分后,当每号筛的筛余量与筛底的筛余量之和同原试样质量之差超过1%时,须重做试验。

(四)试验数据计算与评定

(1)计算分计筛余百分率。各号筛的筛余量与试样总质量之比乘以100%,计算精确至0.1%。

(2)计算累计筛余百分率。某号筛的筛余百分率加上该号筛以上各分计筛余百分率之和,精确至1%。

(3)以两次累计筛余百分率测值的平均值作为试验结果。将试验结果与相应规范对照检查,进行结果评定。

六、石子的表观密度检测

石子表观密度测定的方法有液体密度天平法和广口瓶法两种,这里介绍液体密度天平法。

(一)试验目的

评定石子的质量,为混凝土配合比设计提供依据。

(二)主要仪器设备

(1)鼓风烘箱:能使温度控制在(105 ±5) ℃。

(2)液体静力天平:称量5 kg,感量5 g,其型号及尺寸应能将网篮放在水中称量。

(3)网篮:直径和高度均为150 mm,由孔径为1 ~2 mm的筛网或钻有2 ~3 mm孔洞的耐锈蚀金属板制成。

(4)方孔筛:孔径为4.75 mm的筛一只。

(5)其他:盛水容器(有溢流孔)、天平(称量2 kg,感量1 g)、广口瓶(1 000 mL)带玻璃片、温度计、搪瓷盘、毛巾等。

(三)试验步骤

(1)准备试样。按规定方法取样,并缩分至略大于表14-3规定的数量,烘干后将样品筛去粒径4.75 mm以下的颗粒,洗刷干净,分为大致相等的两份备用。

表 14-3　表观密度试验所需试样数量

最大粒径(mm)	<26.5	31.5	37.5	63.0	75.0
试样最少质量(kg)	2.0	3.0	4.0	6.0	6.0

(2)将一份试样浸入盛水的容器内,液面至少高出试样表面 50 mm,浸泡 24 h。

(3)将网篮全部浸入盛水筒中,称出网篮在水中的质量 m_2,精确至 5 g。将浸泡后的试样装入网篮内,放入盛水筒中,上下升降网篮排除气泡(试样不得露出水面)。网篮每升降一次时间约 1 s,升降高度为 30 ~ 50 mm。称出试样和网篮在水中的总质量 m_1,精确至 5 g。

(4)提起网篮,将试样倒入浅盘,放入(105 ± 5) ℃的烘箱中,烘干到恒量。待冷却至室温后,称出其质量 m_0,精确至 5 g。

注:试验时各项称量可以在 15 ~ 25 ℃范围内进行,但从试样加水静置的最后 2 h 起至试验结束,其温度变化不应超过 2 ℃。

(四)试验数据计算与评定

石子的干表观密度按下式计算

$$\rho_0 = \left(\frac{m_0}{m_0 + m_2 - m_1}\right)\rho_{水}$$

式中　ρ_0——石子的干表观密度,kg/m^3(精确至 10 kg/m^3);

m_0——烘干后试样的质量,g;

m_1——网篮及试样在水中的质量,g;

m_2——网篮在水中的质量,g;

$\rho_{水}$——水的密度,1 000 kg/m^3。

表观密度取两次试验结果的算术平均值,两次试验结果之差大于 20 kg/m^3 时,须重做试验。对颗粒材质不均匀的试样,若两次试验结果之差超过 20 kg/m^3,可取 4 次试验结果的算术平均值。

七、石子的堆积密度检测

(一)试验目的

测定石子的堆积密度,为混凝土配合比设计提供依据。用以估计运输工具的数量及存放堆场的面积。

(二)主要仪器设备

(1)台秤:称量 10 kg,感量 10 g。

(2)磅秤:称量 50 kg 或 100 kg,感量 50 g。

(3)容量筒:规格见表 14-4。

(4)垫棒:直径 16 mm、长 600 mm 的钢筋。

(5)烘箱:温度可控制在(105 ± 5) ℃。

(6)其他:平头铁锹(或小铲)、直尺等。

表 14-4　容量筒的规格要求

最大粒径(mm)	容量筒容积(L)	容量筒规格(mm)		
		内径	净高	壁厚
9.5,16.0,19.0,26.5	10	208	294	2
31.5,37.5	20	294	294	3
53.0,63.0,75.0	30	360	294	4

(三)试验步骤

按规定方法取样,烘干或风干后,拌匀并将试样分为大致相等的两份备用。

(1)松散堆积密度。取试样一份,用铁锹将试样徐徐倒入容量筒中,并保持铁锹出口距容量筒上口 50 mm,让试样自由落下,当试样高出容量筒口呈锥体,且容量筒四周溢满时,即停止加料。用直尺沿筒口边缘刮去高出筒口的颗粒,除去凸出容量筒口表面的颗粒,并以合适的颗粒填入凹陷部分,使表面凸起部分和凹陷部分的体积大致相等,称出试样和容量筒总质量 m_1。

注:试验过程中应防止触动容量筒。

(2)紧密堆积密度。取试样一份分三层装入容量筒中,并保持铁锹出口距容量筒上口 50 mm,使试样自由落下。装完第一层后,在坚实的平地上,筒底垫放一根直径为 16 mm 的钢筋,将筒按住,左右交替颠击地面各 25 次,再装入第二层;第二层装满后用同样方法颠实(但筒底所垫钢筋的方向与第一层时的方向垂直),然后装入第三层,如上述方法颠实。再加试样直至超过筒口,用钢尺沿筒口边缘刮去高出的试样,并用适合的颗粒填平凹处,使表面凸起部分与凹陷部分的体积大致相等。称取试样和容量筒的总质量 m_1,精确至 10 g。

(四)试验数据计算与评定

石子的松散堆积密度或紧密堆积密度按式(14-18)计算

$$\rho_1 = \frac{m_1 - m_2}{V}$$

式中　ρ_1——石子的松散堆积密度或紧密堆积密度,kg/m^3(精确至 10 kg/m^3);

m_1——容量筒和试样的总质量,g;

m_2——容量筒的质量,g;

V——容量筒的容积,L。

堆积密度取两次试验结果的算术平均值,精确至 10 kg/m^3。当两次测定值相差超过 20 kg/m^3 时,试验应重做。

第四节　普通混凝土性能检测

试验依据《水工混凝土试验规程》(SL 352—2006)、《普通混凝土配合比设计规程》(JGJ 55—2011)的有关规定。

普通混凝土拌和物取样方法有以下两种:

(1)同一组混凝土拌和物的取样应从同一盘混凝土或同一车混凝土中取样,取样量应多于所需量的1.5倍,且宜不小于20 L。

(2)混凝土拌和物的取样应具有代表性,宜采用多次取样的方法。一般,在同一份或同一车混凝土中约1/4处、1/2处和3/4处分别取样,从第一次取样到最后一次取样不宜超过15 min,然后人工搅拌均匀。

普通混凝土拌和物的拌和方法有人工拌和法和机械拌和法两种。

(1)人工拌和法注意事项如下:

①按所定配合比备料,以全干状态为准。

②材料干拌。在拌和前先将钢板、铁锹等洗刷干净并保持湿润。将称好的砂、水泥倒在钢板上,先用铁锹翻拌至颜色均匀,再放入称好的石子拌和,至少翻拌3次,然后堆成锥形。

③加水湿拌。将中间扒开一凹坑,加入拌和用水,小心拌和,至少翻拌6次,每翻拌一次后,应用铁锹在全部拌和物面上压切一次。

④拌和时间从加水完毕时算起,应大致符合下列规定:拌和物体积为30 L以下时,拌和时间为4~5 min;拌和物体积为30~50 L时,为5~9 min;拌和物体积为51~75 L时,为9~12 min。

(2)机械拌和法注意事项如下:

①按所定的配合比备料,以干燥状态为准。一次拌和量不宜少于搅拌机容积的20%,不宜大于搅拌机容量的80%。

②在机械拌和混凝土时,应在拌和混凝土前预先拌适量的混凝土进行挂浆(与正式配合比相同),避免在正式拌和时水泥浆的损失,挂浆所多余的混凝土倒在拌和钢板上,使钢板也黏有一层砂浆。

③将称好的石子、水泥、砂和水依次加入搅拌机内,干拌均匀,若有外加剂,可随水一起加拌,立即开动搅拌机,搅拌2~3 min。然后将水徐徐加入机内一起拌和1.5~2 min。

④将机内拌和好的拌和物倒在拌和钢板上,并刮出黏在搅拌机上的拌和物,用人工翻拌2~3次使之均匀。

人工或机械拌好后,根据试验要求,立即作坍落度测定和试件成型。

一、混凝土拌和物和易性检测

(一)坍落度法

坍落度法适用于集料最大粒径不大于40 mm、坍落度值在10~230 mm的混凝土拌和物的稠度测定。测定时需拌制拌和物约15 L。

1. 试验目的

测定混凝土拌和物的坍落度,观察其黏聚性和保水性,评定其和易性。

2. 试验原理

将混凝土拌和物装入坍落度筒内捣实,然后垂直提起坍落度筒,拌和物在自重作用下产生一定的坍落。流动性较大的混凝土拌和物坍落较大。

3. 主要仪器设备

(1)坍落度筒:由薄钢板或其他金属制成的圆台形筒,筒壁厚 2 ~ 3 mm。其内壁应光滑,无凹凸部位。底面和顶面应相互平行并与锥体的轴线垂直,在坍落度筒外部 2/3 高度处有两个把手,下端应焊上脚踏板。筒的内部尺寸为:底部直径(200 ± 2) mm,顶部直径(100 ± 2) mm,高度(300 ± 2) mm,如图 14-19 所示。

(2)小铲、钢尺、镘刀、拌和钢板、喂料斗等。

(3)捣棒。直径 16 mm、长 650 mm 的钢棒,端部应磨圆(见图 14-19)。

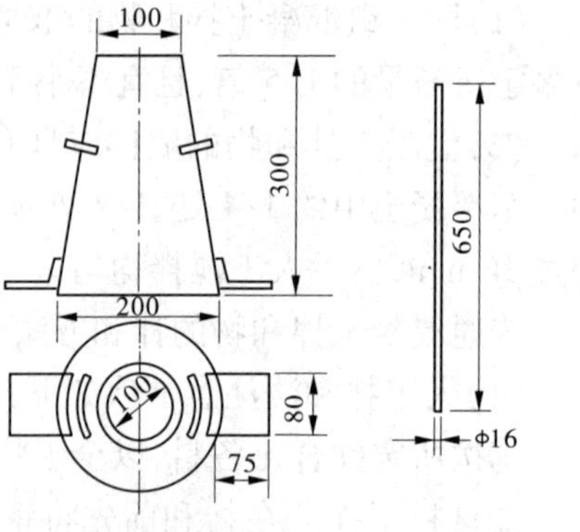

(a)坍落度筒　　(b)捣棒

图 14-19　标准坍落度筒和捣棒　(单位:mm)

4. 试验步骤

(1)湿润坍落度筒内壁、拌和钢板及其他用具,并把坍落度筒放在钢板上,然后用脚踩住两个脚踏板。

(2)分层装料、插捣。将拌好的混凝土拌和物用小铲分三层均匀地装入桶内,使捣实后每层高度为筒高的 1/3 左右。每层用捣棒沿螺旋方向在截面上由外向中心均匀插捣 25 次。插捣筒边混凝土时,捣棒可以稍稍倾斜。插捣底层时,捣棒应贯穿底层。插捣第二层和顶层时,捣棒应插透本层至下一层的表面以下 10 ~ 20 mm。装顶层混凝土时应高出筒口。在插捣过程中,如混凝土坍落到低于筒口,则应随时添加。

(3)顶层插捣完后,取下喂料斗,用镘刀将混凝土拌和物沿筒口抹平,并清除筒外周围混凝土。

5. 结果评定

(1)清除筒外底板上的混凝土后,垂直平稳地提起坍落度筒,不得歪斜。坍落度筒的提离过程应在 5 ~ 10 s 内完成。当试样不再继续坍落时,用直尺量出试样顶部中心点与坍落度筒高度之差,即为坍落度值,精确至 1 mm(见图 4-5(a))。

注:从开始装料到提起坍落度筒的整个过程,应不间断地进行,并应在 150 s 内完成。

(2)坍落度筒提离后,如混凝土发生崩坍或一边有剪坏现象,则应重新取样另行测定。如第二次试验仍出现上述现象,则表示该混凝土拌和物和易性差,应予以记录备查。

(3)观察坍落以后混凝土试体的黏聚性和保水性。坍落度筒提起后,如有较多的稀浆从底部析出,锥体部分的拌和物也因失浆而集料外露,则表明其保水性差;如坍落度筒提起后无稀浆或仅有少量稀浆自底部析出,则表明其保水性良好。

用捣棒在已坍落的混凝土锥体侧面轻轻敲打,如果锥体保持整体逐渐下沉,则表示黏聚性良好;如果锥体倒塌、部分崩裂或出现离析现象,则表示黏聚性差。

注:混凝土拌和物坍落度以 mm 为单位,结果精确至 5 mm。

(二)维勃稠度试验

1. 试验目的

维勃稠度试验是用维勃时间来测定混凝土拌和物的稠度,适用于集料最大粒径不大于 40 mm、维勃稠度值为 5 ~ 30 s 的干硬性混凝土的稠度测定。

2. 试验原理

测量混凝土拌和物由圆锥体被振动至透明圆盘的底面完全被水泥浆布满的瞬间所经历的时间(s),即为该混凝土拌和物的维勃稠度。流动性较小者,振动时间较长,维勃稠度值较大。

3. 主要仪器设备

(1)维勃稠度仪(见图14-20):由振动台、容器、坍落度筒、旋转架、连接测杆、喂料斗、透明圆盘等组成。

(2)捣棒、小铲、秒表等。

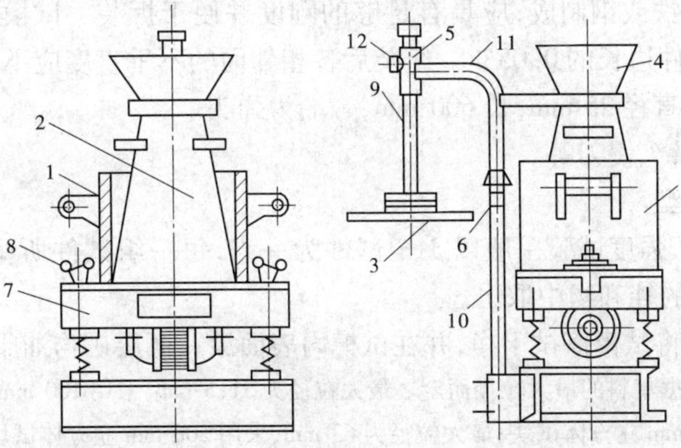

1—容器;2—坍落度筒;3—透明圆盘;4—喂料斗;5—套筒;6—螺丝;
7—振动台;8—元宝螺丝;9—连接测杆;10—支柱;11—旋转架;12—螺栓

图14-20 维勃稠度仪

4. 试验步骤

(1)润湿将与混凝土拌和物接触的容器内表面和工具等。

(2)将容器用螺母固定于振动台面上,把坍落度筒安放在容器内并对中。然后,把漏斗旋转到筒顶位置,并把它坐落在坍落度筒的顶上,拧紧螺丝,以保证坍落度筒不能离开容器底部。

(3)装试样同测坍落度方法。

(4)提起坍落度筒。把透明圆盘转到混凝土圆台体顶面,放松测杆螺丝,小心地降下圆盘,使其轻轻地接触到混凝土顶面。

(5)开启振动台并启动秒表,在透明圆盘底面被水泥浆布满的瞬间停表计时,关闭振动台。

5. 试验数据计算与评定

记录秒表上的时间(精确至1 s),即为该混凝土拌和物的维勃稠度值。

二、普通混凝土立方体抗压强度试验

(一)试验目的

测定其抗压强度,评定混凝土的质量,为确定和校核混凝土配合比、控制施工质量提供依据。

（二）试验原理

利用试验机测出的混凝土立方体标准试件破坏荷载值除以其有效受力面积，即得混凝土立方体抗压强度值。

（三）主要仪器设备

（1）压力试验机：精度（示值的相对误差）至少为 ±2%，其量程应能使试件的预期破坏荷载值不小于全量程的 20%，最小刻度 1 mm。

（2）振动台：试验用振动台的振动频率应为（50 ±3） Hz，空载时振幅应约为 0.5 mm。

（3）钢尺：量程 300 mm，最小刻度 1 mm。

（4）试模：由铸铁或钢制成，应具有足够的刚度并便于拆装。试模内表面应刨光，其不平度应不大于试件边长的 0.05%。组装后各相邻面的不垂直度应不超过 ±0.5°。

（5）钢制捣棒：直径 25 mm，长 600 mm，一端为弹头。

（6）其他：小铁铲、镘刀等。

（四）试件的成型

（1）混凝土抗压强度试验一般以 3 个试件为一组，每一组试件所用的混凝土拌和物应从同一次拌和成的拌和物中取出。

（2）制作前，应将试模擦拭干净，并在试模内表面涂一薄层矿物油脂。

注：试模的尺寸根据集料的最大粒径而定。最大粒径为 31.5 mm，采用 100 mm 立方体试块；最大粒径为 40 mm，采用 150 mm 立方体试块；最大粒径为 63 mm，采用 200 mm 立方体试块。

（3）所有试件应在取样后立即制作。试件成型方法应视混凝土稠度而定。一般坍落度小于 70 mm 的混凝土，用振动台振实，大于 70 mm 的用捣棒人工捣实。

采用振动台成型时，应将混凝土拌和物一次装入试模，装料时应用抹刀沿试模内壁略加插捣，并使混凝土拌和物高出试模上口。振动时，应防止试模在振动台上自由跳动。振动应持续到混凝土表面出浆，振动时间为 30 s 左右，刮出多余的混凝土，并用抹刀抹平。

采用人工插捣时，每层的装料厚度不应大于 100 mm。插捣应按螺旋方向从边缘向中心均匀进行，插捣底层时，捣棒距试模底板 10 ~ 20 mm，且不得触及试模底板。捣棒应贯穿全部底层，插捣上层时，捣棒应插入下层深度为 20 ~ 30 mm，插捣时捣棒应保持垂直，不得倾斜。同时，还应用抹刀沿试模内壁插入数次。每层的插捣次数应根据试件的截面而定，一般每 100 cm^2 不应少于 12 次。插捣完后，刮除多余的混凝土，并用抹刀抹平。

注：成型方法需在试验报告中注明。

（五）试件养护

试件成型后，应用湿布覆盖表面，以防止水分蒸发，并应在温度为（20 ±5） ℃情况下静停 1 d（不得超过 2 d），然后编号拆模。根据试验目的不同，试件养护可采用标准养护和同条件养护。

1. 标准养护

拆模后的试件应立即放在温度为（20 ±2） ℃、相对湿度为 95% 以上的标准养护室中养护。试件放在架上，彼此间隔为 10 ~ 20 mm，并应避免用水直接冲淋试件。

2. 同条件养护

试件成型后，应用湿布覆盖表面。试件的拆模时间可与实际构件的拆模时间相同，拆模后,试件须保持同条件养护。

(六)试验步骤

(1)试件从养护地点取出后用湿布覆盖试件,尽快进行试验,以免试件内部的温度、相对湿度发生显著变化。

(2)先将试件擦拭干净,测量尺寸,并检查外观。试件尺寸测量值精确至 1 mm,并据此计算试件的承压面面积。若实测尺寸与公称尺寸之差不超过 1 mm,可按公称尺寸进行计算。当试件有严重缺陷时,应废弃。

(3)将试件安放在试验机的下压板上,试件的中心应与试验机下压板中心对准,试件的承压面应与成型时的顶面垂直。开动试验机,当上板与试件接近时,调整球座,使接触面均衡受压。

混凝土试件的试验应连续而均匀地加荷,混凝土强度等级小于 C30 时,其加荷速度为 0.3 ~0.5 MPa/s;混凝土强度等级大于等于 C30 时,加荷速度则为 0.5 ~0.8 MPa/s。当试件接近破坏面开始迅速变形时,停止调整试验机油门,直至试件破坏,然后记录破坏荷载。

(七)试验数据计算与评定

(1)混凝土立方体试件抗压强度(f_{cu})按式(14-19)计算(精确至 0.1 MPa)

$$f_{cu} = \frac{F}{A} \tag{14-19}$$

式中 f_{cu}——混凝土立方体试件的抗压强度值,MPa;

F——试件破坏荷载,N;

A——试件承压面面积,mm^2。

(2)以 3 个试件测值的算术平均值作为该组试件的抗压强度值,3 个测值中的最大值或最小值中如有 1 个与中间值的差值超过中间值的 15%,则把最大值与最小值一并舍去,取中间值作为该组试件的抗压强度值;如 2 个测值与中间值的差均超过中间值的 15%,则该组试件的试验结果无效。

(3)取 150 mm × 150 mm × 150 mm 试件的抗压强度值作为标准值,用其他尺寸试件测得的强度值均乘以尺寸换算系数,当采用 200 mm × 200 mm × 200 mm 试件时换算系数为 1.05,当采用 100 mm × 100 mm × 100 mm 试件时换算系数为 0.95。

第五节 建筑砂浆性质检测

该试验依据《建筑砂浆基本性能试验方法标准》(JGJ/T 70—2009)的有关规定。

建筑砂浆试验用料应从同一盘砂浆或同一车砂浆中取样。取样量不应少于试验所需量的 4 倍。对于现场取得的试样,试验前应人工搅拌均匀。从取样完毕到开始进行各项性能试验,不宜超过 15 min。

(1)试样的制备。

在实验室制备砂浆试样时,所用材料应提前 24 h 运入室内。当需要模拟施工条件下所用的砂浆时,所用原材料的温度宜与施工现场保持一致。砂应通过 4.75 mm 筛。材料用量应以质量计。

在实验室搅拌砂浆时应采用机械搅拌，搅拌机应符合现行行业标准《试验用砂浆搅拌机》(JG/T 3033—1999)的规定，搅拌的用量宜为搅拌机容量的30% ~70%，搅拌时间不应少于120 s。掺有掺合料和外加剂的砂浆，其搅拌时间不应少于180 s。

(2)拌和方法。

①拌制砂浆所用的原材料应符合质量标准，并要求提前运入实验室内，拌和时实验室的温度应保持在(20 ±5) ℃。

②水泥如有结块应充分混合均匀，以0.9 mm筛过筛；砂以4.75 mm筛过筛。

③拌制砂浆时，材料称量计量的精度：水泥、外加剂等为±0.5%，砂、石灰膏、黏土膏等为±1%。

④拌制前应将搅拌机、拌和铁板、拌铲、抹刀等工具表面用水润湿，注意拌和铁板上不得有积水。

人工拌和时，按设计配合比(质量比)称取各项材料用量，先把水泥和砂放到拌和板上干拌均匀后，然后将混合物堆成堆，在中间做一凹坑，将称好的石灰膏(或黏土膏)倒入凹坑中，再倒入一部分水，将石灰膏或黏土膏稀释，然后充分拌和并逐渐加水，直至混合料色泽一致、和易性符合要求，一般需拌和5 min。

机械拌和时，先拌适量砂浆(应与正式拌和的砂浆配合比相同)，使搅拌机内壁黏附一薄层砂浆，使正式拌和时的砂浆配合比成分准确。称出各材料用量，并将砂、水泥装入搅拌机内。开动搅拌机，将水徐徐加入(混合砂浆须将石灰膏或黏土膏用水稀释至浆状)，搅拌约3 min(搅拌的用量不宜少于搅拌容量的20%，搅拌时间不宜少于2 min)。将砂浆拌和物倒至拌和铁板上，用拌铲翻拌两次，使之均匀。拌好的砂浆，应立即进行有关的试验。

一、砂浆的稠度检测

(一)试验目的

用于确定砂浆配合比或在施工过程中控制砂浆稠度，从而达到控制用水量的目的。

(二)试验原理

根据砂浆对自由沉入的圆锥体阻力大小不同，判断砂浆的稀稠。沉入越深，沉入度值越大，砂浆流动性越好。

(三)主要仪器设备

砂浆稠度测定仪(见图14-21)、捣棒(直径10 mm、长350 mm，一端呈半球形的钢棒)、台秤、搅拌机、拌板、量筒、秒表等。

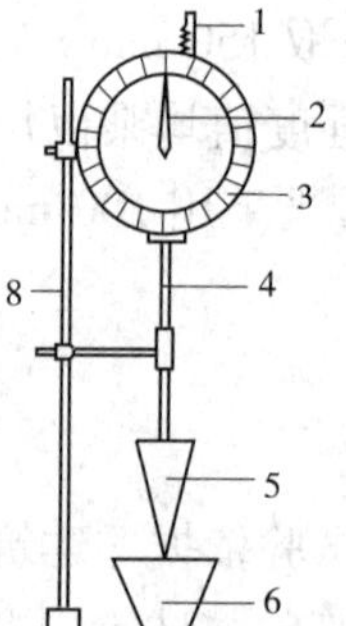

1—齿条测杆；2—指针；3—刻度盘；4—滑杆；5—圆锥体；6—圆锥筒；7—底座；8—支架

图14-21 砂浆稠度测定仪

(四)试验步骤

(1)润湿将与砂浆接触的仪器和用具。

(2)将拌好的砂浆一次装入圆锥筒内，装至距筒口约10 mm为止，用捣棒插捣25次，并将筒体振动5 ~6次，使表面平整,然后移至砂浆稠度测定仪底座上。

(3)放松圆锥体滑杆的制动螺丝,使试锥尖端与砂浆表面接触,拧紧制动螺丝,使齿条测杆下端刚好接触滑杆上端,并将指针对准零点。

(4)拧开制动螺丝,同时计时。待 10 s 后立即固定螺丝。从刻度盘上读出下沉深度(精确至 1 mm)。

注:圆锥筒内的砂浆,只允许测定一次稠度,重复测定时应重新取样。

(五)结果评定

以两次测定值的算术平均值作为砂浆稠度测定值(精确至 1 mm),若两次测定值之差大于 20 mm,应重新配料测定。

二、砂浆的分层度检测

(一)试验目的

测定砂浆的分层度值,评定砂浆在运输和存放过程中的保水性能。

(二)试验原理

以砂浆拌和物静置 30 min 前后的沉入度值的差值,即分层度来衡量砂浆保水性。

(三)主要仪器设备

主要仪器设备有砂浆分层度测定仪(见图 14-22)、砂浆稠度测定仪、木槌等。

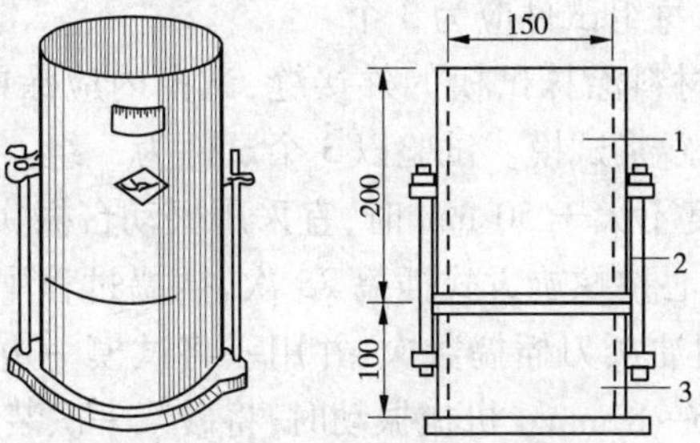

1—无底圆筒;2—连接螺栓;3—有底圆筒

图 14-22 砂浆分层度测定仪 (单位:mm)

(四)试验步骤

(1)首先用砂浆试样做砂浆稠度试验,测得沉入度值 k_1。

(2)把经过稠度试验后的砂浆重新拌和均匀,一次注满分层度仪。用木槌在容器周围距离大致相等的 4 个不同地方轻敲 1 ~2 次,并随时添加,然后用抹刀抹平。

(3)静置 30 min,去掉上层 200 mm 砂浆,然后取出底层 100 mm 砂浆重新拌和均匀,再测定砂浆稠度 k_2。

(五)试验数据计算及评定

(1)砂浆的分层度值即为 $k_1 - k_2$。

(2)取两次试验结果的算术平均值作为该砂浆的分层度值,若两次分层度试验值之差大于 20 mm,应重做试验。

三、砂浆抗压强度检测

(一)试验目的

测定砂浆强度,评定砂浆质量。

(二)主要仪器设备

(1)试模:应为70.7 mm×70.7 mm×70.7 mm的带底试模,应符合现行行业标准《混凝土试模》(JG 237—2008)的规定选择,应具有足够的刚度并拆装方便。

(2)钢制捣棒:直径为10 mm,长度为350 mm,端部磨圆。

(3)压力试验机:精度应为1%,试件破坏荷载应不小于压力机量程的20%,且不应大于全量程的80%。

(4)其他:钢垫板、振动台等。

(5)垫板:试验机上、下压板及试件之间可垫以钢垫板,垫板的尺寸应大于试件的承压面,其不平度应为每100 mm不超过0.02 mm。

(6)振动台:空载中台面的垂直振幅应为(0.5±0.05) mm,空载频率应为(50±3) Hz,空载中台面振幅均匀度不应大于10%,一次试验应至少能固定3个试模。

(三)试验步骤

1.试件制备

(1)采用立方体试件,每组试件应为3个。

(2)采用黄油等密封材料涂抹试模的外接缝,试模内应涂刷薄层机油或隔离剂。将拌制好的砂浆一次性装满砂浆试模。试验以3个试件为一组。当稠度大于50 mm时,宜采用人工插捣成型;当稠度不大于50 mm时,宜采用振动台振实成型。人工插捣时,应采用捣棒均匀地由边缘向中心按螺旋方式插捣25次,插捣过程中,当砂浆沉落低于试模口时,应随时添加砂浆,可用油灰刀插捣数次,并用手将试模一边抬高5~10 mm各振动5次,砂浆应高出试模顶面6~8 mm。机械振动时,将砂浆一次装满试模,放置到振动台上,振动时试模不得跳动,振动5~10 s或持续到表面泛浆,不得过振。

(3)待表面水分稍干后,再将高出试模部分的砂浆沿试模顶面刮去并抹平。

2.试件的养护

试件制作后应在温度为(20±5) ℃的环境下静置(24±2) h,对试件进行编号、拆模。当气温较低或者砂浆凝结时间大于24 h时,可适当延长时间,但不应超过2 d。试件拆模后应立即放入温度为(20±2) ℃、相对湿度为90%以上的标准养护室中养护。养护期间,试件彼此间隔不得小于10 mm,混合砂浆、湿拌砂浆试件上面应覆盖,防止有水滴在试件上;养护至规定龄期,取出试件并擦净表面,立即进行抗压试验。

3.强度试验

试验前应检查其外观是否完整并测量尺寸,计算试件的承压面面积。当实测尺寸与公称尺寸之差不超过1 mm时,可按照公称尺寸进行计算。

将试件安放在试验机的下垫板上,试件的承压面应与成型时的顶面垂直,试件中心应与试验机下垫板中心对准。开动试验机,当上压板与上垫板接近时,调整球座,使接触面均衡受压。承压试验应连续而均匀地加荷,加荷速度应为0.25~1.5 kN/s,砂浆强度不大于2.5 MPa时，宜取下限。当试件接近破坏而开始迅速变形时，停止调整试验机油门，直至试件破坏，然后记录破坏荷载 F。

（四）试验数据计算与评定

砂浆立方体抗压强度（$f_{m,cu}$）按式（14-20）计算

$$f_{m,cu} = K\frac{F}{A} \tag{14-20}$$

式中 $f_{m,cu}$——砂浆立方体抗压强度测定值，MPa（应精确至0.1 MPa）；

F——试件破坏荷载，N；

A——试件承压面面积，mm^2；

K——换算系数，取1.35。

立方体抗压强度试验的试验结果按下列要求确定：

（1）以3个试件测定值的算术平均值作为该组试件的立方体抗压强度值。

（2）当3个测定值的最大值或最小值中有一个与中间值的差值超过中间值的15%时，应把最大值及最小值一并舍去，取中间值作为该组试件的抗压强度值。

（3）当最大值和最小值与中间值的差值均超过中间值的15%时，该组试验结果无效。

第六节 砌墙砖与砌块性质检测

一、砌墙砖取样

砌墙砖检验取样时，应符合国家标准《砌墙砖检验规则》（JC/T 466—1992）的要求，以3.5万~15万块为一批，不足3.5万块按一批计。采用随机抽样的方法取样，外观质量检验的试样，在每一检验批的产品堆垛中抽取50块，尺寸偏差检验的试样从外观质量检验后的样品中抽取20块，其他项目从外观质量和尺寸偏差检验后的样品中抽取。

二、砌墙砖的尺寸偏差检测

（一）量具

砖用卡尺（见图14-23）：分度值为0.5 mm。

（二）测量方法

用砖用卡尺分别测量20块砖样的长度、宽度和高度。长度应在砖的两个大面的中间处分别测量两个尺寸，宽度应在砖的两个大面的中间处分别测量两个尺寸，高度应在两个条面的中间处分别测量两个尺寸，如图14-24所示。当被测处有缺损或凸出时，可在其旁边测量，但应选择不利的一侧，精确至0.5 mm。

（三）结果处理与评定

（1）每一方向尺寸以两个测量值的算术平均值表示，精确至1 mm。

（2）计算3个方向尺寸的样本平均偏差和样本极差。

样本平均偏差是20块砖样同一方向40个测量尺寸的平均值减去其公称尺寸的差值，样本极差是20块砖样中同一方向40个测量尺寸的最大测量值与最小测量值的差值，

不足 1 mm 者按 1 mm 计。

(3)若样本平均偏差和样本极差均符合产品等级的相应规定要求,则可判尺寸偏差为该等级;否则,判为不合格。

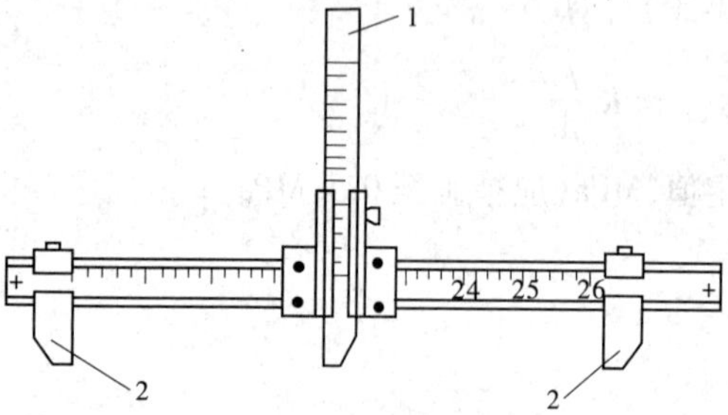

1—垂直尺;2—支脚

图 14-23　砖用卡尺

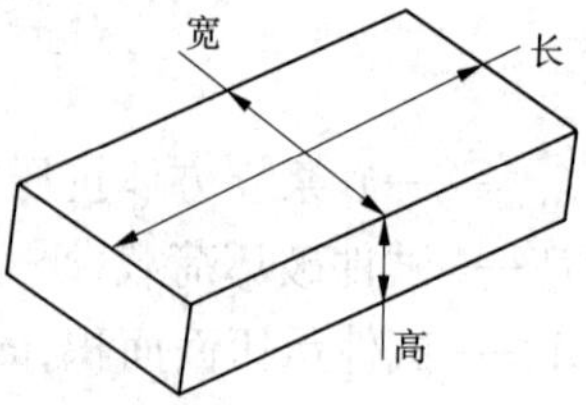

图 14-24　尺寸量法

三、砌墙砖的外观质量检测

(一)量具

(1)砖用卡尺(见图 14-23):分度值为 0.5 mm。

(2)钢直尺:分度值为 1 mm。

(二)测量方法

1. 缺损

(1)缺棱掉角在砖上造成的破损程度,以破损部分对长、宽、高三个棱边的投影尺寸来度量,称为破坏尺寸,如图 14-25 所示。

(2)缺损造成的破坏面是指缺损部分对条面、顶面(空心砖为条面、大面)的投影面积,如图 14-26 所示。空心砖内壁残缺及肋残缺尺寸,以长度方向的投影尺寸来度量。

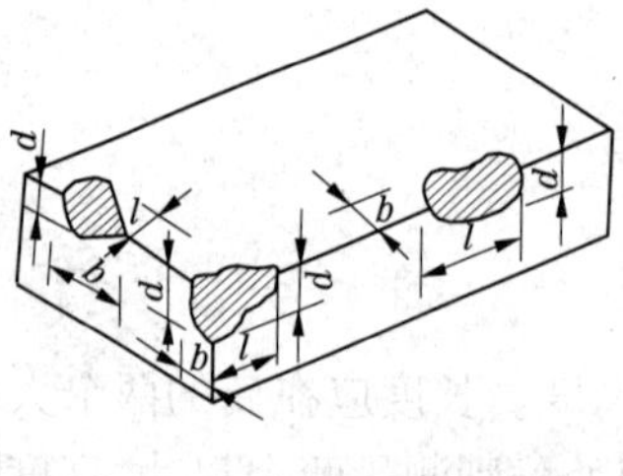

l—长度方向的投影尺寸;b—宽度方向的投影尺寸;

d—高度方向的投影尺寸

图 14-25　缺棱掉角破坏尺寸法

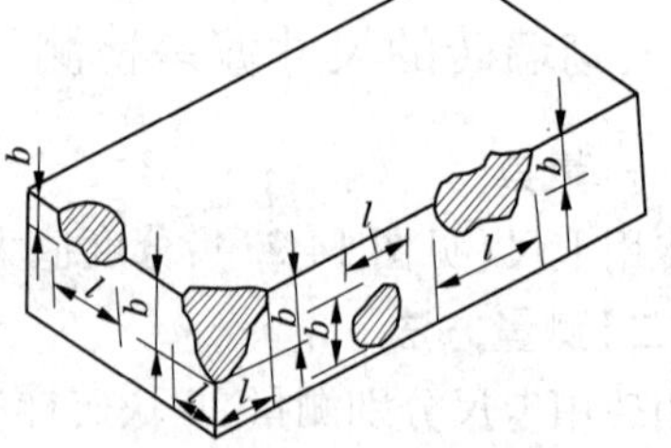

l—长度方向的投影尺寸;b—宽度方向的投影尺寸

图 14-26　缺损在条面、顶面上造成破坏面法

2. 裂纹

(1)裂纹分为长度方向、宽度方向和水平方向三种,以被测方向的投影长度表示。如果裂纹从一个面延伸至其他面上,则累计其延伸的投影长度,如图 14-27 所示。

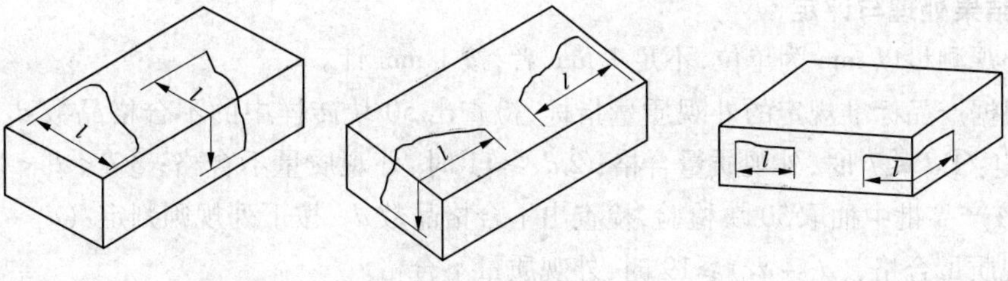

(a)宽度方向裂纹长度量法　(b)长度方向裂纹长度量法　(c)水平方向裂纹长度量法

图 14-27　裂纹长度量法

(2)多孔砖的孔洞与裂纹相通时,将孔洞包括在裂纹内一并测量,如图 14-28 所示。

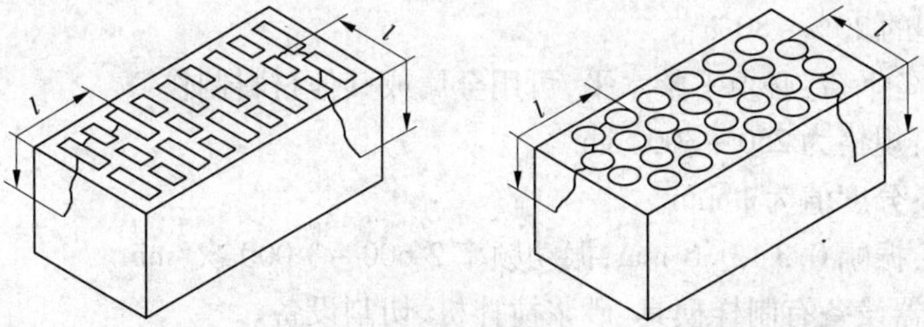

l—裂纹总长度

图 14-28　多孔砖裂纹通过孔洞时长度量法

(3)裂纹长度以在 3 个方向上分别测得的最长裂纹长度作为测量结果。

3. 弯曲

(1)弯曲分别在大面和条面上测量,测量时将砖用卡尺的两支脚沿棱边两端放置,择其弯曲最大处将垂直尺推至砖面,如图 14-29 所示,但不应将因杂质或碰伤造成的凹处计算在内。

(2)以弯曲中测得的较大者作为测量结果。

4. 杂质凸出高度

杂质在砖面上造成的凸出高度以杂质距砖面的最大距离表示。测量时将砖用卡尺的两支脚置于凸出两边的砖平面上,以垂直尺测量,如图 14-30 所示。

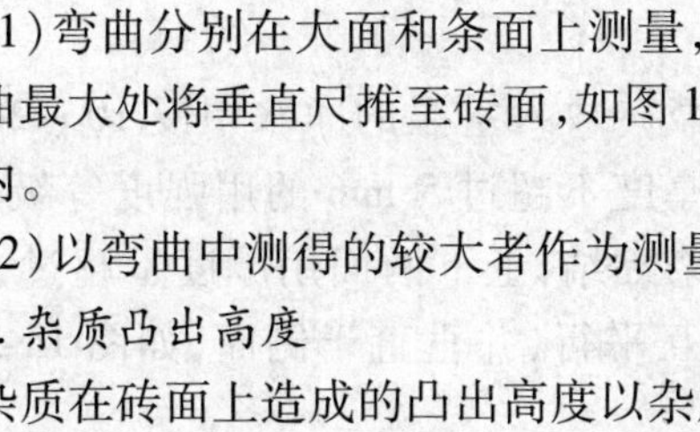

图 14-29　弯曲量法

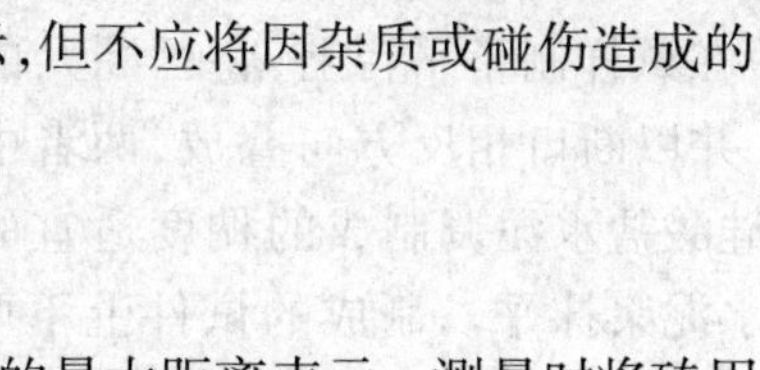

图 14-30　杂质凸出量法

5. 色差

抽试样 20 块,装饰面朝上随机分两排并列,在自然光下距离砖样 2 m 处目测。

（三）结果处理与评定

（1）外观测量以 mm 为单位，不足 1 mm 者，按 1 mm 计。

（2）根据产品标准规定的外观质量指标，检查出 50 块砖样中的不合格品数 d_1，按下列规则判定：① $d_1 \leq 7$ 时，外观质量合格；② $d_1 \geq 11$ 时，外观质量不合格；③ $7 < d_1 < 11$ 时，需再次从该产品批中抽取 50 块检验，检查出不合格品数 d_2，按下列规则判定：$(d_1 + d_2) \leq 18$ 时，外观质量合格，$(d_1 + d_2) \geq 19$ 时，外观质量不合格。

四、砌墙砖的抗压强度检测

（一）仪器设备

（1）材料试验机：示值相对误差不大于 ±1%，其下加压板应为球铰支座，预期最大破坏荷载应为量程的 20%～80%。

（2）试件制备平台：必须平整水平，可用金属或其他材料制作。

（3）水平尺：规格为 250～300 mm。

（4）钢直尺：分度值为 1 mm。

（5）振动台：振幅 0.3～0.6 mm，振动频率 2 600～3 000 次/min。

（6）其他仪器设备有制样模具、砂浆搅拌机、切割设备。

（二）试样制备

试样数量按产品标准的要求确定。其制备可采用普通制样，也可采用模具制样。

1. 普通制样

1）烧结普通砖

（1）将试样切断或锯成两个半截砖，断开的半截砖长不得小于 100 mm。如果不足 100 mm，应另取备用试样补足。

（2）在试样制备平台上，将已断开的两个半截砖放入室温的净水中浸 10～20 min 后取出，并以断口相反方向叠放，两者中间抹以厚度不超过 5 mm 的用强度等级 32.5 的普通硅酸盐水泥调制成的稠度适宜的水泥净浆黏结，上下两面用厚度不超过 3 mm 的同种水泥浆抹平。制成的试件上下两面须相互平行，并垂直于侧面，如图 14-31 所示。

2）多孔砖、空心砖

试件制作采用坐浆法操作，即将玻璃板置于试件制备平台上，其上铺一张湿的垫纸，纸上铺一层厚度不超过 5 mm 的用强度等级 32.5 的普通硅酸盐水泥调制成的稠度适宜的水泥净浆，再将试件在水中浸泡 10～20 min，在钢丝网架上滴水 3～5 min 后，将试样受压面平稳地坐放在水泥浆上，在另一受压面上稍加压力，使整个水泥层与砖受压面相互黏结，砖的侧面应垂直于玻璃板。待水泥浆适当凝固后，连同玻璃板翻放在另一铺纸放浆的玻璃板上，再进行坐浆，用水平尺校正好玻璃板的水平。

3）非烧结砖

同一块试样的 2 个半截砖切断口相反叠放，叠合部分不得小于 100 mm，如图 14-32 所示，即为抗压强度试件。如果不足 100 mm，则应剔除，另取备用试样补足。

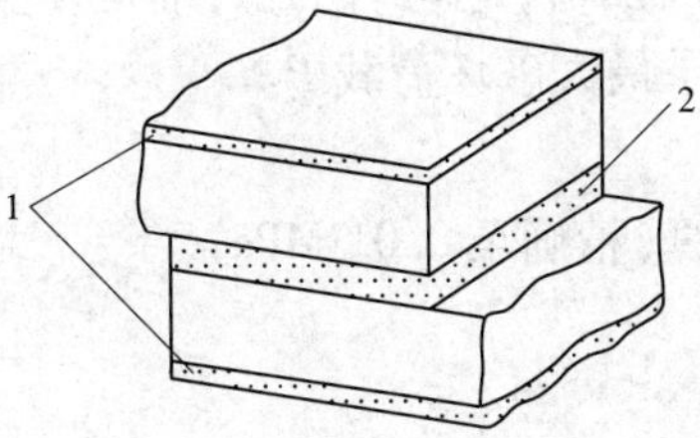

1—净浆层厚 3 mm;2—净浆层厚 5 mm

图 14-31　水泥净浆层厚度示意

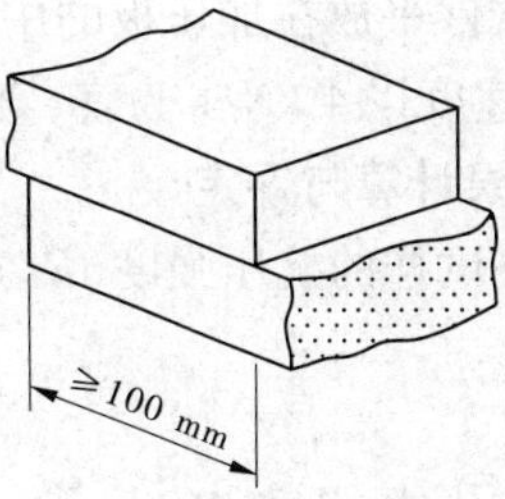

图 14-32　半砖叠合示意

2. 模具制样

(1)将试样(烧结普通砖)切断成两个半截砖,截断面应平整,断开的半截砖长度不得小于 100 mm。如果不足 100 mm,应另取备用试样补足。

(2)将已断开的半截砖放入室温的净水中浸 20 ~ 30 min 后取出,在铁丝网架上滴水 20 ~ 30 min,以断口相反方向装入制样模具中。用插板控制两个半砖间距为 5 mm,砖大面与模具间距 3 mm,砖断面、顶面与模具间垫以橡胶垫或其他密封材料,模具内表面涂油或脱膜剂。制样模具及插板如图 14-33 所示。

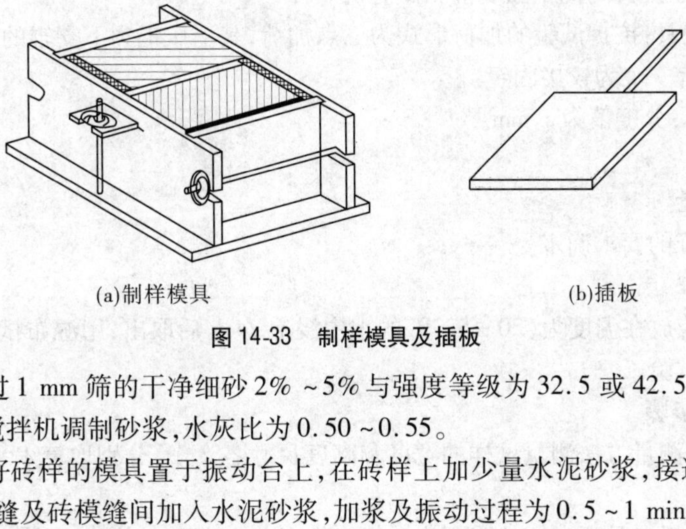

(a)制样模具　　(b)插板

图 14-33　制样模具及插板

(3)将经过 1 mm 筛的干净细砂 2% ~5% 与强度等级为 32.5 或 42.5 的普通硅酸盐水泥,用砂浆搅拌机调制砂浆,水灰比为 0.50 ~0.55。

(4)将装好砖样的模具置于振动台上,在砖样上加少量水泥砂浆,接通振动台电源,边振动边向砖缝及砖模缝间加入水泥砂浆,加浆及振动过程为 0.5 ~1 min。关闭电源,停止振动,稍事静置,将模具上表面刮平整。

(5)两种制样方法并行使用,仲裁检验采用模具制样。

(三)试件养护

(1)普通制样法制成的抹面试件应置于不低于 10 ℃的不通风室内养护 3 d;机械制样的试件连同模具在不低于 10 ℃的不通风室内养护 24 h 后脱模,再在相同条件下养护 48 h,进行试验。

(2)非烧结砖试件不需养护,直接进行试验。

(四)试验步骤

(1)测量每个试件连接面或受压面的长、宽尺寸各两个,分别取其平均值,精确至 1 mm。

(2)将试件平放在加压板的中央,垂直于受压面加荷,应均匀平稳,不得发生冲击或振动。加荷速度以 4 kN/s 为宜,直至试件破坏,记录最大破坏荷载 P。

(五)结果计算与评定

(1)每块试样的抗压强度(R_P)按式(14-21)计算(精确至 0.01 MPa)

$$R_P = \frac{P}{LB} \tag{14-21}$$

式中 R_P——抗压强度,MPa;

P——最大破坏荷载,N;

L——受压面(连接面)的长度,mm;

B——受压面(连接面)的宽度,mm。

(2)试验结果以试样抗压强度的算术平均值和标准值或单块最小值表示,精确至 0.1 MPa。不同的砌墙砖评定其强度等级时采用不同的强度指标,需进一步计算。

五、砌墙砖的抗折强度检测

(一)仪器设备

(1)材料试验机:同抗压强度检测试验机。

(2)抗折夹具:抗折试验的加荷形式为三点加荷,其上压辊和下支辊的曲率半径为 15 mm,下支辊应有一个为铰接固定。

(3)钢直尺:分度值为 1 mm。

(二)试样

1. 试样数量

按产品标准的要求确定。

2. 试样处理

非烧结砖应放在温度为(20 ±5) ℃的水中浸泡 24 h 后取出,用湿布拭去其表面水分进行抗折强度试验。

(三)试验步骤

(1)按尺寸测量方法测量试样的宽度和高度尺寸各 2 个,分别取算术平均值,精确至 1 mm。

(2)调整抗折夹具下支辊的跨距为砖规格长度减去 40 mm,但规格长度为 190 mm 的砖,其跨距为 160 mm。

(3)将试样大面平放在下支辊上,试样两端面与下支辊的距离应相同,当试样有裂缝或凹陷时,应使有裂缝或凹陷的大面朝下,以 50 ~ 150 N/s 的速度均匀加荷,直至试样断裂,记录最大破坏荷载 P。

(四)结果计算与评定

(1)每块试样的抗折强度(R_C)按式(14-22)计算(精确至 0.01 MPa)

$$R_C = \frac{3PL}{2BH^2} \tag{14-22}$$

式中 R_C——抗折强度,MPa;

P——最大破坏荷载,N;

L——跨距,mm;

B——试样宽度,mm;

H——试样高度,mm。

(2)试验结果以试样抗折强度的算术平均值和单块最小值表示,精确至0.01 MPa。

第七节　钢筋性能检测

一、取样与制备试样

(1)钢筋混凝土用热轧光圆钢筋及带肋钢筋,经外观质量检查后,检测其拉伸性能及弯曲性能时,均应自一批钢筋中任选两根截取。

(2)每批钢筋由同一牌号、同一炉罐号、同一尺寸的钢筋组成。每批质量通常不大于60 t。超过60 t的部分,每增加40 t(或不足40 t的余数),增加一个拉伸试验试样和一个弯曲试验试样。

(3)允许用同一牌号、同一冶炼方法、同一浇注方法的不同炉罐号组成混合批。各炉罐号含碳量之差不大于0.02%,含锰量之差不大于0.15%。混合批的质量不大于60 t。

(4)钢筋混凝土用热轧光圆钢筋及带肋钢筋不允许进行车削加工,直接进行拉伸和弯曲试验。试样长度应使试验机两夹头间有足够的自由长度,以使试样原始标距的标记与最接近夹头间的距离不小于1.5d(d为钢筋直径)。

(5)原始标距(L_0)长度一般为5d,并应将其计算值修约至最接近5 mm的倍数,中间数值向较大一方修约。用小标记、细划线或细墨线标记原始标距,但不得用引起过早断裂的缺口作标记。原始标距的标记应准确到1%。

二、钢筋的拉伸性能检测

(一)试验设备

(1)万能材料试验机:应按照《拉力试验机的检验》(GB/T 16825—1997)进行检验,并应为1级或优于1级准确度。

(2)其他试验设备有钢筋打点机或划线机、游标卡尺(精度为0.1 mm)。

(二)试验步骤

(1)试验应在10~35 ℃的温度下进行,否则应在试验记录和报告中说明。

(2)标记原始标距,并将其N等分。

(3)调整试验机测力度盘的指针,使其对准零点,拨动副指针,使之与主指针重叠。

(4)将试件固定在试验机的夹具内,开动试验机进行拉伸。在拉伸过程中,屈服阶段结束前,其应变速率应为0.000 25/s~0.002 5/s,并尽可能保持恒定;测定屈服强度后,应变速率可增加到不大于0.008/s。

(5)在拉伸过程中，读取测力度盘指针首次回转前指示的最大力和不计初始瞬时效应时屈服阶段中指示的最小力或首次停止转动指示的恒定力，即为上、下屈服点荷载 F_{eH}(N)、F_{eL}(N)；屈服后继续加荷直至拉断，从测力度盘上读取最大力 F_m(N)。

(6)测量拉断后标距长度 L_u(精确至0.1 mm)。将试件断裂的部分仔细地配接在一起使其轴线处于同一条直线上，并采取特别保护措施，确保试样断裂部分适当接触后测量试样断后标距。当断裂处到邻近标距端点的距离大于 $1/3L_0$ 或断后伸长率大于或等于规定值时，可直接测量两端点的距离(L_u)，否则可用移位方法确定 L_u，方法如下：

在长段上从拉断处 O 点取基本等于短段格数，得 B 点，接着取等于长段所余格数(偶数，见图14-34(a))的一半，得 C 点，则移位后的 L_u 为 $AO+OB+2BC$，或者取所余格数(奇数，见图14-34(b))减1与加1的一半，得到 C 与 C_1 点，则移位后的 L_u 为 $AO+OB+BC+BC_1$。L_u 测量应精确至0.1 mm。

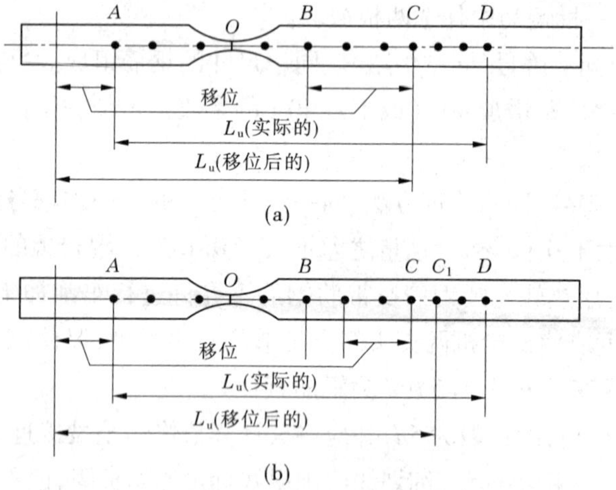

图14-34　移位法量算断后标距

(三)结果计算

上、下屈服强度 R_{eH}、R_{eL} 按式(14-23)、式(14-24)计算

$$R_{eH}=\frac{F_{eH}}{S_0} \tag{14-23}$$

$$R_{eL}=\frac{F_{eL}}{S_0} \tag{14-24}$$

式中　R_{eH}、R_{eL}——上、下屈服强度，MPa；

F_{eH}、F_{eL}——上、下屈服点荷载，N；

S_0——试件的公称横截面面积，mm^2，可用 $S_0=\pi a^2/4$ 计算，π 取3.141 6，钢筋公称直径 $a \leqslant 10$ mm 时计算结果修约间隔为0.01 mm^2，12 mm $\leqslant a \leqslant$ 32 mm 时计算结果修约间隔为0.1 mm^2，$a \geqslant 36$ mm 时计算结果修约间隔为1 mm^2。

抗拉强度 R_m 按式(14-25)计算(精确至1 MPa)

$$R_m = \frac{F_m}{S_0} \quad (14\text{-}25)$$

式中　R_m——抗拉强度,MPa;

F_m——拉伸试验最大力,N。

伸长率 A 按式(14-26)计算(精确至0.1%)

$$A = \frac{L_u - L_0}{L_0} \times 100\% \quad (14\text{-}26)$$

式中　A——断后伸长率(%)。

(四)结果判定与处理

(1)当两组的6个数据均满足相应的规定要求时,可判定合格。

(2)在拉伸试验的两根试件中,若其中1根试件的屈服点、抗拉强度和伸长率3个指标中,有一个指标达不到钢筋标准中规定的数值,在冷弯试验中,有1根试件不符合标准要求,均应取双倍钢筋制作试样进行复验,其试验结果应全部合格。

(3)试验出现下列情况之一,其试验结果无效,应重做同样数量试样的试验:

①试样断在标距外或断在机械刻划的标距标记上,而且断后伸长率小于规定最小值;

②试验期间设备发生故障,影响了试验结果。

(4)试验后试样出现两个或两个以上的缩颈以及显示出肉眼可见的冶金缺陷(如分层、气泡、夹渣、缩孔等),应在试验记录和报告中注明。

三、钢筋弯曲(冷弯)检测

(一)仪器设备

(1)压力机或万能材料试验机:具有两个支辊,支辊间距离可调节。

(2)具有足够硬度的不同直径的一组冷弯压头。

(二)试验准备

(1)试验一般在10~35 ℃的室温范围内进行。对温度要求严格的试验,试验温度应为(23±5)℃。

(2)冷弯试件不允许进行车削加工,其长度按式(14-27)确定

$$L = 0.5\pi(d + a) + 140 \quad (14\text{-}27)$$

式中　π——圆周率,其值取3.1;

d——弯心压头或弯曲直径,mm;

a——试样公称直径,mm。

(3)钢筋混凝土用热轧光圆钢筋及带肋钢筋要求弯曲角度为180°,根据表14-5选择弯心直径。调整两支辊间距离 $l=(d+3a)\pm0.5a$,此距离在试验期间保持不变(见图14-35(a))。

(三)试验步骤

(1)将试件放置于两支辊上,试件轴线应与弯曲压头轴线垂直,弯曲压头在两支座之间的中点处,对试件连续缓慢施加力使其弯曲。

表 14-5　弯心直径选择

牌号	公称直径 a(mm)	弯心直径 d(mm)
HPB235 HPB300	—	a
HRB335 HRBF335	6~25	$3a$
	28~40	$4a$
	>40~50	$5a$
HRB400 HRBF400	6~25	$4a$
	28~40	$5a$
	>40~50	$6a$
HRB500	6~25	$6a$
	28~40	$7a$
	>40~50	$8a$

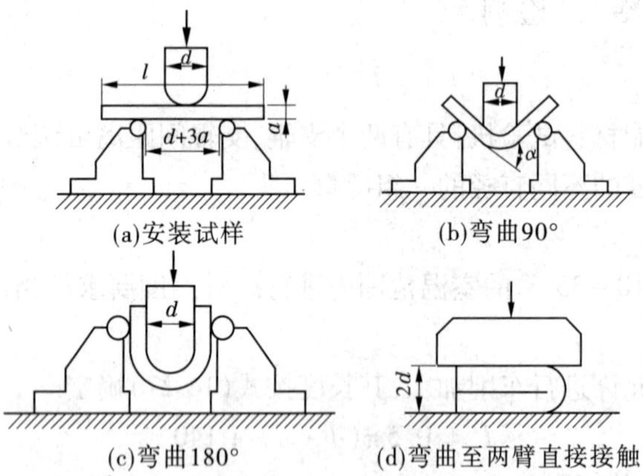

图 14-35　钢筋冷弯

(2)初步弯曲(弯曲角度应尽可能大)后,将试样置于两平行压板之间连续施加力,压其两端使进一步弯曲,直至两臂平行。此时,可加厚度等于弯心直径的垫块,也可不加垫块。

(四)结果评定

(1)按有关标准规定检查试件弯曲外表面,若无肉眼可见裂纹应评定为试样冷弯试验合格。

(2)相关产品标准规定的弯曲角度认为是最小值,弯曲半径认为是最大值。

第八节　沥青性能检测

一、沥青针入度检测

(一)仪器设备

1. 针入度仪

针入度仪如图 14-36 所示,其能使针连杆在无明显摩擦下垂直运动,并能指示穿入深度,精确到 0.1 mm。针连杆质量为(47.5 ±0.05)g,针和针连杆的总质量为(50 ±0.05)g。另外,仪器附有(50 ±0.05)g 和(100 ±0.05)g 的砝码各一个,可以组成(100 ±0.05)g 和(200 ±0.05)g 的载荷以满足试验所需的载荷条件。仪器设有放置平底玻璃皿的平台,并有可调水平的机构,针连杆应与平台垂直。仪器设有针连杆制动按钮,紧压按钮,针连杆可自由下落。

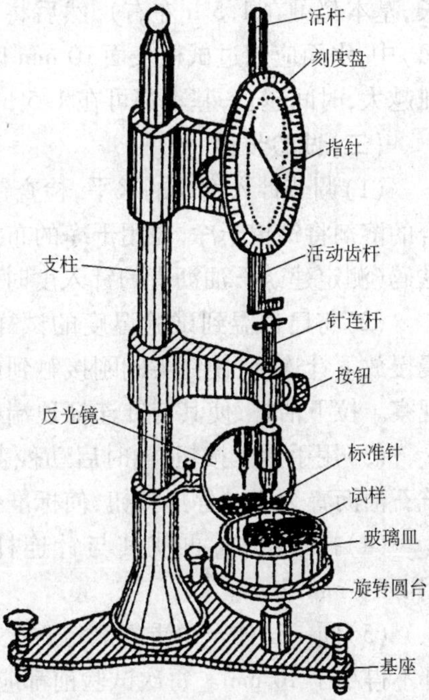

图 14-36　针入度仪

2. 标准针

标准针由硬化回火的不锈钢制造,针长约 50 mm,直径为 1.00 ~1.02 mm,针箍及附件总质量为(2.50 ±0.05)g。每一根针均应附有国家计量部门的检验单。

3. 试样皿

金属或玻璃的圆柱形平底皿,尺寸如下:针入度小于 200 时,直径 55 mm,深度 35 mm;针入度为 200 ~350 时,直径 55 mm,深度 70 mm;针入度为 350 ~500 时,直径 50 mm,深度 60 mm。

4. 恒温水浴

容量不小于 10 L,能保持温度在不超过试验温度的 0.1 ℃范围。距水底部 50 mm 处有一个带孔的支架,这一支架离水面至少有 100 mm。在低温下测定针入度时,水浴中装入盐水。

5. 平底玻璃皿

平底玻璃皿的容量不小于 350 mL,深度要没过最大的样品皿。内设一个不锈钢三角架,以保证试样皿稳定。

6. 计时器

刻度为 0.1 s 或小于 0.1 s,60 s 内的准确度达到 ±0.1 s。

7. 温度计

液体玻璃温度计,刻度范围为 0 ~50 ℃,分度值为 0.1 ℃。

（二）样品制备

（1）小心加热样品，不断搅拌以防局部过热，加热到使样品能够流动。加热时焦油沥青的加热温度不超过软化点 60 ℃，石油沥青不超过软化点 90 ℃，加热时间在保证样品充分流动的基础上尽量短，加热、搅拌过程中避免试样中进入气泡。

（2）将试样倒入预先选好的试样皿中。试样深度应至少是预计锥入深度的 120%，同时将试样倒入两个试样皿。

（3）松松地盖住试样皿以防灰尘落入。冷却 45 min 至 2 h（试样皿越大，冷却时间越长，基本都可在 1.5 h 左右），然后将两个试样皿一起放入恒温水浴（建筑石油沥青为 25 ℃）中，水面应超过试样表面 10 mm 以上。在规定的试验温度下，恒温 45 min 至 2 h（试样皿越大，时间越长，基本都可在 1.5 h 左右）。

（三）试验步骤

（1）调节针入度仪的水平，检查针连杆和导轨，确保上面没有水和其他物质。先用适合的溶剂将针擦干净，再用干净的布擦干，然后将针插入针连杆中固定。按试验条件放好砝码（测定建筑石油沥青的针入度时，针和针连杆的总质量为 100 g）。

（2）将已恒温到试验温度的试样皿和平底玻璃皿取出，放置在针入度仪的平台上。慢慢放下针连杆，使针尖刚刚接触到试样的表面，必要时用放置在合适位置的光源反射来观察。拉下活杆，使其与针连杆顶端相接触，调节针入度仪的表盘上读数为零。

（3）用手紧压按钮，同时启动秒表，使标准针自由下落穿入沥青试样，到规定时间（建筑石油沥青为 5 s）停压按钮，使标准针停止移动。

（4）拉下活杆，再使其与针连杆顶端接触，此时表盘的读数即为试样的针入度，用 1/10 mm 表示。

（5）同一试样至少重复测定 3 次。每一试验点的距离和试验点与试样皿边缘的距离都不得小于 10 mm。每次试验前都应将试样和平底玻璃皿放入恒温水浴中，每次测定都要用干净的针。当针入度超过 200 时，至少用 3 根针，每次试验用的针留在试样中，直至 3 根针扎完时再将针从试样中取出。针入度小于 200 时，可将针取下，用合适的溶剂擦净后继续使用。

（四）精密度

（1）3 次测定的针入度平均值，取至整数，作为试验结果。3 次测定的针入度差值不应大于表 14-6 中的数值。

表 14-6　3 次测定的针入度最大差值

针入度	0～49	50～149	150～249	250～349	350～500
最大差值	2	4	6	8	20

（2）重复性：同一操作者、同一样品利用同一台仪器测得的两次结果不超过平均值的 4%。

（3）再现性：不同操作者、同一样品利用同一类型仪器测得的两次结果不超过平均值的 11%。

(五)报告

报告3个针入度值的平均值,取至整数作为试验结果。

二、沥青延度检测

(一)仪器与材料

(1)模具:试件模具由黄铜制造,由两个弧形端模和两个侧模组成,如图14-37所示。

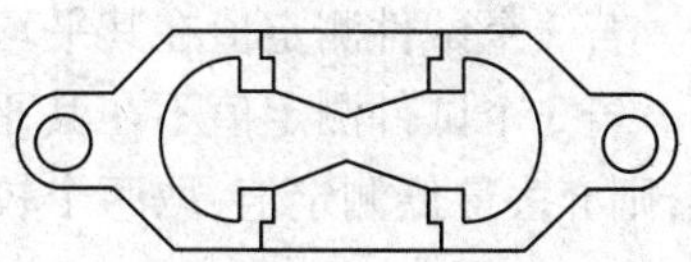

图14-37 延度仪模具

(2)水浴:能保持试验温度变化不大于0.1 ℃,容量至少为10 L,试件浸入水中深度不得小于10 cm,水浴中设置带孔搁架以支承试件,搁架距水浴底部不得小于5 cm。

(3)延度仪:在启动时应无明显的振动。

(4)温度计:0~50 ℃,分度为0.1 ℃和0.5 ℃各一支。

(5)筛:筛孔为0.3~0.5 mm的金属网。

(6)隔离剂:以质量计,由两份甘油和一份滑石粉调制而成。

(7)支撑板:金属或玻璃板,一面必须磨光至表面粗糙度为R_a0.63。

(二)准备工作

(1)将模具组装在支撑板上,将隔离剂涂于支撑板表面及侧模内表面,以防止沥青黏在模具上。板上的模具要水平放好,以便模具的底部能够充分与板接触。

(2)小心加热样品,充分搅拌以防局部过热,直到样品容易倾倒。石油沥青加热温度不超过预计石油沥青软化点90 ℃;煤焦油沥青样品加热温度不超过预计煤焦油沥青软化点60 ℃。样品的加热时间在不影响样品性质和保证样品充分流动的基础上尽量短。将熔化了的样品过筛,在充分搅拌之后,将沥青试样倒入模具中,在组装模具时要小心,不要弄乱了配件。在倒样时使试样呈细流状,自模的一端至另一端往返倒入,使试样略高出模具,将试件在空气中冷却30~40 min,然后放入规定温度的水浴中保持30 min取出,用热的直刀或铲将高出模具的沥青刮出,使试样与模具齐平。

(3)恒温:将支撑板、模具和试件一起放入水浴中,并在试验温度下保持85~95 min,然后从板上取下试件,拆掉侧模,立即进行拉伸试验。

(三)试验步骤

(1)将模具两端的孔分别套在试验仪器的柱上,然后以一定的速度(建筑石油沥青为5 cm/min)拉伸,直到试件拉伸断裂。拉伸速度允许误差为±5%,测量试件从拉伸到断裂所经过的距离,以cm表示。试验时,试件距水面和水底的距离不小于2.5 cm,并且要使温度保持在不超过规定温度(建筑石油沥青为25 ℃)的±0.5 ℃范围。

(2)如果沥青浮于水面或沉入槽底,则试验不正常。应使用乙醇或氯化钠调整水的密度,使沥青材料既不浮于水面,又不沉入槽底。

(3)正常的试验应将试样拉成锥形,直至在断裂时实际横断面面积接近于零。如果3次试验得不到正常结果,则报告在该条件下延度无法测定。

(四)精密度

按下述规定判断试验结果的可靠性(置信度95%)。

(1)重复性:同一样品,同一操作者重复测定2次结果误差不超过平均值的10%。

(2)再现性:同一样品,在不同实验室测定的结果误差不超过平均值的20%。

(五)报告

若3个试件测定值在其平均值的5%内,取平行测定3个结果的平均值作为测定结果。若3个试件测定值不在其平均值的5%以内,但其中两个较高值在平均值的5%之内,则弃去最低测定值,取两个较高测定值的平均值作为测定结果,否则重新测定。

三、沥青软化点检测(环球法)

(一)仪器与材料

(1)环:两只黄铜肩或锥环。

(2)支撑板:扁平光滑的黄铜板,其尺寸约为50 mm×75 mm。

(3)球:两只直径为9.5 mm的钢球,每只质量为(3.50±0.05) g。

(4)钢球定位器:两只钢球定位器用于将钢球定位于试样中央。

(5)浴槽:可以加热的玻璃容器,其内径不小于85 mm,离加热底部的深度不小于120 mm。

(6)环支撑架和支架:1只铜支撑架用于支撑2个水平位置的环。支撑架上的肩环的底部距离下支撑板的上表面为25 mm,下支撑板的下表面距离浴槽底部为(16±3) mm。

(7)温度计:①应符合《石油产品试验用玻璃液体温度计技术条件》(GB/T 514—2005)中沥青软化点专用温度计的规格技术要求,即测温范围在30~180 ℃、最小分度值为0.5 ℃的全浸式温度计;②合适的温度计应悬于支架上,使得水银球底部与环底部水平,其距离在13 mm以内,但不要接触环或支撑架,不允许使用其他温度计代替。

(8)加热介质:甘油或新煮沸过的蒸馏水。

(9)隔离剂:以质量计,由两份甘油和一份滑石粉调制而成。

(10)刀:切沥青用。

(11)筛:筛孔为0.3~0.5 mm的金属网。

(二)准备工作

(1)所有石油沥青试样的准备和测试必须在6 h内完成,煤焦油沥青必须在4.5 h内完成。小心加热试样,并不断搅拌以防止局部过热,直到样品变得流动。小心搅拌以免气泡进入样品中。应注意以下方面:

①石油沥青样品加热至倾倒温度的时间不超过2 h,其加热温度不超过预计沥青软化点110 ℃。

②煤焦油沥青样品加热至倾倒温度的时间不超过30 min,其加热温度不超过煤焦油沥青预计软化点55 ℃。

③如果重复试验,不能重新加热样品,应在干净的容器中用新鲜样品制备试样。

(2)若估计软化点在120 ℃以上,应将黄铜环与支撑板预热至80~100 ℃,然后将铜环放到涂有隔离剂的支撑板上;否则,沥青试样会从铜环中完全脱落。

(3)向每个环中倒入略过量的沥青试样,让试件在室温下至少冷却 30 min。对于在室温下较软的样品,应将试件在低于预计软化点 10 ℃以上的环境中冷却 30 min。从开始倒试样时起至完成试验的时间不得超过 240 min。

(4)当试样冷却后,用稍加热的小刀或刮刀干净地刮去多余的沥青,使得每一个圆片饱满且与环的顶部齐平。

(三)试验步骤

(1)选择下列一种加热介质:①新煮沸过的蒸馏水适于软化点为 30 ~ 80 ℃的沥青,起始加热介质的温度应为(5 ±1) ℃;②甘油适用于软化点为 80 ~ 157 ℃的沥青,起始加热介质的温度应为(30 ±1) ℃;③为了进行比较,所有软化点低于 80 ℃的沥青应在水浴中测定,而高于 80 ℃的沥青在甘油浴中测定。

(2)把仪器放在通风橱内,配置两个样品环、钢球定位器,将温度计插入合适的位置,浴槽装满加热介质,并使各仪器处于适当位置。用镊子将钢球置于浴槽底部,使其同支架的其他部位达到相同的起始温度。

(3)如果有必要,将浴槽置于冰水中,或小心加热并维持适当的起始浴温达 15 min,使仪器处于适当位置,注意不要玷污浴液。

(4)再次用镊子从浴槽底部将钢球夹住并置于定位器中。

(5)从浴槽底部加热使温度以恒定的速率 5 ℃/min 上升。为防止通风的影响,有必要时可用保护装置。试验期间不能取加热速率的平均值,但在 3 min 后,升温速度应达到(5 ±0.5) ℃/min,若温度上升速率超过此限定范围,则此次试验失败。

(6)当两个试环的球刚触及下支撑板时,分别记录温度计所显示的温度。无须对温度计的浸没部分进行校正。取两个温度的平均值作为沥青的软化点。如果两个温度的差值超过 1 ℃,则重新试验。

(四)计算

(1)因为软化点的测定方法是条件性的试验方法,对于给定的沥青试样,当软化点略高于 80 ℃时,水浴中测定的软化点低于甘油浴中测定的软化点。

(2)软化点高于 80 ℃时,从水浴变成甘油浴时的变化是不连续的。在甘油浴中所报告的石油沥青最低可能软化点为 84.5 ℃,而煤焦油沥青的最低可能软化点为 82 ℃。当甘油浴中软化点低于这些值时,应转变为水浴中的软化点,并在报告中注明。

将甘油浴软化点转化为水浴软化点时,石油沥青的校正值为 -4.5 ℃,煤焦油沥青的校正值为 -2.0 ℃,采用此校正值只能粗略地表示出软化点的高低,欲得到准确的软化点应在水浴中重复试验。

无论在任何情况下,如果甘油浴中所测得的石油沥青软化点的平均值为 80.0 ℃或更低,煤焦油沥青软化点的平均值为 77.5 ℃或更低,则应在水浴中重复试验。

(3)将水浴中略高于 80 ℃的软化点转化成甘油浴中的软化点时,石油沥青的校正值为 +4.5 ℃,煤焦油沥青的校正值为 +2.0 ℃。采用此校正值只能粗略地表示出软化点的高低,欲得到准确的软化点应在甘油浴中重复试验。

在任何情况下,如果水浴中两次测定温度的平均值为 85.0 ℃或更高,则应在甘油浴中重复试验。

（五）精密度（95%置信度）

（1）重复性：重复测定两次结果的差数不得大于1.2 ℃。

（2）再现性：同一试样由两个实验室各自提供的试验结果之差不应超过2.0 ℃。

（六）报告

（1）取两个结果的平均值作为报告值。

（2）报告试验结果时同时报告浴槽中所使用加热介质的种类。

复习思考题

1. 水泥细度的测定方法有哪几种？各用于检测哪些品种的水泥？

2. 雷氏夹法检测水泥安定性时，试验结果如何评定？

3. 测定砂子堆积密度的目的是什么？在进行试验时，为何要控制装料高度？

4. 混凝土立方体抗压强度试验时，试件尺寸有哪几种？不同尺寸试件所测得的强度怎样换算？

5. 简述水泥砂浆稠度试验原理。

参考文献

[1] 高军林,等.建筑材料与检测[M].北京:中国电力出版社,2008.
[2] 宋岩丽.建筑材料与检测[M].北京:人民交通出版社,2008.
[3] 李亚杰.建筑材料[M].北京:中国水利水电出版社,2001.
[4] 湖南大学,天津大学,同济大学,等.建筑材料[M].北京:中国建筑工业出版社,2002.
[5] 郭玉起.建筑材料[M].北京:中国水利水电出版社,2007.
[6] 林祖宏.建筑材料[M].北京:北京大学出版社,2008.
[7] 傅凌云.建筑材料[M].北京:中国水利水电出版社,2005.
[8] 朋改非.土木工程材料[M].武汉:华中科技大学出版社,2007.
[9] 武桂芝,张守平,刘进宝.建筑材料[M].郑州:黄河水利出版社,2009.
[10] 陈晓明.建筑材料[M].北京:人民交通出版社,2008.
[11] 赵丽萍.土木工程材料[M].北京:人民交通出版社,2009.
[12] 邓钫印.建筑材料实用手册[M].北京:中国建筑工业出版社,2007.
[13] 王光炎,温传河.建筑材料与检测[M].北京:国防工业出版社,2008.
[14] 杨静.建筑材料[M].北京:中国水利水电出版社,2004.
[15] 符芳.建筑材料[M].南京:东南大学出版社,1997.
[16] 汪黎明.常用建筑材料与结构工程检测[M].郑州:黄河水利出版社,2002.
[17] 赵志曼.土木工程材料[M].北京:机械工业出版社,2006.
[18] 建设部信息中心.绿色节能建筑材料选用手册[M].北京:中国建筑工业出版社,2008.
[19] 崔长江.建筑材料[M].郑州:黄河水利出版社,2006.
[20] 王春阳.建筑材料[M].北京:高等教育出版社,2006.
[21] 侯伟生.建筑工程质量检测技术手册[M].北京:中国建筑工业出版社,2003.
[22] 中国建筑工业出版社.现行建筑材料规范大全[M].北京:中国建筑工业出版社,1995.

全国高职高专建筑类专业规划教材

建筑工程 CAD 实训教程

主　编　刘华斌　董　岚
副主编　刘中宽　常允艳
主　审　曾令宜

黄河水利出版社
·郑州·

内容提要

本书是全国高职高专建筑类专业规划教材，是根据教育部对高职高专教育的教学基本要求及全国水利水电高职教研会制定的建筑工程 CAD 实训教程课程教学大纲编写完成的。全书共分九章，主要介绍AutoCAD基础知识、图层和绘图辅助工具、二维图形的绘制、二维图形的编辑、文字与表格、尺寸标注、图块、专业图绘制和图纸的打印与输出等内容。

本书适用于高职高专建筑、水利类三年制（五年一贯制高职）建筑工程技术、水利水电建筑工程、水利工程、水利水电工程管理、道路桥梁工程技术、市政工程技术、工程监理、工程造价等专业的学生；同样适合作为成人高等教育相关专业的教学用书；亦可作为建筑工程、水利工程技术人员的参考书。

图书在版编目(CIP)数据

建筑工程 CAD 实训教程/刘华斌，董岚主编．—郑州：黄河水利出版社，2011.2 （2013.1 修订重印）
全国高职高专建筑类专业规划教材
ISBN 978-7-80734-983-9

Ⅰ.①建… Ⅱ.①刘…②董… Ⅲ.①建筑设计：计算机辅助设计-应用软件，AutoCAD-高等学校：技术学校-教材 Ⅳ.①TU201.4

中国版本图书馆 CIP 数据核字(2011)第 008186 号

组稿编辑：王路平 电话：0371-66022212 E-mail:hhslwlp@163.com
简 群 66026749 w_jq001@163.com

出版社：黄河水利出版社
地址：河南省郑州市顺河路黄委会综合楼14层 邮政编码：450003
发行单位：黄河水利出版社
发行部电话：0371-66026940、66020550、66028024、66022620(传真)
E-mail: hhslcbs@126.com
承印单位：河南地质彩色印刷厂
开本：787 mm×1092 mm 1/16
印张：8
字数：190 千字 印数：4 101—8 000
版次：2011 年 2 月第 1 版 印次：2013 年 1月第 2 次印刷
2013 年 1 月修订

定价：16.00 元